Bibliothèques de la Ville de Paris
Sorti des collections
Bibliothèques de la Ville de Paris
AF859102

ATELIER SAINT LUC
2017

# Les Grands Mystères de la Science

# pour les nuls

SDE 2017

# Les Grands Mystères de la Science

# pour les nuls

**Marc Antoine**
*Agrégé de sciences physiques*
**Hélène Vincent-Schneider**
*Agrégée de sciences de la vie et de la Terre*

502
ANT

**Ouvrage dirigé par Laurence Brunel**

MAIRIE DE PARIS
BIBLIOTHEQUE
DISCOTHEQUE
18, Rue Faidherbe
75011 PARIS

FIRST
Editions

**Les Grands Mystères de la Science pour les Nuls**

« Pour les Nuls » est une marque déposée de John Wiley & Sons, Inc.
« For Dummies » est une marque déposée de John Wiley & Sons, Inc.

© Éditions First, un département d'Édi8, 2016. Publié en accord avec John Wiley & Sons, Inc.

Éditions First, un département d'Édi8,
12, avenue d'Italie
75013 Paris
Tél : 01 44 16 09 00
Fax : 01 44 16 09 01
Courriel : firstinfo@efirst.com
Internet : www.editionsfirst.fr

ISBN : 978-2-7540-8371-3
Dépôt légal : novembre 2016

Imprimé en Italie
Relecture et correction : Anne-Lise Martin
Index : Muriel Mékiès
Illustrations techniques : Sally Bornot
Illustrations de parties : © Sylvain Frécon
Mise en page : KN Conception
Iconographie : p. 47 : Fotolia ; p. 52 : ESA/Rosetta/NAVCAM ; p. 77 : NASA, ESA, J. Hester and A. Loll (Arizona State University) ; p. 88, 89 : NASA, ESA, and The Hubble Heritage Team (STScI/AURA) ; p. 129 : Oona Räisänen (Mysid); designed by Carl Sagan & Frank Drake; artwork by Linda Salzman Sagan ; p. 132 : H. Schweiker/WIYN and NOAO/AURA/NSF ; p. 180 : James Steinberg, Getty images ; 193 : iStock ; p. 203 : Nasa ; p. 241 : © Cyrile Deranlot/ CNRS Photothèque ; p. 256 : Kamioka Observatory, ICRR (Institute for Cosmic Ray Research), The University of Tokyo ; p.351 : Site Internet Banque de Schémas SVT Dijon

**Tous droits réservés**. Toute reproduction, même partielle, du contenu, de la couverture ou des icônes, par quelque procédé que ce soit (électronique, photocopie, bande magnétique ou autre) est interdite sans autorisation par écrit des Éditions First.

**Limites de responsabilité et de garantie**. L'auteur et l'éditeur de cet ouvrage ont consacré tous leurs efforts à préparer ce livre. Les Éditions First et les auteurs déclinent toute responsabilité concernant la fiabilité ou l'exhaustivité du contenu de cet ouvrage. Ils n'assument pas de responsabilité pour ses qualités d'adaptation à quelque objectif que ce soit, et ne pourront être en aucun cas tenus responsables pour quelque perte, profit ou autre dommage commercial que ce soit, notamment mais pas exclusivement particulier, accessoire, conséquent, ou autre.

**Marques déposées**. Toutes les informations connues ont été communiquées sur les marques déposées pour les produits, services et sociétés mentionnés dans cet ouvrage. Les Éditions First déclinent toute responsabilité quant à l'exhaustivité et à l'interprétation des informations. Tous les autres noms de marques et de produits utilisés dans cet ouvrage sont des marques déposées ou des appellations commerciales de leur propriétaire respectif. Les Éditions First ne sont liées à aucun produit ou vendeur mentionné dans ce livre.

# Sommaire

MAIRIE DE PARIS
BIBLIOTHEQUE
DISCOTHEQUE
18, Rue Faidherbe
75011 PARIS

# À propos des auteurs

Agrégé de physique, **Marc Antoine** a consacré l'essentiel de sa carrière de professeur à former des enseignants et à leur faire partager sa passion pour les sciences. Ses compétences reconnues en didactique de sa discipline l'ont amené à conduire également de nombreux séminaires et missions de formation dans divers pays francophones.

Toujours soucieux de favoriser l'acculturation scientifique de tout un chacun, et en particulier des jeunes, il a travaillé en tant que conseiller scientifique à la Cité des sciences et de l'industrie de la Villette. Il a par ailleurs rédigé de nombreux ouvrages scolaires, parascolaires et de formation dans le domaine scientifique.

*Marc Antoine a rédigé les chapitres 1 à 10 ainsi que le chapitre 15.*

**Hélène Vincent-Schneider** est agrégée de sciences de la vie et de la Terre, ancienne élève de l'École normale supérieure de Cachan, diplômée du magistère de l'École normale supérieure (rue d'Ulm, Paris) et du DEA d'immunologie approfondie de l'Institut Pasteur, docteur ès sciences en biochimie-immunologie cellulaire de l'université Paris 7 - Paris-Diderot. Après quelques années dans l'enseignement secondaire (collège et lycée), Hélène Vincent-Schneider est actuellement PRAG à l'université Paris-Saclay, responsable de l'organisation des enseignements de biologie cellulaire et moléculaire, biochimie, physiologie humaine pour la préparation à l'agrégation externe de sciences de la vie - sciences de la Terre et de l'univers de l'université Paris Sud-ENS - ENS Cachan-MNHN. Depuis de nombreuses années, Hélène Vincent-Schneider participe au jury des concours d'entrée aux écoles agronomiques et vétérinaires et interroge en classes préparatoires aux grandes écoles.

*Hélène Vincent-Schneider a rédigé les chapitres 11 à 14 ainsi que le chapitre 16.*

# Remerciements

Je remercie les quelques vieux amis (Riri, Jean-Jacques, Jean-Pierre,...) qui, se sentant particulièrement concernés par le sujet de ce livre, m'ont chaudement encouragé à l'écrire ! Merci aussi à ma famille qui a patiemment supporté mon manque de disponibilité au cours de cette période d'écriture. Je remercie enfin Laurence Brunel dont l'enthousiasme a été pour moi un puissant moteur de motivation.

Marc Antoine

Je remercie Laurence Brunel pour nos échanges fructueux et sa confiance, ainsi que Christian Robert, Céline Bon pour nos discussions qui m'ont été utiles pour la rédaction de ces chapitres. Un immense merci à ma petite famille pour leur grande patience et leur soutien constant pendant cette phase de rédaction.

Hélène Vincent-Schneider

# Introduction

Pour peu que l'on soit curieux des choses qui nous entourent, l'observation des objets et phénomènes de notre environnement naturel nous amène à nous poser de nombreuses questions, des plus anodines et ponctuelles, aux plus fondamentales.

Par exemple, à propos des étoiles que l'on peut admirer dans le ciel nocturne, on se demandera : de quoi sont-elles constituées et qu'est-ce qui leur permet de briller ainsi ? Depuis quand brillent-elles et jusqu'à quand vont-elles briller ?

À propos de la Terre : quelle est sa structure interne et que se passe-t-il à l'intérieur qui puisse provoquer le volcanisme ou les séismes que l'on observe ?

Comment est constituée et organisée la matière au niveau de l'infiniment petit ?

Quelles sont les caractéristiques et les spécificités de la matière vivante ? Comment la vie est-elle apparue ?

Ces questions, ainsi que quantité d'autres, constituent de grands mystères auxquels la science s'est longuement confrontée au fil des siècles et qu'elle a plus ou moins réussi à résoudre, après parfois bien des hésitations et des errements...

C'est à la rencontre de certains de ces grands mystères de la nature que le présent livre vous convie.

## À propos de ce livre

Pour présenter cet ouvrage et tenter de décrire ce qu'il est, commençons par dire ce qu'il n'est pas ! Ce n'est pas une encyclopédie scientifique, car on n'y expose pas de façon exhaustive, bien loin de là, l'état actuel de la connaissance scientifique. Ce n'est pas non plus un livre d'histoire des sciences, car l'histoire des découvertes qui y est présentée reste limitée à un nombre restreint de sujets et d'étapes.

Ce livre est en fait une série d'histoires qui racontent comment a progressivement évolué la compréhension scientifique des principaux objets et phénomènes du monde naturel pour aboutir aux connaissances actuelles, mais aussi comment certains gardent encore aujourd'hui une large part de mystère... Les sujets choisis se répartissent dans les quatre grands domaines suivants : le ciel, la Terre, la matière et le vivant.

Bien sûr, les principaux savants qui ont participé aux découvertes et à l'évolution des idées sont cités pour leur contribution. Mais beaucoup d'autres, qui auraient certainement mérité de l'être également, ne le sont pas, dans un souci de simplification : nous présentons par avance nos excuses au lecteur qu'une telle absence chagrinerait... Dans le même ordre d'idées, le texte est émaillé de quelques portraits de grands scientifiques. Là aussi, le choix des « élus » ne résulte d'aucun classement hiérarchique. La meilleure preuve : Einstein, savant illustrissime et archétype incontesté du génie, n'a pas son portrait !

Un autre principe a guidé l'élaboration de ce livre : proposer au lecteur un contenu et des explications scientifiques pertinentes tout en s'interdisant de recourir à des équations et formules compliquées afin qu'il reste agréablement lisible par tout un chacun. Et si une ou deux formules sont passées à travers les mailles du filet, c'est qu'elles ne devaient pas être bien grosses !

## À qui s'adresse ce livre ?

Un auteur étant toujours désireux d'être lu par le plus grand nombre, nous sommes convaincus que ce livre peut s'adresser... à tout le monde ! Même les personnes de formation scientifique devraient y trouver de l'information à glaner, en particulier dans les domaines qui ne sont pas leur spécialité ou dans l'approche historique des connaissances. Mais avouons toutefois que ce livre a été initialement pensé et conçu pour des lecteurs « non scientifiques », c'est-à-dire tous ces gens qui se croient ou se disent « nuls » en sciences (ils ont donc choisi le bon livre !). Cet autodénigrement est souvent la conséquence d'activités scientifiques scolaires laborieuses, marquées par une indigestion de vocabulaire et de formules compliqués, le tout débouchant sur une réaction de rejet !

Or il est possible de « faire des sciences », d'expliquer et comprendre nombre de phénomènes complexes sans recours à des formules : c'est ce que nous avons choisi de faire dans ce livre, en espérant qu'il puisse ainsi contribuer à réconcilier avec les sciences le plus grand nombre de lecteurs qui seraient fâchés avec elles !

## Comment ce livre est-il organisé ?

Ce livre est formé de quatre grandes parties principales, auxquelles s'ajoute la traditionnelle partie des Dix. Ces grandes parties ne correspondent pas à un découpage effectué à partir des différentes sciences académiques (physique, chimie, biologie, etc.), car, encore une fois, ce livre n'est pas une encyclopédie. Elles sont consacrées à quatre grandes composantes de notre monde environnant, sources de multiples interrogations et riches en mystères de toutes sortes : le ciel, la Terre, la matière et le vivant. Chaque partie est découpée en un nombre variable de chapitres. Aux lecteurs qui regretteraient l'absence de tel ou tel sujet dans la liste des chapitres, nous ne pouvons que répondre que nous avons dû faire des choix, le livre étant déjà bien gros...

## Première partie : Le ciel : Les mystères de l'univers

Cette partie est la plus volumineuse, car le ciel... c'est grand ! Le ciel a certainement été pour l'homme l'un des tout premiers sujets d'interrogation, donc de mystère, et le lieu de toutes les croyances.

Les chapitres sont organisés du plus proche – enfin, du moins éloigné ! – au plus éloigné : le système solaire, puis les étoiles de notre Voie lactée, et enfin l'univers dans son ensemble, peuplé de milliards de galaxies et qui est en évolution depuis le big bang.

Avec le système solaire, on aborde entre autres le problème de l'héliocentrisme *versus* le géocentrisme, la découverte de planètes autres que celles visibles à l'œil nu, jusqu'à une neuvième planète actuellement recherchée.

Deux chapitres de cette partie sont consacrés à des problèmes particuliers : l'un, aux croyances associées à certains objets et phénomènes du ciel (Lune, comètes, éclipses, astrologie ; le point le plus mystérieux reste : « Pourquoi ces croyances d'une autre époque font-elles encore recette ? ») ; l'autre, à la vie extraterrestre, la question de son existence faisant l'actualité avec la découverte de nombreuses exoplanètes.

## Deuxième partie : La Terre : Visite guidée de la planète bleue

Après le ciel, notre planète Terre est également un grand sujet d'interrogations. Non seulement sa forme et ses dimensions, mais aussi la structure interne de la Terre, inaccessible à l'observation directe, ont fait l'objet de diverses hypothèses. Il en est de même pour l'origine de son champ magnétique, directement lié à la structure terrestre.

Un chapitre aborde ensuite le problème de l'éventuelle évolution de la surface terrestre, avec la théorie longtemps contestée et finalement confirmée de la dérive des continents, ainsi que sa relation avec le volcanisme et les tremblements de Terre.

Le troisième chapitre de cette partie est consacré à l'atmosphère terrestre : de quoi est constitué l'air ? Jusqu'où s'étend l'atmosphère ? Comment expliquer et prévoir les phénomènes météorologiques ?

## Troisième partie : La matière : Cap sur l'infiniment petit

Ce sont ici les interrogations, les investigations et les découvertes sur la structure intime de la matière qui sont abordées. Le premier chapitre raconte comment la vision atomiste de la matière s'est finalement imposée, puis comment l'atome s'est révélé être lui-même un édifice complexe formé de constituants plus élémentaires. La mise en correspondance des différents types d'atomes avec les éléments chimiques a permis de comprendre les propriétés chimiques des corps et la façon dont les atomes peuvent se lier pour former des molécules.

Le dernier chapitre de cette partie nous emmène à la découverte des particules élémentaires, un monde étrange où les particules ont un comportement régi par la physique quantique, apparaissant selon le cas comme une onde ou un corpuscule. On distingue les particules de matière et les particules d'interaction, dont le très célèbre boson de Higgs. Quant à l'antimatière, elle conserve encore un caractère largement mystérieux.

## Quatrième partie : Le vivant : Les secrets de la vie

Quatre chapitres vous sont proposés pour découvrir le monde vivant : de la plus petite cellule à la biodiversité actuelle et passée, des premières traces de vie aux êtres vivants actuels.

Le premier chapitre tente ainsi d'expliquer comment la vie est apparue sur Terre et comment elle a évolué, comment la Terre entière a pu être colonisée. Différentes théories proposent des explications pour l'évolution des espèces ; à vous de vous faire une idée.

Après avoir considéré la vie en général, le chapitre suivant propose de regarder le vivant par le biais d'un microscope et de s'intéresser aux micro-organismes : alliés ou ennemis des cellules à noyau.

Passons ensuite à un niveau moléculaire : le troisième chapitre parle de l'ADN, la molécule porteuse de l'identité de tout être vivant et des modes de transmission d'une génération à une autre.

Enfin, le quatrième et dernier chapitre tente de répondre aux questions que se pose l'être humain depuis des siècles : « Qui suis-je ? D'où viens-je ? » Et la biologie rencontre alors la géologie, l'archéologie et l'anthropologie.

## Cinquième partie : La partie des Dix

Découvrez encore quelques petits « mystères » expliqués par la physique, ou des énigmes de biologie, plus en rapport avec la vie quotidienne.

# Les icônes de ce livre

Tout au long de cet ouvrage, les icônes placées dans la marge attireront votre attention. Elles vous signaleront les points de repère nécessaires à une meilleure compréhension du texte, ainsi que des informations complémentaires.

**Le saviez-vous ?** Des précisions sur un aspect du sujet traité sauront éveiller votre intérêt sur une curiosité, un point particulier, qui vous avait peut-être échappé. Ou bien une anecdote vous sera livrée.

**L'avis des Nuls**. Le sujet est ouvert, mais les Nuls vous donnent tout de même leur avis.

**Une idée géniale, un fait étonnant**. Certaines idées géniales ont illuminé l'histoire des sciences, et nécessitent d'être constamment actualisées.

**Pour aller plus loin**. Vous trouverez là les jalons nécessaires pour aller plus loin et continuer à creuser le sujet. Des points plus ardus nécessitent des explications un peu poussées, sinon on perd le fil.

**Portrait**. Un(e) grand(e) scientifique intervient dans le récit. Voici son portrait rapidement brossé !

**Points de vue divergents**. Certains sujets ou points scientifiques ont suscité ou suscitent (encore) la controverse.

**Mise en garde**. Les choses ne sont pas toujours aussi évidentes qu'elles le paraissent ou entraînent des erreurs d'interprètation.

## Par où commencer ?

Commencez par où vous voulez ! Même si chaque partie est organisée selon une certaine progression logique, chaque chapitre est écrit pour être lu indépendamment des autres : vous n'aurez jamais besoin de vous reporter aux chapitres précédents pour obtenir des clés de lecture du présent chapitre. Picorez donc dans les parties au gré de vos envies, de votre curiosité ou des questions qui vous viennent à l'esprit.

En revanche, ce choix de proposer des chapitres indépendants les uns des autres a imposé dans quelques cas la répétition de certaines explications ou précisions : ne vous en étonnez donc pas.

# 1

# Le ciel

## Les mystères de l'univers

**DANS CETTE PARTIE…**

Vous allez prendre progressivement de la hauteur et découvrir notre environnement cosmique du plus proche (les planètes voisines et notre Soleil) au plus lointain : des galaxies tellement éloignées que leur lumière que l'on capte actuellement est partie il y a plus de 13 milliards d'années, dans la prime jeunesse de la galaxie et de l'univers… Vertigineux !

À l'occasion de ce voyage virtuel, vous allez vivre une banalisation progressive de la place de l'homme dans l'univers : d'une position au centre du monde comme l'imaginaient nos ancêtres, il va se retrouver tournant autour du Soleil, repoussé en bordure de la Voie lactée, qui s'avère être une galaxie banale située dans un coin banal de l'univers… Une situation qui devrait nous inciter à rester modestes et à arrêter de croire prétentieusement que nous sommes seuls dans l'univers.

MAIRIE DE PARIS
BIBLIOTHEQUE
DISCOTHEQUE
18, Rue Faidherbe
75011 PARIS

# Chapitre 1
# À la découverte de la famille du Soleil

**DANS CE CHAPITRE :**

- **La Terre au centre du monde**
- **Le Soleil passe au centre**
- **La famille s'agrandit**
- **Recherche planète désespérément**

Qui ne s'est pas arrêté, par une belle nuit d'été, pour prendre le temps de contempler le ciel étoilé ? Si vous assistez à ce spectacle qui a l'avantage d'être gratuit, vous observerez une multitude de points lumineux parfaitement désordonnés, parmi lesquels vous reconnaîtrez peut-être quelques constellations si vous avez été initié…

Pour peu que vous vous laissiez aller à la contemplation quelques minutes, vous pourrez alors constater que durant ce laps de temps, les étoiles ont tourné d'un mouvement d'ensemble. Certaines ont disparu derrière l'horizon ouest alors que d'autres sont apparues vers l'horizon est. Mais vous savez très bien, parce qu'on l'apprend (en principe…) à l'école, que ce mouvement du ciel n'est qu'apparent : c'est en fait la Terre qui tourne sur elle-même, et nous avec. Félicitations ! Vous ne faites pas partie de ces 25 % à 30 % d'Européens ou Américains qui répondent encore, en ce XXIe siècle, que le Soleil tourne autour de la Terre !

Imaginons maintenant qu'ayant pris goût à l'observation du ciel nocturne, vous l'observiez régulièrement semaine après semaine, mois après mois. Habitué à voir les étoiles toujours agencées de la même façon, vous constaterez peut-être que quelques-unes (cinq au total) se déplacent petit à petit par rapport aux autres. Ces astres qui « bougent » ne sont pas des étoiles (au sens moderne du terme) mais des planètes, du grec *planêtês astêr* signifiant « astre errant ». Mais comment expliquer ces déplacements, différents pour chacune d'elles et qui les font périodiquement accélérer, ralentir ou encore changer de sens ?

Depuis la haute Antiquité, les hommes ont scruté le ciel et ont tenté de le décrypter pour le comprendre et le rendre prévisible. S'appuyant sur des observations méticuleuses, des constructions mathématiques complexes, des intuitions plus ou moins heureuses, mais aussi des convictions philosophiques ou religieuses, la quête d'un « système du monde » satisfaisant aura duré plus de deux millénaires !

Dans ce chapitre, vous êtes invité à découvrir les grandes étapes de cette aventure astronomique, qui d'ailleurs se poursuit de nos jours, car le système solaire garde encore une part de mystère. Nous n'aborderons pas ici les phénomènes astronomiques plus « exceptionnels » tels que les éclipses ou l'apparition de comètes. Ces sujets propices à alimenter les croyances seront traités, de même que l'astrologie, dans le chapitre suivant.

# La Terre au centre du monde

Quoi de plus normal que de croire ce que l'on voit ! Et quand on regarde le ciel assez longtemps, on voit les astres tourner autour de soi. Il était donc logique, voire inévitable, que les premières représentations du monde proposées par les philosophes grecs de l'Antiquité placent la Terre au centre du monde et fassent tourner les astres autour d'elle. C'est ce que l'on appelle le géocentrisme, le préfixe *géo* se rapportant à la Terre.

Inévitable, quoique... Certains de ces philosophes ou astronomes ont eu l'intuition qu'il pouvait en être autrement. Mais l'évidence des sens a triomphé et le modèle géocentrique s'est imposé. Comme l'Église le trouvait en bon accord avec les Saintes Écritures, il est resté la doctrine officielle jusqu'au XVIIe siècle !

## Un ciel habité

Des millénaires avant les premières civilisations, il est fort probable que déjà les hommes, assis sur le pas de leur... grotte, observent le ciel et y repèrent certaines régularités, certains cycles relatifs au Soleil, à la Lune ou aux étoiles. Certainement mettent-ils aussi en relation des événements de leur vie quotidienne avec des signes du ciel, qu'ils croient reconnaître dans l'aspect ou la disposition des astres. Cette relation supposée les porte alors à croire que les astres, identifiés à des divinités, ont le pouvoir de gouverner la destinée des humains. Quoi de plus normal que ces hommes d'autrefois, à la pensée magique, aient eu ce genre de croyances... Et quoi de plus cocasse que de constater que ces croyances naïves font encore recette aujourd'hui, à en juger par le succès des horoscopes !

# L'ÉCLIPTIQUE ET LE MOUVEMENT APPARENT DES ASTRES

Chaque planète, y compris la Terre, tourne autour du Soleil en suivant une orbite (trajectoire) presque circulaire et inscrite dans un plan qui contient aussi le Soleil. Le plan de l'orbite de la Terre est appelé écliptique, tout simplement parce que les éclipses se produisent quand la Lune se trouve aussi dans ce plan.

Les orbites de toutes les planètes se situent dans des plans différents, mais très proches les uns des autres. Le système solaire se présente ainsi comme une galette très aplatie et les orbites des planètes ne s'écartent de l'écliptique que de quelques degrés d'angle, la plus inclinée étant celle de Mercure avec 7 degrés. Quant à la Lune, son orbite autour de la Terre ne s'écarte de l'écliptique que d'un angle de 5 degrés environ.

Plaçons-nous maintenant dans la position d'un observateur sur Terre qui regarde le ciel. Il peut imaginer que tous les astres, dont on ignore *a priori* la distance, sont comme piqués sur une sorte de grande cloche hémisphérique qui le recouvre jusqu'à sa ligne d'horizon, et que l'on nomme familièrement la voûte céleste. Comme la Terre tourne sur elle-même en un jour, l'observateur voit cette voûte céleste faire un tour en un jour autour d'un axe dirigé vers l'étoile Polaire. Pourquoi vers l'étoile Polaire ? Parce que celle-ci, par une heureuse coïncidence, a la bonne idée de se trouver pratiquement dans la direction de l'axe de rotation de la Terre, au-dessus du pôle Nord !

La trace du plan écliptique sur cette voûte céleste est un cercle formé par les positions successives du Soleil par rapport aux étoiles, pendant une année. Les planètes, dans leur déplacement apparent sur le fond étoilé, ne s'écartent guère de cette ligne.

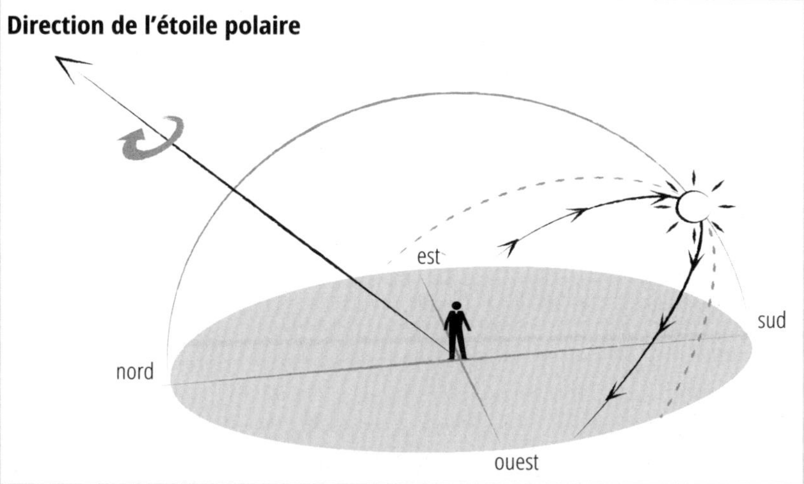


La voûte céleste pour un observateur de la Terre.

Si l'on ne dispose pas de traces des pratiques préhistoriques en ce domaine, il est par contre avéré que voilà plus de trois mille ans en Mésopotamie, des prêtres astronomes observaient le ciel, au moins dans le double but d'établir des calendriers et des oracles. Leur connaissance du ciel s'est ainsi progressivement enrichie et ils ont notamment repéré une bande assez étroite dans le ciel où, au fil des mois et des années, on voit lentement se décaler ces « astres errants » que sont les planètes. La ligne centrale de cette bande correspond au trajet annuel du Soleil par rapport aux étoiles, appelé écliptique.

Les astronomes mésopotamiens ont également défini des constellations. On appelle ainsi une région du ciel où l'ensemble des étoiles forme un motif ressemblant à un personnage, un animal, un objet… du moins pour qui a une bonne dose d'imagination ! Quoi qu'il en soit, les astronomes ont repéré ainsi diverses constellations et en particulier une douzaine qui sont traversées par le cercle de l'écliptique. Celles-ci deviendront les douze constellations du zodiaque, si chères aux astrologues !

Inventer des constellations, c'est bien sûr pour les hommes de l'Antiquité projeter dans le ciel leur mythologie et leurs croyances, mais c'est aussi construire un outil permettant de mieux se repérer dans le fouillis des étoiles. C'est d'ailleurs toujours dans ce but que la très sérieuse Union astronomique internationale a partagé la sphère céleste en 88 constellations « officielles », parfaitement délimitées.

## L'harmonie des sphères

Les philosophes et astronomes grecs sont les premiers, dès le IVe siècle avant J.-C., à vouloir aller au-delà des apparences et à s'interroger sur la réalité de l'organisation du monde. Ils vont chercher à construire un modèle de la « machinerie » à l'œuvre dans le ciel, qui puisse rendre compte des observations. Cette construction va se faire sur des bases philosophiques et métaphysiques que l'on attribue à Platon et qui posent comme principe que le monde des cieux est nécessairement parfait. Or les seules formes « dignes » de cette perfection sont la sphère dans l'espace ou le cercle dans le plan. Par ailleurs, les mouvements harmonieux ne peuvent être que circulaires et uniformes (c'est-à-dire à vitesse constante).

Le premier modèle élaboré sur ces bases est l'œuvre de l'astronome Eudoxe de Cnide au début du IVe siècle avant J.-C. La Terre sphérique et immobile se trouve au centre du monde. Les astres du ciel lui tournent autour, portés par des sphères transparentes toutes centrées sur la Terre : c'est le modèle dit « des sphères homocentriques ». La sphère la plus éloignée de la Terre porte l'ensemble des étoiles fixes. Chacun des autres astres (Soleil, Lune et planètes) est porté par deux ou trois sphères solidaires mais articulées, de façon à pouvoir composer des mouvements de rotation dans plusieurs directions. On trouve dans l'ordre en partant de la Terre : la Lune, le Soleil, Vénus, Mercure, Mars, Jupiter et Saturne.

# Ça tourne rond chez Aristote

C'est là qu'entre en scène un personnage dont l'influence dans le domaine de la cosmologie va être considérable : le grand Aristote (384-322 av. J.-C.). Ce disciple de Platon puis fondateur d'une académie à Athènes mène de nombreuses études scientifiques sur divers aspects du monde naturel. Son imposante œuvre écrite lui confère un rayonnement considérable et une grande influence sur les philosophes de son époque, et bien au-delà.

Aristote n'est pas un astronome. Il adopte *grosso modo* le modèle cosmologique d'Eudoxe en modifiant quelques détails. Il expose sa conception du monde dans une œuvre, le *Traité du ciel*, qui restera une référence durant tout le Moyen Âge.

L'univers d'Aristote est formé de deux mondes qui sont régis par des lois différentes. En dessous de la sphère de la Lune, le monde infra-lunaire, englobant donc la Terre qui est toujours au centre, est le lieu de l'imperfection, du changement, du mouvement rectiligne ou dévié, de l'éphémère et du périssable. Au-delà de la sphère de la Lune et jusqu'à la sphère des étoiles fixes qui est la limite de l'univers, le monde supra-lunaire est le lieu de la perfection, des mouvements circulaires uniformes, de l'immuable où rien ne peut apparaître ou disparaître.

Comme Aristote n'admet pas l'existence du vide, il emplit le monde supra-lunaire d'un cinquième élément appelé « quintessence » ou plus tard « éther » (les quatre éléments de base selon Aristote étant l'air, l'eau, la terre et le feu).

# Aristarque avait tout compris

L'emprise de la pensée d'Aristote sur les générations suivantes est immense, mais il se trouve malgré tout quelques rares astronomes qui osent remettre en cause certaines de ses idées.

C'est le cas d'Aristarque de Samos qui vécut entre 310 et 230 avant J.-C. (dates approximatives…). Grâce à d'astucieuses méthodes, ce dernier réussit à évaluer le diamètre et la distance de la Lune avec une étonnante précision (il trouve une distance de 60 fois le rayon terrestre, soit environ 380 000 km : excellente valeur !) puis la distance et le diamètre du Soleil. Même si cette fois l'imprécision est nettement plus grande, il arrive malgré tout à la conclusion que le Soleil est beaucoup plus gros que la Terre et il lui apparaît dès lors plus logique que ce soit le plus petit objet qui tourne autour du plus gros.

Il propose un modèle cosmologique qui place le Soleil au centre du monde avec la Terre qui tourne autour, tout comme les autres planètes, et qui tourne sur elle-même en un jour. Ce modèle héliocentrique (du grec *hélios* signifiant

« Soleil ») était le bon, mais les idées du génial Aristarque ne feront pas recette chez ses contemporains, qui refusent de voir la Terre quitter le centre du monde.

## Ptolémée triche un peu

Les astronomes grecs des siècles suivants ont bien conscience que le système cosmologique d'Aristote ne permet pas de rendre compte précisément des positions et mouvements des astres, et certains lui apportent quelques améliorations. Mais celui qui le fera évoluer de façon déterminante est Claude Ptolémée, certainement l'un des plus grands astronomes de l'Antiquité qui vécut de 100 à 170 après J.-C. (encore des dates approximatives !).

### POURQUOI LES PLANÈTES CHANGENT-ELLES DE SENS ?

Les planètes tournent autour du Soleil et sont observées depuis la Terre, qui tourne aussi autour du Soleil dans le même sens mais à une vitesse différente. En effet, plus une planète est proche du Soleil, plus sa vitesse est grande. La planète Mars par exemple est plus éloignée du Soleil que la Terre et avance donc moins vite.

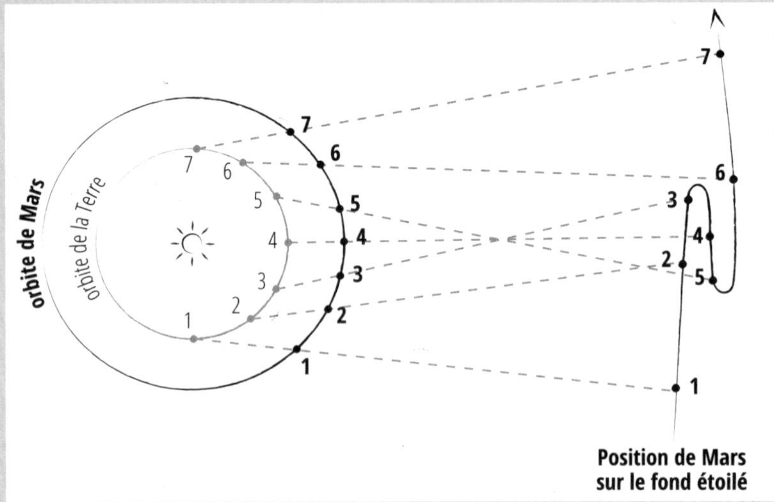


Le mouvement apparent de Mars.

Le schéma ci-dessus montre comment la position de Mars sur le fond d'étoiles fixes (courbe de droite) se déplace d'abord dans le sens direct, puis change de sens (rétrograde) quand la Terre « dépasse » Mars, puis reprend son sens direct.

Il modifie l'ordre des planètes, qui devient en partant de la Terre : la Lune, Mercure, Vénus, le Soleil, Mars, Jupiter et Saturne. Mais il conserve les fondements du système d'Aristote, à savoir une Terre sphérique immobile, autour de laquelle tournent les astres, ainsi que le principe des mouvements circulaires. Sur ces bases biaisées, Ptolémée va réussir le tour de force de construire un modèle performant qui coïncide assez bien avec les observations et permet donc de prévoir les phénomènes tels que positions et alignements d'astres, éclipses, etc. Cette construction se fait toutefois au prix d'une grande complexification du système et d'une certaine transgression des principes aristotéliciens.

Il faut dire que le mouvement apparent des astres, et notamment des planètes, se révèle très compliqué : vitesses variables, arrêts, changements de sens, oscillation de part et d'autre de l'écliptique...

Pour obtenir une bonne adéquation entre son modèle cosmologique et la réalité observée, Ptolémée est contraint d'utiliser divers artifices géométriques : épicycle, excentricité et point équant.

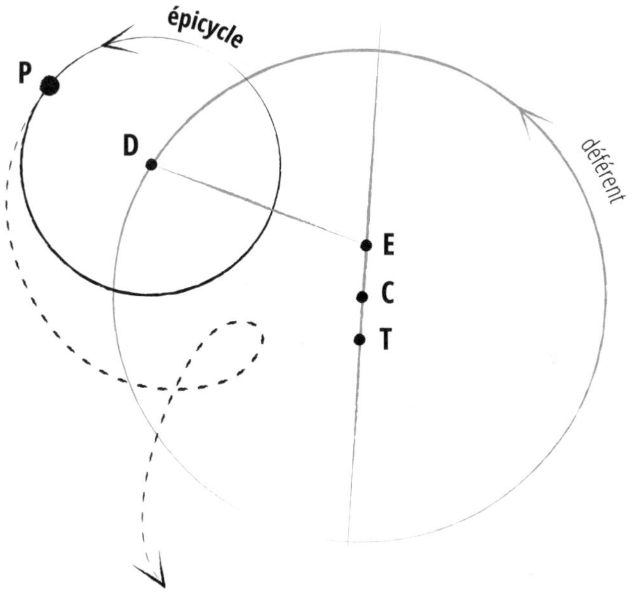


**FIGURE 1-1 :** Mouvement d'une planète chez Ptolémée.

Sur la figure ci-dessus, l'épicycle est le cercle décrit à vitesse uniforme par la planète (P), dont le centre D tourne sur un plus grand cercle appelé « déférent ».

Cette astuce permet de reproduire le mouvement rétrograde de la planète, comme le montre la courbe en pointillés sur le schéma. Pour justifier des vitesses variables des planètes, la Terre (T) n'est pas située au centre (C) du cercle déférent mais décalée d'une certaine distance : l'excentricité. De plus, Ptolémée place un point E symétrique de T par rapport à C, appelé le « point équant ». C'est autour de ce point qu'il fait tourner le segment ED à vitesse constante.

Ainsi, en jouant sur les vitesses de rotation, les diamètres des cercles et l'excentricité – et moyennant des calculs fort complexes ! –, Ptolémée parvient à reproduire assez fidèlement et à prédire le mouvement apparent des astres.

Il rassemble tout son savoir astronomique dans un ouvrage majeur appelé *Grande Syntaxe*, plus connu sous le nom d'*Almageste*, qui sera adopté par l'Église et restera la référence des astronomes jusqu'au XVIIe siècle !

# Le Soleil passe au centre

Toute la période moyenâgeuse en Europe ne voit guère d'évolution des idées en cosmologie ni des connaissances en astronomie ; le système de Ptolémée règne en maître. Il faut attendre la Renaissance pour que des idées nouvelles, et même révolutionnaires, puissent apparaître avec les propositions du chanoine polonais Nicolas Copernic (1473-1543) qui met le Soleil au centre du monde. Cette nouvelle vision de l'univers va progressivement se diffuser et faire des adeptes, mais cela ne se passera pas bien sûr sans résistances, à commencer par celle de l'Église qui n'entend pas abandonner son dogme géocentrique. Toutefois la science moderne s'est mise en marche et va faire vaciller puis s'écrouler le modèle de Ptolémée.

## Copernic fait sa révolution

Copernic est certes chanoine, mais aussi humaniste, médecin, et passionné d'astronomie. Comme d'autres astronomes de la Renaissance, il est très critique vis-à-vis du système de Ptolémée qu'il trouve monstrueusement compliqué. Il est persuadé, d'un point de vue philosophique, que le monde réel doit être harmonieux et donc organisé plus simplement. De plus, Copernic reste attaché à l'idée aristotélicienne d'un mouvement circulaire et uniforme des astres. Or force est de constater que dans le modèle de Ptolémée, cet axiome-là est quelque peu foulé aux pieds : la Terre n'est plus au centre d'un mouvement circulaire, et ce dernier n'est uniforme que par rapport au point équant, qui ne représente aucune réalité !

Copernic va alors rechercher un dispositif plus simple et finalement réinventer le système héliocentrique d'Aristarque. Il place le Soleil au centre et ramène la Terre au rang d'astre errant, tournant autour du Soleil en un an, et sur elle-même en un jour. Les autres planètes tournent également autour du Soleil alors que la sphère des étoiles devient fixe. Seule la Lune continue à tourner autour de la Terre.

Copernic justifie son système par le fait qu'il assure « ordre et harmonie dans le cosmos » en expliquant les phénomènes observés de façon simple. Par exemple le mouvement rétrograde des planètes devient une évidence, de même que la corrélation entre l'ordre des planètes (Mercure, Vénus, Terre, Mars, Jupiter, Saturne) et leur période de révolution (durée d'un tour) autour du Soleil : de 88 jours pour Mercure jusqu'à 30 ans pour Saturne. Il explique également que si l'on ne voit pas de décalage de la direction des étoiles alors que la Terre se déplace, c'est parce que les étoiles sont extrêmement éloignées, contrairement à ce que l'on croyait auparavant.

Toutefois, Copernic voulant conserver des trajectoires circulaires, son modèle n'explique qu'imparfaitement les variations de la vitesse apparente des planètes. En effet, celles-ci suivent en réalité une orbite légèrement elliptique (en forme d'ellipse). Détail amusant : pour tenter d'améliorer son modèle, il ne trouve pas d'autre solution que de réintroduire... des petits épicycles !

Copernic sait très bien que son modèle héliocentrique va fortement déplaire à l'Église. Aussi se refuse-t-il longtemps à diffuser ses idées (prudent, le chanoine !), jusqu'à ce que son disciple Joachim Rheticus parvienne à le persuader de réaliser un livre présentant sa théorie. Son œuvre *De revolutionibus orbium cœlestium* (*De la révolution des orbes célestes*) est finalement publiée en 1543 (l'année même où il meurt de maladie) avec une judicieuse préface indiquant que les idées exposées ne sont qu'une hypothèse mathématique destinée à « sauver les apparences ». En conséquence, l'Église ne prononce pas de mise à l'Index de l'œuvre. Cette dernière va donc pouvoir être diffusée et va déclencher la « révolution copernicienne » des idées en cosmologie, qui finira par avoir raison de l'archaïque dogme géocentrique.

## L'ELLIPSE

Pour faire simple, on peut dire qu'une ellipse, c'est un cercle aplati. Mais convenons que cette définition n'est pas très mathématique ! Une ellipse, c'est aussi l'ensemble des points d'un plan pour lesquels la somme des distances (d + d' sur la figure ci-dessous) à deux points fixes (F et F') de ce plan est constante.

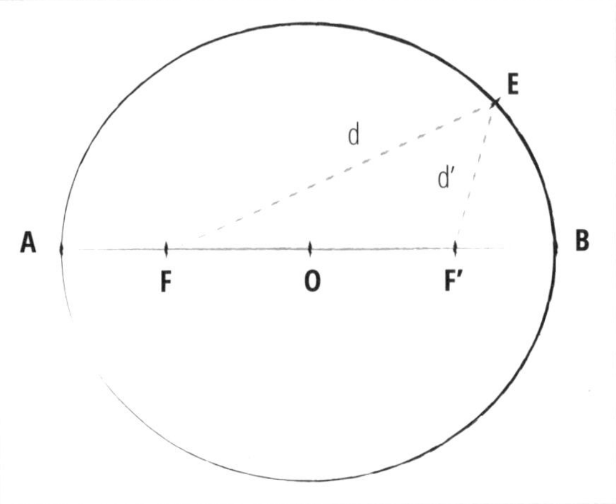


L'ellipse.

Cette définition permet de tracer facilement et grossièrement une ellipse sur une planchette en plantant deux clous en F et F' puis en attachant une ficelle (plus longue que FF') aux deux clous. Il suffit ensuite de placer un crayon dans la boucle de la ficelle (point E) et de déplacer le crayon en maintenant la ficelle tendue.

Le point O est le centre de l'ellipse et le segment AB son grand axe ; F et F' sont appelés les « foyers ». Plus ces derniers sont proches l'un de l'autre, plus l'ellipse ressemble à un cercle. Pour rendre compte de l'« aplatissement » plus ou moins grand de l'ellipse, on définit son excentricité par le rapport OF/OA qui varie entre 0 et 1. Un cercle a une excentricité nulle.

## L'Église n'apprécie pas l'héliocentrisme

En cette fin de XVIe siècle, les astronomes adhérant au modèle copernicien sont encore peu nombreux, car d'une part il est toujours difficile d'abandonner une théorie établie de longue date, et d'autre part l'Inquisition veille ! Les sympathisants coperniciens ont plutôt intérêt à être discrets, ou à présenter leurs idées comme de simples hypothèses, sous peine d'être déclarés hérétiques et d'avoir les pires ennuis.

Cette prudence manque au philosophe italien Giordano Bruno (1548-1600) qui défend une vision de l'univers allant bien au-delà de celle de Copernic. Il imagine un univers infini où chaque étoile est un soleil autour duquel tournent des planètes, et cet univers est peuplé d'innombrables mondes plus ou moins semblables au nôtre.

Il apparaît aujourd'hui que sa vision était fulgurante, mais il lui en a cuit... puisqu'il a été brûlé vif le 16 février 1600 par l'Inquisition !

Un autre copernicien convaincu, l'illustre savant italien Galilée (1564-1642), a bien failli connaître la même fin dramatique. En scrutant le ciel avec sa lunette qu'il a lui-même fabriquée et progressivement améliorée, il effectue diverses observations qui disqualifient de façon rédhibitoire le modèle géocentrique.

## VU À TRAVERS LA LUNETTE DE GALILÉE

Galilée décèle la présence de reliefs à la surface de la Lune, qui n'est donc pas un corps parfaitement sphérique et lisse comme le présentait Aristote. Il observe quantité d'étoiles invisibles à l'œil nu et découvre que la Voie lactée est constituée d'une myriade d'étoiles. Il découvre surtout que Jupiter possède quatre satellites, ce qui montre que la Terre n'est pas le seul centre des révolutions célestes. Ces quatre satellites (Io, Europe, Ganymède et Callisto) sont depuis qualifiés de « galiléens ». Il observe enfin que Vénus, comme la Lune, présente des phases, c'est-à-dire des aspects variables (croissant, quartier, disque...). Or cette observation ne peut s'expliquer que si Vénus tourne autour du Soleil.

Galilée publie en 1910 un petit livre, *Sidereus nuncius* (*Messager céleste*), qui présente ses découvertes et explique en quoi elles confirment le système de Copernic. L'énorme succès de cet ouvrage assure sa renommée internationale, mais marque aussi le début de ses démêlés avec l'Église. En 1616, Galilée reçoit un premier avertissement de la part de celle-ci, lui demandant de renoncer à la doctrine héliocentrique et de ne pas l'enseigner ou en parler d'une quelconque manière. Mais en 1632, il publie *Dialogue sur les deux grands systèmes du monde* qui met en scène trois personnages : Salviati (Galilée déguisé !) qui défend le système de Copernic, Simplicio qui défend le système de Ptolémée et Sagredo qui est un honnête homme cherchant à comprendre. Bien sûr les arguments de Salviati sont beaucoup plus pertinents et percutants que ceux de Simplicio et le système héliocentrique apparaît nettement vainqueur !

Malgré une autorisation préalable d'éditer son livre de la part des autorités ecclésiastiques, Galilée est convoqué devant le tribunal de l'Inquisition pour « flagrant délit d'hérésie ». Le 22 juin 1633, pour éviter la torture, il doit déclarer à genoux qu'il s'est trompé et que le système de Copernic est erroné. C'est à l'issue de cette abjuration qu'il aurait murmuré à propos de la Terre : « *Eppur si muove !* » (« Et pourtant elle tourne ! »).

## GALILEO GALILEI, DIT GALILÉE : UN GÉANT DE LA SCIENCE

Galilée naît en 1564 à Pise et passe l'essentiel de sa jeunesse à Florence. Il devient professeur de mathématiques à l'université de Pise, puis en 1592 à celle de Padoue, près de Venise, où il enseignera jusqu'en 1610.

Galilée fait preuve très tôt d'un esprit curieux et inventif. Il s'intéresse notamment à l'astronomie et à tous les phénomènes qui relèvent de ce que l'on appelle aujourd'hui la physique : mouvements des corps (chute, oscillations...), équilibres, objets flottants, chaleur, etc.

Il invente et fabrique au cours de sa vie de nombreux instruments : sa célèbre lunette astronomique bien sûr, mais aussi l'un des premiers microscopes, un compas proportionnel pour réaliser des calculs complexes, un thermoscope pour mesurer la température, une balance hydrostatique, etc.

De façon totalement originale pour l'époque, il a une approche scientifique des phénomènes en ce sens qu'il multiplie les expériences et les mesures, et cherche ensuite à rendre compte de ses résultats sous forme mathématique.

Son expérience la plus célèbre à propos de la chute des « graves » (comme on disait à l'époque) est celle réalisée depuis le haut de la tour penchée de Pise. Il lâche en même temps deux boules en pierre de diamètre et donc de poids différents. Les deux boules atteignent le sol en même temps, contrairement à l'enseignement d'Aristote, rabâché par les professeurs, siècle après siècle, sans vérification, et qui déclare que l'objet le plus lourd tombe le plus vite ! Ainsi, Galilée n'hésite pas à remettre en cause les enseignements classiques d'Aristote quand ils sont en désaccord avec l'expérience. Mais cette disposition va lui jouer un vilain tour...

Les années 1609 et 1610 sont un tournant dans la vie de Galilée. Les observations qu'il effectue avec sa lunette astronomique finissent de le convaincre du bien-fondé des idées de Copernic, qu'il va contribuer à largement diffuser par ses livres. Mais il revient en 1610 à Florence en tant que mathématicien à la cour du grand-duc de Toscane et se trouve ainsi dans une région où l'Église a une grande influence. Cela conduira à son procès et sa condamnation en 1633. Assigné alors à résidence dans sa villa d'Arcetri près de Florence, Galilée écrit son plus grand chef-d'œuvre, *Discours concernant deux sciences nouvelles*, synthèse de toutes ses recherches sur les mouvements et les forces, qui marque le début de la mécanique moderne et servira de fondement aux travaux de Newton.

Galilée meurt de maladie en janvier 1642. Véritable précurseur de la démarche scientifique moderne basée sur l'expérimentation (ou l'observation en astronomie) en lien avec la modélisation mathématique, il reste l'un des plus grands scientifiques de l'histoire.

# Kepler impose ses lois

Avec Copernic et Galilée, le troisième personnage clé dans la révolution des idées en cosmologie est l'astronome allemand Johannes Kepler (1571-1630). C'est un contemporain de Galilée et il partage avec ce dernier la conviction du bien-fondé du système de Copernic. En 1600, Kepler rejoint à Prague le grand astronome danois Tycho Brahe (1546-1601) qui occupe le poste prestigieux de mathématicien impérial auprès de l'empereur Rodolphe II.

## LES LOIS DE KEPLER

Voici les principes énoncés par les trois lois de Kepler :

» **Première loi (loi des orbites)** : l'orbite d'une planète est une ellipse dont le Soleil occupe l'un des foyers.

» **Deuxième loi (loi des aires)** : le segment qui joint le centre de la planète au centre du Soleil balaie des aires égales en des temps égaux.

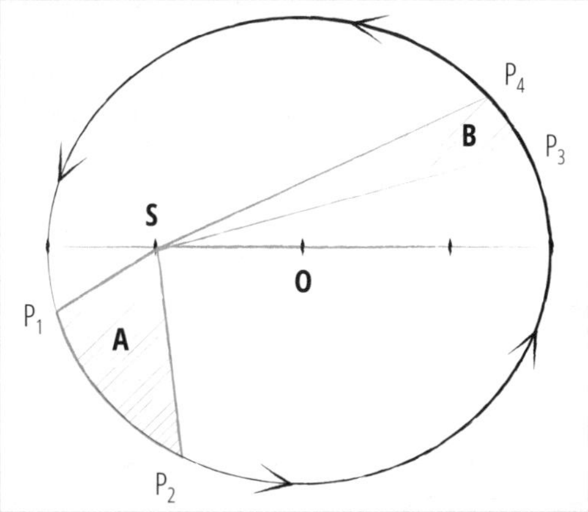

Trajectoire elliptique d'une planète.

Dans le schéma, l'aire A est égale à l'aire B et le déplacement de la planète de $P_1$ à $P_2$ a la même durée que de $P_3$ à $P_4$. Il en découle que la vitesse de la planète est plus grande si elle est plus proche du Soleil.

» **Troisième loi (loi des périodes)** : le carré de la période d'une planète est proportionnel au cube de sa distance moyenne au Soleil (demi-grand axe de l'ellipse).

Cette loi est certes un peu compliquée et mérite que l'on prenne un exemple ! Supposons qu'une planète soit 2 fois plus éloignée du Soleil qu'une autre. Le cube de 2 étant égal à 8, le carré de sa période sera 8 fois plus grand, donc sa période sera $\sqrt{8}$ fois, soit 2,8 fois plus grande que celle de l'autre planète.

On pourra aussi se souvenir plus simplement que plus la planète tourne loin du Soleil, plus elle va lentement.

Tycho Brahe est un astronome observateur hors pair qui a établi précédemment avec une grande précision des relevés de positions des astres (étoiles, planètes, Lune...) sur de longues périodes. Il est par ailleurs l'auteur d'un modèle cosmologique hybride dans lequel les planètes tournent autour du Soleil, mais celui-ci tourne autour de la Terre qui elle-même reste immobile au centre du monde !

Brahe meurt un an après l'arrivée de Kepler, ce qui permet à ce dernier de récupérer non seulement sa charge de mathématicien impérial (ce qui est toujours bon à prendre !), mais aussi tous ses documents et recueils d'observations. Il va alors s'atteler à une mission que lui avait confiée Tycho Brahe : étudier la trajectoire de la planète Mars et construire un modèle qui puisse en rendre compte précisément.

Il lui faudra huit années de calculs acharnés à partir des données accumulées pour établir les deux premières lois qui régissent le mouvement de Mars et des planètes en général : orbite elliptique (première loi) et loi des aires (deuxième loi) qui explique pourquoi les planètes vont d'autant plus vite qu'elles sont plus proches du Soleil.

Après dix années de travail supplémentaire, il énonce en 1619 sa troisième loi qui établit une relation mathématique entre la distance moyenne de la planète au Soleil et sa période de révolution.

## Newton justifie et unifie

Les lois de Kepler sont empiriques, c'est-à-dire établies à partir d'observations. Il restait à expliquer pourquoi il en est ainsi et donc quelle est la loi physique qui gouverne le mouvement des planètes.

C'est à cette question que va se consacrer l'Anglais Isaac Newton (1642-1727), un autre géant de la science. À partir des lois de Kepler mais aussi des lois régissant la chute des corps établies par Galilée, Newton va construire sa théorie de la gravitation universelle, présentée dans un ouvrage publié en 1687 et considéré généralement comme le plus grand livre scientifique de tous les temps : *Philosophiæ naturalis principia mathematica* (*Principes mathématiques de la philosophie naturelle*). Il y est établi notamment que deux corps matériels s'attirent avec une force dont l'intensité est proportionnelle à leurs masses respectives et inversement proportionnelle au carré de leur distance. Cette loi s'applique aussi bien à la chute des corps qu'au mouvement orbital des planètes : Newton unifie les mécaniques terrestre et céleste qui étaient auparavant considérées comme différentes.

Avec Kepler et Newton, le géocentrisme est définitivement enterré.

## LA POMME ET LA LUNE

L'anecdote, certainement pas totalement légendaire, est connue de tous. La chute d'une pomme tombant d'un arbre déclenche chez Newton un questionnement, puis une intuition géniale qui va le conduire *in fine* à la théorie de la gravitation universelle.

La question posée est simple : pourquoi la Lune ne tombe-t-elle pas sur la Terre, comme le fait la pomme ?

Newton conçoit une réponse géniale tant elle semble paradoxale : la Lune tombe en permanence vers la Terre, mais elle tombe toujours à côté ! En effet, le mouvement orbital de la Lune autour de la Terre est le résultat d'un compromis entre deux causes : la force de gravitation qui l'attire vers la Terre et tend donc à la rapprocher de celle-ci, et son inertie qui tend à lui faire continuer son chemin en ligne droite, et donc à l'éloigner de la Terre.

# La famille s'agrandit

La lunette de Galilée a ouvert la voie à une nouvelle astronomie d'observation qui va se développer rapidement dès le XVII^e siècle. Les astronomes vont utiliser des instruments de plus en plus performants : lunettes à lentilles de plus grand diamètre, puis télescopes (utilisant un miroir parabolique pour capter et concentrer la lumière) de plus grande ouverture. Ils peuvent ainsi observer avec un plus fort grossissement la Lune et les planètes. Par contre les étoiles restent toujours des points lumineux, et même si on ne sait pas alors mesurer leur distance, on prend conscience que celles-ci sont bien plus éloignées que les planètes. En fait, on sait aujourd'hui que toutes les étoiles sont des « soleils » situés à des distances pharamineuses ! La plus proche est à plus de 4 années-lumière, soit environ 40 000 milliards de kilomètres, alors que pour comparaison, on place la limite du système solaire à environ 15 à 20 milliards de kilomètres.

## UNITÉS DE DISTANCE EN ASTRONOMIE

Pour exprimer les « petites » distances au sein du système solaire, on peut encore utiliser les kilomètres, mais on manipule alors les centaines de millions ou les milliards de kilomètres. C'est pourquoi les astronomes préfèrent utiliser l'unité astronomique (UA) qui est égale à la distance moyenne Terre-Soleil, soit environ 150 millions de kilomètres (149 597 871 km si l'on aime la précision !).

Quand il s'agit d'exprimer les distances des étoiles, on utilise une unité beaucoup plus grande, l'année-lumière (AL), qui est tout simplement égale à la distance parcourue par la lumière en une année. Avançant à 300 000 kilomètres par seconde, elle parcourt 9 460 milliards de kilomètres en un an.

Dès la seconde moitié du XVII$^{e}$ siècle, on commence à découvrir de nouveaux astres dans le système solaire. Après les anneaux de Saturne, le Hollandais **Christiaan Huygens (1629-1695)** découvre en 1655 son plus gros satellite, Titan, puis l'Italien **Giovanni Domenico Cassini (1625-1712)** observe quatre autres satellites de cette planète. La famille commence à s'agrandir…

## LES ANNEAUX DE SATURNE

Ses magnifiques anneaux font de Saturne un des objets les plus photogéniques du ciel. Si sur les photos ils ont un aspect continu, ils sont en fait constitués de milliards de petits corps (poussières, petits blocs rocheux et essentiellement de la glace d'eau) qui tournent dans un même plan, formant un disque d'à peine quelques centaines de mètres d'épaisseur pour un diamètre de près de 400 000 kilomètres !

Leur origine reste très mystérieuse. D'après la théorie la plus en vue, ils proviendraient de la dislocation d'une ou plusieurs « lunes » de Saturne qui se seraient approchées trop près de la planète – en deçà de la limite de Roche, du nom de l'astronome français **Édouard Roche (1820-1883)** qui a étudié ce phénomène – et qui auraient été déchiquetées par les puissantes forces de marée générées par l'énorme masse de la planète.

# Deux nouvelles venues

**William Herschel (1738-1822)** est un musicien d'origine allemande établi en Angleterre. Passionné d'astronomie et amateur éclairé, il construit des télescopes avec lesquels il réalise des observations de qualité. Le 13 mars 1781, en braquant son télescope vers une région du ciel proche de l'écliptique, il observe un astre non ponctuel qu'il prend au départ pour une comète. Mais les caractéristiques de son orbite (quasi circulaire et suivant l'écliptique) et son éclat invariable montre qu'il s'agit en fait d'une nouvelle planète, deux fois plus éloignée du Soleil que Saturne. Elle sera nommée Uranus, nom inspiré d'Uranie, la Muse de l'astronomie dans la mythologie grecque. Six ans plus tard, Herschel découvre déjà deux satellites de cette nouvelle planète.

## Planète prévue avant d'être vue !

Quelques décennies après la découverte d'Uranus, l'observation précise de sa trajectoire montre que celle-ci ne correspond pas exactement à celle que prévoit la loi de la gravitation universelle.

Certains astronomes font alors l'hypothèse que cet écart pourrait être dû à la présence dans les parages d'un astre perturbateur inconnu, qui agirait gravitationnellement sur Uranus. Le Français **Urbain Le Verrier (1811-1877)** entreprend alors les calculs complexes destinés à localiser cet éventuel astre perturbateur. Ses résultats sont transmis aux observatoires astronomiques et là : bingo ! Le 23 septembre 1846 à Berlin, l'Allemand **Johann Gottfried Galle (1812-1910**) observe une nouvelle planète à l'endroit qu'avait prévu Le Verrier ! Elle est baptisée Neptune et suit une orbite trois fois plus éloignée du Soleil que Saturne. La mécanique céleste de Newton triomphe et la famille du Soleil compte alors huit planètes.

## Les huit planètes du Soleil

Le système solaire comprend encore aujourd'hui ces mêmes huit planètes qui tournent à peu près dans le même plan et dans le même sens, conséquence du processus de leur formation. Les quatre premières en partant du Soleil (Mercure, Vénus, Terre et Mars) sont dites « telluriques », c'est-à-dire à surface rocheuse. Les suivantes (Jupiter, Saturne, Uranus et Neptune) sont des géantes dites « gazeuses », composées essentiellement d'hydrogène et d'hélium.

**TABLEAU 1-1 Caractéristiques principales des planètes**

| | Masse (en masses terrestres) | Diamètre (en km) | Distance au Soleil (en UA) | Période de révolution | Excentricité de l'orbite | Inclinaison sur l'écliptique (en °) |
|---|---|---|---|---|---|---|
| **Mercure** | 0,056 | 4 860 | 0,4 | 88 jours | 0,21 | 7 |
| **Vénus** | 0,82 | 12 140 | 0,72 | 225 jours | 0,01 | 3,4 |
| **Terre** | 1 | 12 760 | 1 | 1 an | 0,02 | 0 |
| **Mars** | 0,11 | 6 800 | 1,5 | 2 ans | 0,09 | 1,8 |
| **Jupiter** | 318 | 143 200 | 5,2 | 12 ans | 0,05 | 1,3 |
| **Saturne** | 95 | 120 000 | 9,5 | 29,5 ans | 0,06 | 2,5 |
| **Uranus** | 15 | 52 000 | 19,2 | 84 ans | 0,05 | 0,8 |
| **Neptune** | 17 | 50 000 | 3,1 | 165 ans | 0,01 | 1,8 |

Les planètes entraînent dans leur voyage leurs satellites : on en compte plus de soixante autour de Jupiter ou de Saturne.

## Des géantes gazeuses… en surface

Les géantes gazeuses ont une composition proche de celle du Soleil, car elles l'ont héritée du nuage primitif de gaz et de poussières à l'origine du système solaire. Elles contiennent donc environ trois quarts d'hydrogène et un quart d'hélium, avec une petite proportion d'éléments plus lourds.

La structure interne de ces planètes reste très mystérieuse et hypothétique, car son décryptage est seulement fondé sur des observations indirectes ou des expériences de laboratoire.

Les astronomes pensent que ces planètes ont un petit noyau solide formé d'éléments lourds, surtout fer et silicates. Sur Jupiter et Saturne, l'énorme pression de plusieurs dizaines de millions de bars régnant dans les profondeurs de la planète met l'hydrogène dans un état très particulier de liquide métallique. Les électrons sont alors libres d'y circuler comme dans un métal, à l'image du mercure liquide. Cet hydrogène métallique liquide, qui occupe la plus grande partie de la planète, est surmonté d'un océan d'hydrogène moléculaire liquide, lui-même recouvert d'une atmosphère d'hydrogène et d'hélium gazeux de faible épaisseur : un millier de kilomètres environ. Pour Uranus et Neptune, nettement moins massives, la pression plus faible en son centre ne permet pas à l'hydrogène d'être à l'état de liquide métallique, mais seulement d'hydrogène moléculaire liquide.

Finalement, il semblerait donc que ces planètes géantes soient plus liquides que gazeuses !

# Recherche planète désespérément

La recherche d'une planète supplémentaire n'a jamais cessé depuis la fin du XVIIIe siècle.

## La planète manquante

Lorsqu'on considère les distances au Soleil des planètes successives, on constate une certaine régularité dans l'accroissement de ces distances, sauf entre Mars et Jupiter où il y a un grand vide. Les astronomes de la fin du XVIIIe siècle pensent qu'une planète encore inconnue doit donc se cacher dans cette région, à environ 2,8 UA du Soleil. Cette planète manquante est alors activement recherchée et finalement observée le 1er janvier 1801 par **Giuseppe Piazzi (1746-1826)** à Palerme, qui la baptise Cérès. Elle apparaît bien petite (son diamètre mesure en fait 950 km) mais elle prend sa place à côté des sept autres planètes (Neptune n'est pas encore découverte).

De 1801 à 1807, trois autres planètes encore plus petites (Pallas, Juno et Vesta) sont découvertes. On se retrouve donc avec onze planètes en tout, ce qui commence déjà à faire beaucoup… Mais après quelques décennies, grâce au perfectionnement des moyens d'observation, on va découvrir, toujours dans la même région du ciel, des quantités d'astres semblables, de quelques centaines de kilomètres de diamètre ! Là, ça fait carrément trop : Cérès et ses compagnons sont alors rétrogradés au rang d'astéroïdes au même titre que les millions d'autres corps rocheux qui tournent comme eux dans le plan de l'écliptique entre 2 et 3,5 UA, soit entre 300 et 500 millions de kilomètres du Soleil.

Pourquoi cette « ceinture d'astéroïdes » se trouve-t-elle là ? On pense aujourd'hui qu'il s'agit peut-être des vestiges d'une planète avortée, ces éléments n'ayant pas pu se rassembler et s'accréter pour former une planète à cause des perturbations gravitationnelles provoquées par l'énorme Jupiter relativement proche…

# Une (trop) petite dernière

Vers la fin du XIXe siècle, le riche astronome amateur américain **Percival Lowell (1855-1916)** fait construire en Arizona un observatoire astronomique qui portera son nom, dédié à l'étude des planètes. Il espère entre autres découvrir une nouvelle planète au-delà de Neptune en utilisant la même méthode qui avait permis à Le Verrier de localiser cette dernière. Dès 1905, la traque s'organise à l'observatoire Lowell, mais le fondateur meurt en 1916 sans qu'aucune planète ait été dénichée. L'observation continue néanmoins et, en 1930, **Clyde Tombaugh (1906-1997)**, jeune astronome américain de 24 ans, compare des photos prises à quelques jours d'intervalle et repère un objet peu lumineux qui s'est légèrement déplacé. Il apparaît très lointain (environ 40 UA, soit 6 milliards de kilomètres) et son image de mauvaise qualité dans les télescopes de l'époque laisse supposer que son diamètre est supérieur à 5 000 kilomètres. Il ne fait donc aucun doute que la neuvième planète a été découverte : elle sera baptisée Pluton. Cette petite dernière a toutefois une trajectoire plutôt étrange pour une planète : elle est assez fortement inclinée (17°) par rapport à l'écliptique et sensiblement « aplatie » (excentricité égale à 0,25).

En 1978, la puissance des télescopes est devenue suffisante pour découvrir que Pluton est en fait accompagnée d'un satellite, Charon, très proche et deux fois plus petit qu'elle. Cette découverte conduit à revoir à la baisse les mensurations de Pluton : avec 2 300 kilomètres de diamètre effectif, elle devient bien petite… Toutefois, personne ne remet alors en cause son statut de planète.

# Du changement dans le système solaire

Dans les années 1990, grâce aux progrès de l'instrumentation, une multitude de très gros astéroïdes sont progressivement détectés au-delà de Neptune. Ces objets trans-neptuniens forment ce que l'on appelle la ceinture de Kuiper, du nom de l'astronome américain d'origine néerlandaise qui avait prédit l'existence de ce réservoir d'astéroïdes (et aussi de comètes). Il semble compter des dizaines, voire peut-être des centaines de milliers d'individus de plus de 100 kilomètres de diamètre qui tournent pour la plupart entre 30 UA et 50 UA du Soleil.

Il apparaît rapidement que Pluton fait partie de cette catégorie d'objets, mais le poids de l'histoire lui permet encore de garder son rang. Les vrais ennuis pour notre neuvième planète vont commencer le 5 janvier 2005 quand l'astronome américain **Michael E. Brown (né en 1965)** annonce la découverte d'un objet trans-neptunien au nom poétique de « 2003 UB 313 », rebaptisé ensuite Éris (ouf !), qui est légèrement plus grand et plus massif que Pluton ! Va-t-il être répertorié comme la dixième planète du système solaire ? Eh bien non, car craignant une inflation rapide du nombre de planètes, l'Union astronomique internationale (UAI) adopte en août 2006 une définition plus restrictive du mot « planète » et crée une catégorie intermédiaire entre planètes et astéroïdes, les planètes naines, dans laquelle Pluton se trouve rétrogradée ! Au grand dam des Américains, qui ont ainsi « perdu » la seule planète qui ait été découverte par un compatriote !

Ironie de l'histoire : à peine sept mois plus tôt, en janvier 2006, la sonde américaine New Horizons était lancée en direction de Pluton afin d'observer de près cette « neuvième planète » dont on ne sait pas grand-chose !

Elle est d'ailleurs parfaitement arrivée à destination le 14 juillet 2015 après un périple de 4,8 milliards de kilomètres et a survolé la planète (naine !) en la photographiant.

### PLANÈTE, PLANÈTE NAINE D'APRÈS L'UAI

Pour être considéré comme une planète, un objet doit satisfaire à trois conditions :

» 1 - être en orbite autour du Soleil ;

» 2 - avoir une forme sphérique ou presque (la gravité l'emportant alors sur les forces de cohésion du corps solide) ;

» 3 - avoir fait place nette dans son voisinage orbital (ce qui implique d'avoir une masse suffisante pour attirer et capturer les corps orbitant à proximité).

Un corps qui satisfait aux deux premières conditions mais pas à la troisième est déclaré « planète naine ».

Dans cette nouvelle catégorie des planètes naines qui ne compte que cinq représentants pour l'instant, notons que figure Cérès qui, après avoir été rétrogradée de planète à astéroïde au XIXe siècle, retrouve enfin un statut plus glorieux !

## Une neuvième planète ?

Quand Percival Lowell s'est mis à chercher une neuvième planète, il l'a appelée la « planète X ». Comme on l'a vu, Pluton n'a endossé ce costume trop grand pour elle que provisoirement et la mystérieuse planète X est revenue sur le devant de la scène au cours de la dernière décennie. Plusieurs équipes d'astronomes pensent en effet avoir décelé, par des indices indirects, la présence de notre « Arlésienne » du système solaire.

En 2011 les Américains **John Matese** et **Daniel Whitmire** font l'hypothèse de l'existence d'une planète géante, plus grosse que Jupiter et baptisée Tyché, qui croiserait à environ 15 000 UA du Soleil. Elle se trouverait ainsi au sein du nuage d'Oort, un gigantesque ensemble de centaines de milliards de comètes formant une sorte de cocon autour du système solaire, sur une épaisseur allant de 3 000 UA à 100 000 UA.

C'est l'astronome néerlandais Jan Oort qui a supposé vers 1950 l'existence de ce « nuage » de comètes, dont on n'a aucune preuve directe pour l'instant, mais sur laquelle la communauté des astronomes semble d'accord.

Et c'est justement pour expliquer les trajectoires de nombreuses comètes inconnues, apparaissant dans le ciel en provenance de cet immense réservoir, que les astronomes américains ont supposé l'existence de Tyché dont l'action gravitationnelle aurait déstabilisé les comètes et les aurait précipitées vers le Soleil.

Plus récemment, des chercheurs espagnols et britanniques ont étudié les trajectoires très excentriques d'une douzaine d'objets trans-neptuniens. Ils ont constaté d'étranges similitudes qui d'après eux ne peuvent s'expliquer que par la présence d'une, ou plutôt de deux (d'après les simulations) planètes du type super-Terre, c'est-à-dire deux à dix fois plus massives que la Terre, et situées vers 200 UA et 250 UA du Soleil. L'Arlésienne pourrait donc avoir une sœur...

Mais, en 2015, aucune nouvelle planète n'a encore été observée...

## La formation du système solaire

Dans ses grandes lignes, le scénario de formation du système solaire ne fait guère de doute pour les astrophysiciens. Tout commence par un immense nuage de gaz (hydrogène et hélium) et de poussières solides en lente rotation. Sous l'action de sa propre gravité, et peut-être sous l'effet d'une perturbation extérieure telle que le passage d'une étoile à proximité, il commence à s'effondrer vers sa partie centrale, où la matière qui converge est de plus en plus concentrée et chaude. Quand la température atteint environ 10 millions de degrés, les réactions nucléaires de fusion des noyaux d'hydrogène démarrent alors, libérant une énergie colossale et créant une non moins colossale pression qui contrebalance la gravité et arrête l'effondrement de la matière. Le Soleil vient ainsi de naître, il y a 4,5 milliards d'années.

Pendant que le Soleil se forme, la partie externe du nuage primordial s'aplatit en un disque tournant sur lui-même, au sein duquel la matière va aussi s'agglomérer par gravité. Le gaz restant en plus grande quantité assez loin du Soleil donne naissance aux planètes géantes gazeuses tandis que les matériaux solides forment progressivement des blocs de plus en plus gros (les planétésimaux) jusqu'à constituer les planètes rocheuses, ainsi que les astéroïdes et autres comètes.

Jusqu'au milieu des années 1990, on pensait que les planètes s'étaient formées là où elles se trouvent actuellement. Mais depuis, on a pu observer de nombreux systèmes planétaires autour d'autres étoiles, qui se sont révélés majoritairement très différents de notre système solaire. En particulier, des géantes gazeuses sont à des distances très variables de leur étoile, ce qui tend à montrer qu'elles peuvent migrer au cours de leur existence.

Les planétologues ont alors imaginé des scénarios dans lesquels Jupiter et Saturne ont ainsi migré, se rapprochant du Soleil, puis s'en éloignant à nouveau et bousculant à cette occasion les autres planètes. C'est d'ailleurs cette migration vers l'extérieur qui pourrait être à l'origine d'un grand chamboulement de la ceinture d'astéroïdes par Neptune, ce qui aurait ainsi provoqué l'intense « pluie » d'astéroïdes survenue il y a 4 milliards d'années sur les planètes et leurs satellites, et dont on observe encore les innombrables cratères d'impact.

Par ailleurs, on trouve souvent plusieurs super-Terres dans les cortèges planétaires autour d'autres étoiles. Partant de cette constatation, deux Américains ont récemment proposé un scénario audacieux, dans lequel plusieurs super-Terres se seraient formées près du Soleil en même temps que les géantes gazeuses se formaient plus loin. Puis la migration vers l'intérieur de Jupiter et Saturne aurait précipité les super-Terres sur le Soleil, provoquant leur disparition. Les quatre planètes telluriques actuelles se seraient alors formées à leur emplacement actuel.

Ce scénario, qui reste très spéculatif, expliquerait néanmoins pourquoi les quatre planètes rocheuses se sont formées quelques centaines de milliers d'années plus tard que les géantes gazeuses.

# Chapitre 2
# Ciel et croyances

**DANS CE CHAPITRE :**

» **La Lune**

» **Les éclipses**

» **Les comètes**

» **L'avenir dans les astres : l'astrologie**

Depuis très longtemps les hommes observent, avec une certaine fascination, le ciel et les astres qui l'habitent. Dans pratiquement toutes les anciennes civilisations, on retrouve des mythologies qui déifient les astres, à commencer bien sûr par les deux plus importants, le Soleil et la Lune, mais aussi les planètes visibles à l'œil nu : Mercure, Vénus, Mars, Jupiter et Saturne. Le propre des dieux étant de gouverner le microcosme terrestre et de dicter les destinées humaines, ces astres se sont ainsi retrouvés investis de pouvoirs surnaturels leur permettant d'agir sur les gens et les choses.

Par ailleurs, jusqu'à l'aube du XXe siècle, les événements célestes exceptionnels et inattendus tels que la survenue d'éclipses ou l'apparition de comètes provoquaient souvent des mouvements de panique dans la population, ou étaient vus comme des messages divins forcément annonciateurs de malheurs.

De nos jours, les comètes et les éclipses n'effraient heureusement plus vraiment grand monde, sauf peut-être les ophtalmologistes qui craignent que les gens se brûlent la rétine lors des éclipses de Soleil ! Par contre, il semblerait que pour bon nombre de nos contemporains, les astres anciennement déifiés aient conservé leurs pouvoirs surnaturels bien après avoir perdu leur statut de divinités !

Ainsi, au jeu des influences sur la vie quotidienne en ce bas monde, la Lune est sans conteste la championne : de l'humeur des gens à la croissance des plantes, en passant par la décoloration des tissus, on ne compte plus les domaines où la Lune dicte sa loi ! Mais le Soleil et les planètes ne sont pas en reste : par le biais de l'astrologie, leurs positions et caractéristiques sont censées prédéterminer le caractère et même la destinée des personnes dès leur naissance !

Qu'en est-il de ces diverses croyances d'hier ou, malheureusement, encore d'aujourd'hui, face à une analyse scientifique des phénomènes astronomiques sur lesquels elles se fondent ?

# La Lune

Si vous comptez un vieux jardinier parmi les membres de votre famille ou parmi vos amis, il serait étonnant qu'il n'évoque pas le rôle de la Lune s'il vous parle de ses semis ou de la taille de ses arbres fruitiers. Car il est de notoriété publique que la Lune exerce une forte influence sur la croissance des végétaux, et la tradition ancestrale veut que l'on doive en tenir compte pour espérer obtenir une bonne récolte. Peut-être même viendra-t-il dans la conversation que cette influence a une explication scientifique, fondée sur une analogie avec le phénomène des marées…

L'influence de la Lune étant appréciée en fonction de ses phases et de ses mouvements, il convient de bien connaître ces phénomènes, ainsi que le rôle de la Lune dans les marées, pour ensuite les confronter aux prétendus pouvoirs de notre « astre de la nuit ».

## Les phases de la Lune

La Lune est le satellite naturel de la Terre : 3,6 fois plus petite que notre planète, elle tourne autour de celle-ci en effectuant un tour complet en 27,3 jours.

De même qu'il illumine une moitié du globe terrestre, le Soleil éclaire en permanence une moitié du globe lunaire et c'est uniquement cette moitié de Lune éclairée, et donc lumineuse, que l'on peut voir dans le ciel. Mais on n'en voit en général qu'une partie, plus ou moins grande selon la position de la Lune par rapport à la Terre et au Soleil. Comme cette position change jour après jour, il en va de même pour l'aspect de la Lune, qui passe par toutes les figures (croissant, quartier, disque, etc.) qui nous sont familières : ce sont les phases de la Lune.

## UN MODÈLE POUR COMPRENDRE LES PHASES DE LA LUNE

Une lampe puissante pour jouer le rôle du Soleil et un petit ballon pour figurer la Lune : voilà tout le matériel dont vous aurez besoin pour recréer les phases de la Lune dans votre salon ! Tenant le ballon-Lune à bout de bras devant vous, vous-même allez jouer le double rôle de la Terre et d'un observateur placé sur celle-ci, qui regarde la Lune.

L'idéal est que la lampe soit la seule source lumineuse dans la pièce. Faites alors lentement tourner le ballon en pivotant sur vous-même et observez sa partie éclairée : elle va prendre successivement les différents aspects que présente la Lune dans le ciel !

Partons de la position où vous êtes tourné vers la lampe ; le ballon est donc entre vous et cette dernière. C'est la situation « nouvelle lune » dans laquelle la Lune reste invisible dans le ciel puisque sa face sombre est tournée vers la Terre. De façon totalement arbitraire, on fait commencer le cycle des phases de la Lune à cette nouvelle lune.

À partir de là, pivotez lentement vers la gauche. On imagine que vous vous situez dans l'hémisphère Nord de la Terre, donc votre pivotement fait déplacer le ballon-Lune globalement vers l'est, ce qui correspond à la réalité du phénomène. Vous voyez alors apparaître une petite partie de la zone lumineuse sous la forme d'un premier croissant. Tandis que vous continuez à pivoter, le croissant s'épaissit jusqu'à devenir un demi-disque lorsque vous aurez tourné d'un angle de 90 degrés : c'est le « premier quartier ». Puis vous verrez la partie lumineuse encore grossir jusqu'à ce que, après avoir pivoté d'un demi-tour, vous observiez un disque lumineux complet : c'est la « pleine lune », qui a donc lieu quand la Lune se trouve à l'opposé du Soleil par rapport à la Terre. Durant cette période d'environ deux semaines que vous venez de vivre en accéléré, on dit que la Lune est croissante.

Continuant à pivoter jusqu'à boucler un tour complet, vous verrez la partie lumineuse de la Lune diminuer et passer par la phase « dernier quartier », puis dernier croissant, et enfin retour à la nouvelle lune. Sans surprise, la Lune est dite décroissante durant cette seconde période. Remarquons au passage qu'entre le dernier quartier et le premier quartier suivant, notre « astre de la nuit » est souvent visible dans le ciel en plein jour !

Le cycle complet des phases de la Lune est appelé « lunaison ».

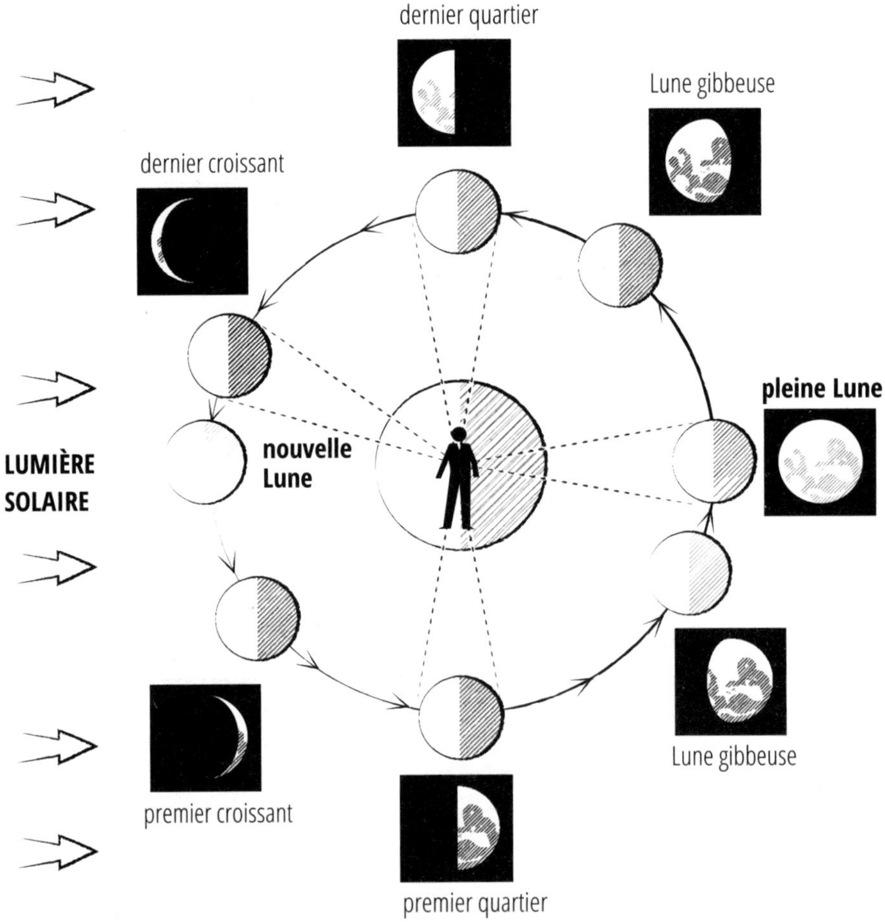


**FIGURE 2-1 :** Explication des phases de la Lune.

Situé très loin à gauche, le Soleil éclaire l'ensemble Terre/Lune. Pour chaque position de la Lune, on a dessiné son aspect aux yeux d'un observateur (situé dans l'hémisphère Nord).

Combien de temps dure une lunaison ? On a bien sûr envie de répondre : « Le temps que met la Lune pour faire un tour autour de la Terre, soit 27,3 jours. » Eh bien non ! Car pendant que la Lune fait son tour, la Terre avance sur son orbite autour du Soleil et la direction Terre-Soleil change ! Si l'on part par exemple de la situation nouvelle lune où Terre, Lune et Soleil sont quasiment alignés dans cet ordre, les trois astres ne seront plus alignés quand la Lune aura fait exactement un tour. Pour retrouver l'alignement et donc la prochaine nouvelle lune, celle-ci doit faire une portion de tour supplémentaire. Résultat : une lunaison dure 29,5 jours en moyenne, soit presque un mois.

## Lune montante ou descendante

On a dit précédemment qu'en situation de pleine lune ou nouvelle lune, les trois astres Terre, Lune et Soleil étaient « quasiment » alignés. Quasiment certes, mais pas parfaitement ! Il se trouve en effet que dans le cas général, cet alignement n'est qu'approximatif, car le plan de l'orbite lunaire autour de la Terre est légèrement incliné (d'environ 5°) par rapport au plan de l'orbite terrestre autour du Soleil, appelé « écliptique ». Il en résulte que la Lune se trouve en général quelques milliers de kilomètres au-dessus ou en dessous du plan de l'écliptique.

### ABUS DE LANGAGE !

« Au-dessus » et « en dessous » sont ici des abus de langage, car il n'y a pas à proprement parler de haut et de bas dans l'espace ! Toutes les directions y sont équivalentes. Toutefois, il se trouve qu'on représente traditionnellement la Terre avec le pôle Nord en haut et le pôle Sud en bas (sachant qu'on pourrait tout à fait faire le contraire). Notre globe terrestre devient ainsi une sorte de référentiel pour un haut et un bas conventionnels dans l'espace : se trouver au-dessus de l'écliptique signifie simplement se trouver du même côté de l'écliptique que le pôle Nord terrestre.

L'orbite lunaire se situe donc en partie au-dessus de l'écliptique et en partie en dessous, coupant ce plan en deux points appelés « nœuds ». Durant la période où la Lune passe de la position la plus basse en dessous de l'écliptique à la position la plus haute au-dessus, on dit que la Lune est montante. On la voit d'ailleurs culminer de plus en plus haut dans le ciel jour après jour. Durant l'autre partie de sa trajectoire, elle est bien évidemment descendante.

Remarquons au passage qu'il n'y a aucune corrélation entre les phases de la Lune et donc sa nature croissante ou décroissante, et le fait d'être montante ou descendante.

## La Lune fait les marées

Les marins et les habitants du littoral océanique ont observé depuis longtemps que les marées ont à voir avec la Lune. On constate par exemple qu'une marée haute suit le passage de la Lune au méridien (milieu de sa trajectoire apparente quotidienne), laissant présager une relation de cause à effet entre les deux phénomènes.

Mais de quelle façon la Lune agit-elle sur l'eau des océans pour provoquer les marées ? C'est à l'illustre savant britannique Isaac Newton que nous devons la première explication scientifique du phénomène, basée sur sa théorie de la gravitation universelle. Cette dernière stipule que deux corps matériels s'attirent mutuellement avec une force dont l'intensité est proportionnelle à leur masse et à l'inverse du carré de la distance qui les sépare. Bref : plus les deux corps sont proches, plus ils s'attirent fortement.

Pour faciliter l'analyse du phénomène des marées, assimilons la Terre à une sphère rigide et indéformable (grâce à la croûte terrestre), recouverte d'une petite couche d'eau (les océans) qui, elle, est fluide et donc déformable. Comparons maintenant la force d'attraction qu'exerce la Lune sur l'eau de l'océan qui lui fait face et celle exercée sur la même masse de matière située au centre de la Terre. L'eau océanique étant plus proche de la Lune d'environ 6 000 kilomètres (un rayon terrestre), elle est attirée un peu plus fortement que le centre de la Terre. C'est cette différence entre forces d'attraction sur l'océan et sur la sphère terrestre rigide qui va engendrer une force différentielle de marée et provoquer un soulèvement de l'eau dans la direction de la Lune. Il s'ensuit donc un renflement de l'océan de quelques mètres, donc une marée haute, dans la zone qui fait face à la Lune (avec toutefois un certain retard dû à l'inertie des masses d'eau).

Mais le même raisonnement s'applique aussi pour l'océan qui est à l'opposé de la Lune. Il est plus éloigné de la Lune que le centre de la Terre et donc attiré moins fortement que la sphère terrestre rigide. Là encore, la différence entre les forces crée une force différentielle de marée qui va provoquer un éloignement de l'eau par rapport à la Lune, et donc là aussi un renflement de l'océan et une marée haute, symétriquement à ce qui se passe de l'autre côté !

## LE SOLEIL AUSSI !

La Lune n'est pas la seule responsable des marées. Le Soleil engendre lui aussi ce phénomène, mais son action est deux fois moindre que celle de la Lune, car il est beaucoup plus éloigné. Quand les deux astres vus depuis la Terre sont alignés, donc en situation de nouvelle lune ou pleine lune, leurs actions respectives d'étirement des masses d'eau agissent dans la même direction et se conjuguent pour donner une plus grande déformation, et donc une marée de grande amplitude : on assiste à une marée de « vive-eau ». En revanche, quand la Lune et le Soleil sont dans des directions orthogonales (premier quartier et dernier quartier), l'action du Soleil contrarie celle de la Lune et la marée est de faible amplitude : c'est une marée de morte-eau.

Finalement, l'effet global de la Lune sur la masse fluide des océans est un allongement, un étirement de la couche d'eau selon la direction Terre/Lune, qui provoque la formation de deux bourrelets d'eau symétriques, l'un vers la Lune et l'autre à l'opposé. Dès lors, on comprend bien pourquoi il y a par jour deux marées hautes et deux marées basses.

## La Lune et le jardinage

La plupart des revues et les sites Internet de jardinage donnent pléthore de conseils et recommandations pour « jardiner avec la Lune ». On y explique en général que la croissance des végétaux serait essentiellement gouvernée par deux caractéristiques de la Lune : d'une part sa nature croissante ou décroissante (en lien avec ses phases) et d'autre part sa nature montante ou descendante. Cette prétendue influence de notre satellite est présentée comme une évidence fondée essentiellement sur des traditions et des pratiques séculaires censées avoir fait leurs preuves… Mais on avance aussi parfois une justification qui se voudrait scientifique : si la Lune peut agir sur l'eau des océans et les soulever pour provoquer les marées, elle doit bien pouvoir agir aussi sur les êtres vivants qui sont composés de 70 % à 80 % d'eau ! Pour les végétaux notamment, la sève pourrait ainsi subir un phénomène de micro-marée et être « aspirée » vers le haut de la plante…

Cette tentative de caution scientifique apparaît totalement fantaisiste pour plusieurs raisons. Tout d'abord l'effet de marée est non pas de soulever mais d'étirer les masses fluides dans la direction de la Lune. On ne voit pas bien comment cela pourrait se manifester sur la sève d'une plante qui est prisonnière dans des vaisseaux rigides ! Ensuite, les forces de marée exercées par la Lune ne se manifestent que sur les masses d'eau énormes et étendues des océans. Sur des plus petites quantités d'eau, elles sont totalement insignifiantes : on n'observe d'ailleurs pratiquement aucun effet de marée même sur des mers fermées ou de très grands lacs. Enfin, marées hautes et marées basses se succèdent deux fois par jour. Si la sève subissait cet effet, elle devrait donc faire le yo-yo au sein des végétaux et monter et descendre alternativement tout au long de la lunaison !

Voici maintenant quelques exemples de relations supposées entre la Lune et la vie végétale. Il est dit en général que la Lune montante favorise la montée de la sève dans les plantes et s'avère donc propice au travail sur leur partie aérienne (taille, greffe, cueillette des fruits…). La période serait également favorable aux semis… En Lune descendante, la sève en fait autant vers les racines et il convient donc de s'occuper de ce qui se passe sous terre : bouturer, repiquer, transplanter, travailler la terre, s'occuper des légumes en terre (carottes, navets, etc.).

Quant aux tendances et conseils liés à la lune croissante ou décroissante, ils rejoignent dans leurs grandes lignes ceux donnés respectivement pour la Lune montante ou descendante. On se souviendra qu'il n'y a pourtant aucune corrélation entre les deux phénomènes : la Lune peut être à un moment croissante et montante, ou bien croissante et descendante, etc. La similitude entre les tendances apparaît donc quelque peu étrange…

Pour tout dire, la relation affirmée Lune-végétal semble fondée surtout sur une analogie de vocabulaire ! Lune montante ou croissante associée à la sève qui monte : ça paraît tellement logique ! Sauf qu'il n'y a aucun début d'explication scientifique à cela et que de plus, comme on l'a vu précédemment, la Lune ne monte pas ! Elle ne fait que tourner autour de la Terre, ce qui fait varier l'angle sous lequel on la voit.

En fait, le seul facteur physique potentiellement influent sur les végétaux et qui varie en fonction de l'état de la Lune est la quantité de lumière qu'elle renvoie sur Terre, qui augmente lorsqu'elle est croissante. Mais cette lumière lunaire reste de toute façon tellement faible (et dépendante de la météorologie) par rapport à la lumière solaire dans la journée que son rôle ne peut être qu'insignifiant. D'ailleurs, aucune des études scientifiques sérieuses, qui ont été réalisées sur la relation supposée entre la Lune et la croissance des plantes, n'a pu confirmer statistiquement cette relation.

### DES PERLES DANS LE JARDIN !

Savourons quelques autres indications trouvées dans les revues ou sur les sites de jardinage. Il est dit, par exemple, que les végétaux sont très perturbés quand la Lune passe par un des nœuds de sa trajectoire, et il est alors conseillé aux jardiniers de ne rien faire ce jour-là dans le jardin ! Fichtre ! Les plantes semblent avoir de vrais talents d'astronomes pour repérer précisément quand la Lune passe exactement par l'écliptique ! Et qu'y a-t-il de si perturbant ces jours-là ? On se le demande… Qu'à cela ne tienne, ça a au moins le mérite de donner deux jours de repos chaque mois à nos vaillants et crédules jardiniers !

On trouve aussi des tendances journalières appelées « jours fruits, jours fleurs, jours racines et jours feuilles », qui sont définies en fonction de la constellation du zodiaque où se trouve la Lune chaque jour. Les quatre sortes de jours correspondent aux quatre familles de signes, basées sur les quatre éléments d'Aristote : signes de feu, de terre, d'air et d'eau ! Là, au moins, il n'y a plus de tentative de caution scientifique ni de doute : on est carrément dans l'astrologie et l'irrationnel !

## Personnes sous influence

La Lune, ou plus précisément la pleine lune, a aussi la réputation d'agir sur l'organisme humain.

Par exemple, couper ses cheveux ou ses ongles avant la pleine lune favoriserait leur repousse plus rapide et plus drue. Cette croyance s'inscrit dans la même logique que celles du jardinage...

Les maternités sont en alerte à l'approche de la pleine lune, car cette dernière déclencherait des naissances en série ! Il en est de même pour les commissariats de police, car la pleine lune aurait tendance à pousser les gens à la violence, au crime ou au suicide. La pleine lune a ainsi bien mauvaise réputation, sans compter celle d'exacerber la folie chez les individus fragiles psychologiquement ! Et l'on ne vous parlera pas du loup-garou !

Des études ont été menées pour déterminer s'il existait un lien objectif entre ces événements et la pleine lune. Bien sûr, aucune corrélation n'a été établie. Malgré cela, les personnes concernées, comme les sages-femmes, continuent de croire en l'influence de la Lune et sont persuadées de la constater les jours de pleine lune. Les psychologues appellent cela le « biais de confirmation », qui consiste à remarquer plus particulièrement ce qui confirme ses croyances et à sous-estimer, à négliger, ce qui les contredit. Ce biais existe d'ailleurs pour toutes les superstitions et contribue, bien sûr, à les entretenir.

## Des erreurs d'interprétation

Certains pouvoirs attribués à la Lune proviennent manifestement d'erreurs d'interprétation des phénomènes observés.

Ainsi, la pleine lune est accusée de provoquer de fortes gelées l'hiver. Or celles-ci ont une cause strictement météorologique : en l'absence de nuages susceptibles de retenir la chaleur emmagasinée au cours de la journée, le sol se refroidit plus rapidement et cela engendre de fortes gelées au petit matin.

La pauvre Pleine Lune n'y est pour rien, mais comme elle est présente toute la nuit et bien haute dans le ciel sans nuage, elle se fait remarquer... et accuser !

Il se passe la même chose à propos de la lune rousse. Précisons tout d'abord que la Lune n'est jamais de couleur rousse ! On appelle lune rousse la lunaison qui suit le jour de Pâques et, donc, qui commence en avril pour se terminer généralement en mai. Souvent à cette période, les jeunes pousses des végétaux sont roussies parce que brûlées par de fortes gelées nocturnes, et ce pour les mêmes raisons qu'exposées plus haut. Là encore, la Lune est accusée à tort de « roussir » les végétaux, comme cela transparaît à travers divers dictons : « Récolte n'est arrivée, que la lune rousse soit passée »...

Selon une autre croyance populaire, la pleine lune provoquerait la décoloration rapide des rideaux des fenêtres qu'elle éclaire. Sa luminosité étant incomparablement plus faible que celle du Soleil, ce pouvoir apparaît étonnant… Mais ce phénomène bien réel a pu être expliqué scientifiquement. Là encore, lors des nuits froides sans nuages où la pleine lune est bien visible, la condensation sur les vitres des habitations d'autrefois, mal chauffées, s'accompagnait de formation d'eau oxygénée, substance au fort pouvoir décolorant !

# Les éclipses

Les éclipses sont des événements astronomiques assez exceptionnels qui ont depuis toujours, et jusqu'à des périodes relativement récentes, impressionné et effrayé les populations. Deux sortes d'éclipses peuvent être observées. L'éclipse de Soleil est la plus spectaculaire, car la Lune vient momentanément cacher le Soleil et l'observateur se retrouve plongé brièvement dans l'obscurité en pleine journée ! Lors d'une éclipse de Lune, on voit cette dernière s'assombrir fortement, car elle passe dans l'ombre de la Terre.

## Éclipses, mythes et paniques

Dans beaucoup d'anciennes civilisations, le Soleil et la Lune sont associés à d'importantes divinités. On comprend bien dès lors que le fait de les voir disparaître au cours d'une éclipse puisse jeter les populations dans l'effroi ! Cette peur panique se manifeste particulièrement lors des éclipses de Soleil, que les gens n'observent le plus souvent qu'une seule fois dans leur vie et qui leur fait craindre que le Soleil, une fois disparu, ne réapparaisse jamais.

Dans différentes régions du monde, les éclipses de Soleil et souvent de Lune sont associées au mythe d'un animal fantastique qui avale progressivement les deux astres : jaguar, puma, chient géant ou serpent pour les anciennes civilisations d'Amérique, dragon en Chine, grenouille géante au Viêt Nam, loup en Scandinavie, etc. Face à cette catastrophe, une pratique assez courante consiste à sortir et à faire le plus de bruit possible, pour effrayer la méchante bête… Et ça marche ! Elle recrache son festin et le Soleil réapparaît ou la Lune s'illumine à nouveau !

En Europe, jusqu'au XIX^e^ siècle, les éclipses sont vues par la population comme des signes effrayants et annonciateurs de catastrophes, qui nécessitent de beaucoup prier pour les éviter. Mais là, c'est moins efficace, car les catastrophes étaient monnaie courante dans les temps anciens…

## QUELQUES ÉCLIPSES HISTORIQUES

Certaines éclipses peuvent être qualifiées d'historiques en ce sens qu'elles ont peu ou prou influé sur le cours de l'histoire. En voici quelques exemples.

- Le 5 mai 840, Louis de Bavière, fils de Charlemagne, mourut de frayeur en assistant à une éclipse totale de Soleil de plus de cinq minutes ! Son empire européen fut alors partagé (après quelques querelles) entre ses trois fils pour former globalement la France, l'Allemagne et l'Italie.
- L'éclipse de Lune du 29 février 1504 a eu lieu au cours du quatrième voyage aux Amériques de Christophe Colomb. Ce dernier était à court de vivres, mais les Indiens refusaient de lui en fournir, car quelques-uns de leurs congénères avaient été tués (déjà !). Prévenu de la survenue de cette éclipse, Christophe Colomb a pu en faire la prédiction auprès des Indiens, leur annonçant un prochain signe divin de mécontentement. Quand les Indiens virent la Lune s'assombrir, ils furent impressionnés d'observer le signe annoncé et fournirent les vivres demandés !
- En 1706, les soldats de Louis XIV qui assiégeaient la ville de Barcelone ont battu en retraite dans le désordre, complètement terrorisés à cause d'une éclipse de Soleil.
- Le 4 juillet 1917, pendant la Première Guerre mondiale, l'Anglais Thomas Edward Lawrence, dit Lawrence d'Arabie, réussit l'exploit d'entrer dans le port ottoman d'Aqaba (actuelle Jordanie) avec une poignée d'hommes, alors que les soldats turcs qui défendaient le port étaient beaucoup plus nombreux. Mais une éclipse de Lune a eu lieu cette nuit-là et les Turcs, superstitieux et affolés, étaient occupés à tirer en l'air et à faire du bruit en tapant sur des pots pour libérer la Lune !

# Le Soleil a rendez-vous avec la Lune

Une éclipse totale de Soleil a lieu lorsque les trois astres Terre, Lune et Soleil sont parfaitement alignés dans cet ordre-là. On voit alors le Soleil et la Lune exactement dans la même direction, la Lune plus proche cachant le Soleil : c'est là qu'a lieu le rendez-vous évoqué dans le titre ! La Lune est alors exactement dans sa phase de nouvelle lune, mais elle doit en plus se trouver dans le plan de l'écliptique (le bien nommé !), c'est-à-dire à un nœud de sa trajectoire. Cette situation se présente en moyenne une fois tous les six mois, mais l'éclipse peut n'être que partielle si l'alignement n'est qu'approximatif.

Vus depuis la Terre, le Soleil et la Lune ont presque la même grandeur angulaire (environ un demi-degré), donc la même taille apparente dans le ciel. C'est en fait une simple coïncidence, le Soleil étant 400 fois plus gros que la Lune, mais aussi 400 fois plus éloigné. En conséquence, le cône d'ombre formé derrière la Lune produit sur la Terre un tout petit cercle d'ombre, de quelques dizaines ou, au mieux, quelques centaines de kilomètres de diamètre.

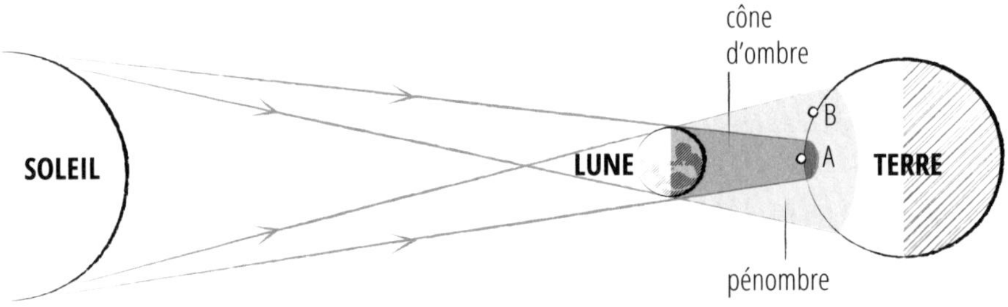


**FIGURE 2-2 :** Principe d'une éclipse de Soleil.

Il faut être dans ce petit cercle d'ombre (A) pour assister à l'éclipse totale. De part et d'autre de ce cercle, il y a une zone de pénombre pour laquelle une partie seulement du disque solaire est occulté : un observateur placé là (B) voit une éclipse partielle.

## DES ÉCLIPSES À GÉOMÉTRIE VARIABLE

La Lune n'est pas toujours à la même distance de la Terre. Son orbite légèrement elliptique (elle a la forme d'un cercle un peu « aplati ») fait varier cette distance entre 363 000 kilomètres et 405 000 kilomètres. Si l'éclipse a lieu quand elle est au plus près de la Terre, la Lune nous apparaît alors plus grosse dans le ciel. C'est là que le Soleil va rester occulté le plus longtemps, six à sept minutes au maximum. Si, en revanche, l'éclipse a lieu quand la Lune est la plus éloignée de la Terre, elle apparaît alors plus petite que le disque solaire et ne peut l'occulter complètement. Une fine couronne brillante reste visible autour de la Lune : c'est une éclipse dite « annulaire ».

Du fait de l'avancée de la Lune sur son orbite et de la rotation de la Terre sur elle-même, la tache d'ombre de l'éclipse se déplace globalement vers l'est (à plus de 2 000 km/h !) sur le globe terrestre pour décrire une étroite bande dite « de totalité » : seuls les observateurs présents dans cette petite bande de Terre pourront admirer l'éclipse totale, ce qui explique que ce phénomène soit un spectacle rare.

## LE SAROS

Le saros est le nom donné à un cycle connu depuis l'Antiquité, au bout duquel les éclipses se répètent identiquement. Un saros dure 18 ans, 11 jours et 8 heures. Si l'on considère cette durée à partir d'une éclipse, les trois astres (Soleil, Terre et Lune) se retrouvent dans la même configuration et vont donner lieu à la même éclipse. En revanche, la durée de 8 heures correspond à un tiers de tour de la Terre sur elle-même. Ce ne sera donc pas la même zone du globe terrestre qui sera touchée par la nouvelle éclipse. C'est au bout de trois saros que la même éclipse touchera à peu près la même région de la Terre.

# La Lune passe à l'ombre

On observe une éclipse de Lune lorsque les trois astres Soleil, Terre, Lune sont suffisamment bien alignés dans cet ordre-là. On est alors exactement dans la phase de pleine lune. De plus, notre satellite doit se trouver pratiquement dans le plan de l'écliptique, donc à un nœud de sa trajectoire. Comme pour les éclipses de Soleil, cette situation se présente environ tous les six mois.

La Lune traverse alors le cône d'ombre de la Terre et n'est plus directement éclairée par le Soleil. Elle devrait donc a priori ne plus être visible le temps de cette traversée... Mais ce n'est pas ce que l'on observe ! La Lune ne disparaît pas complètement : elle se contente de s'assombrir fortement et de prendre une teinte rouge-brun. Comment expliquer ce phénomène ? Il est dû en fait à l'atmosphère terrestre qui dévie (le physicien dirait : « qui réfracte ») les rayons du Soleil frôlant le contour de la Terre. Ces rayons sont alors courbés et passent « derrière » la Terre, dans le cône d'ombre où se trouve la Lune, cette dernière étant ainsi un peu éclairée.

La Lune étant environ trois fois plus petite que le diamètre de l'ombre de la Terre, elle peut mettre une ou deux heures à traverser la zone d'ombre. Une éclipse de Lune dure donc assez longtemps. Quand elle a lieu, l'éclipse est visible de toute la partie de la Terre « tournée » vers la Lune, ce qui représente à peu près la moitié du globe terrestre. Beaucoup de personnes peuvent donc y assister... à la seule condition d'être couche-tard ou lève-tôt, car l'éclipse a le plus souvent lieu en pleine nuit !

Même si une éclipse de Lune reste magnifique à observer, c'est un phénomène moins spectaculaire et moins rare qu'une éclipse de Soleil.

## POURQUOI LA LUNE ÉCLIPSÉE EST-ELLE ROUGEÂTRE ?

La teinte rougeâtre de la Lune éclipsée s'explique de la même façon que la teinte rouge-orangé du soleil couchant.

La lumière « blanche » que le Soleil rayonne autour de lui est en fait constituée de toutes les couleurs de l'arc-en-ciel : du rouge au violet en passant par l'orangé, le jaune, le vert et le bleu. Quand notre œil reçoit simultanément toutes les nuances colorées, il voit du blanc. S'il reçoit une lumière blanche de laquelle on a ôté, par exemple, les radiations bleues et violettes, notre œil va voir la couleur « moyenne » des radiations qui restent, à savoir une teinte orangée.

Quand la lumière blanche du Soleil arrive sur l'atmosphère terrestre, les molécules de l'air absorbent principalement les radiations bleues, qui sont ensuite diffusées, c'est-à-dire réémises dans toutes les directions (c'est d'ailleurs pour cette raison que le ciel est bleu !). La lumière qui arrive à la surface de la Terre a donc perdu en route des radiations bleues.

Plus la distance parcourue dans l'air par la lumière est grande, plus la proportion de radiations bleues absorbées est importante. Lorsqu'on est au soleil couchant, la lumière rasante en provenance du Soleil traverse une grande épaisseur d'air avant de nous parvenir. Elle a donc perdu en grande partie ses radiations bleues et nous apparaît orangée.

Le même phénomène, encore accentué, se produit pour les rayons de soleil qui sont réfractés par l'atmosphère lors de l'éclipse de Lune. Effectuant un long trajet dans l'air en frôlant la Terre, la lumière voit sa composante bleue totalement absorbée et vient éclairer la Lune avec une teinte rougeâtre.

# Les comètes

Une comète ne doit pas être confondue avec une étoile filante. Cette dernière n'est qu'une météorite (petit morceau de roche) qui brûle en traversant à grande vitesse l'atmosphère terrestre, provoquant une brève traînée lumineuse dans le ciel. Une comète au contraire se déplace très lentement et reste visible plusieurs jours ou plusieurs semaines.

L'apparition d'une comète dans le ciel nocturne est de nos jours un spectacle grandiose très apprécié. Beaucoup d'astronomes amateurs traquent les comètes dans leurs télescopes en espérant en découvrir une nouvelle, à laquelle ils pourront donner leur nom ! Les astronomes professionnels quant à eux cherchent à percer les secrets de ces astres mystérieux, témoins de la période de formation du système solaire. Toutefois, pendant très longtemps, les comètes n'étaient pas les bienvenues...

## Peurs et mauvais présages

Quand une comète est visible dans le ciel, elle apparaît sous la forme d'un petit disque brillant et flou auquel est attachée une longue queue brillante et souvent d'aspect filamenteux. Les observateurs de l'Antiquité ont vu dans cet objet une chevelure, d'où son nom qui vient du grec *komêtês* signifiant « chevelu ».

**FIGURE 2-3 :** Une comète.

Dans les temps anciens, voir dans le ciel apparaître soudainement un astre nouveau (et qui plus est chevelu !), qui venait bouleverser l'ordre établi, ne pouvait que susciter frayeurs et fantasmes dans la population ! Jusqu'au XIX$^{e}$ siècle, les comètes sont ainsi considérées comme des signes célestes porteurs de mauvais présages, annonçant forcément des malheurs et des catastrophes à venir : guerre, famine, épidémie, mort d'un chef, voire la fin du monde... Bien sûr, les malheurs étant pléthore à toutes les époques, il était toujours facile d'en trouver un à associer à l'apparition d'une comète, ce qui a contribué à entretenir la superstition au fil des siècles !

C'est ainsi que déjà dans la Rome antique, une comète apparue avant l'assassinat de Jules César (44 av. J.-C.) fut considérée comme le présage de cette mort. En l'an 451, le hasard a voulu que l'apparition d'une comète coïncide avec l'invasion de l'Europe par Attila et ses hordes de Huns. Voilà du grand malheur qui méritait bien une comète !

## COMÈTE ET ANGÉLUS

En 1456, nous sommes trois ans après la prise de Constantinople par les Turcs, qui fut un traumatisme pour l'Europe chrétienne. Comme un malheur n'arrive jamais seul, apparaît cette année-là une grande comète (qui d'ailleurs n'était autre que celle qui deviendra trois siècles plus tard la célèbre comète de Halley !). C'en est trop pour le pape Calix III qui, pour conjurer le mauvais sort, ordonne que tous les jours à midi on fasse sonner les cloches des églises et que l'on récite la salutation angélique. Cette ordonnance est à l'origine de l'angélus de midi. Comme quoi les comètes peuvent avoir pour de bon des répercussions historiques !

En 1528, une comète particulièrement effrayante fait son apparition. Un texte d'Ambroise Paré évoque la terreur qui s'est emparée de la population, à tel point que certaines personnes en sont mortes et d'autres en sont tombées malades ! Il faut dire que la description qu'il fait de la comète fait vraiment peur : on y voit un bras coupé tenant une épée, des haches, des couteaux de couleur rougeâtre (donc sanguinolents !) et des têtes coupées aux cheveux longs et hirsutes ! Quelle imagination faut-il donc mobiliser pour voir autant d'horreurs dans une comète !

Même au début du XIXe siècle, les comètes sont encore considérées par le peuple ignorant comme des astres de mauvais augure. Ainsi le passage d'une comète en 1811 est interprété (après coup bien sûr) comme l'annonce de la défaite de Napoléon lors de la campagne de Russie.

Au-delà de ces croyances et frayeurs populaires, les astronomes avaient bien sûr une vision plus sereine des comètes. Depuis l'Antiquité jusqu'au XVIe siècle, c'est comme toujours la conception d'Aristote qui prédomine et les comètes sont alors considérées comme des manifestations atmosphériques. Mais en 1577, le célèbre astronome danois Tycho Brahe réussit à estimer la distance à laquelle se trouve une comète qui vient d'apparaître. Bien qu'entachées d'une certaine imprécision, ses mesures lui permettent de conclure que la comète est au moins six fois plus éloignée que la Lune. Et ça, à l'époque, c'est très embêtant ! En effet, dans la vision aristotélicienne de l'univers qui prévaut encore, le monde supra-lunaire (au-delà de la Lune) se doit d'être parfait et immuable : la comète y apparaît donc comme un intrus indésirable !

D'ailleurs, même le grand Galilée ne veut pas y croire et reste convaincu de la nature atmosphérique de la comète ! Il faudra pourtant se rendre à l'évidence : d'autres observations et mesures plus précises des astronomes montreront, vers le milieu du XVIIe siècle, que les comètes sont beaucoup plus éloignées de la Terre que ne l'est la Lune.

Mais l'autre question qui préoccupe les astronomes en cette fin du XVIIe siècle est celle du mouvement des comètes. Certains penchent pour un déplacement rectiligne alors que d'autres, comme en particulier Newton, pensent que les comètes tournent autour du Soleil. Dans la dernière partie de son magistral ouvrage *Principes mathématiques de philosophie naturelle* publié en 1687, Newton avance l'hypothèse que les comètes subissent comme les planètes la loi de la gravitation universelle (qu'il vient d'établir !). Elles sont donc attirées par le Soleil et tournent autour de celui-ci selon une orbite elliptique qui paraît très excentrique (« aplatie »), contrairement à celle des planètes.

C'est un ami de Newton, l'astronome britannique **Edmond Halley (1656-1742)**, qui va établir de façon spectaculaire la nature du mouvement des comètes.

## Halley, le retour

En 1682, une brillante comète apparaît dans le ciel. Edmond Halley l'observe et s'intéresse à sa trajectoire. Durant les années suivantes, sous l'impulsion de Newton, Halley entreprend de déterminer les trajectoires de nombreuses comètes observées depuis plus de trois siècles et dont les positions successives avaient été relevées. Pour effectuer ses calculs, il utilise la théorie de la gravitation universelle et les lois du mouvement établies par Newton. Parmi l'ensemble des comètes étudiées, il en repère trois qui présentent des similitudes étonnantes dans les caractéristiques de leur trajectoire, observées en 1531, 1607 et 1682 (cette dernière comète étant celle que Halley a lui-même pu observer).

Il a alors la géniale intuition que les trois comètes n'en sont en fait qu'une seule, qui revient périodiquement se montrer tous les 75 ans et quelques mois ! En 1705, il prédit alors le retour de la comète pour 1758.

Halley n'a pas pu revoir « sa » comète puisqu'il s'est éteint en 1742. Dès 1756 et 1757, les astronomes scrutent le ciel à la recherche de l'astre annoncé et c'est l'Allemand **Johann Palitzsch (1723-1788)** qui est le premier à l'observer le 25 décembre 1758 ! Joli cadeau de Noël ! Ce retour a un grand retentissement et fait de la comète de Halley une véritable vedette. L'événement confirme d'une part que les comètes sont bien des objets soumis à la gravitation et tournant autour du Soleil, et d'autre part que la théorie de Newton « fonctionne » parfaitement et permet de prévoir avec précision le mouvement de ces astres.

À partir de ce moment, les comètes ont perdu une part de leur mystère. On a compris que ces astres massifs demeurent sombres et invisibles tant qu'ils sont éloignés du Soleil, et qu'ils deviennent brillants en s'en rapprochant.

Mais ce n'est pas pour autant que les comètes avaient fini de faire peur aux populations… Certains astronomes quelque peu alarmistes ressuscitent alors la peur ancestrale que « le ciel nous tombe sur la tête » en évoquant la possibilité d'une collision entre la Terre et une comète, provoquant ainsi la fin du monde ! C'est aussi la queue de la comète qui peut être présentée comme dangereuse.

## LE PASSAGE DE LA COMÈTE DE HALLEY EN 1910

Pour le retour de la comète de Halley prévu en 1910, les astronomes avaient calculé que la position de la Terre serait alors particulièrement favorable à son observation, donc assez proche de la comète, à tel point que la Terre allait même traverser sa queue.

Cette perspective qui réjouissait les scientifiques avait par contre de quoi inquiéter sérieusement les populations… Pour ne rien arranger, certains astronomes, dont le célèbre Camille Flammarion, ont eu la maladresse de déclarer que la queue de la comète contenait du cyanogène, gaz connu comme éminemment toxique ! Bien que ce soit vrai, la concentration en cyanogène dans la queue cométaire est infime et ne représente strictement aucun danger. Mais le mal était fait et il n'en fallait pas plus pour que les gens soient pris de panique à la vue de cette queue diabolique !

Les journaux de l'époque relatent que certains sont morts d'arrêt cardiaque, d'autres se sont suicidés ou ont été pris de crises de démence ! Dans un registre plus léger, des charlatans en ont profité pour vendre très cher des bonbons présentés comme des antidotes contre la comète, alors qu'ils étaient bien sûr tout à fait ordinaires !

Actuellement, les caractéristiques de l'orbite de la comète de Halley sont parfaitement connues. Sa position la plus éloignée du Soleil (encore appelée aphélie) se situe à 5,3 milliards de kilomètres, soit bien au-delà de l'orbite de Neptune, alors qu'elle se rapproche du Soleil jusqu'à 88 millions de kilomètres (périhélie). Lors de son dernier passage dans notre voisinage en 1986, la comète de Halley a été abondamment observée non seulement depuis le sol mais aussi par des sondes spatiales. En particulier, la sonde européenne Giotto a photographié à moins de 600 kilomètres le noyau cométaire, qui ressemble à une cacahuète géante de 15 kilomètres de long sur 8 de large.

Le prochain retour de la comète de Halley est annoncé pour 2061. Les jeunes lecteurs de ce livre ne manqueront certainement pas d'admirer ce spectacle…

## Des vestiges glacés

Les comètes qui nous rendent visite et s'illuminent en s'approchant du Soleil proviennent essentiellement de deux « réservoirs ». Le premier est situé au-delà de Neptune, entre 30 et 50 UA du Soleil – l'unité astronomique (UA) est la distance Terre-Soleil, soit 150 millions de kilomètres. Il est appelé « ceinture de Kuiper », du nom de l'astronome américain qui a découvert son existence. Les comètes qui y croisent sont proches du plan de l'écliptique et côtoient quantité d'astéroïdes et autres planètes naines. La comète de Halley par exemple passe dans cette zone éloignée la plus grande partie des 76 ans que dure sa période.

Le deuxième réservoir est appelé nuage de Oort, car son existence, qui reste hypothétique pour l'instant, a été postulée par l'astronome néerlandais Jan Oort dans les années 1950. Ce « nuage » de comètes est extrêmement lointain puisqu'on le situe entre 50 000 et 100 000 UA. Il forme une sorte de cocon sphérique autour du système solaire contenant des centaines de milliards de comètes. Mais comment certaines d'entre elles peuvent-elles finalement se retrouver près du Soleil et devenir visibles ?

Cela se produirait peut-être au hasard du billard gravitationnel se jouant au sein de ce nuage, ou serait provoqué par le passage à proximité d'astres massifs. Certaines comètes seraient alors bousculées, déviées et plongeraient vers le centre du système solaire.

Toutes ces comètes intéressent particulièrement les astronomes, car ce sont des reliquats, des vestiges de la naissance du système solaire. Formées il y a 4,6 milliards d'années à partir de la matière du nuage primordial, elles sont restées pratiquement inchangées depuis, car elles ont été conservées au congélateur cosmique très loin du Soleil. Connaître la composition physico-chimique des comètes permet donc aux scientifiques d'affiner leurs modèles de formation du système solaire.

## Anatomie d'une transformiste

En 1950, l'astrophysicien américain Fred Whipple a déclaré qu'une comète était une « boule de neige sale ». Effectivement, un noyau cométaire contient beaucoup de glace d'eau mélangée à des poussières essentiellement carbonées. Cette définition est toutefois quelque peu simplificatrice...

Tant qu'elle est loin du Soleil, une comète se réduit au noyau cométaire, petit astre sombre de forme généralement irrégulière et de quelques kilomètres ou dizaines de kilomètres de diamètre, ressemblant plus ou moins à un astéroïde.

**FIGURE 2-4 :** La comète Tchourioumov-Guérassimenko.

Mais lorsque la comète se rapproche assez du Soleil à une distance de l'ordre de 3 UA, elle commence à jouer les transformistes ! L'énergie du rayonnement solaire provoque la sublimation des corps glacés dont elle est essentiellement constituée : eau principalement, mais aussi dioxyde de carbone, monoxyde de carbone, acide cyanhydrique et de nombreuses autres substances. Les gaz ainsi formés sont éjectés du noyau en entraînant avec eux de la poussière. Cette substance éjectée forme autour du noyau un halo sphérique, appelé coma, qui peut atteindre 100 000 kilomètres de rayon.

## LA SUBLIMATION

La sublimation d'une substance est son passage direct de l'état solide à l'état gazeux, sans phase liquide. Ce changement d'état a lieu généralement à faible pression, ce qui est le cas dans l'espace où la pression est quasi nulle. Pour se sublimer, toute substance a besoin de recevoir de l'énergie. Ici, c'est le rayonnement solaire qui l'apporte.

Sous l'action du vent solaire (flux de protons et d'électrons émis en permanence par le Soleil), la matière de la coma est repoussée à l'opposé du Soleil, ce qui forme la queue de la comète.

Cette dernière peut atteindre des dimensions gigantesques et dépasser 100 millions de kilomètres de longueur ! La coma et la queue de la comète nous apparaissent brillantes parce que les particules de poussière qu'elles contiennent diffusent (renvoient) la lumière solaire.

En éjectant toute cette matière, la comète perd de la masse. Lors de son passage en 1986, par exemple, la comète de Halley perdait environ 35 tonnes par seconde, essentiellement en vapeur d'eau et poussière. En conséquence, le noyau cométaire perd quelques mètres d'épaisseur lors de chaque passage près du Soleil.

Depuis quelques décennies, nos connaissances sur les comètes se sont beaucoup enrichies grâce aux sondes spatiales qui les ont approchées. La dernière en date est la sonde Rosetta qui accompagne la comète Tchourioumov-Guérassimenko depuis plus d'une année.

## TCHOURI REÇOIT DE LA VISITE !

C'est un exploit technologique sans précédent ! Après un lancement en 2004 et un voyage complexe de 7 milliards de kilomètres, la sonde spatiale Rosetta de l'Agence spatiale européenne (ESA) a rejoint en août 2014 son objectif, à savoir la comète Tchourioumov-Guérassimenko, surnommée familièrement Tchouri, autour de laquelle elle s'est mise en orbite. Encore plus fort : en novembre 2014, Rosetta a largué le petit robot Philae qui est allé se poser sur la comète ! Malheureusement, son accométissage (mot inventé pour l'occasion : atterrissage sur comète !) a été à rebondissements (au sens propre !) et, après trois rebonds, Philae s'est retrouvé en mauvaise posture, incapable de pouvoir recharger ses batteries par ses panneaux solaires.

Rosetta a rejoint Tchouri quand celle-ci était loin du Soleil, donc inactive, ce qui lui a permis d'étudier la surface du noyau cométaire. La sonde s'est trouvée ensuite aux premières loges pour assister à son « dégazage » progressif et à la formation de sa queue jusqu'à son activité maximale en août 2015, lorsque la comète est passée à son périhélie à 186 millions de kilomètres du Soleil. La batterie d'instruments analyseurs de Rosetta a alors permis de mesurer très précisément la composition des émissions de la comète.

Grâce à Rosetta, on a pu déterminer par exemple que contrairement à ce que l'on pensait jusque-là, les gaz émis contiennent une proportion assez importante d'oxygène moléculaire (dioxygène). De même, la croûte de la comète est riche en matière organique et des indices suggèrent la présence possible d'acides aminés, qui sont les briques élémentaires de la vie. Cette information est importante par rapport au problème de l'apparition de la vie sur Terre, car notre planète a subi dans son jeune âge un intense bombardement cométaire qui aurait pu justement apporter ce type de molécules.

# L'avenir dans les astres : l'astrologie

Si vous voulez énerver un astronome, rien de mieux que d'aller lui dire naïvement : « Alors, il paraît que vous travaillez dans l'astrologie... » Il risque de vous répondre sèchement qu'il fait de l'astronomie, qui est une science, alors que l'astrologie relève de la superstition et du charlatanisme ! Il est important en effet de bien faire la distinction entre les deux activités, car outre que les termes se ressemblent, l'astrologie aime bien aussi se parer d'un habillage pseudo-scientifique en utilisant des notions d'astronomie et en pratiquant moult calculs, si possible bien compliqués : ça fait plus sérieux ! D'ailleurs, c'est maintenant l'ordinateur qui est chargé de calculer les thèmes astraux : ça fait encore plus scientifique !

Pour établir leurs prédictions, les astrologues utilisent entre autres les signes du zodiaque.

## Les signes du zodiaque

Observé depuis la Terre, le plan de l'écliptique dessine sur la sphère céleste un cercle qui correspond au chemin apparent du Soleil en une année devant le fond des étoiles. Le Soleil se décale d'environ 1 degré par jour le long de ce cercle puisqu'il parcourt 360 degrés en 365 jours.

Par ailleurs, les planètes tournent autour du Soleil dans des plans voisins de l'écliptique. Vues depuis la Terre, elles restent donc dans une étroite bande du ciel d'environ 7 degrés de part et d'autre de l'écliptique, appelée zodiaque. Le long de cette bande zodiacale, les astronomes de l'Antiquité avaient dénombré douze constellations (une constellation est un ensemble d'étoiles censé représenter une figure...).

### LES 12 CONSTELLATIONS DU ZODIAQUE

Dans l'ordre d'ouest en est, la bande zodiacale traverse successivement les constellations suivantes : le Bélier, le Taureau, les Gémeaux, le Cancer, le Lion, la Vierge, la Balance, le Scorpion, le Sagittaire, le Capricorne, le Verseau, les Poissons.

Les astronomes actuels dénombrent une treizième constellation dans le zodiaque : Ophiuchus, encore appelée Serpentaire, située entre le Scorpion et le Sagittaire. Mais les astrologues ignorent cette nouvelle venue et définissent les douze signes du zodiaque à partir des douze constellations listées plus haut, comme ils l'ont toujours fait depuis l'Antiquité ! D'ailleurs, pour aller encore un peu plus loin dans la simplification, les astrologues ne tiennent pas compte non plus de l'étendue différente de chaque constellation. Ils considèrent que chaque signe correspond à un douzième du cercle écliptique, soit 30 degrés. Ainsi, le Soleil met *grosso modo* un mois pour traverser chaque signe.

## L'astrologie, comment ça marche ?

L'astrologie prétend lire l'avenir dans les astres, à savoir déterminer pour tout un chacun ses traits de caractère, les éléments de sa personnalité et les grandes lignes de sa destinée à partir de la position des astres à l'instant de sa naissance. Ce déterminisme (« Dis-moi quand et où tu es né, je te dirai qui tu es ! ») apparaît simplement aberrant, car il permettrait, s'il était vérifié, de modifier à volonté la personnalité de quelqu'un rien qu'en précipitant ou en retardant sa naissance ! Bien sûr, aucune cause physique et rationnelle ne peut être trouvée pour expliquer une quelconque relation entre les astres et les personnes.

Nous ne rentrerons pas dans le détail du calcul des thèmes astraux. Signalons seulement qu'ils font intervenir, associés aux signes zodiacaux déterminés par la date de naissance, les quatre éléments d'Aristote (feu, terre, air et eau) ! Ainsi, le Bélier serait un signe de feu, le Taureau un signe de terre, etc. On voit bien là que les bases de l'astrologie n'ont pas changé depuis l'Antiquité, car ces quatre éléments ne sont rien d'autre que les vestiges d'une ancienne conception erronée de la matière !

Il paraîtrait qu'on se trouve également sous l'influence d'une planète en fonction du décan (période de dix jours) correspondant à notre date de naissance. S'il s'agit de Mars par exemple, qualifiée dans les horoscopes de « planète fougueuse et volontaire », ou « planète de feu », cela favoriserait une carrière sportive. Une étude statistique sérieuse a été faite à ce sujet, qui bien sûr n'a montré aucune corrélation significative !

Bref, l'astrologie ne repose que sur des spéculations arbitraires, et croire en ses prédictions relève strictement de l'irrationnel.

On comprend bien que de telles croyances aient pu s'installer dans les temps anciens, quand il apparaissait logique que les astres, plus ou moins déifiés, puissent gouverner les événements terrestres et les destinées humaines. D'ailleurs, les astronomes d'autrefois pratiquaient souvent l'astrologie, y compris ceux qui ont grandement participé à la modernisation des idées en astronomie comme Galilée, Kepler ou Newton !

Mais on pourrait – naïvement – penser qu'à la faveur du progrès scientifique et de la généralisation de l'éducation, ces croyances seraient aujourd'hui en voie d'extinction. Bien au contraire ! D'après un récent sondage, il s'avère que plus de 20 % d'adultes français croient aux prédictions des horoscopes. Comme quoi l'ignorance n'est pas le seul ressort de la superstition…

En fait, beaucoup de gens font fi de la rationalité, car ils ont envie de croire en l'existence de puissances supérieures et mystérieuses (les astres eux-mêmes, ou celui qui les pousse…) qui s'occupent de leur sort. En effet, savoir que le Soleil et les planètes me tiennent ainsi en considération, c'est flatteur pour mon ego : je peux penser que c'est en quelque sorte « parce que je le vaux bien ! »

Les astrologues exploitent d'ailleurs ce sentiment, qui nourrit quand même un peu l'orgueil, en produisant des horoscopes qui vont plutôt dans le sens de la flatterie. Ils font en sorte que les prédictions, toujours libellées dans des termes assez flous, soient le plus souvent valorisantes et orientées positivement. Ils proposent ainsi aux gens ce qu'ils ont envie de lire ou d'entendre : c'est la clé du succès !

## Les mauvais calculs des astrologues

Le cycle zodiacal des astrologues commence quand le Soleil entre dans le signe du Bélier. Cette situation a été choisie pour coïncider avec l'équinoxe de printemps, le 21 mars… d'il y a environ 2 000 ans ! C'est en effet à l'époque du grand astronome et astrologue grec Claude Ptolémée (IIe siècle apr. J.-C.) que les règles – totalement arbitraires – de l'astrologie ont été établies. Petit problème : actuellement, le jour de l'équinoxe de printemps (toujours le 21 mars), le Soleil n'est plus du tout au début du signe du Bélier mais vers le début du signe des Poissons !

Il se trouve en effet que la position du Soleil à l'équinoxe de printemps (dont l'appellation savante est « point vernal ») se décale très lentement d'année en année le long de l'écliptique, à raison d'environ 1 degré en soixante-dix ans. Ce phénomène bien connu depuis l'Antiquité est appelé « précession des équinoxes ».

## LA PRÉCESSION DES ÉQUINOXES

On a coutume de dire que l'axe de rotation de la Terre garde une orientation constante dans l'espace, pointant pratiquement vers l'étoile Polaire du côté du pôle Nord. C'est presque vrai… mais pas tout à fait. Il se trouve que la Terre tournant sur elle-même a un mouvement analogue à celui d'une toupie en fin de course. Celle-ci voit alors son axe pencher et tourner lentement pour décrire un cône. De la même façon, l'axe de la Terre décrit lentement un cône en faisant un tour complet en 25 800 ans. Dans 12 000 ans par exemple, cet axe ne pointera plus vers l'étoile Polaire, mais vers l'étoile Vega, dans la constellation de la Lyre.

La conséquence de ce décalage est que le signe astrologique d'une personne ne correspond plus du tout à la position du Soleil le jour de sa naissance : il y a pratiquement un décalage d'un signe ! Pour une naissance le 23 mars par exemple, la personne est officiellement du signe astrologique du Bélier, alors que le Soleil le jour de sa naissance est dans le signe des Poissons. Le malheureux va-t-il être affublé de la personnalité « Bélier » ou de la personnalité « Poissons » ? Pour l'astrologue, c'est Bélier parce que… ça a toujours été comme ça depuis l'Antiquité ! Ce faisant, il ne tient aucun compte de la vraie position du Soleil.

L'astrologie ignorant la position réelle des astres, c'est quand même un comble ! Comment certains peuvent-ils continuer à lui accorder un quelconque crédit ?

# Chapitre 3
# Éclairage sur les étoiles

**DANS CE CHAPITRE :**

- **La distance des étoiles**
- **La lumière messagère**
- **Qu'est-ce qui fait briller les étoiles ?**
- **Destins stellaires**

Dans un ciel nocturne pur et bien sombre, on peut dénombrer à l'œil nu, si l'on est patient et organisé, plus de 2 000 étoiles. Le spectacle qu'elles nous donnent jour après jour, année après année, siècle après siècle, paraît immuable… Mais que sont précisément ces points brillants dans le ciel et à quelle distance de nous se trouvent-ils ? Quelle est leur taille et comment font ces étoiles pour briller éternellement ? Ou peut-être pas ? Sont-elles des sortes de soleils lointains, ou autre chose ?

De nombreux philosophes et astronomes se sont posé ces questions depuis l'Antiquité, mais ce n'est qu'à partir du XIXe siècle que les scientifiques ont progressivement appris à décoder les précieuses informations que contient la lumière des étoiles et ont ainsi pu commencer à répondre à ces questions.

## La distance des étoiles

Vers la fin du XVIIIe siècle, les astronomes commencent à avoir une bonne connaissance du système solaire. La vision copernicienne plaçant le Soleil, et non plus la Terre, au centre du monde s'est depuis longtemps imposée. Grâce à Kepler et

Newton, on peut expliquer et prévoir le mouvement des planètes ou des comètes, et une septième planète invisible à l'œil nu, Uranus, a même été découverte par William Herschel.

L'astronomie est alors en plein essor mais les astronomes en général s'intéressent peu aux étoiles. Il faut dire que même observées à travers les meilleurs instruments de l'époque, elles restent des points lumineux, paraissant occuper toujours la même position dans le ciel.

## Arpenter le ciel

Cette fixité apparente des étoiles, alors que la Terre change de position dans l'espace au cours de sa révolution annuelle autour du Soleil, montre que celles-ci sont beaucoup plus éloignées que les planètes. Mais de combien ? Les astronomes du début du XIXe siècle n'en ont aucune idée. Beaucoup pensent que toutes les étoiles ne sont pas à la même distance, ce en quoi ils ont raison, et que les plus brillantes sont les plus proches, ce qui paraît logique mais n'est pas obligatoirement le cas !

### Méthode de mesure

Pour mesurer la distance d'une étoile relativement « proche », la seule solution est de faire appel au bon vieux principe de la triangulation : c'est la méthode dite « **de la parallaxe** ». Elle consiste à viser l'étoile à partir de deux positions les plus écartées possible et à mesurer l'angle entre les deux lignes de visée. Pour cela, on ne peut pas choisir mieux que deux positions de la Terre à six mois d'intervalle, donc distantes de 300 millions de kilomètres (le rayon de l'orbite terrestre valant 150 millions de kilomètres). Une fois l'angle mesuré, un simple calcul trigonométrique dans un triangle permet d'obtenir la distance de l'étoile.

### Lointaines étoiles

Compte tenu des difficultés de l'opération, ce n'est qu'en 1837 qu'une première mesure a pu être réalisée par l'Allemand **Wilhelm Bessel (1784-1846)** sur une étoile qu'il pensait à juste titre relativement proche : 61 *Cygni*, de la constellation du Cygne.

Il évalue alors sa parallaxe à un tiers de seconde, ce qui donne pour l'étoile, tous calculs faits, une distance de 100 000 milliards de kilomètres. Pour une étoile « proche », ça fait quand même assez loin !

## LA MÉTHODE DE LA PARALLAXE

Pour visualiser ce qu'est la méthode de la parallaxe, vous pourrez réaliser l'expérience suivante. Prenez une pièce de monnaie et tenez-la entre le pouce et l'index, bras tendu devant vous : ce sera votre étoile proche. Placez-vous en face d'un paysage quelconque assez éloigné : mur, haie, etc. Il représentera le fond des étoiles fixes très éloignées. En regardant toujours la pièce, déplacez la tête d'un côté puis de l'autre : vous voyez la pièce se déplacer légèrement par rapport au paysage.

Par définition, on appelle parallaxe de l'étoile l'angle sous lequel on voit le rayon de l'orbite terrestre en le regardant depuis l'étoile.

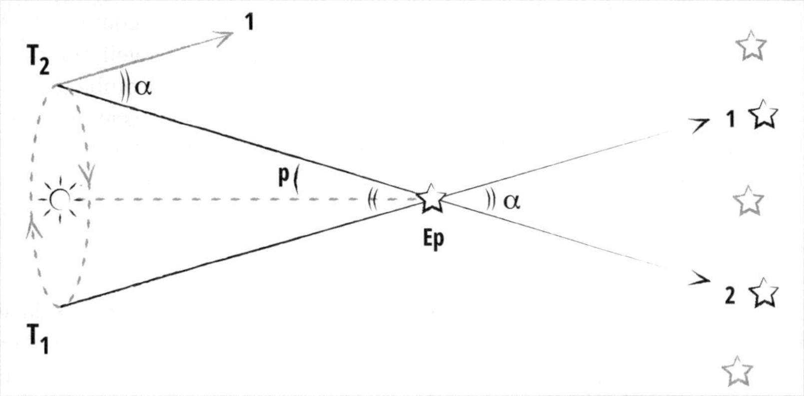


Sur la figure, l'angle p est la parallaxe de l'étoile proche $E_p$. On vise cette étoile depuis la Terre dans ses positions $T_1$ et $T_2$ à six mois d'intervalle. L'angle α entre les deux directions de visée 1 et 2 est égal au double de la parallaxe p.

La difficulté de cette méthode est d'arriver à mesurer des angles extrêmement petits, inférieurs à la seconde d'arc. Or une seconde, c'est 3 600 fois plus petit qu'un degré, soit à peu près l'angle sous lequel on verrait une pièce de 1 euro distante de 4 kilomètres !

La distance trouvée par Bessel pour 61 *Cygni* correspond donc à environ 11 années-lumière. On sait aujourd'hui que même l'étoile la plus proche de notre Soleil, Proxima de la constellation du Centaure, se trouve déjà très loin, à 4,3 AL. Pour essayer de se représenter de telles distances, il faut les rapporter à des déplacements à notre échelle. Imaginons donc un vaisseau spatial plutôt assez rapide puisque se déplaçant à la vitesse de 30 kilomètres par seconde, soit plus de 100 000 kilomètres par heure, ou encore environ 100 fois la vitesse d'un avion de ligne : il mettrait 43 000 ans pour atteindre Proxima !

## UNITÉS POUR LES TRÈS GRANDES DISTANCES

Quand on veut exprimer la distance qui nous sépare des étoiles, le kilomètre ou même l'unité astronomique (égale à la distance Terre-Soleil) ne sont plus adaptés, car ils conduisent à des nombres démesurément grands. On utilise alors l'année-lumière (AL), qui est tout simplement la distance parcourue par la lumière en une année. Sachant que la vitesse de la lumière est pratiquement égale à 300 000 kilomètres par seconde, on calcule facilement qu'une année-lumière équivaut à 9 460 milliards de kilomètres.

Les astronomes utilisent aussi le parsec (contraction de « parallaxe-seconde ») : c'est la distance d'une étoile théorique qui aurait une parallaxe d'une seconde d'arc. 1 parsec = 3,26 AL.

## Des distances… astronomiques

On constate ainsi l'extraordinaire éloignement des étoiles, ce qui corrobore l'idée que celles-ci sont des soleils, mais tellement lointains qu'ils nous apparaissent comme des points lumineux. Une autre façon de dire la même chose est de déclarer, comme **René Descartes (1596-1650)**, que le Soleil n'est qu'une étoile parmi les autres.

La méthode de la parallaxe ne peut être employée que jusqu'à des distances de l'ordre d'une centaine d'années-lumière si l'on veut des résultats d'une précision acceptable. Pour évaluer la distance d'une étoile plus lointaine, on est contraint de procéder par comparaison. Pour cela, on identifie son type spectral (sa « carte d'identité » en quelque sorte, comme cela sera précisé dans une prochaine section) en analysant sa lumière, puis on compare sa luminosité à celle d'une étoile proche quasi identique, mais dont on connaît l'éloignement. Comme la luminosité apparente d'une étoile varie comme l'inverse du carré de sa distance, on peut calculer cette dernière. Par exemple si l'étoile lointaine brille 100 fois moins que l'étoile proche identique, c'est qu'elle est 10 fois plus éloignée, puisque $10^2 = 100$. On peut évaluer ainsi la distance d'étoiles situées à des milliers ou des dizaines de milliers d'années-lumière.

# La lumière messagère

L'extraordinaire éloignement des étoiles nous interdit d'en faire une observation directe précise. En effet, même observées avec les plus puissants télescopes actuels, la plupart des étoiles restent de simples points brillants. Par contre, leur lumière contient de nombreuses et précieuses informations, que l'analyse va pouvoir révéler.

## Des étoiles plus ou moins brillantes

Pour rendre compte de la luminosité apparente des étoiles, on utilise l'échelle des magnitudes, héritée d'une ancienne classification établie au IIe siècle avant J.-C. par l'astronome grec **Hipparque**, ce qui tendrait à montrer que les astronomes ont un petit côté conservateur… Il avait classé les étoiles en six catégories. Les plus brillantes étaient dites « de première grandeur » et leur magnitude égale à 1. Puis la magnitude augmentait en même temps que la luminosité diminuait, jusqu'aux étoiles de sixième grandeur, à peine visibles à l'œil nu, de magnitude 6. À l'époque, l'estimation de la luminosité se faisait bien évidemment à vue d'œil !

On remarquera que dans cette échelle, la magnitude des étoiles varie en sens inverse de leur luminosité. Tout en gardant cette notion de magnitude, les astronomes lui donnent aujourd'hui une définition objective et rigoureuse, en lien direct avec l'énergie lumineuse reçue de l'étoile. L'échelle des magnitudes est dite « logarithmique ». Si le qualificatif peut paraître rebutant, le principe est simple : une diminution de magnitude de une unité correspond à une multiplication de la luminosité par 2,5. Par exemple, par rapport à une étoile de magnitude 1, une étoile de magnitude 5 (différence de 4 unités) sera à peu près 39 fois moins lumineuse (car $2{,}5^4 \approx 39$). Il faut noter que la luminosité considérée ici ne se limite pas à la lumière visible, mais prend aussi en compte tous les autres rayonnements électromagnétiques (infrarouge, ultraviolet, etc.) émis par l'étoile.

### LA FAMILLE DES ONDES ÉLECTROMAGNÉTIQUES

La lumière visible, formée de toutes les couleurs de l'arc-en-ciel, n'est qu'une toute petite partie d'un ensemble de radiations de même nature : les ondes électromagnétiques. Les physiciens les décrivent comme la propagation dans l'espace (à la vitesse de la lumière évidemment) d'un champ électromagnétique, vibrant plus ou moins rapidement. On appelle « longueur d'onde », souvent notée « $\lambda$ », la distance parcourue par l'onde durant une vibration. Cette grandeur variable détermine les propriétés des ondes, notamment leurs interactions avec la matière, et permet de les classer en catégories.

C'est ainsi que des plus courtes aux plus grandes longueurs d'onde, on trouve successivement : les rayons $\gamma$ (gamma), les rayons X, l'ultraviolet, le visible depuis le violet jusqu'au rouge pour $\lambda$ allant *grosso modo* de 400 à 800 nanomètres (un nanomètre, nm, est un milliardième de mètre), l'infrarouge, les micro-ondes, les ondes radio. En fait, la longueur d'onde variant de façon continue tout au long de ce spectre électromagnétique, les frontières entre les catégories sont assez floues, excepté pour le visible dont les limites sont directement liées à la sensibilité de l'œil humain.

On s'aperçoit que certaines étoiles très éloignées apparaissent pourtant très brillantes, alors que d'autres plus proches ont une plus faible luminosité apparente : c'est le cas de Proxima, l'étoile la plus proche, qui est invisible à l'œil nu. Cette constatation montre que les étoiles sont très différentes et rayonnent une quantité d'énergie très variable. Pour pouvoir comparer la luminosité propre des étoiles, les astronomes ont introduit la notion de magnitude absolue, qui serait la magnitude d'une étoile si elle était observée à une distance, choisie arbitrairement, de 32,6 AL (soit 10 parsec). Par exemple, la magnitude absolue du Soleil est voisine de 5, ce qui en fait une étoile peu brillante. À titre de comparaison, Rigel, une géante bleue de la constellation d'Orion, a une magnitude absolue voisine de - 7. Elle est donc près de 60 000 fois plus lumineuse que le Soleil !

## Des étoiles plus ou moins chaudes

La lumière en provenance d'une étoile éclaire l'astronome – c'est bien le moins qu'elle puisse faire ! – sur la température de surface de l'étoile. En effet, une étoile est une gigantesque boule de gaz incandescent ; or plus un objet incandescent est chaud, plus il émet de radiations vers les courtes longueurs d'onde. Vous avez peut-être eu l'occasion de vérifier cette propriété en observant un morceau de fer porté à une température de plus en plus haute : il apparaît successivement rouge, orangé, jaune puis blanc (d'où l'expression « chauffé à blanc ! »).

Une loi simple permet même de connaître la température de l'objet incandescent si l'on détermine la longueur d'onde correspondant à son maximum d'émission. Or les astronomes savent très bien le faire en analysant la lumière des étoiles à l'aide d'un spectrographe. L'appareil décompose la lumière en ses différentes composantes colorées et mesure la répartition de l'énergie lumineuse en fonction de la longueur d'onde.

On a pu ainsi établir que la température de surface de la plupart des étoiles se répartit *grosso modo* de 3 000 à 50 000 kelvins.

En observant attentivement les étoiles, on constate que certaines apparaissent légèrement colorées en rouge, jaune ou bleu. Cette coloration est directement liée à la température de surface de l'étoile. Si elle est par exemple de 3 000 kelvins, le maximum d'émission lumineuse se trouve dans l'infrarouge. Dans le domaine visible, ce sont les radiations rouges et orange qui prédominent : l'étoile apparaît donc rougeâtre. Pour une température de surface de 12 000 kelvins, le maximum d'émission est dans l'ultraviolet. Ce sont alors les radiations violettes et bleues qui prédominent dans le spectre visible : l'étoile apparaît bleutée. Pour 6 000 kelvins en surface, ce qui est approximativement le cas du Soleil, le maximum d'émission se situe au milieu du spectre visible et l'étoile apparaît jaune-blanc.

## L'ÉCHELLE DE TEMPÉRATURE KELVIN

Les physiciens expriment la température dans l'échelle Kelvin. C'est une échelle dans laquelle le zéro de la graduation est le zéro absolu, c'est-à-dire la température la plus basse possible, correspondant à un niveau d'énergie nulle des molécules. Dans une telle échelle dite « absolue » ou « thermodynamique », la température mesure l'énergie moyenne des molécules.

L'unité de cette échelle, le kelvin (K), a été choisie par commodité égale au degré Celsius de notre échelle de température familière. Dans l'échelle Celsius, le zéro absolu se situe à environ – 273 °C (– 273,15 précisément). Pour passer de l'échelle Celsius à l'échelle Kelvin, il suffit donc d'ajouter 273 : par exemple 100 °C = 373 K.

# Et plus ou moins grosses

La température de surface des étoiles est d'autant plus intéressante à connaître qu'elle va permettre de calculer leur taille. En effet, connaissant la magnitude absolue d'une étoile et sa température de surface, les astronomes savent déterminer sa taille par des raisonnements dont le détail vous sera épargné !

Tous calculs faits, il s'avère que l'éventail des diamètres des étoiles est assez phénoménal. Certaines étoiles naines sont presque dix fois plus petites que le Soleil.

En revanche, des supergéantes peuvent être près de mille fois plus grandes que lui, comme Bételgeuse, une étoile rougeâtre et bien lumineuse de la constellation d'Orion. Parmi l'ensemble des étoiles, le Soleil est plutôt plus petit que la moyenne et rangé du coup dans la catégorie des naines jaunes... notre fierté dût-elle en souffrir !

# Le code-barres des étoiles

Lorsqu'on réalise le spectre de la lumière d'une étoile en faisant apparaître les différentes couleurs (du rouge au violet) qui la composent, on constate que ce spectre continu est barré de fines raies sombres : des valeurs particulières de la longueur d'onde sont donc absentes du spectre.

## Lumière absorbée

En fait, chaque raie sombre correspond à une composante colorée de la lumière qui a été absorbée par une espèce chimique présente dans la haute atmosphère de l'étoile. Ce phénomène a été découvert en 1815 par l'Allemand **Joseph von Fraunhofer (1787-1826)** dans le spectre de la lumière solaire, mais il a fallu attendre le XXe siècle, et l'avènement de la physique quantique, pour en comprendre réellement le mécanisme.

## FORMATION DES RAIES D'ABSORPTION

**Albert Einstein (1879-1955)** a établi en 1905 que la lumière se présente sous deux aspects complémentaires et indissociables : une onde électromagnétique, mais aussi un flux de corpuscules, appelés par la suite photons. À une longueur d'onde (donc une couleur) bien précise correspondent des photons d'une énergie bien précise, et cette énergie est d'ailleurs inversement proportionnelle à la longueur d'onde : les photons violets sont plus énergétiques que les photons rouges.

Quand la lumière d'une longueur d'onde donnée traverse un échantillon d'une espèce chimique, constituée d'un certain type d'atomes, elle ne pourra être absorbée par les atomes que si l'énergie du photon associé correspond exactement à l'énergie nécessaire pour faire passer un électron de l'atome d'un niveau d'énergie à un autre niveau d'énergie supérieure. Ces sauts d'énergie possibles sont quantifiés et ne peuvent prendre que certaines valeurs bien déterminées, qui correspondent à autant de valeurs de la longueur d'onde pour lesquelles la lumière sera absorbée.

## Absorption caractéristique

Quand de la lumière traverse une quantité suffisante d'une espèce chimique X, certaines longueurs d'onde particulières sont donc absorbées, provoquant quelques raies sombres dans le spectre. Leurs positions sont caractéristiques de l'élément chimique X et constituent en quelque sorte sa signature, son « code-barres ». Si le spectre de la lumière d'une étoile contient l'ensemble des raies sombres caractéristique de l'élément X, on en déduit que cet élément est présent dans l'atmosphère de l'étoile.

La spectroscopie est ainsi un outil d'investigation très puissant qui permet aux astronomes de connaître la composition chimique des étoiles. C'est à partir des spectres et de l'abondance relative de certains éléments chimiques que l'on a établi une classification des étoiles en types spectraux, classification assez complexe pour être passée sous silence dans ces pages !

## Composition chimique des étoiles

On constate finalement que la composition chimique des étoiles est variable en fonction de leur taille, de leur température et surtout de leur âge. Par contre, un élément chimique est pratiquement toujours de très loin le plus abondant : c'est l'hydrogène, dont l'atome est le plus simple qui soit, avec un seul électron tournant autour d'un seul proton. Dans le Soleil par exemple, 92,1 % des atomes sont de l'hydrogène. Le deuxième élément en abondance est l'hélium (7,8 %), qui doit d'ailleurs son nom au fait d'avoir été découvert dans le spectre solaire avant d'être connu sur Terre, *hélios* en grec signifiant Soleil. Les éléments plus lourds apparaissent en beaucoup plus petites quantités, avec par ordre d'importance : oxygène, carbone, azote, néon, fer, etc.

Ainsi, les étoiles apparaissent comme de gigantesques boules de gaz très chaud, essentiellement de l'hydrogène et de l'hélium. À cause de la température très élevée, qui augmente d'ailleurs au fur et à mesure qu'on s'enfonce (par la pensée, c'est préférable !) dans l'étoile, le gaz est fortement ionisé et forme ce que les physiciens appellent un plasma. La surface de l'étoile est incandescente et rayonne une quantité d'énergie colossale sous forme d'ondes électromagnétiques principalement. Reste à savoir quel est le moteur de cette débauche permanente d'énergie…

# Qu'est-ce qui fait briller les étoiles ?

D'où les étoiles tirent-elles leur énergie phénoménale ? Au XIXe siècle, les scientifiques se posent cette question à propos de « notre » étoile, le Soleil. À partir de la mesure de l'énergie solaire reçue par l'atmosphère terrestre, ils ont pu déduire la quantité totale d'énergie rayonnée par le Soleil en une seconde, c'est-à-dire sa puissance, qui vaut environ $3{,}8 \times 10^{26}$ W (W : watt, unité de puissance représentant un débit d'énergie de 1 joule par seconde). À notre échelle, cette puissance est tout simplement phénoménale : 300 millions de milliards de fois la puissance d'un réacteur nucléaire !

## Des tentatives vouées à l'échec

Durant le XIXe siècle, les scientifiques ont élaboré diverses hypothèses et théories pour expliquer l'origine possible de l'énergie solaire. Ils l'ont fait forcément avec leurs connaissances de l'époque et n'avaient de ce fait aucune chance de réussir puisque les phénomènes effectivement en jeu (réactions nucléaires) leur étaient totalement inconnus. Ainsi, la plupart de ces hypothèses se sont avérées faciles à réfuter.

## D'OÙ VIENT L'ÉNERGIE SOLAIRE ?

Voici quelques hypothèses et leur réfutation :

- Le Soleil serait une masse chaude qui se refroidit lentement : aucun refroidissement n'est perceptible au fil des années.
- Le Soleil perdrait de l'énergie cinétique de rotation par un quelconque freinage sur le milieu environnant : aucun ralentissement du Soleil n'est observé.
- Le Soleil serait constitué d'une matière combustible du type charbon, brûlant en permanence : en l'état actuel du Soleil, son combustible serait totalement consommé en 5 000 ans.
- Le Soleil serait alimenté en énergie par des comètes venant régulièrement s'écraser contre lui : mais ces impacts devraient provoquer une augmentation de la masse du Soleil et donc un ralentissement de son mouvement de rotation sur lui-même. Or aucun ralentissement n'est observé.

Par contre, une autre hypothèse qui se révélera *in fine* tout aussi fausse, a eu néanmoins la faveur de beaucoup de scientifiques durant la seconde moitié du XIXe siècle : celle de l'effondrement gravitationnel du Soleil sur lui-même, c'est-à-dire le tassement de la matière solaire dû à la gravitation. L'énergie potentielle ainsi perdue se transformerait en chaleur et entretiendrait le flux d'énergie solaire. Cette théorie, défendue par deux éminents physiciens, l'Allemand **Hermann von Helmholtz (1821-1894)** et le Britannique **William Thomson (1824-1907)**, futur Lord Kelvin, apparaît alors tout à fait satisfaisante. Toutefois elle implique que le Soleil ne soit pas trop âgé, tout au plus de quelques centaines de millions d'années.

Or cet âge ne convient pas du tout aux naturalistes (biologistes, géologues, paléontologues...) pour qui la Terre est âgée d'au moins 1 à 2 milliards d'années. Et bien évidemment, la Terre ne peut pas être plus âgée que le Soleil ! Après de longues confrontations et polémiques, les arguments des naturalistes auront raison de l'hypothèse de l'effondrement gravitationnel, qui est progressivement abandonnée à la fin du XIXe siècle.

## Les réactions nucléaires entrent en scène

Le problème de l'origine de l'énergie du Soleil reste donc entier, mais une nouvelle physique est en train de naître à l'aube du XXe siècle, qui va bientôt fournir de nouvelles réponses possibles. En 1896, **Henri Becquerel (1852-1908)** découvre la radioactivité, phénomène étonnant qui va donner lieu rapidement à de nombreuses recherches. En 1903, **Pierre Curie (1859-1906)** constate que le radium, substance très radioactive, émet de l'énergie en permanence et en grande quantité. Ce corps apparaît donc comme une source d'énergie puissante et inépuisable... un peu comme le Soleil !

Cette similitude suggère à certains astronomes que le Soleil pourrait tirer son énergie du radium et ils calculent que la présence de 3 grammes de radium par mètre cube de Soleil suffit pour expliquer le flux d'énergie solaire. Autre argument en faveur de cette présence : le radium en se désintégrant émet des particules $\alpha$, qui sont en fait des noyaux d'hélium. Or la spectroscopie a justement révélé la présence d'hélium dans le Soleil. Cette théorie semble donc argumentée et très séduisante... sauf que l'étude spectroscopique ne révèle pas la présence de radium dans le Soleil. Encore une hypothèse qui doit être abandonnée !

## La bonne piste de la fusion

Heureusement, la physique nucléaire, qui se développe rapidement en ce début du XXe siècle, va enfin mettre les astronomes sur la bonne piste.

En 1919 et 1920, le Français **Jean Perrin (1870-1942)** et le Britannique Sir **Arthur Eddington (1882-1944)** suggèrent que l'énergie du Soleil pourrait provenir de réactions nucléaires au cours desquelles des noyaux d'hydrogène fusionnent, c'est-à-dire s'assemblent, pour former des noyaux d'hélium. Un mécanisme précis de ces transformations à plusieurs étapes a été établi principalement par l'Allemand **Hans Bethe (1906-2005)** et son compatriote **Carl von Weizsäcker (1912-2007)** en 1939.

Le bilan global de ces réactions consiste en la formation d'un noyau d'hélium (deux protons et deux neutrons assemblés) à partir de quatre noyaux d'hydrogène (quatre protons). D'autres particules sont formées (neutrinos, positons, photons) mais nous ne nous en soucierons pas ! Ce qui par contre est essentiel, c'est le bilan des masses lors de cette transformation. Il s'avère que la masse des produits formés est inférieure à la masse initiale des quatre protons. Il y a donc perte d'une certaine masse (environ 0,7 %) qui se transforme en une colossale quantité d'énergie libérée. C'est le principe de l'équivalence entre masse et énergie énoncé par Einstein en 1905 et traduit par sa célébrissime formule : $E = mc^2$ (E étant l'énergie, m, la masse, et c, la vitesse de la lumière).

Voilà donc dévoilé le secret du Soleil ! La lumière qu'il rayonne provient d'une perte de masse convertie en énergie lors de la fusion des noyaux d'hydrogène. Les physiciens calculent alors que pour obtenir le flux d'énergie émis par le Soleil, il faut que 600 millions de tonnes d'hydrogène fusionnent chaque seconde. Cette réaction ne produit que 596 millions de tonnes d'hélium et les 4 millions de tonnes manquantes se transforment en énergie, exactement la quantité d'énergie que le Soleil rayonne chaque seconde.

600 millions de tonnes par seconde ! C'est gigantesque, voire inquiétant... À ce rythme-là, le Soleil ne risque-t-il pas de manquer bientôt d'hydrogène, son combustible, et d'arrêter de briller (ce qui serait bien embêtant !) ? Pas de panique ! On sait que le Soleil est constitué essentiellement d'hydrogène et sa masse est de l'ordre de $2 \times 10^{30}$ kg, soit 2 milliards de milliards de milliards de tonnes. Voilà une réserve d'hydrogène substantielle, qui devrait lui permettre de briller tranquillement pendant encore 5 ou 6 milliards d'années. Ouf !

Mais remarquons au passage que l'on vient d'évoquer ici l'idée que le Soleil, comme d'ailleurs n'importe quelle étoile, devrait s'arrêter de briller après avoir épuisé son combustible nucléaire. Cet aspect du fonctionnement des étoiles sera précisé dans une prochaine section.

## Ça fait chaud au cœur !

Ces réactions nucléaires de fusion de l'hydrogène se déroulent dans la région centrale du Soleil, le « cœur », dont le rayon est environ le quart du rayon solaire. Il y règne une température torride de 15 millions de degrés, la densité de la matière y est 150 fois plus élevée que celle de l'eau liquide et la pression vaut 200 milliards de fois notre pression atmosphérique terrestre ! Ces conditions extrêmes de température et de densité sont nécessaires pour que les noyaux d'hydrogène (donc des protons, porteurs d'une charge électrique positive) puissent fusionner. En effet, ils doivent pour cela rentrer pratiquement en contact les uns avec les autres. Or leur rapprochement est contrarié par leur répulsion électrostatique, car deux charges de même signe se repoussent. Pour réussir leur fusion, il faut donc que les noyaux d'hydrogène soient très concentrés, mais aussi très rapides, donc très chauds.

Les conditions infernales qui règnent dans le cœur du Soleil sont dues à la gravitation qui a tendance à faire s'effondrer toute la matière de l'étoile vers son centre, provoquant un tassement et un échauffement de plus en plus grand de cette matière. Mais l'énergie libérée par les réactions nucléaires sous forme de radiations crée en sens inverse une pression qui a tendance à repousser vers l'extérieur la matière solaire. Elle contrebalance ainsi la force de gravitation et c'est cet équilibre permanent entre deux forces antagonistes qui assure la stabilité du Soleil.

Comment l'énergie nucléaire produite dans le cœur du soleil atteint-elle ensuite la surface d'où elle va pouvoir être rayonnée dans l'espace ? C'est en fait un laborieux voyage... Le cœur et les couches qui l'entourent sont très denses et opaques. Les photons qui transportent l'énergie libérée par la fusion de l'hydrogène sont sans cesse absorbés par la matière, puis réémis. Ils progressent ainsi de proche en proche, du centre vers l'extérieur, tellement laborieusement qu'on estime à presque un million d'années le temps que met l'énergie pour passer du cœur à la surface du Soleil !

## Et brillent les étoiles !

Tout comme le Soleil, la grande majorité des étoiles sont constituées essentiellement d'hydrogène et leur énergie provient des réactions de fusion des noyaux d'hydrogène. Mais on sait que leur luminosité peut être très différente, ce qui signifie que leur débit d'énergie, et donc la consommation de leur combustible nucléaire, doit l'être aussi. Le facteur important en la matière est la masse de l'étoile, qui va déterminer le temps pendant lequel l'étoile va vivre sa vie d'adulte, c'est-à-dire briller de façon stable.

À côté de cette majorité d'étoiles de différentes masses qui sont en cours de vie « normale » et dont la luminosité est stable, on trouve des étoiles qui sont en fin de vie et qui subissent alors des évolutions plus ou moins spectaculaires, tant dans leur aspect que dans leur fonctionnement. D'autres éléments que l'hydrogène fusionnent alors dans leur cœur, et leur destin est là encore lié à leur masse.

# Destins stellaires

Depuis l'Antiquité, les astronomes observent les étoiles et notent précisément leur position et leur éclat. En comparant ces observations régulières, force est de constater que mis à part quelques événements très exceptionnels, les étoiles semblent ne pas varier d'un pouce. Le ciel actuel est quasiment le même que celui qu'observait Aristote au IVe siècle avant J.- C. Les étoiles seraient-elles immuables comme le pensait le grand philosophe ?

Une première raison d'en douter est le type d'événement exceptionnel auquel a assisté, en 1572, le jeune Tycho Brahe, qui deviendra par la suite l'un des plus illustres astronomes du XVIe siècle. Il a vu apparaître soudainement, dans la constellation de Cassiopée, ce qu'il a appelé une *stella nova*, une étoile nouvelle. Tout laissait penser effectivement qu'il venait d'assister à la naissance d'une nouvelle étoile, dont l'éclat très important a ensuite décliné au bout de quelques semaines. Tycho Brahe n'avait aucun moyen de s'en douter, mais loin d'avoir assisté à une naissance, il venait d'être le témoin de la mort cataclysmique d'une étoile au cours d'un phénomène appelé aujourd'hui « **supernova** ».

À l'heure actuelle, on sait très bien que les étoiles évoluent, mais hormis justement les supernovas, aucun changement n'est perceptible dans notre échelle de temps humaine. Pour construire le scénario de la « vie » des étoiles, les astronomes doivent donc multiplier les observations sur un grand nombre d'étoiles à différents stades de leur existence, et élaborer des modèles en s'appuyant sur les données de la physique, notamment la physique quantique qui décrit les phénomènes au niveau microscopique.

## Naissance d'une étoile

La naissance d'une étoile n'est pas un phénomène auquel on peut assister en direct à travers sa lunette astronomique ! C'est en effet un accouchement qui se révèle plutôt discret vu qu'il se déroule dans des régions du ciel rendues opaques par de la poussière, et plutôt laborieux puisqu'il s'étale sur quelques millions d'années. Les astronomes doivent donc en imaginer le scénario et il est assez remarquable de constater combien le modèle actuel de la formation d'une étoile est en cohérence avec la première hypothèse proposée par **Pierre Simon de Laplace (1749-1827)**... en 1796 !

### L'HEUREUSE INTUITION DE LAPLACE

Fils de cultivateur et fait marquis par le roi Louis XVIII, Pierre Simon de Laplace excelle en mathématiques, astronomie et physique. Dans son ouvrage *Exposition du système du monde* (1796), il propose l'hypothèse cosmogonique selon laquelle le système solaire serait issu d'une nébuleuse entourant un noyau fortement condensé et très chaud, l'ensemble tournant sur lui-même à la manière d'un disque. Le noyau central aurait formé le Soleil tandis que les couches externes de la nébuleuse, en se refroidissant, auraient constitué des anneaux, au sein desquels, par condensation de la matière autour d'un point, se seraient créées les planètes.

Dans le modèle actuel de la formation d'une étoile, il y a à l'origine, quelque part dans l'espace, un vaste nuage de poussières et de gaz (principalement de l'hydrogène) dont les dimensions sont de l'ordre de l'année-lumière. La densité de matière peut y atteindre quelques centaines ou milliers de particules par centimètre cube. C'est extrêmement faible dans l'absolu (à titre de comparaison, l'air que nous respirons contient des milliards de milliards de molécules par $cm^3$) mais c'est beaucoup plus que dans le milieu interstellaire ordinaire. La gravitation fait alors « tomber » la matière vers la région centrale du nuage où elle va s'accumuler et se tasser de plus en plus. Cet effondrement du nuage sur lui-même, lent au début, s'accélère au fur et à mesure que la région centrale devient plus massive. La matière tombant de plus en plus vite y devient de plus en plus chaude. Quand la température dans la région centrale dépasse les 10 millions de degrés, la chaudière nucléaire s'allume : l'étoile est née. La fusion de l'hydrogène s'enclenche, puis monte en puissance jusqu'à ce que l'énergie fournie génère une pression de radiations suffisante pour équilibrer les forces de gravitation. L'étoile a atteint l'âge adulte et va continuer à briller de façon stable tant qu'elle aura suffisamment de combustible hydrogène.

Si le nuage initial est plus grand, il peut y avoir plusieurs centres d'accrétion et le grand nuage se fragmente alors en plusieurs plus petits, dont chacun donnera naissance à une étoile. Ce cas de figure, où plusieurs étoiles (souvent deux ou trois) sont assez proches et liées gravitationnellement, est monnaie courante.

## La vie des étoiles

La masse d'une étoile qui vient de se former peut être très variable, en fonction bien sûr des caractéristiques du nuage initial. La plupart des étoiles ont une masse comprise entre 0,5 et 20 masses solaires. Chez les petites étoiles, la limite inférieure est 0,08 masse solaire : une masse plus petite ne permet pas d'atteindre la température nécessaire pour déclencher la fusion nucléaire et donc « allumer » l'étoile. Chez les grosses étoiles, la limite est d'environ une centaine de masses solaires, car au-dessus, l'étoile se révèle généralement instable et éjecte de la matière. On a toutefois observé quelques rares étoiles monstrueuses de 250 à 300 masses solaires !

La période de fonctionnement stable d'une étoile dépend essentiellement de sa masse initiale. On a vu que notre Soleil, avec sa masse plutôt inférieure à la moyenne des étoiles, devrait « vivre » (c'est-à-dire briller de façon stable) au total plus d'une dizaine de milliards d'années. Qu'en est-il d'une étoile plus massive que le Soleil, qui possède donc une réserve d'hydrogène plus importante ? Va-t-elle de ce fait vivre plus longtemps ? Eh bien non ! C'est tout le contraire, car les grosses étoiles sont des flambeuses ! Plus une étoile est massive, plus elle engloutit rapidement son combustible nucléaire et plus sa durée de vie est réduite. Par exemple, une étoile trois fois plus massive que le Soleil va briller environ 60 fois plus mais ne vivra que 500 millions d'années ; si elle est 25 fois plus massive, sa luminosité sera pharamineuse mais son espérance de vie ne dépassera pas 3 millions d'années ! À l'inverse, une étoile naine d'à peine une demi-masse solaire va économiser son hydrogène en brillant 50 fois moins que le Soleil, mais elle vivotera ainsi presque 100 milliards d'années !

## Fin d'une étoile ordinaire

Pour décrire l'évolution des étoiles en fin de vie, nous allons imaginer l'avenir d'une étoile bien ordinaire, notre Soleil, en nous projetant 4 ou 5 milliards d'années dans le futur…

## Quand le Soleil gonflera…

La fusion de l'hydrogène produisant de l'hélium, le cœur s'est alors beaucoup enrichi en hélium, et le carburant hydrogène commence à y manquer. La production d'énergie nucléaire décline et l'équilibre qui prévalait au sein de l'étoile depuis une dizaine de milliards d'années va être rompu. La gravitation prend alors le dessus et le cœur ainsi que les couches d'hydrogène qui l'entourent se contractent. Cet effondrement gravitationnel provoque l'échauffement de toute la partie centrale de l'étoile. Quand la température dépasse 10 millions de degrés dans les couches entourant le noyau, la fusion de l'hydrogène y démarre. Cet apport d'une énorme quantité d'énergie fait alors gonfler démesurément l'étoile. Le Soleil voit son diamètre augmenter progressivement jusqu'à être multiplié par 100 : il devient une géante rouge ! Cette métamorphose du Soleil, ici brièvement décrite, s'étale en fait sur presque un milliard d'années !

## Le flash de l'hélium

Mais l'histoire ne s'arrête pas là, car l'hydrogène s'épuisant à nouveau, la gravitation reprend la main et on assiste à une nouvelle phase de contraction et d'échauffement du cœur d'hélium, qui cette fois est porté à une température d'une centaine de millions de degrés. Dans une telle fournaise, une nouvelle réaction de fusion nucléaire peut se produire, avec toujours perte de masse et libération d'énergie : trois noyaux d'hélium (3 fois 2 protons et 2 neutrons) fusionnent pour former un noyau de carbone (6 protons et 6 neutrons : le compte est bon !). L'enclenchement de cette nouvelle réaction produit une augmentation « soudaine » de la luminosité de l'étoile, que les astronomes appellent le « flash de l'hélium ». Enfin… Un flash qui dure quand même une dizaine de millions d'années !

## Naine blanche

Une fois le carburant hélium en voie d'épuisement, le cœur qui contient maintenant beaucoup de carbone recommence à se contracter. Mais cette fois aucune nouvelle réaction de fusion nucléaire ne peut intervenir pour contrecarrer la gravitation. La matière continue alors de s'effondrer sur elle-même jusqu'à atteindre un état de densité tellement élevée que toute la masse de l'étoile va se retrouver dans une boule de la taille de la Terre. Un centimètre cube de cette matière pèse une tonne ! Ce vestige du Soleil est alors devenu une nouvelle sorte d'étoile appelée « naine blanche », car elle rayonne une lumière blanche du fait de sa température élevée.

L'énergie libérée lors de l'effondrement du cœur repousse les couches externes de la géante rouge, qui vont se disperser dans l'espace, formant autour de la naine blanche un cocon ou anneau de matière, fort maladroitement nommé par les anciens astronomes « nébuleuse planétaire », alors que les planètes n'ont rien à voir avec cela !

La naine blanche va perdre ensuite lentement sa chaleur pour devenir à terme une « naine noire », un cadavre stellaire froid comme il y en a des milliards qui jonchent l'espace sans qu'on puisse les détecter.

Ce scénario de la mort du Soleil vaut aussi pour les étoiles un peu moins ou un peu plus massives que lui, à la différence près que pour ces dernières la contraction du cœur entraîne des températures plus élevées qui peuvent engendrer d'autres réactions de fusion nucléaire. Celles-ci synthétisent successivement quelques éléments plus lourds que le carbone : l'oxygène, le néon et le magnésium.

Des calculs relevant de la physique quantique ont montré qu'une naine blanche ne peut exister telle quelle que si sa masse est inférieure à 1,4 masse solaire, ce qui correspond à une masse initiale de l'étoile en début de vie d'environ 8 masses solaires. Pour les étoiles plus massives, la fin va se révéler encore plus violente !

# Supernova : feu d'artifice stellaire

Dans ces étoiles très massives arrivées en fin de vie, la contraction du cœur génère des températures extrêmement élevées qui permettent d'enclencher successivement les réactions de fusion nucléaire synthétisant tous les éléments de plus en plus lourds, jusqu'aux noyaux de fer.

## Effondrement...

Ces derniers étant les plus stables qui soient, ils ne peuvent pas fusionner pour donner des éléments encore plus lourds. Ainsi, une fois la synthèse du fer terminée, la chaudière nucléaire s'arrête définitivement. L'effondrement du cœur sur lui-même se met alors en route inexorablement et s'accélère de plus en plus sous l'effet de la masse gigantesque. La température y atteignant bientôt plusieurs milliards de degrés, tous les noyaux des éléments formés précédemment sont dissociés en neutrons, protons et électrons. Ces deux dernières particules fusionnent en neutrons, si bien que toute la matière constitutive du cœur de l'ex-étoile s'est finalement transformée en neutrons. Ceux-ci sont tellement tassés les uns contre les autres qu'ils forment une boule de seulement 10 à 15 kilomètres de rayon. C'est devenu une étoile à neutrons, dont la densité est inimaginable : un milliard de tonnes par centimètre cube ! Cela revient à mettre la masse de deux super-pétroliers géants dans la pointe de votre stylo-bille !

## Et super-explosion !

En même temps que le cœur s'effondre, les couches supérieures de l'étoile sont le siège d'une explosion cataclysmique qui les propulse dans l'espace avec une violence inouïe, à une vitesse de plusieurs milliers de kilomètres par seconde. C'est le phénomène de supernova, qui s'accompagne d'une émission d'énergie lumineuse phénoménale durant quelques semaines ou quelques mois. Tel a été le cas pour la supernova qui a eu lieu en février 1987 dans le Grand Nuage de Magellan, une galaxie voisine située à 160 000 années-lumière. Malgré cette distance considérable, l'étoile était visible à l'œil nu avec une magnitude de 3, ce qui représente une luminosité propre équivalente à des centaines de millions de fois celle du Soleil !

Une autre supernova importante pour les astronomes est celle de 1054, qui a permis après coup la première découverte d'une étoile à neutrons.

## Pulsars et étoiles à neutrons

Avant les années 1960, les théoriciens avaient prédit l'existence des étoiles à neutrons mais aucune observation n'avait pu en être faite. La découverte en 1967 des pulsars, sources émettant un signal radio périodique très régulier, a permis d'identifier ensuite ces objets avec les étoiles à neutrons.

En effet, lorsque le cœur d'une étoile massive s'effondre pour former une étoile à neutrons, cette contraction extrême s'accompagne d'une augmentation importante de la vitesse de rotation de l'objet. C'est tout simplement ainsi que le patineur tournant sur lui-même augmente sa vitesse de rotation en ramenant ses bras contre son corps. Vu la petite taille des étoiles à neutrons, leur vitesse de rotation est souvent de plusieurs tours, voire dizaines ou centaines de tours, par seconde. Or il se trouve que l'étoile émet, dans la direction de l'axe de son champ magnétique, un étroit et puissant faisceau de rayonnement électromagnétique, notamment dans le domaine radio. Comme l'étoile tourne sur elle-même en général autour d'un autre axe, le faisceau d'ondes radio balaie l'espace à la manière d'un phare au bord de la mer. Si ce faisceau touche la Terre, on détecte alors un signal radio périodique qui signale la présence d'une étoile à neutrons dans cette direction.

## LA SUPERNOVA DE 1054

Le 4 juillet 1054, une nouvelle étoile apparaît soudainement dans la constellation du Taureau. Elle est tellement brillante qu'elle est visible en plein jour, et elle va le rester pendant plusieurs semaines. Les astronomes chinois notent précisément la position de cette « étoile invitée », comme ils l'appellent. Il est, en revanche, curieux qu'on ne trouve pas trace de cette étoile dans les écrits occidentaux de l'époque. Certainement a-t-elle été considérée comme indésirable au regard de la conception d'un ciel immuable héritée d'Aristote...

Quand on braque aujourd'hui un télescope en direction de cette étoile, on observe un grand nuage appelé **nébuleuse du Crabe**, qui constitue les restes de la matière expulsée lors de l'explosion de la supernova. Un millénaire après l'événement, ces vestiges se propagent encore dans l'espace à près de 1500 kilomètres par seconde !

La nébuleuse du Crabe. Ce nuage, vestige de la supernova de 1054, s'étend sur plusieurs années-lumière.

## LES MESSAGES DES PETITS HOMMES VERTS !

En 1967, à l'université de Cambridge, l'étudiante britannique Jocelyn Bell et son professeur Anthony Hewish étudient les conditions de propagation des ondes radio dans le milieu interstellaire, quand leur radiotélescope capte un intrigant signal radio périodique très régulier, se manifestant chaque 1,34 seconde. Dans les mois suivants, d'autres pulsars (contraction de *pulsating radiosource*) sont détectés, avec des périodes chaque fois différentes. Avec malice, les chercheurs répertorient alors ces objets sous les appellations LGM1, LGM2, etc. : LGM signifiant *Little Green Men* (petits hommes verts) pour évoquer l'hypothèse que ces signaux d'une grande régularité pourraient provenir de civilisations extraterrestres !

Le mystère est levé rapidement quand on découvre la présence d'un pulsar clignotant 33 fois par seconde, au centre de la nébuleuse du Crabe, où gît le cadavre de la supernova de 1054. L'identification entre pulsar et étoile à neutrons est alors établie définitivement.

# Poussières d'étoiles

On a vu qu'au cours de l'explosion d'une supernova, les couches externes de l'étoile géante volent en éclats et sont éparpillées dans l'espace environnant. Elles contiennent déjà toute une variété d'éléments qui ont été synthétisés auparavant dans le cœur de l'étoile. Mais l'extraordinaire quantité d'énergie et de particules (neutrons, protons, électrons) qui baigne alors ce milieu explosif va engendrer une nouvelle alchimie nucléaire. En capturant les particules nécessaires, les noyaux déjà existants vont pouvoir grossir et synthétiser ainsi tous les éléments plus lourds que le fer, jusqu'au plomb, à l'or ou à l'uranium.

L'immense nuage de matière que la supernova envoie dans l'espace contient finalement tous les éléments chimiques existants, parmi lesquels seuls l'hydrogène et l'hélium préexistaient à l'action créatrice de l'étoile. Toute cette matière éjectée par les supernovas va donc ensemencer l'espace interstellaire, jusqu'au moment où quelque part dans le cosmos, un nuage de gaz et de poussière issu de cette matière va se rassembler puis s'effondrer sur lui-même pour donner naissance à une nouvelle étoile et de nouvelles planètes tournant autour... La boucle est bouclée. C'est par ce processus que sont nés le Soleil et notre Terre, à partir de la matière de précédentes générations d'étoiles, ce qui a fait dire à l'astronome américain **Carl Sagan (1934-1996)** et à l'astrophysicien canadien **Hubert Reeves (né en 1932)**, tous deux géniaux vulgarisateurs scientifiques, que nous sommes tous faits de poussières d'étoiles.

# Trous noirs stellaires

Aussi étonnant que cela paraisse, l'étoile à neutrons n'est pas le stade ultime de la compacité que peut atteindre la matière. Il y a encore mieux – ou pire selon le point de vue ! – quand l'étoile qui explose en supernova est à l'origine extrêmement massive, plus 25 fois environ la masse solaire. Après épuisement du carburant nucléaire, son cœur résiduel s'effondrant sur lui-même a alors une masse tellement grande (supérieure à une valeur critique calculée de 3,3 masses solaires) que rien ne peut arrêter son effondrement. La densité de la matière devient presque infinie et génère un champ gravitationnel d'une telle intensité que l'objet retient même la lumière, qui ne peut plus en sortir : le cœur de l'étoile est devenu un trou noir.

L'existence de ce type d'objets ne fait plus vraiment de doutes chez les astrophysiciens, mais la physique actuelle ne sait pas décrire ce qu'il se passe à l'intérieur. On peut par contre essayer de comprendre comment ce mystérieux et monstrueux objet agit sur son environnement en faisant appel à quelques résultats de la relativité générale, magistrale théorie qu'Albert Einstein a dévoilée en 1915. Le point essentiel à considérer concerne la conception de l'espace. En fait, Einstein raisonne sur un espace-temps à quatre dimensions, mais nous nous en tiendrons à l'espace à trois dimensions pour simplifier le propos. L'espace donc ne doit plus être conçu comme un cadre plat, rigide et immuable, mais comme pouvant être déformé, courbé par la présence d'objets massifs, et c'est cette courbure de l'espace qui dicte le mouvement des objets, son action étant équivalente à une force de gravitation. Autre point important de sa théorie : la propagation de la lumière est également affectée par la courbure de l'espace. La trajectoire des rayons lumineux se trouve incurvée à proximité des objets massifs. Dans le cadre de cette théorie, un trou noir, de densité extrême, courbe tellement l'espace autour de lui qu'il crée une sorte de puits gravitationnel dont aucune matière ni aucune lumière ne pourra ressortir si elle a le malheur d'y pénétrer.

Un trou noir n'émettant aucune lumière (sinon il ne serait pas noir !), comment peut-on espérer le détecter ? En fait, il va se manifester indirectement, notamment s'il vit en couple avec une autre étoile ou s'il en croise une au hasard de ses pérégrinations. C'est dans ce cas sa tendance au cannibalisme qui va trahir sa présence. Car le trou noir, par son puissant champ gravitationnel ou, ce qui revient au même, la très forte courbure qu'il imprime sur l'espace qui l'entoure, attire la matière périphérique de l'étoile compagnon pour l'engloutir irrémédiablement. Mais cette matière en route vers le trou noir est fortement accélérée et ionisée, si bien qu'elle émet un intense rayonnement X. Les astronomes ont ainsi détecté plusieurs sources invisibles de rayonnement X à proximité d'une étoile : autant de bons candidats au poste de trou noir !

## MODÉLISER ESPACE COURBE ET TROU NOIR

Pour visualiser la courbure de l'espace, ramenons-nous à un espace à deux dimensions, c'est-à-dire une surface, qui sera représentée par une toile élastique tendue. En l'absence de tout objet posé dessus, elle est bien plane. Si l'on pose sur la toile des boules plus ou moins grosses et plus ou moins lourdes, la toile va se trouver plus ou moins déformée et creusée par chaque boule : l'espace dans le voisinage des boules n'est plus plat ; il est devenu courbe. Si l'on fait maintenant rouler une bille sur la toile, sa trajectoire à proximité d'une boule va être incurvée à cause de la courbure de la toile, comme si la boule avait attiré la bille.

Imaginons maintenant que l'on pose sur notre toile tendue une boule très petite, mais très lourde, donc extrêmement dense. La déformation de la toile sera alors très localisée, mais très profonde, formant une sorte de puits aux parois abruptes, quasi verticales. Si une bille vient rouler trop près de ce puits, elle s'y précipite et n'a aucune chance d'en ressortir. Ce cas de figure, dans notre analogie à deux dimensions, aide à se faire une idée de ce qu'est un trou noir dans l'espace à trois dimensions. La courbure de l'espace y est telle que tout objet matériel ou rayon lumineux qui s'en approche de trop près y est définitivement happé et ne peut plus jamais en sortir.

Chapitre 4

# L'univers, ou les vertiges de l'infiniment grand

**DANS CE CHAPITRE :**

» **Notre Voie lactée**

» **Des galaxies à perte de vue**

» **Un univers étrange**

» **La folle saga de l'univers**

S'il vous prend l'envie d'observer attentivement le ciel par une belle nuit d'hiver, d'une part vous veillerez à bien vous couvrir, car la santé de nos lecteurs nous est chère, et d'autre part vous pourrez certainement distinguer dans la constellation d'Andromède un astre étrange, qui apparaît comme une tache floue au milieu des points brillants que sont les étoiles. Dès que les astronomes ont pu observer cet objet nébuleux avec des télescopes suffisamment puissants, ils se sont aperçus qu'il s'agissait en fait d'un regroupement d'une énorme quantité d'étoiles, appelé galaxie. Mais quand on considère ce type d'astres, la profondeur du ciel prend une dimension quasi inconcevable. En effet, si la distance des étoiles se compte en dizaines, centaines ou milliers d'années-lumière (ce qui fait déjà loin à raison d'environ 10 000 milliards de kilomètres pour une année-lumière), l'éloignement des galaxies se compte en millions ou en milliards d'années-lumière ! Et des galaxies, les astronomes en voient des myriades. Avec leurs télescopes de plus en plus puissants, ils les découvrent toujours plus nombreuses et plus lointaines, semblant peupler l'univers à l'infini.

Mais en astronomie, voir très loin en distance signifie voir très loin dans le passé. En effet, la lumière avance à une vitesse certes très élevée (300 000 km/s) mais pas infinie, et il lui faut donc un certain temps pour voyager depuis l'objet observé jusqu'à l'œil de l'astronome. Ainsi, ce dernier voit aujourd'hui l'objet tel qu'il était il y a… ce même certain temps, qui peut représenter des milliards d'années !

Cette plongée dans les profondeurs de l'espace et du temps donne le vertige et nous conduit à nous questionner sur l'univers, sa structure, son histoire, son destin et notre place au sein de ce dernier.

Bien sûr, de nombreuses réponses ont déjà été apportées, notamment au cours des dernières décennies qui ont vu l'instrumentation progresser de façon spectaculaire. Néanmoins, de multiples questions subsistent et de nouvelles surgissent au fur et à mesure des découvertes. L'univers est loin d'avoir livré tous ses secrets et reste à ce jour largement énigmatique…

# Notre Voie lactée

Cette longue traînée blanchâtre qui barre le ciel, bien visible en été sous nos latitudes, participe à la beauté du spectacle céleste. Son nom de « Voie lactée » ainsi que les premières interrogations quant à sa nature remontent à l'Antiquité, mais il aura fallu attendre le XXe siècle pour découvrir véritablement sa structure et comprendre comment le système solaire et nous-mêmes en faisons finalement partie.

## Du lait aux étoiles

Quelques philosophes de la Grèce antique ont eu des intuitions géniales pour expliquer les phénomènes de la nature. **Démocrite (450-370 av. J.-C.)** est l'un d'eux. Ainsi il pense que l'aspect de la Voie lactée est dû au fait qu'elle est constituée d'un grand nombre de petites étoiles indiscernables. Géniale clairvoyance, mais Aristote quelques décennies plus tard va proposer une vision différente de la Voie lactée, la concevant comme un simple phénomène atmosphérique. La notoriété et l'autorité d'Aristote vont alors imposer sa vision erronée durant des siècles. Signalons au passage que le même Démocrite a également proposé, dans un autre domaine, l'idée de l'atome comme entité ultime et insécable de la matière. Chapeau bas !

À côté de ces conceptions rationnelles de la Voie lactée, il existe dans la Grèce antique une vision mythologique de cette bande blanchâtre dans le ciel, qui d'ailleurs est à l'origine de son nom puisqu'il y est question d'une traînée laiteuse…

## L'ORIGINE MYTHOLOGIQUE DE LA VOIE LACTÉE

Zeus vient d'avoir un fils nommé Héraclès avec une mortelle. Pour que l'enfant puisse devenir immortel, il faut qu'il puisse boire le lait de la déesse Héra, la femme de Zeus. Ce dernier étant rusé – c'est bien le moins que l'on puisse espérer de la part du premier des dieux ! – il pose le bébé contre le sein de Héra endormie afin qu'il puisse téter le divin breuvage. Mais bientôt Héra se réveille et repousse violemment ce bébé qu'elle ne connaît pas. À cet instant, une giclée de lait divin jaillit et se répand dans le ciel, formant la trace blanchâtre de la Voie lactée.

Une première étape dans la compréhension de la Voie lactée est franchie en 1610 lorsque Galilée pointe sa toute récente lunette astronomique sur celle-ci. Il parvient alors à distinguer une multitude d'étoiles individuelles dans ce qui, à l'œil nu, apparaît comme un brouillard. C'en est alors fini de la vieille conception aristotélicienne et les astronomes, équipés de lunettes de plus en plus perfectionnées, vont pouvoir distinguer progressivement de plus en plus d'étoiles dans la Voie lactée.

Mais une question vient rapidement à se poser : pourquoi y a-t-il un tel rassemblement d'étoiles dans une large bande barrant tout le ciel ? C'est **Thomas Wright (1711-1786)**, astronome britannique et éclectique (il était également mathématicien, architecte, jardinier et fabricant d'instruments !), qui est le premier en 1750 à proposer une réponse dans son ouvrage *Une théorie originale ou une nouvelle hypothèse de l'univers.*

Il y expose que la Voie lactée que l'on observe est le résultat d'une vision par la tranche d'une couche d'étoiles à l'intérieur de laquelle la Terre se trouve.

Cinq ans plus tard, le grand philosophe allemand **Emmanuel Kant (1724-1804)** reprend cette idée en postulant que l'ensemble des étoiles du ciel forme une structure dont la cohésion est assurée par la gravitation universelle, phénomène par lequel les corps matériels s'attirent mutuellement comme l'a théorisé le grand Isaac Newton quelque temps auparavant. C'est ni plus ni moins que le concept moderne de galaxie qui vient de naître. À partir de là, le nom « Voie lactée » désignera aussi bien la trace blanchâtre dans le ciel que la galaxie à laquelle elle appartient. Remarquons d'ailleurs que « galaxie » vient du grec *galaktos* qui signifie « lait ».

# Notre place dans la Voie lactée

Mais quelle est la forme précise de la galaxie « Voie lactée » ? Combien d'étoiles regroupe-t-elle et quelle est la place du Soleil dans cet ensemble ? Pour répondre à ces questions qui se posent vers la fin du XVIIIe siècle, certains pensent qu'il faut procéder au repérage et au dénombrement systématique des étoiles de la Voie lactée. Et pour oser entreprendre un travail aussi titanesque, il fallait s'appeler William Herschel ! Pour preuve de l'énormité de la tâche, Herschel explique par exemple que dans un secteur du ciel de 15 degrés sur 2 degrés, il a dénombré pas moins de 50 000 étoiles ! On ne peut qu'être admiratif devant tant de patience et de persévérance.

## WILLIAM HERSCHEL (1738-1822)

D'origine allemande mais ayant passé l'essentiel de sa vie en Angleterre, Herschel est initialement un excellent musicien organiste, passionné d'astronomie. Il fabrique lui-même des télescopes de grande qualité et de taille imposante : celui qu'il termine en 1789, doté d'un miroir de 1,2 m de diamètre, est alors le plus grand du monde ! Sa découverte astronomique la plus importante est sans conteste celle de la planète Uranus en 1781, qui lui vaut une grande notoriété et lui permet, à partir de 1782, de se consacrer pleinement à l'astronomie.

Travailleur infatigable et assidu à ses instruments, secondé par sa sœur Caroline qui consigne avec soin ses relevés d'observations, Herschel observe les planètes, découvre des satellites, publie divers catalogues d'étoiles doubles, de nébuleuses, et cartographie la Voie lactée. Pour souligner son engagement total dans sa passion de l'astronomie, une mémorialiste dira de lui : « un homme qui ne semble pas avoir de désirs terrestres ». Enfin... Il a quand même pris le temps de convoler en justes noces en 1788 et de faire un enfant ! Son fils John, né en 1792, prolongera d'ailleurs l'œuvre astronomique de son père.

Ainsi, après trois ans de travail acharné, Herschel produit en 1785 le premier modèle de la Voie lactée, qui ressemble à une galette épaisse présentant un renflement vers son centre. Comme il n'a pas les moyens de mesurer la distance des étoiles, il considère que l'étendue de la Voie lactée dans une direction doit dépendre du nombre d'étoiles visibles dans cette direction. Il pense aussi que les étoiles sont d'autant plus lointaines que leur éclat est faible. Malgré ces deux hypothèses erronées, la représentation que donne Herschel de la Voie lactée concorde assez bien avec la description actuelle de sa forme.

Par contre, il situe le Soleil dans la région centrale de la galaxie, ce qui s'est révélé par la suite complètement faux. Mais ne faisons pas pour autant un mauvais procès à Herschel. Son erreur n'est certainement pas due à la réminiscence d'un vieux réflexe anthropocentrique, mais plutôt à un biais observationnel. En effet, le plan central de la Voie lactée est très riche en poussières opaques qui empêchent de voir les étoiles lointaines. De ce fait, quelle que soit la direction d'observation dans ce plan, on ne peut voir que les étoiles les plus proches, qui sont *grosso modo* aussi nombreuses dans toutes les directions, d'où l'impression d'être au centre de la galette d'étoiles.

Il n'empêche que cette position centrale de notre Soleil a été accueillie très favorablement à l'époque, car c'était en quelque sorte une façon de remettre l'homme à peu près au centre du monde ! Ce modèle de la Voie lactée a traversé sans encombre tout le XIXe siècle et a pu être corrigé seulement en 1918, lorsque l'astronome américain **Harlow Shapley (1885-1972)** a réussi à localiser le centre de la Voie lactée, dans la direction du Sagittaire.

Là, douche froide pour l'homme et son ego : adieu la position privilégiée ! Le Soleil s'est retrouvé propulsé à 26 000 années-lumière (valeur admise actuellement) du centre galactique, en lointaine banlieue. Pas de quoi pavoiser...

## Des nébuleuses aux galaxies

À côté des étoiles et des planètes, les astronomes du XVIIIe, puis du XIXe siècle, voient dans leurs télescopes divers objets flous appelés « nébuleuses ». Herschel en a par exemple dénombré des milliers. Certaines ont des excroissances en forme de spirales, d'autres sont ovales, d'autres encore se présentent sous la forme de nuages irréguliers. Mais quelle est la nature de ces nébuleuses ?

Thomas Wright et Emmanuel Kant, que l'on a déjà évoqués, avaient émis à leur propos une même hypothèse audacieuse. D'après eux, certains de ces objets nébuleux pourraient être de vastes regroupements d'étoiles semblables à la Voie lactée, c'est-à-dire d'autres « univers-îles » comme les nomme Kant, mais très éloignés de nous et donc extérieurs à la Voie lactée.

Un grand débat entre astronomes fait rage au début du XXe siècle à ce sujet. Certains pensent que l'univers est constitué de la seule Voie lactée et que les nébuleuses sont des objets internes à celle-ci. D'autres, adhérant à l'idée de Wright et Kant, pensent au contraire que l'univers est beaucoup plus étendu que la Voie lactée et que certaines nébuleuses sont en fait d'autres galaxies semblables à la nôtre.

L'astronome américain **Edwin Hubble (1889-1953)** va mettre un terme à ce débat en 1923. Utilisant le récent et puissant télescope de 2,5 m de diamètre du mont Wilson (Californie), Hubble réussit à discerner de nombreuses étoiles au sein de la nébuleuse se trouvant dans la constellation d'Andromède. Il devient alors très probable que cette nébuleuse est en fait un gigantesque rassemblement d'étoiles, c'est-à-dire une galaxie, semblable à la Voie lactée. Afin de s'en assurer, Hubble entreprend d'évaluer la distance à laquelle se trouve la nébuleuse grâce à la présence en son sein d'étoiles particulières nommées « céphéides » et il trouve environ 1 million d'années-lumière. Bien que cette valeur soit largement inférieure à celle qui est actuellement admise (environ 3 millions d'années-lumière), elle est suffisamment énorme pour faire conclure définitivement que la nébuleuse d'Andromède est très éloignée de la Voie lactée et constitue donc une autre galaxie à part entière.

### LE BON TEMPO DES CÉPHÉIDES

Les céphéides constituent une famille d'étoiles qui doivent leur nom à l'étoile δ (delta) de la constellation de Céphée, qui en est en quelque sorte le prototype. Ce sont des étoiles dites « variables », car leur éclat varie sensiblement sur des périodes allant de un à cent jours, ce qui est extrêmement court pour un phénomène astronomique. Ces variations de luminosité sont dues à une alternance de contractions et de dilatations des parties externes de l'étoile, elles-mêmes causées par un déséquilibre interne périodique entre gravité et pression générée par les réactions nucléaires de fusion.

Les astronomes ont pu établir une relation directe entre la luminosité propre moyenne d'une céphéide et sa période de pulsation : plus sa période est longue, plus l'étoile est lumineuse. Cette relation étant valable pour toutes les étoiles de ce type, elle permet de déterminer facilement la distance de n'importe quelle céphéide. Ainsi, lorsqu'on observe une céphéide très lointaine, il suffit de mesurer sa période pour connaître sa luminosité propre et, en la comparant avec sa luminosité apparente, de calculer sa distance.

Hubble et d'autres astronomes vont ensuite rapidement identifier de nombreuses autres galaxies parmi les nébuleuses répertoriées. À part la galaxie d'Andromède, notre « proche » voisine, et deux petites galaxies satellites de la Voie lactée baptisées « nuages de Magellan » (car elles ont été découvertes par le navigateur éponyme), toutes les autres galaxies sont trop éloignées pour être visibles à l'œil nu. Le foisonnement des galaxies observées dans les télescopes laisse alors présager un univers extraordinairement – voire infiniment – grand et fait de notre Voie lactée une galaxie bien ordinaire et banale, parmi une multitude d'autres : dernier épisode dans la dégringolade de l'homme depuis le piédestal qu'il croyait avoir placé au centre du monde !

## Des galaxies à perte de vue

Une galaxie est un gigantesque rassemblement d'étoiles et d'immenses nuages de poussières et de gaz (hydrogène et hélium principalement), tous ces éléments étant maintenus ensemble par la gravitation. Observées avec les puissants télescopes actuels, les galaxies apparaissent variées dans leurs formes et leurs dimensions.

## LES TÉLESCOPES

Le principe de fonctionnement d'un télescope est plutôt simple. L'axe de l'instrument étant pointé dans la direction d'un objet du ciel plus ou moins lumineux, un grand miroir circulaire au profil parabolique capte la lumière en provenance de cette direction et la concentre en un point : le foyer du miroir. Ce dernier forme ainsi une image de l'objet visé. Autrefois, cette image était observée directement par l'astronome ou photographiée. De nos jours, elle est analysée par des capteurs électroniques et apparaît directement sur écran.

On comprend aisément que plus la surface du miroir est étendue, plus il capte une grande quantité de lumière et plus l'image obtenue est lumineuse, ce qui permet de voir des objets du ciel très peu lumineux comme des galaxies extrêmement lointaines. Cette considération explique d'ailleurs la course au gigantisme qui caractérise la construction de télescopes ces dernières décennies.

Pendant longtemps, les plus grands télescopes ont été américains. Ainsi, le télescope Hale du mont Palomar (Californie), mis en service en 1948, est longtemps resté, avec ses 5 mètres de diamètre, le plus grand du monde. Il en fut de même, dans les années 1990, avec les deux télescopes KECK installés à Hawaï, dont le miroir mesure près de 10 mètres de diamètre. Mais l'Europe a depuis pris sa revanche en mettant en service, entre 1998 et 2001, le VLT (pour *Very Large Telescope* : très grand télescope). Installé dans les montagnes du désert chilien de l'Atacama, il est composé de quatre télescopes de 8,2 m de diamètre pouvant être couplés pour la même observation et équivalant dans ce cas à un télescope de 16,4 m de diamètre. Son pouvoir de résolution est alors tel qu'il permettrait théoriquement de distinguer les deux phares d'une voiture située sur la Lune… s'il y en avait !

C'est pour minimiser l'effet perturbateur de l'atmosphère et de ses turbulences sur le cheminement des rayons lumineux que tous les grands télescopes sont installés en altitude. De plus, les télescopes modernes sont équipés d'un système d'optique dite adaptative qui analyse ces perturbations pour les corriger en temps réel par un traitement informatique. Mais pour s'affranchir totalement de la gêne atmosphérique, il faut observer depuis l'espace. C'est ce que fait, par exemple, le célèbre télescope spatial américain Hubble qui fêtera à la fin de la présente décennie ses trente ans de bons et loyaux services.

## La faune galactique

Edwin Hubble a été le premier à proposer une classification des galaxies. Il en distingue trois grandes catégories : les spirales, les elliptiques et les irrégulières, puis établit des sous-catégories, dans le détail desquelles nous ne rentrerons pas.

## Les galaxies spirales

Environ six galaxies sur dix, dont notre Voie lactée, sont des galaxies spirales. Elles sont formées d'un bulbe central où les étoiles sont concentrées et plutôt âgées, auquel sont attachés des bras de forme spiralée riches en matière interstellaire (gaz et poussières) à partir de laquelle se forment de nouvelles étoiles. Cela donne une forme générale de disque renflé dans sa région centrale. Certaines galaxies spirales ont un bulbe allongé formant comme une barre d'étoiles : on parle dans ce cas de galaxies spirales barrées.

**FIGURE 4-1 :** Galaxie spirale.

Si les astronomes ont établi depuis des décennies que la Voie lactée est une galaxie spirale à quatre bras, ils ont découvert récemment que son bulbe était barré. Il faut dire qu'il n'est pas facile de se faire une représentation précise de notre galaxie du fait qu'on est à l'intérieur ! Les énormes nuages de poussière dans le plan galactique nous en cachent une bonne partie, et notamment le bulbe central. Il faut alors utiliser d'autres types d'ondes que la lumière visible (ondes radio, infrarouge, rayons X) pour en obtenir l'image.

Au regard des standards galactiques, la Voie lactée est une galaxie spirale de taille moyenne. Ses mensurations sont néanmoins impressionnantes : 100 000 années-lumière de diamètre et 3 000 années-lumière d'épaisseur pour le disque galactique, pour une population de plus de 200 milliards d'étoiles !

## Les galaxies elliptiques

Les galaxies elliptiques sont moins photogéniques que les spirales, ce qui n'a aucune importance scientifiquement parlant, mais peut en avoir une pour l'astronome amateur ! De forme ovoïde plus ou moins allongée, elles se caractérisent par une population d'étoiles majoritairement anciennes et très peu de matière interstellaire, avec par conséquent très peu de nouvelles étoiles en formation. Leur taille est variable mais nombre de galaxies elliptiques sont des géantes, rassemblant plus de 1 000 milliards d'étoiles !

## Les galaxies irrégulières

La dernière catégorie de galaxies dites irrégulières est un peu fourre-tout puisqu'elle regroupe des spécimens de formes très diverses. Les formes vraiment irrégulières semblent être la conséquence de déformations dues à des interactions gravitationnelles entre galaxies voisines. Certaines galaxies de cette catégorie ont toutefois des formes originales et remarquables : annulaires ou encore lenticulaires, comme la très photogénique galaxie dite « du Sombrero ».

**FIGURE 4-2 :** Galaxie du Sombrero.

Pour terminer ce tour d'horizon de la faune galactique, signalons qu'à côté des galaxies imposantes des trois catégories ci-dessus, l'univers fourmille aussi de galaxies naines, de forme plus ou moins sphéroïdale, rassemblant seulement quelques malheureux milliards d'étoiles.

## Des galaxies organisées

Comme pour toute chose dans l'univers, l'organisation et le mouvement des galaxies sont d'abord imposés par la gravitation, ce qui confère à celles-ci un comportement grégaire : elles tendent à se rassembler et forment de ce fait plusieurs niveaux de structures emboîtés.

Le premier niveau de regroupement concerne quelques dizaines de galaxies « proches » qui forment un groupe local, s'étendant sur une dizaine de millions d'années-lumière, autant dire un mouchoir de poche ! Au sein d'un tel groupe, il n'est pas rare que deux galaxies se rapprochent et se frôlent en échangeant des grappes d'étoiles et de gaz, ou bien qu'une grande galaxie cannibale absorbe une plus petite, ou encore que deux galaxies s'interpénètrent pour finalement fusionner et former une seule et même galaxie géante. C'est d'ailleurs ce qui va arriver à notre Voie lactée et sa voisine Andromède, qui foncent actuellement l'une vers l'autre à la vitesse de 80 kilomètres par seconde. Ne vous inquiétez tout de même pas trop pour les conséquences de la collision annoncée : elle n'aura pas lieu avant plusieurs milliards d'années !

Au deuxième niveau de regroupement, quelques dizaines de groupes locaux liés gravitationnellement forment ensemble un amas de galaxies. Ce dernier peut compter un à quelques milliers d'individus et s'étendre sur une cinquantaine de millions d'années-lumière.

Enfin, le rassemblement de dizaines ou de centaines d'amas forme un superamas de galaxies. À ce propos, une équipe d'astronomes a réussi récemment le tour de force de cartographier le superamas auquel appartient la Voie lactée et d'en définir les frontières. Il a été baptisé Laniakea, terme hawaiien signifiant approximativement « horizon céleste immense ». Et ce nom paraît judicieusement choisi, car notre superamas est particulièrement gigantesque : regroupant une centaine de milliers de galaxies, il s'étend sur un espace d'environ 500 millions d'années-lumière de diamètre !

Pour délimiter Laniakea, les astronomes ont mis en évidence que toutes les galaxies qui en font partie se déplacent en direction d'une même zone du ciel, relativement peu étendue. La Voie lactée par exemple, ainsi que la galaxie d'Andromède, se précipite dans cette direction à la vitesse de 630 kilomètres par seconde ! Le phénomène est un peu analogue à ce qui se passe dans un bassin versant où toute l'eau qui ruisselle se dirige vers le fond étroit de la vallée. La zone qui constitue ici la « vallée gravitationnelle » et attire irrémédiablement les galaxies a été baptisée « Grand Attracteur ».

On a calculé, d'après la force d'attraction qui émane de cet extraordinaire « aimant », que la masse qui la génère doit être équivalente à au moins un million de milliards de soleils, ce qui fait quand même du monde ! Sa nature reste pour l'instant mystérieuse, même si certains font l'hypothèse d'une concentration très dense de dizaines de milliers de galaxies...

Enfin, à très grande échelle, les superamas de galaxies semblent organisés en « grands murs » et en filaments géants, entourant d'immenses bulles quasiment vides de galaxies et mesurant des centaines de millions d'années-lumière de diamètre. Finalement, l'univers semble présenter à très grande échelle une structure de type alvéolaire, un peu comme une gigantesque mousse !

# Monstres des centres galactiques

En 1963, l'astrophysicien américain d'origine néerlandaise **Maarten Schmidt (né en 1929)** découvre un nouveau type d'astres bien étrange, qui est tout d'abord détecté en tant que source d'ondes radio.

## Lointain quasar

Il s'aperçoit ensuite que cette radiosource correspond à un point lumineux bien visible au télescope, ressemblant donc à une étoile. L'objet est alors baptisé « quasar », qui est la contraction de l'anglais *quasi stellar radiosource* (radiosource quasi stellaire) ou *quasi star* (quasi-étoile). Mais lorsque Schmidt parvient à évaluer sa distance, ce quasar révèle une caractéristique incroyable : il se trouve à plusieurs milliards d'années-lumière de nous !

Pour qu'un objet aussi lointain puisse avoir un éclat apparent équivalent à celui d'une étoile moyenne, il faut que sa brillance intrinsèque soit équivalente à des centaines de fois celle d'une galaxie tout entière ! On a détecté par la suite de nombreux autres quasars, dont certains encore plus éloignés et plus lumineux. Cette luminosité absolument phénoménale des quasars fait de ces objets les sources d'énergie les plus puissantes de l'univers. Mais à quoi ressemble un quasar et par quel mécanisme peut-il émettre une énergie aussi colossale ?

## Trous noirs super-massifs

Les astrophysiciens ont établi aujourd'hui que le responsable de cette débauche énergétique est très vraisemblablement un trou noir super-massif se trouvant au centre d'une galaxie.

## LE TROU NOIR, MYSTÉRIEUX MONSTRE COSMIQUE

Un trou noir est certainement la créature la plus mystérieuse et la plus fascinante du cosmos. Un trou noir dit stellaire se forme lorsqu'une étoile initialement très massive (des dizaines de masses solaires) est arrivée en fin de vie et s'effondre sur elle-même sous l'action de sa propre gravité. Son énorme masse fait que rien ne peut arrêter le tassement de la matière, dont la densité devient sinon infinie, du moins incroyablement grande. Les physiciens ne savent pas pour l'instant décrire ce qui se passe à l'intérieur d'un trou noir, mais conformément à la théorie de la relativité générale d'Einstein, la présence de cette masse hyper-concentrée crée alors dans son voisinage une courbure extrême de l'espace-temps, comme une sorte de puits gravitationnel dont aucune matière ni aucune lumière ne pourra ressortir si elle a le malheur d'y pénétrer. Et c'est ce qui lui arrive si elle franchit une surface limite autour du trou noir, appelée horizon, qui est d'autant plus étendue que le trou noir est massif.

Or un trou noir ne se prive pas d'attirer vers lui et d'avaler la matière environnante (étoiles, gaz et poussières interstellaires), ce qui fait augmenter sa masse. Et plus il est massif, plus il attire la matière et plus il grossit encore ! Les astrophysiciens pensent que c'est en grossissant ainsi sans cesse et en fusionnant entre eux qu'une multitude de trous noirs stellaires, entassés au centre d'une galaxie, finissent par produire un monstrueux trou noir super-massif, dont la masse peut valoir des millions, voire des milliards de masses solaires comme dans le cas des quasars.

On pense aujourd'hui que presque toutes les grandes galaxies hébergent ainsi en leur centre un trou noir super-massif. Mais comment se fait-il qu'un trou noir, qui par nature ne laisse rien ressortir, puisse ainsi être impliqué dans l'émission d'une extraordinaire quantité d'énergie ? En fait, c'est la matière que l'ogre engloutit à un rythme effréné, qui émet l'énergie. En tombant vers le trou noir et en s'enroulant autour de lui dans un gigantesque disque d'accrétion, cette matière ionisée et brûlante est accélérée à des vitesses vertigineuses, ce qui entraîne la libération de la colossale quantité d'énergie que l'on observe, sous forme de rayonnements et de particules ultra-relativistes (dont la vitesse est proche de celle de la lumière).

### Trou noir discret

Mais à vrai dire, tous les trous noirs super-massifs des centres galactiques ne sont pas aussi actifs et boulimiques. Par exemple, celui qui trône au centre de la Voie lactée, appelé Sagittarius A* parce qu'il se situe dans la constellation du Sagittaire, est plutôt un gringalet (tout est relatif : à peine 4 millions de masses solaires !) du genre discret. Hormis quelques bouffées énergétiques passagères, il reste en général indétectable, ce qui signifie qu'il est à la diète. Par contre, on peut observer un ballet de plusieurs étoiles proches de lui et lui tournant autour, trahissant ainsi sa présence.

# Énigmatique matière noire

Comme pratiquement tous les objets dans l'univers, les galaxies spirales tournent sur elles-mêmes. Bien sûr, cette rotation ne se fait pas d'un seul tenant, la vitesse de déplacement des étoiles autour du centre galactique dépendant principalement de leur distance à ce centre et de la distribution de la matière au sein de la galaxie. Le Soleil met par exemple 240 millions d'années pour faire un tour autour du centre de la Voie lactée.

## Matière manquante

Dans les années 1970, l'astronome américaine **Vera Robin (née en 1928)** entreprend d'étudier les vitesses des étoiles dans la galaxie d'Andromède. À son grand étonnement, elle constate que les étoiles de la périphérie de la galaxie sont trop rapides ! Elles vont beaucoup plus vite que ce à quoi on pourrait s'attendre en considérant la force de gravitation exercée par la seule matière visible de la galaxie (étoiles et nuages gazeux). Il lui apparaît donc qu'il manque de la matière, et pas qu'un peu ! L'astronome calcule que pour expliquer les grandes vitesses mesurées, il faudrait que la masse de la galaxie soit environ dix fois celle que l'on observe ! Vera Robin en conclut que de la matière invisible doit être présente dans la galaxie et autour d'elle : l'énigme de la matière noire vient de naître, l'adjectif « noire » signifiant seulement qu'on n'a aucune idée de la forme sous laquelle cette matière pourrait se présenter !

## À la recherche de la matière noire

Ces résultats font polémique mais ils sont rapidement confirmés pour des dizaines d'autres galaxies. Mieux, on constate que l'existence de matière noire est également nécessaire pour expliquer les mouvements des galaxies au sein des amas. Progressivement, la communauté des astronomes adhère alors à cette idée et on entreprend, dans les années 1980, de rechercher cette matière noire. Et en 2015, on la cherche encore !

## FAUSSES PISTES POUR MATIÈRE NOIRE

On a d'abord pensé qu'il pourrait s'agir d'astres sombres du type naines brunes (étoiles avortées faute de masse suffisante), mais rien de significatif n'a été détecté. On a ensuite soupçonné les neutrinos, particules produites lors des réactions nucléaires, n'interagissant pratiquement pas avec la matière, et qui foisonnent dans tous les recoins de l'univers. Mais il est apparu, tous calculs faits, que les neutrinos ne faisaient pas le poids : leur masse est bien trop faible pour constituer la masse manquante recherchée. L'espoir s'est alors tourné dans les années 2000 vers une ou des particule(s) exotique(s), c'est-à-dire de nouvelles particules non encore connues qui pourraient peupler l'espace, baptisées « wimps » (pour *weakly interacting massive particles* : « particules massives interagissant très peu » avec la matière). Mais aucune wimps ne s'est laissée prendre pour l'instant dans les filets des astronomes. Ces derniers s'en remettent maintenant à leurs collègues physiciens du LHC, le grand collisionneur du CERN implanté à Genève, en espérant qu'ils vont pouvoir peut-être obtenir et identifier une ou plusieurs nouvelles particules wimps à l'occasion des collisions à très haute énergie qu'ils provoquent dans leur machine infernale... C'est d'ailleurs en partie dans ce but que le collisionneur a vu dernièrement sa puissance doublée pour obtenir des chocs à une énergie de 13 TeV, au lieu de 7 TeV auparavant.

Cet échec à la débusquer, après bientôt quarante ans de recherche, a incité certains astrophysiciens, d'ailleurs de plus en plus nombreux, à envoyer au diable cette matière noire qui joue les Arlésiennes et à rechercher d'autres explications à l'anomalie observée au niveau des galaxies.

### Théories alternatives

Quelques théoriciens ont ainsi élaboré une cosmologie dite « relativiste et non homogène » : relativiste parce qu'elle se fonde sur la relativité générale d'Einstein, et non homogène parce qu'elle prend en compte la distribution non homogène des galaxies dans l'univers, même à l'échelle des grandes structures. Dans cette théorie, les regroupements d'amas de galaxies engendrent une courbure de l'espace-temps qui reproduit *grosso modo* l'effet gravitationnel imputé d'ordinaire à la matière noire, ce qui permet donc de se passer de cette dernière pour expliquer bon nombre d'observations.

Une autre théorie baptisée MOND (pour *Modified Newton Dynamics* : dynamique de Newton modifiée) fait une proposition iconoclaste en osant s'attaquer à ce monument de la physique qu'est la loi de l'attraction universelle de Newton ! Cette dernière stipule que la force de gravitation s'exerçant entre deux corps massifs varie comme l'inverse du carré de leur distance. Cette loi, qui se vérifie parfaitement au niveau des dimensions du système solaire, devrait d'après MOND être modifiée pour des distances beaucoup plus importantes, la force variant alors comme l'inverse de la distance. Cette modification *ad hoc* de la loi de Newton permet de bien rendre compte du mouvement des étoiles dans les galaxies, même si elle a plus de peine à décrire le mouvement des galaxies au sein des amas...

Quel sera le fin mot de l'histoire ? L'avenir nous le dira peut-être, après le déroulement d'un programme de recherche cité dans la dernière section de ce chapitre.

# Un univers étrange

On a vu comment, grâce à Edwin Hubble au début des années 1920, l'univers que l'on croyait jusque-là limité à la Voie lactée avait soudain changé de dimensions en se peuplant de millions puis de milliards de galaxies, distantes de millions ou de milliards d'années-lumière. Autour de 1930, c'est cette fois dans la dimension temporelle que la conception de l'univers va subir une autre révolution.

## Immuable ou changeant ?

Présentée en 1915, la relativité générale d'Einstein apparaît comme le cadre adéquat pour décrire l'univers dans sa globalité, car cette théorie établit les relations entre l'espace-temps et le couple matière-énergie qui l'habite. En 1917, Einstein propose un modèle d'univers découlant de sa théorie. Il est stationnaire, c'est-à-dire qu'il demeure identique à lui-même au cours du temps comme les observations de l'époque semblent le montrer. En fait, l'illustre physicien avait abouti dans un premier temps à des solutions de ses équations qui impliquaient un univers en évolution. Mais refusant d'envisager pareille éventualité, il a introduit dans son modèle un terme correctif, la célèbre constante cosmologique, dont il a ajusté la valeur pour que l'univers soit parfaitement stable dans le temps.

D'ailleurs, au cours des années 1920, pratiquement tous les astronomes étaient convaincus de cette stabilité. Ou du moins presque tous, car il en est un qui allait ouvrir la porte à une révolution conceptuelle : c'est le Belge **Georges Lemaître (1894-1966)**, astronome, physicien, mathématicien mais aussi abbé puis chanoine, ce qui n'est pas banal ! C'est l'un des rares scientifiques de l'époque à parfaitement comprendre et maîtriser la relativité générale, et la résolution de ses équations le conduit à un modèle d'univers en expansion ! Lemaître remarque alors que ce modèle théorique est en accord avec des observations réalisées quelques années plus tôt par l'astronome américain **Vesto Slipher (1875-1969)**, à savoir que pratiquement toutes les galaxies s'éloignent de nous à des vitesses diverses. Il avait été possible d'évaluer ces dernières par effet Doppler, en analysant le spectre de la lumière des galaxies et en mesurant le décalage vers le rouge des raies spectrales.

## L'EFFET DOPPLER

Tel Monsieur Jourdain, tout le monde a une expérience personnelle de l'effet Doppler sans forcément le savoir ! Il suffit en effet d'écouter une source sonore, comme une sirène d'ambulance ou simplement le moteur d'une automobile, se rapprocher de nous puis s'éloigner, pour remarquer que le son est plus aigu (de fréquence plus élevée) quand la source se rapproche et plus grave (de fréquence plus basse) quand elle s'éloigne. Or cette variation de la fréquence du son perçu en fonction de la vitesse source / observateur, c'est l'effet Doppler (du nom de son découvreur autrichien en 1842) !

Pour mieux comprendre l'origine du phénomène, imaginons une voiture équipée d'une sirène qui émet un « bip » chaque seconde. Si la voiture est arrêtée à une certaine distance de vous, vous entendez la succession des « bips » à raison de un par seconde, donc à leur vraie fréquence. Le son de chaque « bip » met par contre un certain temps pour vous parvenir, car le son se propage dans l'air à la vitesse de 340 mètres par seconde. Imaginons maintenant que la voiture s'éloigne de vous à la vitesse de 34 mètres par seconde. Entre un « bip » et le suivant, la voiture se sera éloignée de 34 mètres, donc le deuxième « bip » aura 34 mètres de plus à parcourir avant de vous parvenir, ce qui correspond à un temps supplémentaire d'un dixième de seconde. Vous entendrez donc les « bips » se succéder chaque 1,1 s, soit à une fréquence plus basse que celle de la source. Le raisonnement est exactement le même si c'est l'observateur qui se déplace par rapport à une source fixe.

L'effet Doppler se manifeste pour tous les phénomènes ondulatoires, donc aussi pour la lumière. Si une source lumineuse s'éloigne d'un observateur, la fréquence perçue de chaque radiation lumineuse sera plus faible (ou, ce qui revient au même, sa longueur d'onde plus grande) que celle émise au niveau de la source. Cette variation de fréquence va se traduire par un changement de couleur de la radiation avec un décalage vers la partie rouge du spectre. Bien sûr, plus grande est la vitesse d'éloignement, plus grand sera le décalage.

Lemaître expose en 1927 son modèle d'un univers en expansion dans un article scientifique, mais il le publie malheureusement dans une modeste et confidentielle revue belge, si bien qu'aucun scientifique de renom n'y prête attention à l'époque ! Un autre astronome, le grand Edwin Hubble, va finalement mettre en évidence et révéler l'expansion de l'univers.

# Un espace qui grandit

Hubble est un observateur méticuleux et opiniâtre. Après avoir soigneusement mesuré pour de nombreuses galaxies leur vitesse de déplacement par effet Doppler, ainsi que leur distance, il obtient des résultats qu'il publie en 1929 et qui laissent plus que perplexe la communauté des astronomes.

Tout d'abord, hormis quelques galaxies « très proches » comme Andromède, toutes les autres galaxies s'éloignent de nous, et à des vitesses considérables qui se comptent souvent en milliers de kilomètres par seconde ! Pourquoi la Voie lactée jouerait-elle ainsi un rôle particulier et central par rapport aux autres galaxies ? Pourrait-on se croire revenus à nouveau au centre du monde ? Il ne serait guère raisonnable d'adopter une nouvelle fois cette attitude prétentieuse ! Et pourquoi notre galaxie agirait-elle comme un repoussoir vis-à-vis de toutes les autres ?

Par ailleurs, en comparant vitesses et distances des galaxies, Hubble constate qu'il y a proportionnalité entre les deux grandeurs : une galaxie s'éloigne d'autant plus rapidement qu'elle est déjà plus lointaine. Cette proportionnalité entre distance et vitesse devient la loi de Hubble, la constante de proportionnalité étant appelée constante de Hubble.

Comment trouver une explication à ces étranges constatations ? C'est là que le modèle d'univers en expansion de Lemaître revient à la rescousse, par l'intermédiaire de l'astronome américain Arthur Eddington qui connaît bien Lemaître pour l'avoir eu comme étudiant, et qui, en 1930, traduit en anglais et diffuse son article. En effet, la seule façon d'expliquer les faits observés est de considérer que ce ne sont pas les galaxies qui bougent dans l'espace en semblant nous fuir, mais que c'est l'espace lui-même qui grandit dans toutes les directions : l'espace enfle en permanence ! Ainsi, les distances entre galaxies partout dans l'univers augmentent continuellement avec le même taux d'accroissement, ce qui conduit bien à une proportionnalité entre distance et vitesse. De plus, ce que l'on observe à partir de notre Voie lactée serait observable de la même façon à partir de n'importe quelle autre galaxie.

## UN BALLON POUR MODÉLISER L'EXPANSION

Pour bien comprendre comment agit le phénomène de l'expansion dans notre espace à trois dimensions, vous pouvez le modéliser dans l'espace à deux dimensions que constitue la surface d'un ballon de baudruche.

Sur l'enveloppe du ballon initialement dégonflé, tracez quelques croix qui vont symboliser des galaxies et entourez l'une d'elles, qui aura l'honneur de représenter la Voie lactée. Commencez alors à gonfler le ballon : l'enveloppe s'étire progressivement et sa surface augmente partout de la même façon. Vous pouvez alors observer les croix-galaxies s'écarter les unes des autres, alors que chacune occupe pourtant toujours la même place sur le ballon : c'est en fait l'espace entre elles qui grandit. Par rapport à la croix - Voie lactée, une croix proche s'écartera lentement alors qu'une croix lointaine s'écartera plus rapidement.

Une récente estimation de la constante de Hubble donne comme valeur environ 68 kilomètres par seconde, par mégaparsec (le parsec étant une unité de distance utilisée par les astronomes, égale à 3,26 AL). Une portion d'espace de 3,26 millions d'années-lumière se dilate donc chaque seconde de 68 kilomètres. Ainsi, à partir des années 1930, les astronomes deviennent convaincus que l'univers n'est plus une entité immuable comme on le croyait jusque-là, mais qu'il est en expansion, donc qu'il évolue et qu'il a une histoire.

## Naissance du big bang

Le principe de l'expansion cosmique étant ainsi établi, c'est encore Georges Lemaître qui va être le premier à en tirer des conséquences quant à l'histoire de l'univers, et notamment imaginer un scénario pour ses débuts.

En effet, repassant à l'envers le film de l'expansion, la loi de Hubble fait apparaître que l'ensemble des galaxies, ou du moins la matière qui les constitue, a dû se trouver initialement rassemblée pratiquement au même endroit, dans l'espace exigu d'un univers primordial qui, à un moment donné, s'est mis à grandir. D'autre part, la dispersion des galaxies du fait de l'expansion provoque une « dilution » de la matière dans l'univers, se traduisant par une diminution de sa densité et de sa température. En considérant ces événements en sens inverse, il est alors logique de penser que dans son jeune âge, l'univers devait être beaucoup plus dense et plus chaud qu'actuellement.

Se référant à la matière la plus dense connue à l'époque, celle des noyaux atomiques, Lemaître propose, dès 1931, un modèle d'univers primordial qu'il baptise « atome primitif ». Ce dernier aurait été formé de toute la matière de l'univers dans un état de densité et de température extrêmement élevées. Dans son modèle, cet « atome primitif » va subir une sorte d'éclatement provoquant sa désintégration et la dispersion de sa matière par le phénomène de l'expansion, pour former ensuite les galaxies que l'on observe aujourd'hui.

Remarquons au passage que si la notion d'atome primitif a par la suite été abandonnée, l'idée proposée par Lemaître d'un univers primordial à densité et température extrêmes, diminuant par la suite avec l'expansion, reste parfaitement valide au regard des théories actuelles !

Ajoutons que Lemaître avait également eu l'intuition de l'existence d'un rayonnement qui serait le vestige des premiers instants de l'univers, parlant d'un « pâle écho de la formation des mondes disparus ». Or un tel rayonnement a effectivement été détecté dans les années 1960, comme il sera précisé plus loin. Tout simplement génial !

Il n'empêche qu'à l'époque, la théorie de l'atome primitif qui implique l'existence d'un commencement pour l'univers, fait polémique et n'enthousiasme guère les astronomes, qui trouvent ce scénario du commencement de l'univers ressemblant un peu trop à la divine Création ! Le fait que Lemaître soit un ecclésiastique ne fait qu'augmenter leur méfiance et leur opposition à ce modèle, si bien que beaucoup d'entre eux restent au départ plutôt favorables au modèle concurrent d'un univers stationnaire proposé par le célèbre astrophysicien britannique **Fred Hoyle (1915-2001)**.

Dans ce modèle, la création continue d'hydrogène permet de garder constante la densité de matière de l'univers malgré son expansion.

Au cours d'une émission de radio en 1949, le même Fred Hoyle voulant tourner en dérision la théorie de l'explosion originelle de Lemaître, s'en moque en la baptisant péjorativement « big bang ». Il va s'en mordre les doigts, car cette expression s'est aussitôt révélée un énorme succès médiatique et a contribué, au grand dam de son auteur, à une large diffusion de cette théorie auprès du grand public ! Les scientifiques adoptent également le terme et on appellera désormais big bang ce modèle d'un univers initialement très petit, chaud et dense, qui ensuite grandit et se refroidit par le phénomène de l'expansion. Au cours des années 1950-1960, les astrophysiciens adhèrent majoritairement au modèle du big bang, qui ne fait plus guère de doute aujourd'hui au sein de la communauté scientifique.

## L'ÉGLISE ET LE BIG BANG

Le succès populaire du big bang a un revers de la médaille : une vision simpliste du phénomène par le grand public, qui assimile l'origine de l'univers, l'instant zéro de son existence, à une gigantesque explosion par laquelle l'univers serait apparu *ex nihilo*, créé à partir de rien. Au début des années 1950, le pape Pie XII y voit une aubaine pour faire coïncider résultat scientifique et fait religieux. Devant l'assemblée pontificale, il déclare que la science s'est faite le témoin du *Fiat lux* initial, laissant entendre par là qu'à travers le big bang, la science avait mis en évidence la réalité de la Création divine. Cette déclaration fait réagir Georges Lemaître qui a toujours été attaché à une séparation stricte entre science et religion. Il demande audience au pape pour effectuer une respectueuse mise au point et préciser que la cosmologie scientifique ne parle en aucun cas de création, mais seulement d'un commencement de l'univers dans le cadre des lois de la physique.

MAIRIE DE PARIS
BIBLIOTHEQUE
DISCOTHEQUE
18, Rue Faidherbe
75011 PARIS

# La folle saga de l'univers

Pour imaginer le passé de l'univers et écrire son histoire, les cosmologistes doivent jouer les paléontologues du ciel à la recherche de fossiles cosmiques, vestiges des événements et réalités passés. Ils sont bien aidés en cela par une complice, la lumière du ciel qui garde en mémoire la trace d'événements passés, et par leurs machines à remonter le temps : les télescopes. Ils ont par exemple débusqué dernièrement la galaxie EGS-zs8-1 (joli nom poétique, n'est-ce pas ?) qui est la plus lointaine jamais observée à ce jour, de distance apparente égale à 13,1 milliards d'années-lumière. On la voit donc aujourd'hui comme elle était il y a 13,1 milliards d'années. L'âge de l'univers étant estimé à 13,8 milliards d'années environ, la galaxie était alors dans sa prime jeunesse.

Mais l'observation directe du passé a ses limites et les premières phases de l'univers restent inaccessibles à nos instruments. Il faut alors prendre à rebours le film de l'expansion en s'en remettant à la théorie. Les astrophysiciens font ainsi appel à la relativité générale qui régit les interactions gravitationnelles à grande échelle, mais aussi, quand la matière est très dense et très chaude, à la physique quantique qui décrit au niveau microscopique les interactions électromagnétiques et nucléaires entre les particules.

## Le mystère de l'instant zéro

L'histoire de l'univers racontée dans la section suivante ne commencera pas à l'instant zéro ! Une bonne raison pour cela : la science ne sait rien en dire, ou du moins rien de bien assuré. Quand, remontant le temps vers un hypothétique commencement de l'univers, on dépasse la température ahurissante de $10^{32}$ degrés (un 1 suivi de 32 zéros : 100 000 milliards de milliards de milliards de degrés !), nos théories descriptives perdent leur validité. Ces conditions constituent donc une limite à notre capacité de description et de compréhension, appelée « mur de Planck », du nom de l'un des pionniers de la physique quantique.

Dans le cadre des théories actuelles, on ne sait donc pas décrire l'instant zéro, ni même dire s'il a existé ou pas. Pour franchir à rebours le mur de Planck et progresser dans la description du très jeune univers, les théoriciens se triturent les méninges pour élaborer des théories dites de gravité quantique, au sein desquelles ils tentent de faire cohabiter relativité générale et physique quantique, qui au départ apparaissent incompatibles. Parmi ces théories d'une grande complexité et encore en chantier, deux semblent faire le plus d'adeptes : la gravité quantique à boucles qui envisage un espace-temps discontinu à très petite échelle, et la théorie des cordes dans laquelle toutes les particules élémentaires correspondraient à autant de modes de vibration différents d'un seul et unique objet, une minuscule corde, dans un méga-espace à dix dimensions ! Autant dire que ces théories restent très largement spéculatives, mais elles ont l'avantage de ne pas envisager d'instant zéro, ce qui nous enlève une belle épine théorique du pied ! Elles présentent en effet le big bang comme une sorte de rebond de la matière hyper-condensée, soit pour la première à partir d'un univers en contraction ayant précédé le nôtre, soit pour l'autre à partir d'une sorte de fontaine blanche (l'inverse d'un trou noir) créée au sein d'un multi-univers (ou multivers) primordial et éternel...

# Des débuts bien agités

L'histoire de l'univers est une saga tumultueuse, jalonnée de phénomènes invraisemblables. Juste après le « mur de Planck », les caractéristiques de l'univers défient l'imagination : il concentre une quantité d'énergie inconcevable dans un espace insignifiant, à une température de l'ordre de $10^{32}$ degrés !

## Inflation fulgurante !

Tout de suite, l'univers va être le siège d'un premier phénomène incroyable, quasi instantané puisqu'il ne dure que $10^{-32}$ seconde (soit $1/10^{32}$ s, ou encore 0,00000000000000000000000000000001 s !), appelé inflation. L'univers voit alors ses dimensions multipliées par un facteur $10^{26}$ au moins, voire peut-être jusqu'à $10^{50}$ suivant les modèles ! En tout cas, il est déjà devenu extrêmement grand : quand on vous dit que c'est incroyable ! C'est pourtant ce que croient actuellement une majorité de cosmologistes, car cette inflation apparaît comme le phénomène *ad hoc* nécessaire pour justifier la grande homogénéité de l'univers observée par la suite, en température et en répartition de la matière.

Quant au moteur de cette expansion hyper-accélérée, il reste largement incompris, même si on pense qu'il peut être lié à l'énergie du vide agissant comme une force répulsive...

## Refroidissement

Dans le cent millième de seconde qui suit, coup de « froid » soudain : la température va chuter de $10^{27}$ à $10^{12}$ degrés ! L'univers qui continue à grandir est alors constitué d'une purée de particules élémentaires de matière (électrons, quarks, neutrinos...) et de leurs antiparticules, ainsi que des particules associées aux interactions (photons, gluons...). Les paires particule/antiparticule se forment à un rythme effréné à partir de l'énergie du vide, puis s'annihilent tout aussi vite en redonnant de l'énergie sous forme de photons.

## PARTICULES ÉLÉMENTAIRES ET INTERACTIONS

La matière ordinaire est faite d'atomes, eux-mêmes formés d'un noyau entouré d'électrons. L'électron est une particule élémentaire, c'est-à-dire qu'il n'est pas formé de composants plus petits. Il est porteur d'une charge électrique élémentaire négative (– 1). Le noyau est formé de nucléons (particules) de deux sortes : le proton, porteur d'une charge électrique élémentaire positive (+ 1), et le neutron, sans charge électrique. Mais proton et neutron ne sont pas des particules élémentaires, car ils sont chacun composés de trois quarks :

» deux quarks « up » (charge électrique de + 2/3) et un quark « down » (charge électrique de – 1/3) pour le proton ;

» un quark « up » et deux quarks « down » pour le neutron.

Une quatrième particule élémentaire de masse infime et sans charge électrique, le neutrino, est associée à l'électron dans certaines réactions nucléaires. Ces quatre particules élémentaires forment la famille de la matière ordinaire. Il existe deux autres familles de quatre particules « cousines » de même charge électrique mais plus massives, qui n'existent que lorsque la température et la densité d'énergie sont très élevées comme c'était d'ailleurs le cas durant la première fraction de seconde après le big bang.

À chaque particule de matière correspond son antiparticule, en quelque sorte son symétrique de même masse mais de charge électrique opposée.

Enfin, il existe des particules correspondant aux interactions : le photon pour l'interaction électromagnétique, les gluons (il y en a huit différents !) pour l'interaction forte, et trois autres bosons ($W+$, $W-$ et $Z^0$) pour l'interaction faible, ces deux dernières interactions n'agissant qu'au niveau des noyaux atomiques.

Au sein de cette purée de particules grouillante et torride, un autre phénomène très étrange va alors se produire.

## Disparition de l'antimatière

Bien qu'à partir de l'énergie du vide, il se forme *a priori* et simultanément une particule d'antimatière et une particule de matière, un déséquilibre va progressivement se faire jour au profit de la matière dont il se crée un léger surplus, comme si la nature avait une légère préférence pour celle-ci.

On ne sait toujours pas pourquoi, mais toujours est-il qu'à partir de là, et pour la suite de son histoire, l'univers va être constitué quasi uniquement de matière. C'est du moins ce qui correspond aux observations…

Quand la température ne vaut « plus que » 1 000 milliards de degrés, les quarks ne sont plus assez énergétiques pour rester libres : ils se lient entre eux par l'intermédiaire des gluons pour former essentiellement des protons et des neutrons. Mais les neutrons en liberté ne sont pas très stables et une bonne partie d'entre eux se désintègrent pour donner un proton et un électron. Notre histoire dure alors depuis une minute et la purée de particules, qui commence à être bien diluée (disons que c'est devenu une soupe de particules !), contient environ sept fois plus de protons que de neutrons : proportion qui est encore de mise dans l'univers actuel !

### Nucléosynthèse primordiale

Au bout de trois minutes environ, la température est passée sous la barre du milliard de degrés : protons et neutrons commencent à se lier entre eux pour former les noyaux de futurs atomes. C'est la nucléosynthèse primordiale, qui va finalement produire surtout des noyaux d'hélium (2 protons et 2 neutrons) et quelques rares noyaux de lithium 7 (3 protons et 4 neutrons). Aucun noyau plus lourd ne pourra être synthétisé faute d'une densité suffisante. Durant ce processus, la soupe cosmique contient donc principalement des protons, des neutrons et des noyaux d'hélium, ainsi que des électrons et des photons qui sont toujours là depuis le début en interagissant sans cesse, et enfin des neutrinos qui vivent leur vie en solitaires, car ils n'interagissent que très peu avec la matière. L'univers va alors continuer à grandir et se refroidir, sans qu'il se passe de fait marquant durant... 380 000 ans : ça repose !

## Transparence et rayonnement fossile

Nous voici donc arrivés à 380 000 ans après le big bang. La température a diminué jusqu'à une valeur qui, tout étant relatif, nous est plus familière : environ 3 000 degrés.

### Recombinaison

À cette température, l'agitation des particules dans notre soupe cosmique est devenue suffisamment faible pour que les électrons puissent s'associer aux noyaux pour former des atomes de façon durable. Il se forme ainsi des atomes d'hydrogène (un électron autour d'un proton) et d'hélium (2 électrons autour du noyau) dans la proportion de 12 hydrogène pour 1 hélium environ, ce qui donne en masse 3/4 d'hydrogène pour 1/4 d'hélium, proportion que l'on observe encore aujourd'hui dans l'univers. Cet épisode est appelé recombinaison.

Les photons qui jusque-là étaient sans cesse absorbés puis réémis par les particules chargées électriquement, et qui voyaient donc leur cheminement entravé par la matière, ont dorénavant la voie libre pour circuler dans l'espace. L'univers qui était depuis le big bang une soupe opaque va soudain devenir transparent : la lumière peut y circuler librement. Dès cet instant, cette lumière émise en tout point de l'univers par la matière à 3 000 degrés (donc composée surtout de radiations rouges et infrarouge) commence à se propager librement dans toutes les directions de l'espace.

## Rayonnement fossile

Et 13,8 milliards d'années plus tard, c'est-à-dire actuellement, elle continue son cheminement partout dans l'espace ! Elle forme ce que l'on appelle familièrement le rayonnement fossile, pressenti par Lemaître puis prédit plus précisément en 1948 par le physicien américain d'origine russe **Georges Gamow (1904-1968)**. Les scientifiques français l'appellent « fond diffus cosmologique », mais pour faire encore plus savant, vous pourrez parler du CMB, acronyme de son nom anglais *Cosmic Microwave Background* (fond cosmique micro-onde) ! Il se trouve en effet que ce rayonnement capté actuellement ne se situe plus du tout dans les domaines visible et infrarouge, mais dans le domaine des micro-ondes, comme s'il était émis par un corps glacé, à la température de 2,7 K (K pour « Kelvin », c'est-à-dire 2,7 °C au-dessus du zéro absolu). Ce glissement vers les basses fréquences (ou grandes longueurs d'onde) est dû à l'expansion de l'univers. En effet, les photons captés aujourd'hui, qui ont voyagé 13,8 milliards d'années, proviennent de zones extrêmement éloignées et donc s'écartant de nous à une vitesse extrêmement élevée, ce qui engendre un effet Doppler très important.

La découverte, dans les années 1960, de ce fond diffus cosmologique a été l'argument décisif venant valider la théorie du big bang, aux côtés de l'expansion et de la proportion hydrogène/hélium dans l'univers. Cette théorie sera dorénavant adoptée par la quasi-totalité des astrophysiciens.

Ces dernières décennies, le rayonnement fossile a été étudié dans le détail grâce à plusieurs satellites : les américains COBE et WMAP, puis l'européen PLANCK. Leurs observations ont confirmé la quasi parfaite uniformité de ce rayonnement dans tout le ciel, témoignant ainsi de la très grande homogénéité de l'univers primitif qui l'a émis.

## LA DÉCOUVERTE FORTUITE DU RAYONNEMENT FOSSILE

Arno Penzias et Robert Wilson sont deux radioastronomes américains qui travaillent dans les années 1960 pour la compagnie de téléphone Bell et cherchent à mesurer certaines émissions électromagnétiques de la Voie lactée. Ils utilisent pour cela une grande antenne de 6 mètres de diamètre capable de capter entre autres les micro-ondes (longueur d'onde de l'ordre du millimètre au décimètre). En voulant étudier les émissions parasites de l'environnement afin d'en tenir compte ensuite dans leurs observations, Penzias et Wilson repèrent un « bruit de fond » correspondant au rayonnement qu'émet un corps à la température de 3 kelvins environ. Fait étonnant : ce rayonnement est exactement le même, quelle que soit l'orientation de l'antenne vers le ciel, et reste parfaitement stable dans le temps.

Nos deux compères cherchent en vain l'origine de ce phénomène, en venant même à soupçonner un couple de pigeons qui avait élu domicile au fond de l'antenne et dont les fientes auraient pu perturber les mesures ! Finalement, faisant part, en 1965, de leur découverte à des chercheurs de l'université toute proche de Princeton, Penzias et Wilson ont pris conscience qu'ils venaient de mettre en évidence l'existence du rayonnement fossile, que certains astrophysiciens avaient prévu, mais pas encore détecté. Cette découverte majeure pour la cosmologie leur a valu le prix Nobel en 1978.

### Infime inhomogénéité

Mais la grande précision des mesures effectuées a permis de révéler qu'il existait tout de même au sein de cet univers de très petites fluctuations de température, de quelques cent millièmes de degré, correspondant à d'infimes fluctuations de densité de la matière. Mais pour infimes qu'elles soient, ces fluctuations ont pourtant une importance primordiale pour le futur de l'univers ! Elles montrent en effet que la soupe cosmique de l'époque contenait des petits grumeaux de matière un tout petit peu plus denses. Or ceux-ci allaient ensuite, du fait de leur attraction gravitationnelle légèrement supérieure, attirer progressivement la matière environnante et provoquer ainsi, dans un lent processus, la formation de grands rassemblements de matière qui donneront ensuite naissance aux étoiles, aux galaxies, aux amas et superamas de galaxies.

Bien sûr, ce processus de rassemblement a pris du temps. Avant que les premières étoiles ne s'allument, il a fallu quelques centaines de millions d'années, période appelée « âge sombre », car l'univers d'alors, trop refroidi, ne produisait plus de lumière. Puis une première génération d'étoiles géantes et éphémères a embrasé l'univers, avant qu'une deuxième génération d'étoiles conduise à la formation des premières galaxies, moins d'un milliard d'années après le big bang.

# Énergie sombre et futur de l'univers

Comment notre univers va-t-il évoluer ? Au même titre que son histoire, la question de l'avenir de l'univers obsède les cosmologistes. Jusqu'à la fin du XXe siècle, ceux-ci s'accordaient sur l'idée que l'expansion de l'univers allait ralentir au cours du temps. Elle est en effet contrariée par la gravitation qui tend à rapprocher les corps matériels. Deux scénarios principaux étaient alors envisagés.

Dans le premier, l'expansion s'arrête à un moment donné et l'univers commence à prendre le chemin inverse de la contraction. Sous l'action de la gravité devenue prépondérante, toute la matière de l'univers se rassemble petit à petit pour se retrouver finalement concentrée quasiment en un point... dans une situation analogue à celle du big bang ! C'est le scénario du *big crunch* (grand écrasement), qui d'ailleurs peut se révéler « à rebondissement », car il laisse la porte ouverte à une sorte de rebond de la matière créant un nouveau big bang et un nouvel univers...

Dans le second scénario, l'expansion ralentit mais ne s'arrête jamais. Très progressivement, la matière et l'énergie se diluent et l'univers se refroidit sans cesse. Les galaxies deviennent de moins en moins lumineuses et les plus lointaines disparaissent peu à peu de notre champ de vision. On assiste ainsi (façon de parler, puisqu'on se projette là dans des centaines ou des milliers de milliards d'années !) à une lente agonie thermique de l'univers.

Mais aujourd'hui, à la suite d'une découverte majeure de trois astrophysiciens américains, ce sont des scénarios de refroidissement accéléré qui ont le vent en poupe. En 1998, Saul Perlmutter, Brian P. Schmidt et Adam Riess étudient, au sein de deux équipes indépendantes, des supernovas, ces explosions d'étoiles massives en fin de vie libérant une phénoménale quantité d'énergie lumineuse. Or leurs mesures les conduisent à un résultat étonnant autant qu'inattendu : toutes les supernovas observées paraissent plus éloignées que ce que prévoyait le modèle de l'expansion admis jusqu'alors. Après de multiples vérifications, ils arrivent à la conclusion que l'expansion de l'univers s'accélère, découverte qui leur vaudra le prix Nobel de physique 2011. Leurs calculs montrent que cette accélération dure depuis au moins 7 milliards d'années ! Pour tenter d'identifier la cause de cet emballement de l'expansion, les scientifiques évoquent une certaine énergie sombre remplissant tout l'espace jusqu'à représenter près de 70 % du contenu énergétique de l'univers, et qui aurait un effet répulsif sur la matière...

L'énergie sombre est un peu la cousine germaine de la matière noire évoquée plus haut. Elles partagent toutes deux quelques traits de famille : être invisible, de nature inconnue, mais représenter pourtant une très large part du contenu supposé de l'univers. Toutefois, l'hypothèse de l'existence de ces mystérieuses entités est suffisamment sérieuse pour qu'un prochain projet international d'envergure, impliquant plus de mille personnes, soit entièrement consacré à leur recherche. Il s'agit de la mission Euclid, qui inclut l'envoi d'un télescope spatial en 2020, avec des résultats attendus vers 2023. Affaire à suivre...

L'accélération de l'expansion a conduit les cosmologistes à envisager un scénario de refroidissement accéléré, appelé *big frezze* (grande congélation), sans qu'il faille d'ailleurs trop s'en inquiéter, car ses effets se manifesteront (si jamais ils se manifestent) bien longtemps après que la Terre aura été détruite par le Soleil transformé en géante rouge, dans environ 5 milliards d'années !

Et rien ne nous dit que l'expansion, après avoir accéléré sans qu'on sache vraiment pourquoi, ne va pas ralentir pour d'autres raisons tout aussi mystérieuses ! Le futur de l'univers reste, tout comme son commencement, un grand point d'interrogation...

Chapitre 5

# Sur les traces d'E.T. : la vie extraterrestre

**DANS CE CHAPITRE :**

- **La vie ailleurs**
- **De la vie cachée dans le système solaire ?**
- **À la découverte des exoplanètes**
- **Civilisations extraterrestres**

Sommes-nous seuls dans l'univers ? Est-il possible que notre Terre soit le seul vaisseau spatial abritant la vie dans cette immensité cosmique ? Ou bien y a-t-il au contraire de la vie ailleurs que sur la Terre et existe-t-il d'autres mondes habités ? Si oui, sont-ils rares ou innombrables et par quels êtres vivants sont-ils peuplés ? Ce questionnement d'envergure philosophique occupe l'esprit humain depuis l'Antiquité et a fait débat tout au long des siècles, jusqu'à aujourd'hui.

La première option d'une Terre détenant le monopole de la vie et de l'intelligence avec l'homme (à relativiser selon le cas !) est dans la logique du principe dit « anthropique » qui considère que l'univers a évolué de façon à permettre à l'homme d'apparaître et de prospérer. De là à voir, derrière cette finalité, le fruit d'une volonté supérieure, il n'y a qu'un – tout petit – pas : Dieu n'est pas loin…

Jusque vers la fin du xx$^{e}$ siècle, les nombreux scientifiques qui ne partageaient pas cette conception de l'univers et jugeaient possible, sinon probable, l'existence d'une vie extraterrestre, n'avaient guère de faits objectifs à faire valoir pour étayer leur position. Les seuls autres mondes alors connus étaient les planètes du système solaire et leurs satellites, et aucune trace de vie n'avait pu y être détectée.

Mais la donne a sérieusement changé depuis 1995, année où a été annoncée une découverte absolument majeure pour la cosmologie : celle de la première planète extrasolaire, ou exoplanète, tournant donc autour d'une autre étoile que le Soleil. Ce dernier perdait du coup la dernière spécificité qui lui restait parmi les étoiles, à savoir posséder des planètes. Cette découverte a ouvert la voie à une recherche systématique de ces très lointaines planètes, ayant d'ores et déjà permis d'en répertorier un certain nombre qui apparaissent relativement semblables à la Terre. La présence de la vie à leur surface est donc tout à fait envisageable, moyennant certaines conditions favorables. Et cette perspective conduit naturellement à une autre question : certains de ces mondes habités, s'ils existent, abritent-ils des êtres intelligents ?

# La vie ailleurs

L'existence ou la non-existence d'autres mondes habités que la Terre est une question qui a agité la communauté des philosophes, des scientifiques et des religieux pratiquement de l'Antiquité à nos jours. Ces éventuels autres mondes ont souvent été imaginés à l'image du nôtre, peuplés d'êtres évolués nous ressemblant peu ou prou. Aujourd'hui, les astronomes et les exobiologistes, qui s'intéressent à l'apparition de la vie ailleurs que sur la Terre, s'attachent à cerner les conditions du développement de la vie où que ce soit, et sous quelque forme que ce soit, pour ensuite définir quelle pourrait être sa signature observable.

## Pluralité des mondes : une vieille idée

Dès l'Antiquité, certains philosophes grecs ont imaginé l'existence d'autres mondes. Un des plus connus est Épicure (341 ou 340-270 av. J.-C.) qui écrit par exemple : « Il y a un nombre infini de mondes semblables au nôtre et un nombre infini de mondes différents… » Cette idée est ensuite reprise par quelques philosophes, comme le poète latin Lucrèce (Ier siècle av. J.-C.). Toutefois, le modèle de pensée dominant à l'époque en matière de cosmologie – et qui va le rester durant dix-neuf siècles ! – est celui d'Aristote (IVe siècle av. J.-C.). Il présente un univers fini avec, autour de la Terre immobile, le monde céleste, domaine de l'immuable et de la perfection, qui ne fait donc aucune place à un quelconque monde habité si ce n'est par les dieux.

### L'Église n'aime pas les extraterrestres

Dans le prolongement de la révolution copernicienne qui a bousculé (enfin !) au XVe siècle le modèle d'Aristote en plaçant le Soleil au centre et en reléguant la Terre au rang de planète, certains philosophes imaginent l'existence d'autres mondes que le nôtre.

Le plus célèbre est le philosophe italien Giordano Bruno (1548-1600) qui écrit, en 1584, dans son ouvrage *De l'infinito, universo e mondi* (*De l'infini, l'univers et les mondes*) : « Il est donc d'innombrables soleils et un nombre infini de terres tournant autour de ces soleils, à l'instar des sept terres (pour signifier la Terre, la Lune et les cinq planètes visibles à l'œil nu) que nous voyons tourner autour du Soleil qui nous est proche. » Mais Bruno a l'imprudence de diffuser largement et ouvertement sa géniale vision cosmologique. Revenu en Italie, il sera dénoncé à l'Inquisition, condamné au bûcher pour hérésie et brûlé vif en 1600.

## Des extraterrestres partout !

L'acharnement répressif de l'Église n'empêchera toutefois ni la Terre de tourner ni les conceptions de Copernic et Bruno de progresser. L'idée que divers autres mondes que le nôtre soient habités, tout en continuant à faire débat puisqu'elle s'oppose aux Saintes Écritures, fera au cours des siècles suivants de nombreux adeptes chez les astronomes et les philosophes, tel **Bernard Le Bovier de Fontenelle (1657-1757 : belle longévité pour l'époque !)** dans son ouvrage de 1686, *Entretiens sur la pluralité des mondes*. Près de deux siècles plus tard en 1862, le jeune **Camille Flammarion (1842-1925)**, futur grand astronome et vulgarisateur en astronomie, présente des idées similaires dans son livre *La pluralité des mondes habités*. Mais cette parution, qui à l'époque fait scandale, lui coûtera son poste à l'observatoire de Paris !

La fin du XIXe siècle voit bon nombre d'astronomes adhérer à l'idée que les autres planètes du système solaire sont habitées. Dans leurs lunettes de plus en plus perfectionnées, ils voient des détails qu'ils interprètent comme autant de signes de l'existence d'êtres vivants. En fait, ils voient ce qu'ils ont envie de voir ! Flammarion écrit en 1877 dans *Terres du ciel* : « ... nous pouvons pénétrer dans les détails, prendre les preuves en mains, nous arrêter sur chaque planète, et constater les témoignages irrécusables de l'existence de la vie à leur surface. »

L'exemple le plus caractéristique est celui de la planète Mars sur laquelle les astronomes croient voir des canaux artificiels, à l'origine du mythe des Martiens.

Ce n'est que vers le milieu du XXe siècle que les progrès de l'instrumentation, puis le survol des planètes Mars et Vénus par des sondes spatiales automatiques, vont permettre d'écarter définitivement l'hypothèse de toute vie évoluée à la surface des planètes du système solaire.

## DES CANAUX ET DES MARTIENS

En 1877, l'astronome italien Giovanni Schiaparelli (1835-1910) observe la planète Mars et repère à sa surface de grandes lignes à peu près droites, qui avaient déjà été mentionnées quelques années plus tôt par un autre astronome italien, Angelo Secchi (1818-1878). Ces lignes qu'il appelle *canali*, traduit par « canaux », semblent traverser des continents pour rejoindre des mers, que Schiaparelli croyait avoir observées auparavant sous la forme de taches contrastées plus ou moins sombres.

L'origine artificielle de ces canaux, et donc l'existence d'une civilisation martienne évoluée techniquement, ne fait alors aucun doute pour certains astronomes, aux premiers rangs desquels Camille Flammarion et le riche Américain Percival Lowell (1855-1916). Ce dernier investit une partie de sa fortune pour faire construire à Flagstaff (Arizona) un observatoire astronomique destiné à observer les planètes et en particulier Mars, sur laquelle il dénombrera près de 400 canaux ! Quant à Flammarion, il publie, en 1892, *La planète Mars et ses conditions d'habitabilité*, ouvrage dans lequel il fait l'hypothèse que la planète pourrait être habitée « par une race supérieure à la nôtre ».

Cet épisode des pseudo-canaux a alimenté le mythe des Martiens, associé à la peur que cette civilisation, peut-être supérieure à la nôtre, vienne nous envahir ou nous anéantir ! Le méchant Martien est ainsi devenu un sujet récurrent pour la science-fiction, depuis *La Guerre des mondes* du Britannique Herbert George Wells (1898) jusqu'au film délirant et hilarant de l'Américain Tim Burton en 1996 : *Mars Attacks !*

# Quelle forme de vie extraterrestre ?

La découverte d'exoplanètes en grand nombre a considérablement élargi le champ de recherche d'une vie extraterrestre et décuplé par la même occasion l'intérêt des chercheurs pour le sujet, même si ces derniers continuent de la traquer également au sein du système solaire. Mais à quoi peut ressembler la vie extraterrestre ? La réponse des exobiologistes risque de vous apparaître décevante : à la vie terrestre très probablement, du moins en ce qui concerne ses bases biochimiques.

## Le règne du carbone

Sur Terre, les molécules du vivant sont construites à partir de la chimie du carbone, cet élément étant associé à quelques autres qui sont parmi les plus abondants dans l'univers et qui constituent ce que les scientifiques appellent familièrement le CHNOPS. Cet acronyme désigne le carbone (C), l'hydrogène (H), l'azote (N) et l'oxygène (O) pour les quatre éléments les plus importants, plus le phosphore (P) et le soufre (S). Il apparaît que l'atome de carbone est central dans le processus de la vie, car il a des propriétés physico-chimiques bien particulières. Elles lui permettent, en se combinant avec lui-même et avec les autres éléments cités ci-dessus, de fabriquer une extraordinaire variété de molécules, des plus simples aux macromolécules les plus complexes, comme l'ADN. Pour s'opérer, cette biochimie a besoin d'un support liquide qui soit aussi un solvant pour ces molécules. Cette fonction est assurée par l'eau liquide, qui se trouve être par ailleurs – et par chance – l'un des corps moléculaires les plus répandus dans l'univers.

Partant donc du fait que les éléments de base du vivant sont présents en grande quantité partout dans l'univers, et du principe que les mêmes causes produisent les mêmes effets, il y a tout lieu de penser que les caractéristiques biochimiques de la vie extraterrestre, si elle existe, doivent être les mêmes que celles de la vie terrestre. En revanche, l'exemple terrestre a montré que la vie était très inventive et que l'évolution a généré une diversité inouïe d'organismes vivants. Ceux que l'on pourrait rencontrer ailleurs auraient donc toutes les chances d'être différents de ce que nous connaissons.

## UNE ALTERNATIVE AU CARBONE ?

Les chercheurs ont envisagé qu'une autre forme de vie puisse exister, fondée sur le silicium à la place du carbone, car les deux atomes présentent des caractéristiques chimiques à peu près similaires : ils peuvent chacun former quatre liaisons avec d'autres atomes. Mais outre qu'il est plus gros, plus lourd et bien moins abondant dans l'univers que le carbone, le silicium a deux autres défauts : les molécules complexes qu'il peut former sont instables et sa chimie nécessiterait un autre solvant que l'eau. Bref, les biochimistes pensent qu'il est très improbable qu'une forme de vie basée sur le silicium ait pu se développer quelque part.

## Des briques un peu partout

Même si les biologistes n'ont pas encore totalement percé le mystère de l'alchimie originelle de la vie sur Terre, il semble bien qu'elle obéisse à l'équation :

« MATIÈRE ORGANIQUE + EAU = VIE »

On appelle « matière organique » les molécules constitutives des êtres vivants, et en particulier les acides aminés qui sont les briques élémentaires des protéines, elles-mêmes constituant l'essentiel de la matière organique d'un être vivant.

Or il se trouve que des molécules organiques, il y en a un peu partout dans l'univers ! On en a identifié plus de 180 différentes dans l'espace au sein des nuages de poussières et de gaz interstellaires. Mieux : certaines météorites tombées sur

Terre comportaient jusqu'à 70 acides aminés différents, preuve que ces molécules peuvent se former et existent dans l'espace !

On peut donc faire l'hypothèse que des exoplanètes ont pu être ensemencées en matière organique comme l'a sûrement été la Terre dans sa jeunesse et que, moyennant la présence d'eau liquide, la vie a pu s'y développer.

### E.T. qui es-tu ?

Quel type d'être vivant est-il le plus probable de rencontrer (par la pensée !) sur une exoplanète ? Par référence à l'histoire de la Terre (c'est le seul exemple qui soit à notre disposition !), il y a fort à parier que E.T. est... un microbe ! C'est en effet sous cette seule forme que la vie a habité la Terre durant près de 3 milliards d'années, avant d'évoluer ensuite vers une extraordinaire variété de formes plus complexes en quelques centaines de millions d'années. Conclusion : c'est statistiquement la vie bactérienne qui devrait être, de loin, la plus répandue. Plus la planète considérée sera vieille, plus on aura de chances d'y trouver des formes de vie évoluées.

## Sur les traces de la vie extraterrestre

En admettant qu'une vie extraterrestre puisse exister ici ou là, comment constater sa présence ?

Si pour les planètes ou satellites du système solaire, on peut aller « y voir de près » grâce à des sondes spatiales, il n'en est pas question dans le cas d'une exoplanète ! Les distances se comptent en années-lumière et les temps de voyage en milliers d'années. Les astronomes ne pourront donc que rechercher la signature de la vie dans l'analyse spectroscopique de la lumière renvoyée par la planète, qui permet d'identifier les composantes de son atmosphère. Il s'agira alors d'y déceler la présence de substances caractéristiques produites par les êtres vivants, des bio-marqueurs tels que le dioxygène ($O_2$) produit sur Terre uniquement par les êtres vivants, l'ozone ($O_3$) qui en est dérivé, le méthane ($CH_4$), ou encore la chlorophylle qui serait la marque d'une photosynthèse, et donc d'une présence végétale.

# De la vie cachée dans le système solaire ?

Depuis quelques décennies, on sait de façon quasi certaine qu'aucune planète du système solaire – hormis la Terre bien sûr ! – n'héberge d'organismes vivants à sa surface. Il faut dire que les conditions qui y règnent sont en général peu accueillantes... Mercure, très proche du Soleil, est une fournaise sans atmosphère. Vénus est aussi un enfer, cette fois à cause d'une atmosphère très dense générant un important effet de serre : la chaleur du Soleil est « piégée » dans la basse atmosphère comme sous une serre et la température au sol avoisine les 500 degrés ! Les quatre planètes géantes (Jupiter, Saturne, Uranus et Neptune) sont gazeuses et leurs satellites rocheux, très éloignés du Soleil, ont une surface terriblement glaciale, aux alentours de moins 200 degrés.

Seule la planète Mars peut présenter des conditions un peu moins hostiles suivant le lieu et la saison, mais aussi suivant l'époque considérée, si bien que les scientifiques gardent espoir de trouver dans son sol des traces d'une vie passée, voire présente. Mais la vie pourrait également se cacher dans les profondeurs de certains satellites glacés de Jupiter et de Saturne…

# La vie sur Mars : une obsession

Serait-ce le fait d'une influence sournoise et prolongée du mythe des Martiens ? Ou bien parce que Mars est en quelque sorte la petite sœur de la Terre, la planète du système solaire qui lui ressemble le plus ? Toujours est-il que les scientifiques en ont fait depuis longtemps la candidate favorite pour abriter une vie extraterrestre. Et c'est dans le but de la découvrir que depuis plus d'un demi-siècle, la « planète rouge » a reçu la visite d'une flopée de sondes spatiales qui l'ont survolée ou s'y sont posées, la scrutant sous toutes les coutures. Plusieurs robots américains ont même arpenté et analysé sa surface durant des années. Bilan : pas la moindre trace bien sûr des petits hommes verts (ça, on s'y attendait !), mais pas non plus à ce jour de signes d'une vie microscopique que les scientifiques espéraient y trouver !

En fait, ces derniers pensent plus précisément que la vie a pu apparaître sur Mars dans un lointain passé, et ils sont à la recherche de traces fossilisées pouvant en témoigner. Une hypothèse complémentaire, mais à moindre probabilité, serait que cette vie passée ait réussi à s'adapter à des conditions changeantes autant que difficiles pour perdurer jusqu'à aujourd'hui, à l'abri dans le sous-sol de la planète. Après tout, on a constaté sur Terre que des organismes pouvaient s'adapter aux conditions les plus extrêmes dans les déserts les plus arides…

## Une surface peu avenante

Aujourd'hui, la surface martienne est un milieu hostile pour un organisme vivant. Elle est en effet soumise au rayonnement ultraviolet agressif du Soleil, que l'atmosphère très ténue de la planète (pression 160 fois plus faible que sur la Terre) est incapable de filtrer. De la même façon, le sol martien subit de plein fouet le bombardement des particules électrisées et énergétiques (protons et électrons) du vent solaire, car la planète ne possède pas de champ magnétique qui pourrait les dévier. Tous ces rayonnements destructeurs venant s'ajouter à une température négative, trop basse pour maintenir de l'eau à l'état liquide, il paraît *a priori* très improbable que des organismes vivants puissent subsister actuellement à la surface de Mars.

## Des conditions passées plus favorables

En revanche, les planétologues ont de bonnes raisons de penser que durant sa jeunesse, il y a environ 4 milliards d'années, la planète présentait des conditions bien différentes, plus ou moins analogues à celles régnant sur Terre : elle était protégée par un champ magnétique et avait une atmosphère beaucoup plus dense. Cette dernière engendrait un important effet de serre et donc une température bien plus élevée qu'aujourd'hui, permettant à l'eau d'être à l'état liquide. Or divers indices, tels que d'anciennes vallées fluviales, montrent que de l'eau liquide a coulé autrefois en abondance à la surface de la planète rouge.

Il semble donc que les conditions y étaient alors favorables pour accueillir des êtres vivants, et de nombreux scientifiques sont persuadés que la vie est effectivement apparue sur Mars à cette époque, de la même façon qu'elle est apparue sur Terre à peu près au même moment.

### HOLD-UP PLANÉTAIRE !

Cette éventuelle vie martienne n'a eu qu'une période relativement limitée pour se développer, car notre infortunée planète rouge n'allait pas tarder à se faire voler son atmosphère ! En effet, voici un peu plus de 3 milliards d'années, le champ magnétique de Mars a disparu pour une raison encore mystérieuse. Ayant ainsi perdu son bouclier magnétique, la planète a été balayée inlassablement par le vent solaire, qui a littéralement soufflé petit à petit son atmosphère dans l'espace, entraînant avec elle une bonne partie de l'eau que portait la planète. La pression et l'effet de serre diminuant, Mars s'est progressivement refroidie pour en arriver à la situation actuelle où la température reste pratiquement toujours négative et l'eau encore présente reste sous forme de glace.

Dans le cadre de la recherche de traces d'une vie passée, les scientifiques ont repéré la présence de formations argileuses très anciennes, datant d'une période où l'environnement martien était chaud et humide, donc favorable à la vie. Cette observation s'avère très intéressante, car diverses expériences ont montré par ailleurs que l'argile est justement un milieu particulièrement propice à l'alchimie créatrice des molécules de la vie. Par chance, le rover robotisé américain Curiosity, qui arpente le relief de Mars depuis 2012, devrait être en mesure, durant l'année 2016, d'aller explorer une de ces zones argileuses. Peut-être va-t-il ainsi mettre la main, ou plutôt le bras robotisé, sur des traces d'une vie martienne ? Ce serait alors une « découverte du siècle » de plus !

Quoi qu'il en soit, l'exploration de la planète rouge va continuer. Une mission conjointe européenne et russe baptisée Exomars prévoit de placer, dès 2016, une sonde en orbite pour détecter dans l'atmosphère d'éventuelles traces de méthane qui pourrait être produit par des organismes vivants, puis de déposer deux ans plus tard sur la planète un véhicule robotisé, capable de forer à 2 mètres de profondeur, qui se mettra à son tour en quête de traces d'une vie qui pourrait être enfouie.

## Des hommes sur Mars

Bien sûr, le projet le plus ambitieux pour l'exploration de Mars serait d'envoyer un équipage humain sur la planète rouge. Sauf que Mars n'est pas la porte à côté ! Une telle mission s'avère extrêmement complexe techniquement, horriblement chère et passablement dangereuse pour les voyageurs ! Car ceux-ci seront soumis, durant les six mois minimum de trajet à l'aller comme au retour, aux dangereux rayonnements cosmiques, ainsi qu'aux effets délétères de l'apesanteur et du confinement prolongés. Une fois sur place, ils ne pourront compter que sur eux-mêmes et sur l'exploitation de ressources locales (eau, oxygène, et même nourriture…) pour assurer leur survie durant de longs mois.

Face à ces énormes difficultés et au coût colossal de l'opération, et malgré son intérêt scientifique évident, aucune organisation étatique n'a encore véritablement lancé un tel programme. Il semblerait néanmoins que les Américains de la NASA commencent à l'envisager sérieusement pour une réalisation à l'horizon 2035-2040, de même peut-être que les Chinois ou les Indiens…

### AVENTURIERS DE L'ESPACE

Il se pourrait aussi que les premières personnes à poser le pied sur Mars le fassent dans le cadre d'un projet privé. Plusieurs ont en effet vu le jour, comme le projet néerlandais Mars One lancé en 2012, qui fait l'objet d'études très sérieuses et prévoit un premier départ en 2026. Il faut dire que ses concepteurs se sont un peu simplifié la tâche en prenant une option radicalement différente par rapport à la mission envisagée par la NASA : les candidats au voyage recevront un billet « aller simple » ! Vous avez bien lu ! Il s'agit d'envoyer sur Mars des colons voués à y rester jusqu'à la fin de leur vie, qui d'ailleurs risque fort de se produire assez rapidement…

Idée aberrante, peut-on penser ? Peut-être, mais pour recruter les 24 volontaires pour cette mission martienne sans retour, les organisateurs ont reçu plus de 200 000 candidatures en provenance de tous les pays ! Qui a dit que l'esprit pionnier avait tendance à se perdre ?

# Sous la glace des satellites

Au-delà de Mars, les exobiologistes ont également l'œil tourné vers certains satellites des planètes géantes qui, sous leur surface glacée et inhospitalière, semblent bien abriter des océans d'eau liquide et donc, peut-être, des êtres vivants.

Les deux meilleurs candidats pour ce scénario sont d'une part Europe, un satellite de Jupiter d'environ 3 100 kilomètres de diamètre, et d'autre part Encelade, petite lune de Saturne de seulement 500 kilomètres de diamètre. On a pu observer dans les deux cas des geysers d'eau liquide (ceux d'Encelade montent à des dizaines de kilomètres de hauteur !) et divers indices montrent que l'épaisse croûte de glace en surface se comporte comme une banquise flottant sur un océan. La chaleur nécessaire pour maintenir l'eau liquide en profondeur est très certainement apportée en partie par la radioactivité interne du satellite, mais surtout par les fortes marées – et les frottements qui vont avec – engendrées par la proximité de la planète géante.

Détail particulièrement intéressant pour les exobiologistes : il semblerait que le fond de cet océan soit directement en contact avec le manteau rocheux, si bien qu'il pourrait être le théâtre d'une activité hydrothermale se manifestant par des sources d'eau chaude comme celles que l'on trouve sur Terre à grande profondeur au niveau des dorsales océaniques appelées « fumeurs noirs ». Or, et c'est là un point crucial, on observe autour de ces sources chaudes tout un écosystème qui s'est développé dans l'obscurité totale et l'isolement complet, le premier maillon de la chaîne alimentaire étant constitué par des bactéries se nourrissant des substances émises par le fumeur noir et se passant donc totalement de lumière.

L'existence d'une telle vie sous-marine sur Encelade ou Europe est donc une hypothèse tout à fait plausible, suffisamment en tout cas pour que l'envoi de sondes spatiales destinées à sa recherche ait été programmé, aussi bien par les Américains que les Européens ou les Russes, au cours des deux prochaines décennies.

Deux autres satellites sont soupçonnés également de posséder un océan d'eau liquide sous une croûte glacée. Il s'agit de Titan et Ganymède, les plus gros satellites respectifs de Saturne et Jupiter. En revanche, il ne semble pas – en l'état actuel des connaissances, qui restent très incertaines à ce sujet – que leur océan soit en contact avec le socle rocheux, ce qui limite les chances d'apparition de la vie.

# À la découverte des exoplanètes

Le 6 octobre 1995, la cosmologie a vécu une nouvelle révolution (une de plus !). Ce jour-là, les astronomes suisses de l'observatoire de **Genève Michel Mayor (né en 1942)** et **Didier Queloz (né en 1966)** annoncent qu'ils ont découvert une planète tournant autour de l'étoile 51 Pegasi, une sœur jumelle du Soleil située à une cinquantaine d'années-lumière dans la constellation de Pégase. Cette planète extrasolaire nommée « 51 Peg b » va être la première d'une très longue série, car la chasse aux exoplanètes est devenue depuis l'un des sports favoris des astronomes ! Grâce à l'utilisation de diverses méthodes et d'instruments de plus en plus affûtés, le rythme des découvertes augmente rapidement et la récolte dépasse déjà les 2 000 unités ! Parmi elles, ce sont bien sûr les planètes ressemblant peu ou prou à la Terre qui intéressent au premier chef les exobiologistes, car c'est sur elles qu'ils ont le plus d'espoir de déceler des signes caractéristiques de la vie.

## Méthodes de détection

Comment débusquer une planète autour d'une étoile lointaine ? On pourrait naïvement penser qu'il suffit de braquer simplement sur elle un puissant télescope qui va la faire apparaître à côté de son étoile. Pas si simple ! Cette détection directe s'avère en général impossible, en tout cas pour l'instant, car d'une part cette planète est forcément extraordinairement loin, et d'autre part sa faible luminosité est littéralement noyée dans la lumière aveuglante de l'étoile, des centaines de millions ou des milliards de fois plus intense. Distinguer une telle planète à côté de son étoile revient à distinguer un ver luisant placé à côté d'un phare de marine, le tout étant observé à 1 000 kilomètres de distance !

Le seul procédé pour obtenir dans certains cas une telle détection directe consiste à masquer la lumière de l'étoile à l'aide d'un cache. Encore faut-il que la planète soit elle-même très grosse, très lumineuse et très éloignée de son étoile, ce qui reste totalement exceptionnel. Les astronomes doivent donc pour l'instant se résigner à débusquer les exoplanètes par des méthodes indirectes, qui sont au nombre de trois.

### Méthode des vitesses radiales

La plus ancienne est dite « des vitesses radiales » : c'est celle qui a permis par exemple la découverte de 51 Peg b. Elle est basée sur le fait que lorsqu'une planète tourne autour d'une étoile, cette dernière tourne aussi, décrivant approximativement un petit cercle autour du centre de gravité de l'ensemble étoile-planète. Pour l'astronome qui observe l'étoile, ce mouvement se traduit par une petite variation périodique de sa vitesse apparente dans la direction de sa ligne de visée (d'où l'appellation « vitesses radiales ») : l'étoile se rapproche et s'éloigne alternativement. En analysant la lumière de l'étoile à l'aide d'un spectrographe, on peut alors détecter une modification également périodique de son spectre lumineux due à l'effet Doppler : ce spectre se trouve décalé vers le bleu (vers les hautes fréquences) quand l'étoile se rapproche et vers le rouge (vers les basses fréquences) quand elle s'éloigne. En fait, il se passe ici avec la lumière le même phénomène que l'on connaît plus familièrement avec le son : le bruit de la sirène d'une ambulance apparaît plus aigu (fréquence plus élevée) quand elle se rapproche et plus grave (fréquence plus basse) quand elle s'éloigne.

## UNE ÉTOILE SUR LA GLACE

Pour mieux comprendre pourquoi une étoile tourne en même temps que sa planète, nous allons les comparer à deux patineurs, un adulte (l'étoile) et un enfant (la planète), se tenant par les mains et tournant sur place d'un mouvement d'ensemble. L'enfant beaucoup plus léger tourne en décrivant un grand cercle alors que l'adulte décrit un plus petit cercle. Le centre de ce double mouvement de rotation est le centre de gravité de l'ensemble adulte-enfant, situé quelque part entre les bras tendus de l'adulte. Si ce dernier est par exemple quatre fois plus lourd que l'enfant, le centre de gravité sera quatre fois plus près de lui que de l'enfant. Un observateur regardant l'adulte depuis le bord de la patinoire le voit se rapprocher puis s'éloigner légèrement à chaque tour.

En fait, la planète et l'étoile effectuent la même danse que nos patineurs, la force des bras étant remplacée par la force de gravitation avec laquelle chacune attire l'autre.

Ainsi, l'observation de décalages périodiques du spectre lumineux d'une étoile indique la présence d'une planète, dont on peut même déterminer la période orbitale, la distance à son étoile et une valeur approximative de la masse. Bien sûr, plus la planète est massive et rapide (donc proche de son étoile), plus les variations de vitesse de l'étoile sont importantes et plus il est facile de détecter sa présence. Il est donc tout à fait normal que les premières exoplanètes trouvées par cette méthode aient été des géantes proches de leur étoile : 51 Peg b, par exemple, est plus grosse que Jupiter (quoique moins massive) et très proche de son étoile, dont elle fait le tour en quatre jours seulement ! Les planètes de ce type sont appelées « Jupiters chauds ».

### Méthode des transits

La méthode dite « des transits » consiste à mesurer la luminosité d'une étoile et à repérer une éventuelle baisse temporaire de cette luminosité lorsqu'une planète vient à passer devant l'étoile, occultant ainsi une petite partie de sa surface lumineuse : c'est ce que les astronomes appellent « un transit » de la planète. C'est un peu comme quand la Lune éclipse le Soleil en passant devant lui, sauf qu'ici la diminution de luminosité de l'étoile est très faible, inférieure à 0,01 % par exemple pour le transit d'une planète de la taille de la Terre devant une étoile de type solaire. Cette méthode nécessite donc des capteurs photométriques très sensibles pour déceler ces infimes variations. Elle implique aussi que l'observateur, donc la Terre, soit dans le plan orbital de la planète, ce qui représente une situation très particulière de faible probabilité (estimée à moins de 0,5 %), limitant considérablement le nombre de systèmes planétaires susceptibles d'être détectés de cette façon.

La méthode des transits permet de connaître le diamètre, la période et la distance à l'étoile des planètes détectées, mais leur masse reste inconnue.

### KEPLER, CHAMPION DES TRANSITS !

Le satellite Kepler, lancé par la NASA en 2009 et entièrement consacré à la recherche d'exoplanètes par cette méthode des transits, a réussi en quelques années à débusquer plus de 5 000 candidates de toutes tailles, parmi lesquelles plus de mille ont déjà été confirmées en tant que planètes. Une vérification est en effet toujours nécessaire, car une baisse de luminosité peut avoir une autre cause que le transit d'une planète. C'est essentiellement par la méthode des vitesses radiales que s'effectue cette vérification.

La pêche miraculeuse de Kepler a été obtenue grâce à sa capacité à surveiller attentivement et simultanément 150 000 étoiles ! La mesure de luminosité de chacune est traitée par des algorithmes informatiques qui détectent automatiquement toute variation éventuelle, signe d'un possible transit.

Tombé en panne en 2013 à cause de roues gyroscopiques défectueuses, le satellite a dû interrompre ses observations durant plus d'un an avant que les techniciens ne parviennent à lui faire reprendre partiellement du service. Il a alors défrayé la chronique en dénichant en juillet 2015, à 1 400 années-lumière de nous, la planète Kepler 452-b qui a fait la une des journaux en tant que « Terre bis » ! Quoique sensiblement plus grosse que la Terre, elle se trouve en effet dans les mêmes conditions que celle-ci (distance à son étoile, période de révolution, etc.) et serait donc une bonne candidate pour abriter la vie.

## Méthode des microlentilles gravitationnelles

Cette dernière méthode est basée sur un phénomène prévu par Albert Einstein dans le cadre de sa grande théorie de la relativité générale présentée en 1915. D'après celle-ci, la présence d'un objet massif, tel qu'une étoile, courbe l'espace autour de lui. La lumière, qui se déplace en ligne droite dans un espace plat, suit la courbure de l'espace quand elle passe à proximité de l'objet massif, si bien qu'elle est déviée, comme attirée par l'objet, et ce d'autant plus fortement que l'objet est plus lourd.

Ce phénomène parfaitement vérifié peut être mis à profit pour détecter une exoplanète, lorsqu'une étoile relativement proche vient à passer exactement dans la ligne de visée d'une étoile plus lointaine : les deux étoiles et la Terre sont alors exactement alignées. Les rayons lumineux de l'étoile lointaine qui passent à proximité de l'étoile proche sont déviés par celle-ci vers l'axe de visée, ce qui provoque alors leur concentration dans la direction de la Terre. L'étoile proche joue ainsi le rôle d'une gigantesque lentille convergente : on parle de « lentille gravitationnelle ». L'astronome voit alors la luminosité de l'étoile lointaine augmenter durant les quelques jours que dure l'alignement.

Mais si l'étoile proche est accompagnée d'une planète, cette dernière va provoquer le même phénomène, avec un léger décalage dans le temps et surtout une amplitude bien moindre du fait de sa masse beaucoup plus faible. L'astronome va alors détecter un deuxième pic de luminosité, plus court et beaucoup moins intense, témoin de la présence de la planète qui se comporte alors en microlentille gravitationnelle.

Même si ce phénomène requiert un alignement parfait, donc forcément très improbable et rare, quelques exoplanètes ont déjà été découvertes par cette méthode.

# Exoplanètes habitables

Les planètes extrasolaires recensées à ce jour s'avèrent extrêmement diverses, d'une taille terrestre jusqu'à plusieurs fois Jupiter, certaines frôlant leur étoile à quelques millions de kilomètres alors que d'autres sont plus éloignées que la Terre du Soleil. Certaines planètes sont même dans une situation originale, comme la planète Kepler 16 b, surnommée familièrement Tatooine du nom de la planète aux deux Soleils dans la saga *Star Wars*, car elle tourne effectivement autour d'un système de deux étoiles !

Face à ce bestiaire déjà bien fourni, une double question taraude les exobiologistes : lesquelles de ces planètes sont habitables, donc présentent à leur surface des conditions *a priori* propices à l'apparition et au développement de la vie ? Et parmi ces dernières, certaines sont-elles réellement habitées par des êtres vivants ?

## Planètes rocheuses

Pour établir les critères d'habitabilité d'une planète, il semble naturel de prendre la Terre comme exemple, puisqu'on est sûr qu'elle est habitable ! On aurait même tendance à la considérer comme la planète idéale pour accueillir la vie, ce qui par contre est un peu abusif, car en fait, on n'en sait rien du tout : d'autres planètes, un peu plus grosses par exemple, pourraient peut-être s'avérer encore plus favorables...

Quoi qu'il en soit, les planétologues s'accordent pour dire que la première condition pour le développement de la vie sur une planète est la présence d'une support solide, donc d'un socle rocheux, ce qui élimine d'emblée toutes les géantes gazeuses du type Neptune, ou plus grosses. Il ne reste donc, comme candidates à l'habitabilité, que les planètes de taille à peu près semblable à la Terre, et les super-Terres un peu plus grosses, jusqu'à deux fois le diamètre de la Terre, qui ont une assez forte probabilité d'être rocheuses.

## UNE HISTOIRE DE DENSITÉ

Pour s'assurer d'ailleurs qu'une planète est effectivement rocheuse, il faut pouvoir évaluer sa densité. Cette grandeur sans unité (c'est un simple nombre) compare la masse d'un corps avec la masse d'un même volume d'eau liquide. Cela revient à dire que la densité est le rapport entre la masse volumique d'un corps et la masse volumique de l'eau liquide. Cette dernière est égale à 1 kilogramme par litre, ou encore 1 tonne par mètre cube. Par exemple, la densité de la planète Terre est égale à 5,5, ce qui signifie qu'en moyenne 1 mètre cube a une masse de 5,5 t.

Pour connaître la densité d'une planète, on a besoin de connaître sa masse, donnée par la méthode des vitesses radiales, et son volume qu'on calcule à partir du diamètre donné par la méthode des transits. L'utilisation complémentaire des deux méthodes s'avère donc nécessaire. Dans le système solaire, la densité des planètes rocheuses avoisine 4 ou 5 alors que celle des planètes gazeuses avoisine 1 ou 2.

## Zone habitable

Par ailleurs, nous savons que la vie telle qu'on la connaît nécessite la présence d'eau liquide. La surface de la planète, ou du moins une partie de cette surface, doit donc présenter des conditions telles que l'eau puisse y rester à l'état liquide. Pour cela, la planète doit posséder d'une part une atmosphère qui va générer une certaine pression au sol, et d'autre part une température moyenne convenable. Or la température de surface dépend en premier lieu de la distance de la planète à son étoile : si elle est trop près, la température est torride et l'eau reste à l'état de vapeur ; si au contraire elle est trop loin, la température est glaciale et l'eau se maintient sous forme solide.

Cela permet de définir les deux limites, intérieure et extérieure, d'un anneau autour de l'étoile, appelé « zone habitable » : c'est là que la planète doit se trouver pour que l'eau liquide puisse subsister à sa surface, et donc que la vie ait pu éventuellement s'y développer. Pour estimer ces limites, les astrophysiciens prennent en compte un probable effet de serre atmosphérique, par référence à ce qu'il se passe sur la Terre, et bien sûr aussi les caractéristiques de l'étoile considérée : on comprend aisément que plus l'étoile est lumineuse et rayonne une grande quantité d'énergie, plus la zone habitable est éloignée d'elle.

### Les conditions d'une vie hors de l'eau

Pour qu'une vie évoluée, végétale et animale, puisse s'installer hors de l'eau et donc coloniser la surface d'une planète, celle-ci doit remplir, de l'avis des scientifiques, deux conditions supplémentaires.

- » Elle doit posséder un champ magnétique suffisamment intense pour jouer le rôle de bouclier contre le vent stellaire en provenance de son étoile. Il faut en effet qu'il puisse dévier et écarter de la planète ce flot de particules électrisées très énergétiques qui s'avèrent délétères pour les êtres vivants.
- » Elle doit être le siège d'une activité tectonique, qui s'accompagne de volcanisme, afin de régénérer l'atmosphère en gaz à effet de serre.

Pour l'instant, on n'a aucun moyen de savoir si ces conditions sont remplies sur les exoplanètes découvertes.

## Terres promises !

Avec plus de 2 000 exoplanètes au tableau de chasse, les résultats obtenus commencent à avoir une certaine valeur statistique.

### Des systèmes planétaires

Il apparaît, tout d'abord, qu'à l'instar du système solaire, les systèmes composés de plusieurs planètes autour d'une étoile sont légion : on en a identifié plus de 500, de configurations très variées. Cette multiplicité de planètes autour d'une même étoile semble donc constituer la norme dans notre petit coin de galaxie... et peut-être dans la galaxie tout entière, ce qui laisserait présager un nombre pharamineux d'exoplanètes.

### Des planètes habitables à foison ?

En ce qui concerne les planètes habitables, les astronomes en ont déjà répertorié quelques dizaines. Sur la base de ces premiers résultats, ils estiment qu'entre 25 % et 50 % des étoiles de type solaire ou plus petites – qui sont de loin les plus nombreuses – pourraient posséder au moins une planète habitable. Si l'on ose là encore la généralisation à l'ensemble de la galaxie, le nombre de planètes habitables que contient la Voie lactée pourrait se compter en milliards !

## Nouvelles découvertes annoncées

Le nombre d'exoplanètes habitables répertoriées est voué à grimper rapidement durant les prochaines années. Il existe en effet très probablement des cohortes de petites planètes de taille intermédiaire entre la Terre et Mars, qui pour l'instant passent à travers les mailles du filet. Mais elles seront bientôt piégées par de nouveaux moyens de détection plus performants. Le futur satellite européen PLATO par exemple, qui devrait prendre du service en 2024, sera le digne successeur du satellite Kepler en étant capable de surveiller simultanément un million d'étoiles proches ! Ses capteurs ultrasensibles lui permettront de repérer la moindre variation de luminosité d'une étoile correspondant au transit d'une petite planète, voire même d'une lune ou d'une comète ! De même, de nouveaux spectrographes équipant des télescopes géants seront capables de mesurer, dans le cadre de la méthode des vitesses radiales, d'infimes variations de vitesse d'une étoile, avec une précision pouvant atteindre 1 centimètre par seconde ! À titre de comparaison, le spectrographe utilisé en 1995 pour la découverte de la première exoplanète permettait une précision de 50 mètres par seconde.

Armés de ces outils, et concentrant leurs recherches sur des étoiles proches afin de faciliter les observations, les astronomes comptent bien débusquer, d'ici quelques années, des centaines de nouvelles Terres habitables !

## Des planètes habitées ?

Découvrir des planètes extrasolaires habitables, c'est très bien. Constater que certaines sont effectivement habitées, ce serait encore beaucoup mieux ! C'est le Graal des exobiologistes : identifier sur ces planètes la signature de la vie grâce à la présence dans leur atmosphère de bio-marqueurs, molécules caractéristiques d'une activité biologique.

Pour ce faire, il faut disposer d'instruments capables de capter isolément la très faible lumière renvoyée par la planète pour en effectuer une analyse spectroscopique, exploit que les dispositifs actuels sont incapables d'accomplir.

Mais l'avenir s'annonce radieux pour les astronomes, car plusieurs télescopes actuellement en construction devraient avoir cette capacité ! Ce sera le cas notamment pour le futur télescope spatial James Webb de la NASA, qui va succéder en 2018 au très célèbre et glorieux télescope spatial Hubble. Avec son miroir de 6,5 m de diamètre et ses équipements optiques ultraperformants, il sera cent fois plus puissant que son prédécesseur. Les astronomes pourront aussi compter sur de nouveaux télescopes terrestres géants.

## DES GÉANTS À LA VUE PERÇANTE

Trois nouveaux télescopes sont actuellement en construction, qui observeront dans les domaines du visible et de l'infrarouge :

- le TMT (*Thirty Meters Telescope*), un télescope américain de 30 mètres de diamètre, en cours d'installation à Hawaï, qui devrait commencer ses observations dès 2018 ;
- le télescope géant international Magellan, ou GMT (*Giant Magellan Telescope*), dont la surface collectrice sera équivalente à un miroir de 21 mètres de diamètre, implanté au Chili et dont la mise en service est prévue en 2020 ;
- l'E-ELT (*European - Extremly Large Telescope*), le futur télescope européen « extrêmement grand »... et qui le prouve : son miroir collecteur de 39 mètres de diamètre sera le plus grand du monde ! Implanté lui aussi au Chili, il devrait entrer en fonction en 2024.

L'implantation de ces télescopes dans les montagnes du désert chilien ou de Hawaï est dictée par la recherche de sites où l'atmosphère est la plus sèche (mieux vaut éviter les nuages pour faire de l'observation astronomique !), la plus stable et la moins dense possible, d'où l'altitude élevée de leur implantation.

Vient s'ajouter à cette panoplie d'instruments le plus grand radiotélescope du monde, le SKA (*Square Kilometer Array* : réseau d'un kilomètre carré), projet international actuellement en construction et installé pour partie en Australie et en Afrique du Sud. Ses 3 000 antennes fonctionnant en réseau seront équivalentes à une surface réceptrice de 1 kilomètre carré, ce qui le rendra cinquante fois plus sensible que les meilleurs instruments actuels. Il sera ainsi capable d'analyser les émissions en radiofréquences d'une planète telle que la Terre située à plusieurs milliers d'années-lumière ! Décoiffant !

Grâce à tous ces fantastiques trésors de technologie (« trésors » à tous les sens du terme, car leur coût se compte en centaines de millions ou milliards d'euros), les astronomes et exobiologistes espèrent bien pouvoir observer des signes probants de la présence de la vie à la surface de certaines de ces Terres lointaines. Y parviendront-ils durant la prochaine décennie ? Les paris sont ouverts !

En tout cas, une majorité d'entre eux sont actuellement persuadés que la vie est bien là, sur nombre d'exoplanètes. D'ailleurs, penser *a contrario* que la vie est une spécificité terrestre constitue ni plus ni moins qu'une énième vision géocentrique du monde ! Gageons qu'elle sera mise en défaut comme toutes les précédentes l'ont été, et que l'on constatera *in fine* que le vivant, présent en une multitude d'endroits favorables, est une composante universelle de l'univers.

Par contre, la grande difficulté reste de réussir à l'observer assez précisément pour prouver son existence. L'idéal serait bien sûr de pouvoir photographier ces planètes extrasolaires, mais il faudrait pour cela des télescopes encore plus puissants que ceux de la prochaine génération, donc encore plus gigantesques, donc encore plus chers ! C'est le principal problème au-delà des difficultés techniques : un coût... astronomique autant que dissuasif, se chiffrant en dizaines de milliards d'euros ! Mais si l'on découvre quelques planètes semblant abriter une vie évoluée, peut-être décidera-t-on, dans quelques décennies, que le jeu en vaut la chandelle et qu'il faut casser la grosse tirelire...

# Civilisations extraterrestres

Si l'on part du postulat – qui pour l'instant reste à vérifier – que la vie s'est développée sur de nombreuses planètes extrasolaires, il est légitime de se demander si elle a pu dans certains cas évoluer jusqu'à produire, comme sur Terre, de l'intelligence. Existe-t-il donc ici ou là des êtres vivants ayant atteint un certain niveau de technicité, formant des civilisations plus ou moins avancées – peut-être beaucoup plus avancée que la nôtre ! – susceptibles de communiquer et signaler leur présence par l'émission d'onde ? Peut-être même des extraterrestres très intelligents se sont-ils rendus capables de voyager dans l'espace interstellaire – voire intergalactique – pour venir nous rendre visite ?

## Une hypothèse très sérieuse

L'existence éventuelle d'êtres extraterrestres intelligents ne relève plus aujourd'hui du seul scénario de science-fiction ou du catalogue des idées farfelues. C'est une hypothèse très sérieuse à laquelle adhèrent bon nombre de scientifiques, à commencer par les très médiatiques Stephen Hawking et Hubert Reeves, le premier ayant déclaré : « Il est rationnel de penser qu'ils existent. »

En face, un courant de pensée dit de la « Terre rare » considère l'existence d'autres êtres intelligents dans l'univers comme très improbable.

## LA THÉORIE DE LA TERRE RARE

L'appellation « Terre rare » veut signifier que les conditions environnementales existant sur Terre et ayant conduit à l'apparition et à l'évolution de la vie sont tout à fait exceptionnelles, finement ajustées, de sorte que leur création ailleurs doit être extrêmement rare, pour ne pas dire inexistante.

Les partisans de cette idée de la « Terre rare » pensent que même si la vie a pu éventuellement apparaître sur quelques planètes, son évolution vers une forme intelligente nécessiterait une convergence de hasards tellement improbables qu'il est quasi impensable que le « miracle », qui sur Terre a conduit à l'homme, puisse se reproduire ailleurs. Bref, la Terre serait unique en tant que porteuse du seul être intelligent : l'homme.

Cette conception apparaît très critiquable pour au moins deux raisons. D'une part elle ne prend pas en compte le fait que d'après les premiers résultats obtenus dans la recherche d'exoplanètes, le nombre de celles-ci présentant des conditions favorables à la vie semble être pharamineux, ne serait-ce que dans notre galaxie et *a fortiori* dans les milliards de galaxies que compte l'univers ! Cette multitude vient forcément contrebalancer la faible probabilité pour que l'évolution produise des êtres intelligents. D'autre part, elle nous ramène à une vision totalement anthropocentrique, et de ce fait irrationnelle, de l'univers avec un homme exceptionnel qui représenterait l'aboutissement de l'évolution du vivant. Outre qu'elle est terriblement prétentieuse, cette conception se rapproche manifestement de la croyance : comment ne pas voir ce caractère unique de l'homme comme le résultat d'une volonté supérieure ? L'homme redevient de fait *la* créature de Dieu !

La prise en compte de l'existence possible de civilisations extraterrestres est ce qui a conduit les responsables américains des missions d'exploration spatiale Pioneer puis Voyager, dans les années 1970, à placer sur leurs sondes des messages à leur intention, même si ces « bouteilles à la mer cosmiques » ont une probabilité infime d'être un jour interceptées par un vaisseau spatial extraterrestre ! La plus rapide de ces sondes, Voyager 1, après un survol de Jupiter et Saturne, a quitté le système solaire en 2012 en franchissant à 18 milliards de kilomètres la limite de l'influence du Soleil. Elle fonce à 60 000 kilomètres par heure vers la banlieue d'une autre étoile qu'elle atteindra… dans 40 000 ans !

## DES MESSAGES POUR E.T.

Fixée sur les sondes Pionner 10 et Pioneer 11 lancées en 1972 et 1973 en direction de Jupiter et Saturne, une plaque en aluminium doré devenue très célèbre porte en gravure différents dessins représentant quelques informations fondamentales sur la Terre, le système solaire et sa position dans la Voie lactée, le dessin d'un homme et d'une femme, etc.

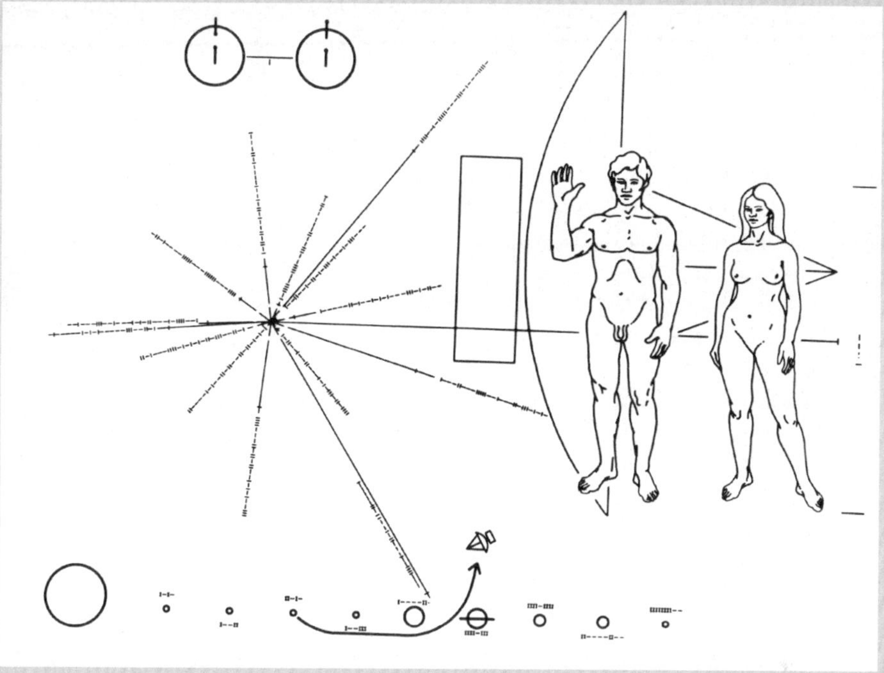

Plaque métallique emportée par chaque sonde Pioneer.

Les deux sondes Voyager 1 et 2 emportent quant à elles un vidéodisque en cuivre plaqué or sur lequel sont enregistrés des images (ville, campagne, personnes...) et des sons (messages parlés, cris d'animaux, tonnerre, sons artificiels) caractéristiques de la vie sur Terre, ainsi que divers morceaux de musique en tous genres, du folklorique au classique en passant par le rock de Chuck Berry et son « Johnny B. Goode » !

Bonne nouvelle pour E.T. : quand il va trouver le disque, il n'aura pas besoin d'aller chercher son tourne-disque à la maison, car le matériel nécessaire à sa lecture est inclus dans la boîte !

# Recherche contact désespérément…

Au début des années 1960, certains astronomes convaincus de l'existence de civilisations extraterrestres ont l'idée de rechercher des signes tangibles de cette existence en essayant de capter des signaux en provenance de l'espace, qui auraient manifestement un caractère artificiel. Mais quel type de signal rechercher ? Une première réponse est donnée dans un article publié en 1959 par deux physiciens, Giuseppe Cocconi et Philip Morrison, établissant que les ondes radio paraissent le mieux adaptées à des communications interstellaires. Poussant plus loin leur réflexion, les auteurs se mettent à la place d'extraterrestres désireux de signaler leur présence et se demandent plus précisément quel signal il vaut mieux envoyer vers l'espace pour avoir le plus de chances qu'il soit repéré et compris par une autre civilisation. Leur choix se porte sur une radiofréquence qui a une signification universelle et doit donc, pensent-ils, être reconnue par n'importe quelle civilisation avancée : celle d'une raie d'émission de l'hydrogène atomique (l'élément le plus répandu de l'univers) correspondant à une longueur d'onde de 21 centimètres. Ce choix est évidemment très discutable, car la fréquence retenue n'est qu'une parmi beaucoup d'autres tout aussi remarquables et, surtout, il résulte d'un raisonnement de Terrien, qui n'a peut-être rien à voir avec celui d'un extraterrestre !

C'est néanmoins autour de cette fréquence que les premières écoutes sont organisées en 1960 par le jeune radioastronome américain **Franck Drake (né en 1930)** à l'aide du radiotélescope de Green Bank (Virginie-Occidentale, États-Unis). Convaincu depuis sa jeunesse de l'existence de civilisations extraterrestres, Drake pointe son radiotélescope sur deux étoiles proches et relativement semblables au Soleil, Tau Ceti et Epsilon Eridani, et guette durant plusieurs semaines le signal extraterrestre… qui malheureusement n'arrive jamais. Nullement découragé, il essaie d'obtenir un accord et un financement pour un programme d'écoute prolongé et élargi et c'est au cours d'une réunion en 1961 consacrée à ce projet qu'il dévoile sa célèbre formule, appelée depuis « équation de Drake », qui permet d'estimer le nombre (N) de civilisations au sein de la Voie lactée suffisamment avancées techniquement pour être capables de communiquer avec nous.

L'équation de Drake fait la gloire et la renommée de son auteur et contribue à l'époque au démarrage du programme d'écoute américain SETI (*Search for Extra-Terrestrial Intelligence* : Recherche d'une intelligence extraterrestre). Ce programme utilise divers radiotélescopes dans différents pays et en particulier celui d'Arecibo à Porto-Rico construit en 1963 et qui reste à l'heure actuelle le plus grand du monde avec son antenne fixe de plus de 300 mètres de diamètre, en attendant la mise en service d'un radiotélescope chinois de 500 mètres de diamètre !

## L'ÉQUATION DE DRAKE

Voici l'équation et la signification des termes :

$$N = R^* \times fp \times ne \times fl \times fi \times fc \times L$$

**R*** : taux annuel de formation d'étoiles dans la Voie lactée ;

**fp** : fraction de ces étoiles possédant des planètes ;

**ne** : nombre de planètes par étoile se trouvant dans la zone habitable ;

**fl** : fraction de ces planètes sur lesquelles la vie est apparue ;

**fi** : fraction de ces planètes portant des êtres vivants intelligents ayant formé une civilisation ;

**fc** : fraction de ces civilisations capables techniquement de communiquer ;

**L** : durée de vie de ces civilisations évoluées.

Cette formule a ceci de remarquable qu'elle permet un calcul *a priori* rigoureux à partir de coefficients dont la valeur est pour la plupart totalement inconnue ! C'est dire si le résultat est incertain… En fait, seul le premier terme **R*** est assez bien fixé (de 8 à 10) et on commence à se faire une idée des deux suivants **fp** et **ne** avec la découverte récente des exoplanètes. Par contre, on n'a aucune idée précise des quatre autres paramètres qui donnent donc lieu à des estimations très divergentes, ce qui conduit à des résultats pour **N** allant de 1 (nous seuls !) pour les pessimistes jusqu'à des centaines de milliers ou millions pour les optimistes !

Malgré ce flou artistique, cette formule a un grand succès médiatique et continue d'être citée des décennies après son invention : la preuve dans le présent livre !

Depuis 2007, le SETI utilise aussi le radiotélescope ATA (*Allen Telescope Array*) installé en Californie et qui lui est quasi dédié. Le dispositif est constitué d'un réseau d'antennes de 6 mètres fonctionnant en interférométrie. Il doit son nom à Paul Allen, cofondateur de Microsoft, qui en est le principal mécène, ayant déboursé 26 millions de dollars pour sa construction. Mais faute de financements supplémentaires suffisants, seules 42 antennes sur les 350 prévues initialement ont pu être installées à ce jour.

Le SETI continue encore aujourd'hui ses activités, mais malgré les écoutes assidues depuis plus d'un demi-siècle, aucun signal manifestement artificiel n'a pu encore être détecté. Certains sont tentés d'en conclure qu'aucune civilisation extraterrestre ne doit exister. Ce faisant, ils vont un peu vite en besogne, car diverses raisons autres peuvent être avancées pour expliquer cette absence de détection, à commencer par le choix des fréquences et des étoiles surveillées qui ne sont peut-être pas les bonnes parmi la multitude des possibles. Et qui nous dit que d'éventuels extraterrestres vont obligatoirement chercher à signaler leur présence ?

Peut-être est-ce tout le contraire et cherchent-ils à être les plus discrets possible pour éviter d'être repérés ?

**FIGURE 5-1 :** Le radiotélescope d'Arecibo (Porto Rico).

Stephen Hawking, avec quelques autres éminents scientifiques, pense que nous ferions bien d'adopter nous-mêmes cette attitude de prudence et déclare : « Ne tentons pas de contacter les extraterrestres ! S'ils nous rendaient visite, nous nous retrouverions dans la même situation catastrophique que les Indiens lorsque Christophe Colomb a débarqué en Amérique ! » Le fait est que si des extraterrestres étaient capables de voyager depuis leur lointaine planète jusqu'à la Terre, ils disposeraient forcément de capacités scientifiques et technologiques bien supérieures aux nôtres et nous aurions donc de sérieuses raisons de nous inquiéter si leurs intentions s'avéraient belliqueuses...

?

Est-il donc bien opportun de nous manifester par l'émission de messages vers l'espace, comme nous l'avons déjà fait à quelques reprises ? On aurait tendance à répondre non, à moins que la question ne se pose plus et que des extraterrestres ne nous aient déjà rendu visite...

# Visités par des extraterrestres ?

Depuis la fin des années 1940, on ne compte plus les milliers de témoignages de personnes ayant observé d'étranges objets dans le ciel, que l'on regroupe sous l'appellation « OVNI » : objet volant non identifié. Le terme anglais correspondant est UFO pour *Unidentified Flying Object* et les personnes qui s'intéressent à ces phénomènes sont souvent qualifiées d'« ufologues ».

Dans l'imaginaire collectif, les OVNI, version moderne des « soucoupes volantes » des Martiens, sont considérés comme des vaisseaux spatiaux utilisés par des créatures venues d'ailleurs. Par contre, les autorités des différents pays ne font pratiquement jamais référence à cette possible origine extraterrestre, leur position officielle étant généralement que les phénomènes étranges observés dans le ciel sont soit le fait d'une méprise, soit d'origine terrestre et peuvent donc recevoir une explication scientifique.

## Un astronome devenu ufologue

Aux États-Unis notamment, pays qui concentre beaucoup d'observations d'OVNI, l'US Air Force a créé dès 1951 le projet *Blue Book* destiné à analyser ces observations pour leur trouver une explication scientifique. C'est précisément dans ce but que l'astronome américain **Josef Allen Hynek (1910-1986)** a été recruté comme consultant scientifique dans ce projet. Il était lui-même initialement très sceptique sur la réalité du phénomène OVNI, pensant qu'il devait résulter selon le cas du canular, de l'affabulation, de l'hallucination, ou du phénomène naturel mal interprété. Mais en analysant de nombreux témoignages émanant de personnes dignes de foi (pilotes d'avion civils ou militaires, contrôleurs aériens, astronomes, policiers,...) ayant observé des objets dont l'aspect et le comportement ne correspondaient à rien de ce que l'on connaît sur Terre, il a été amené à changer progressivement d'avis sur le sujet et à considérer finalement les OVNI comme une réalité, se démarquant ainsi des autorités qui refusaient cette éventualité. Hynek a classé en différentes catégories les nombreuses observations d'OVNI qu'il a étudiées.

On pourrait ajouter à cette classification un 4$^{e}$ type de rencontre lorsque le témoin dit avoir été enlevé par les extraterrestres et avoir passé un certain temps dans leur vaisseau. Les témoignages de ce type sont assez nombreux mais beaucoup après enquête se révèlent être des canulars ou des affabulations de la part de personnes fragiles psychologiquement, souffrant de mégalomanie (le besoin de se sentir l'élu...) ou confondant fantasme et réalité.

## LA CLASSIFICATION DE HYNEK

Les observations sont ici appelées « rencontres ». Hynek distingue les rencontres à distance (plus de 150 m) et les rencontres rapprochées avec, dans chaque cas, trois niveaux d'observation.

» Rencontres à distance (plus de 150 m)

- Lumières nocturnes : l'observateur voit une ou des lumières dans le ciel nocturne ;
- Disque diurne : l'observateur voit un OVNI dans le ciel durant la journée, la forme pouvant être quelconque (pas obligatoirement circulaire) ;
- Radar visuel : l'observateur voit un OVNI qui apparaît également sur un ou plusieurs écrans radars.

» Rencontres rapprochées (moins de 150 m)

- Rencontre du 1^er^ type : l'observateur voit un OVNI assez proche (moins de 150 m) ;
- Rencontre du 2^e^ type : l'OVNI vu par l'observateur laisse des preuves tangibles de son passage (souvent des traces au sol) ;
- Rencontre du 3^e^ type : l'observateur voit un OVNI et ses occupants, et interagit avec eux.

Ce dernier type de rencontre a fourni le titre du célèbre film de Steven Spielberg *Rencontre du 3^e^ type*, sorti en 1977 et pour lequel d'ailleurs J. Allen Hynek a été conseiller scientifique.

## En France, le GEIPAN et des cas troublants

En France où les témoignages d'observations d'OVNI sont également très nombreux, il est décidé en 1977 de créer au sein du très sérieux CNES (Centre national d'études spatiales) une petite structure appelée GEPAN (Groupe d'étude des phénomènes aérospatiaux non identifiés) qui, après deux changements de nom, deviendra le GEIPAN (le I supplémentaire pour Information) en 2005. Sa mission est de collecter les témoignages d'observations de phénomènes aérospatiaux non identifiés (autant dire des OVNI !) sur le territoire français, les analyser en menant des enquêtes de la façon la plus rigoureuse et objective possible, en tirer une conclusion quant à leur élucidation ou pas, puis communiquer les résultats au public par leur mise en ligne. Une étude statistique de ces résultats, publiée par le GEIPAN lui-même, tire les conclusions suivantes :

» environ la moitié des observations trouvent une explication certaine ou très probable par l'identification d'objets ou phénomènes « bien de chez nous » (avions, ballons, satellites, météorites, planète Vénus, foudre en boule, nuages particuliers, illusions d'optiques diverses...) ;

» un tiers des déclarations ne peut pas être analysé faute d'éléments suffisants ;

» 15 % environ des cas étudiés restent inexpliqués et mystérieux, malgré la consistance et le sérieux des témoignages recueillis.

Ce dernier pourcentage non négligeable correspond à des centaines de cas qui restent donc assez troublants, en particulier ceux où l'engin aperçu laisse des traces à l'instar du fameux événement de Valensole en 1965.

## RENCONTRE DU 3e TYPE À VALENSOLE

Au petit matin du 1er juillet 1965 à Valensole, beau village des Alpes-de-Haute-Provence, l'agriculteur de 41 ans Maurice Masse part travailler dans son champ de lavande. Arrivé à proximité, il entend comme un sifflement et, après avoir contourné un clapier (tas de pierres), il découvre dans son champ à environ 90 mètres de distance un drôle d'engin de forme ovale, qu'il compare dans sa description à une Dauphine (modèle Renault aux formes arrondies très populaire à l'époque) pour donner une idée de la taille. Pensant qu'il pouvait s'agir d'un engin expérimental, il s'en approche et constate qu'il est surmonté d'un dôme transparent et qu'il repose sur un pied central entouré de six béquilles.

Mais arrivé à une dizaine de mètres de l'objet, M. Masse aperçoit à côté deux êtres humanoïdes de petite taille (environ 1 mètre) avec une grosse tête à la peau blanchâtre et une combinaison gris-bleu, accroupis sur un plant de lavande. Quand ils s'aperçoivent de la présence de notre agriculteur, l'un d'eux pointe sur lui une sorte de tube qui va le laisser figé sur place, comme paralysé, mais gardant néanmoins toute sa conscience. Maurice Masse va ainsi entendre les deux créatures discuter (il parle de gargouillements…) quelques minutes tandis qu'il ressent en les regardant, d'après ses dires, de la bonté et de la bienveillance… Puis les deux « visiteurs » remontent dans leur vaisseau qui quitte le sol, le pied central se rétractant et les six béquilles se mettant à tourner. Maurice Masse voit alors l'engin partir « plus vite qu'un avion à réaction » et disparaître « en un éclair ».

Il retrouve l'usage de ses membres au bout de quelques minutes et va alors observer la zone où était posé l'objet. Parmi d'autres traces, le pied central a laissé un trou d'environ 40 centimètres de profondeur et la terre semble détrempée. Revenant l'après-midi, il constatera que la terre est devenue dure comme du ciment et que les plants de lavande ont été aplatis et comme brûlés.

Le lendemain seulement, Maurice Masse se décide à parler de son aventure à un ami, qui va lui suggérer de le signaler à la gendarmerie. Il ne mentionne pas dans un premier temps les êtres humanoïdes, car il a « peur d'être enfermé à l'asile » ! Un rapport de gendarmerie conclut : « Nous sommes personnellement enclins à penser que le champ de lavande de M. Masse a été l'objet d'une visite insolite et, semble-t-il, extraterrestre. » Dans les mois qui suivent cette rencontre, Maurice Masse en subit quelques désagréables conséquences : il dort beaucoup plus longtemps qu'avant et peine à se réveiller, les montres sur lui refusent obstinément de fonctionner, et surtout un déferlement médiatique l'oblige à affronter des meutes de journalistes, d'ufologues et de curieux qui désirent le voir et l'entendre raconter son histoire ! N'aspirant qu'à la tranquillité, il mettra rapidement un terme à ces entrevues.

## La théorie du complot

Les autorités des différents pays, et notamment américaines, ont refusé durant des décennies de reconnaître que certaines observations pouvaient rester inexpliquées, ce qui a fait naître le doute et la suspicion dans la population et a ainsi favorisé l'émergence d'une théorie du complot. Selon celle-ci, les autorités des grands États se sont mises d'accord pour cacher aux populations la vérité, à savoir *grosso modo* : les extraterrestres sont là ! Convaincus donc qu'« on nous cache tout, on ne nous dit rien », certains donnent libre cours à leur imagination et prétendent par exemple que le gouvernement américain est en contact depuis longtemps avec des extraterrestres, ou bien que les extraterrestres sont déjà infiltrés parmi nous comme dans la série télévisée *Les envahisseurs* des années 1960, ou encore qu'on est régulièrement visités par de nombreuses « races » différentes d'extraterrestres (certains allant jusqu'à 20, de quoi faire pâlir de jalousie le bestiaire extraterrestre de la série de films *Men in Black*) !

Sérieusement, cette théorie du complot ne tient guère la route, car on voit mal comment, à notre époque de l'information omniprésente et instantanée, un tel secret pourrait être gardé à l'échelle internationale.

## Le mystère reste entier

Quelle réalité se cache donc derrière le phénomène OVNI ? S'agit-il de vaisseaux spatiaux utilisés par des civilisations extraterrestres très avancées ? Recouvre-t-il une réalité d'un autre ordre, immatérielle comme certains le suggèrent, mais pour le coup encore plus mystérieuse ? Ou bien est-il seulement un phénomène psychoculturel de notre société, tous les cas inexpliqués relevant alors de la seule imagination des témoins, mise en œuvre de façon consciente ou inconsciente ?

Les sceptiques, partisans de la dernière option, mettent en avant le manque de pièces à conviction du type photos ou vidéos, qui montreraient de façon nette et irréfutable la présence d'OVNI ou de leurs occupants. Ce manque apparaît d'autant plus étonnant que le phénomène dure depuis des décennies et que tout un chacun dispose aujourd'hui en permanence, avec son téléphone portable, d'un moyen pour photographier ou filmer. Il s'ensuit que le dossier OVNI repose essentiellement sur des témoignages, dont la fiabilité peut toujours être contestée. Actuellement, une majorité de scientifiques sont plutôt officiellement sur cette ligne « sceptique », encore qu'on soit en droit de se demander si cette position n'a pas chez certains un caractère « diplomatique » : affirmer croire aux visites d'extraterrestres n'est peut-être pas le meilleur moyen d'assurer la progression de sa carrière universitaire !

En face, les convaincus du caractère réel des OVNI font valoir le nombre important d'observations qui demeurent inexpliquées, et en particulier celles qui s'accompagnent de traces et autres manifestations tangibles. Ils avancent aussi que si l'on admet que des civilisations ont pu se développer sur d'autres planètes, il n'est pas irrationnel d'envisager que certaines d'entre elles seraient assez avancées techniquement pour maîtriser les voyages interstellaires et venir nous rendre visite, même si l'on ne comprend pas bien les finalités de ce tourisme spatial...

Les deux points de vue ont leurs arguments et, sauf événement extraordinaire, le mystère des OVNI risque de perdurer encore longtemps...

2

# La Terre

## Visite guidée de la planète bleue

**DANS CETTE PARTIE...**

C'est pour un voyage autour de la Terre, puis vers l'intérieur de celle-ci, que vous allez embarquer.

Il va tout d'abord falloir arpenter sa surface pour déterminer les dimensions et la forme précise du globe terrestre. Puis une plongée dans les entrailles de la Terre dévoilera sa structure interne et permettra de comprendre en quoi ce qu'il se passe dans les profondeurs du globe influence ce qu'il se passe en surface. Vous observerez ainsi le volcanisme, les séismes, mais aussi le lent mouvement des plaques qui constituent la croûte terrestre : c'est la célèbre « dérive des continents ».

Le voyage se terminera par l'exploration de l'atmosphère avec son étonnante pression et les divers mouvements de l'air qui font la pluie et le beau temps !

# Chapitre 6
# Le globe terrestre sous toutes ses coutures

**DANS CE CHAPITRE :**

- **À la découverte du globe terrestre**
- **L'intérieur de la Terre**
- **Le champ magnétique terrestre**

Malgré sa taille pourtant respectable, notre bonne vieille Terre nous paraît aujourd'hui presque exiguë. Il faut dire qu'on en a vite fait le tour… au sens propre : un avion de ligne est capable de rejoindre les antipodes et de revenir à son point de départ en moins de 48 heures, sans parler des spationautes dans la station spatiale internationale, qui voient défiler sous leurs yeux un tour complet du globe terrestre en moins de deux heures !

Du fait du développement rapide des moyens de déplacement depuis le milieu du XXe siècle, il est de plus en plus facile d'aller visiter pays et continents lointains. D'ailleurs, même en restant tranquillement chez soi, on peut de nos jours visiter virtuellement tous ces lieux par l'intermédiaire d'innombrables images qui s'offrent à nous, mondialisation et explosion de l'information obligent. La Terre dans son ensemble, sur laquelle il ne reste pratiquement plus de *terræ incognitæ*, nous est ainsi devenue familière et sa représentation sous forme d'un globe artificiel, évidente.

Il en allait bien sûr tout autrement dans les temps anciens, et la découverte de sa forme et de ses dimensions précises a été une longue quête n'ayant trouvé son aboutissement qu'avec l'avènement récent des satellites artificiels.

Notre planète n'a pas pour autant perdu toute part de mystère, car sa structure interne, quoique modélisée dans ses grandes lignes, reste encore largement sujette à interrogations. Et que dire de son champ magnétique dont les variations ne se lassent pas de surprendre, voire d'inquiéter les géophysiciens…

# À la découverte du globe terrestre

Malgré notre familiarité actuelle avec la Terre, essayons d'oublier (provisoirement !) ce que l'on sait d'elle pour nous projeter à la place des gens d'autrefois (dans l'Antiquité ou au Moyen Âge...) confrontés à des questions telles que :

- « Jusqu'où s'étend le monde terrestre ? »
- « Quelle forme a-t-il ? »
- « Qu'y a-t-il sous le sol qui nous porte ? »

Les premières réponses qui viennent à l'esprit sont forcément bâties sur les perceptions immédiates, et s'il en est une qui paraît évidente, c'est bien que la Terre est globalement plate tout autour de nous. Pour dépasser cette vision première, durant plus de deux millénaires, de la haute Antiquité au XVIIIe siècle, nombre de philosophes et de scientifiques se sont questionnés, ont observé, mesuré, calculé, imaginé, pour essayer de se faire une idée de la forme et des dimensions de la Terre.

## Et la Terre devint ronde

Jusqu'au VIe siècle avant J.-C., les peuples méditerranéens, de même que les Chinois ou les Indiens, ont des représentations du monde fondées sur leur perception de l'environnement immédiat associée à des croyances religieuses et mythologiques. Le monde est plat comme une galette et il est entouré par le fleuve Océan qui lui tourne autour indéfiniment.

La galette est posée sur un solide pilier, qui lui-même repose sur... on ne sait pas trop quoi ! Sous la galette existe un monde souterrain où habitent les morts et, encore plus profond, le Tartare où les dieux ont enfermé leurs ennemis, les géants, à l'origine des temps...

Au début du VIe siècle avant J.-C., le philosophe et mathématicien grec **Thalès (v. 625 - v. 547 av. J.-C.)** – qui doit vous rappeler quelques souvenirs (bons, ou mauvais ?) des cours de géométrie au collège ! –, résident de la ville de Milet, est le premier à proposer une vision du monde qui peut être qualifiée de préscientifique, en ce sens qu'il cherche à expliquer comment et de quoi est fait le monde. Pour Thalès, le monde est formé d'une quantité infinie d'eau. La Terre, toujours plate comme une galette, flotte sur l'eau du bas alors que le ciel est aussi formé d'eau, qui d'ailleurs tombe parfois sous forme de pluie. En s'évaporant, l'eau se transforme en air, qui forme la bulle dans laquelle se trouve la Terre.

Un disciple de Thalès, le Grec **Anaximandre (v. 610 - v. 547 av J.-C.)**, va proposer une nouvelle vision du monde qui apparaît absolument remarquable à l'aune de nos connaissances actuelles. Il place la Terre isolée dans l'espace, au centre d'un ciel qui a la forme d'une boule creuse. Mais comment la Terre peut-elle ainsi tenir en place sans avoir un support et sans tomber ? C'est, répond Anaximandre, parce qu'elle est située à égale distance de tous les points du ciel et qu'elle n'a donc aucune raison d'aller d'un côté plutôt que de l'autre. Ce raisonnement bluffant de pertinence montre qu'une étape de compréhension décisive a été franchie : la notion de haut et de bas ne s'applique que sur la Terre ; dans l'espace, toutes les directions sont équivalentes ! En revanche, à propos de la forme de la Terre, Anaximandre est moins inspiré puisqu'il lui donne la forme d'un cylindre trois fois moins haut que large, à l'image des pierres taillées qui, par empilement, constituent les colonnes des monuments ! Cette forme cylindrique n'a pas été choisie au hasard : elle présente l'avantage d'offrir deux faces planes, dont l'une est celle sur laquelle vit notre civilisation.

On attribue généralement à **Pythagore (v. 572 - v. 480 av. J.-C.)** – encore peut-être le souvenir d'un théorème appris au collège ! – l'idée selon laquelle la Terre aurait la forme d'une boule. Ce choix est certainement dicté par le fait que la sphère est, aux yeux de Pythagore et de ses disciples, la figure géométrique parfaite par excellence. De plus, il semble finalement logique de placer une Terre sphérique au centre d'un ciel sphérique également, comme l'avait imaginé Anaximandre.

Pythagore avait créé une école qui fonctionnait refermée sur elle-même, avec des règles de vie strictes, un peu comme une communauté sectaire. Il ne divulguait pas ses découvertes. Si bien que ce sont ses anciens disciples qui ont, après avoir quitté son école, diffusé sa conception d'une Terre ronde.

Cette idée est ensuite reprise et adoptée par **Platon (v. 560 - 480 av. J.-C.)** puis par **Aristote (384-322 av. J.-C.)** qui, d'ailleurs, la justifie en évoquant la forme arrondie de l'ombre de la Terre sur la Lune lors d'une éclipse de Lune. Un autre phénomène bien expliqué par la rotondité de la Terre est la disparition progressive d'un bateau naviguant vers le large, dont on voit encore le mât alors que la coque a disparu derrière l'horizon. L'idée de la rotondité de la Terre va alors s'imposer chez les philosophes de l'Antiquité : la Terre est officiellement devenue ronde !

## Dimensions du globe terrestre

Le point de vue étant acquis que la Terre est ronde comme une boule, l'éloignement important de la ligne d'horizon suggère que cette boule doit être très grosse... Mais comment connaître sa taille lorsqu'on ne peut se déplacer que très localement, comme c'était le cas dans l'Antiquité ? On ne pouvait guère envisager d'en faire le tour complet en mesurant le chemin parcouru ! C'est le Grec

**Ératosthène (v. 276 - v. 194 av. J.-C.)**, philosophe, mathématicien, astronome, géographe, bref un érudit, qui va réussir à effectuer la première évaluation sérieuse de la circonférence de la Terre en utilisant une méthode pour le moins astucieuse, qui consiste à mesurer la distance correspondant à une petite portion de tour. Encore fallait-il trouver le moyen d'évaluer cette portion de tour...

## L'expérience d'Ératosthène

Vivant à Alexandrie où il est chargé de diriger la célèbre grande bibliothèque pendant une quarantaine d'années, Ératosthène a connaissance d'un phénomène remarquable qui a lieu dans la ville de Syène (proche de l'actuel barrage d'Assouan), le jour du solstice d'été. Ce jour-là, en milieu de journée – donc à midi précisément –, on peut observer que le Soleil éclaire le fond d'un profond puits, ce qui signifie que les rayons solaires sont verticaux : le Soleil à cet instant est donc au zénith. De plus, il se trouve que Syène est pratiquement au sud d'Alexandrie, c'est-à-dire que les deux villes sont presque sur le même méridien.

À partir de ces observations, Ératosthène imagine le moyen d'évaluer l'angle que font entre eux les deux rayons de la Terre partant de son centre et allant l'un à Syène, l'autre à Alexandrie. Cela revient à dire, dans le langage actuel, l'angle correspondant à la différence de latitude entre les deux villes, ou encore l'arc de méridien entre ces deux villes.

Pour obtenir l'angle recherché, il suffit à Ératosthène de mesurer à Alexandrie (point A sur le dessin ci-dessous), le jour du solstice d'été, et précisément à midi, l'angle que font les rayons du Soleil avec la verticale. En effet, le Soleil étant très éloigné – ce que l'on savait déjà à cette époque-là –, on peut considérer que les rayons solaires arrivant sur Terre sont parallèles. Ératosthène détermine cet angle à partir de la longueur de l'ombre d'un objet vertical (un obélisque selon la légende...) et trouve pratiquement 1/50 de tour (car on ne mesurait pas les angles en degrés à cette époque-là). Il établit ainsi que la distance entre Syène et Alexandrie représente 1/50 de la circonférence terrestre.

Il ne restait plus qu'à évaluer la distance entre les deux villes, ce qui est fait par des arpenteurs égyptiens qui obtiennent environ 5 000 stades (car on mesurait les grandes distances en stades à cette époque-là !). Tous calculs faits, Ératosthène trouve une circonférence terrestre égale à 252 000 stades. Combien de kilomètres cela représente-t-il ? Tout dépend du stade (égyptien, grec...) qui a été choisi pour la mesure. S'il s'agit du stade égyptien (ce qui, sans être certain, est le plus probable puisqu'on est en Égypte !), on obtient 39 700 kilomètres, ce qui laisse pantois quand on sait que la valeur exacte est 40 000 kilomètres !

## LATITUDE, LONGITUDE, PARALLÈLES, MÉRIDIENS

Le globe terrestre – que l'on assimilera à une sphère parfaite – comporte deux points remarquables : le pôle Nord et le pôle Sud, qui sont les deux points de sa surface par lesquels passe l'axe de rotation de la Terre. Ces deux pôles permettent de partager le globe en deux hémisphères (deux demi-sphères) séparés par l'équateur, cercle passant par le centre de la Terre et perpendiculaire à l'axe des pôles.

Pour pouvoir repérer la position d'un point quelconque de la surface du globe terrestre, on trace sur celle-ci deux sortes de lignes :

- **les méridiens** qui sont des demi-cercles centrés sur le centre de la Terre et qui joignent les deux pôles ; ils définissent en tout point la direction nord-sud ;
- **les parallèles** qui sont des cercles parallèles (comme leur nom l'indique !) entre eux et au plan équatorial, donc perpendiculaires à l'axe des pôles ; ils définissent en tout point la direction est-ouest.

Par un quelconque point M sur la Terre, il passe un seul méridien et un seul parallèle que l'on va repérer en utilisant un système de coordonnées construit sur deux angles :

- **la longitude** (angle α) qui indique « l'écartement » du méridien passant par M par rapport au méridien passant par Greenwich (banlieue de Londres), choisi conventionnellement en 1884 comme méridien origine (les Anglais avaient gagné sur ce coup-là !) ;
- **la latitude** (angle β) qui est l'angle que fait le rayon OM avec le plan équatorial.

La longitude varie de 0 à 180 degrés vers l'ouest et vers l'est, alors que la latitude varie de 0 à 90 degrés vers le nord et vers le sud.

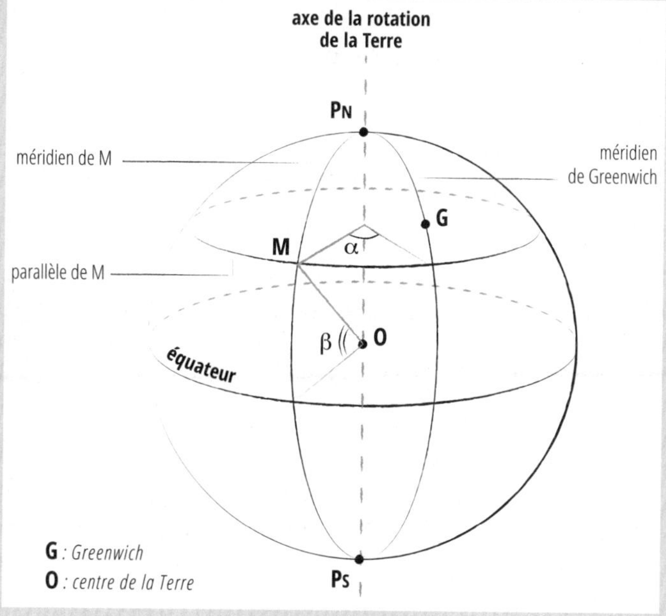


Latitude et longitude.

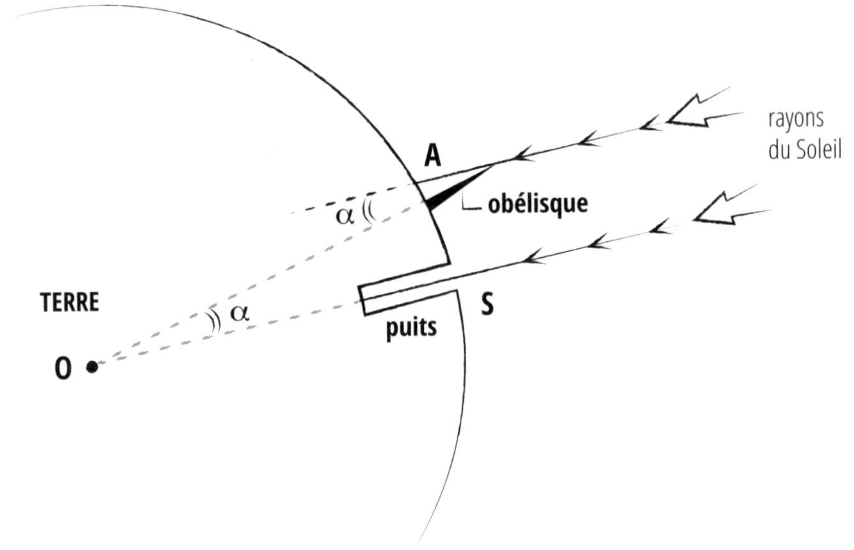


**FIGURE 6-1 :** L'expérience d'Ératosthène.

Comment donc Ératosthène a-t-il pu obtenir une telle précision ? Certainement avec l'aide d'une bonne dose de chance, car la mesure de la distance entre les villes était à l'époque forcément entachée d'une assez grande incertitude, qui aurait donc pu conduire à un résultat sensiblement différent. Quoi qu'il en soit, la méthode d'Ératosthène force l'admiration par son ingéniosité !

## Les mesures de l'abbé Picard

D'ailleurs, on n'a pas fait mieux par la suite durant de nombreux siècles et c'est en 1669 que l'abbé **Jean Picard (1620-1682)** va obtenir à son tour une évaluation très précise de la circonférence terrestre en effectuant des mesures entre deux villes sur le même méridien, l'une située au sud et l'autre au nord de Paris. Pour connaître leur distance, il utilise le principe de la triangulation qui consiste à relier les deux villes par une série de triangles adjacents (Picard en utilisera 13), les sommets de ces triangles étant choisis pour être des lieux facilement repérables sur le terrain. Les angles des triangles sont déterminés par visées, ce qui permet ensuite (avec un peu de trigonométrie) de calculer la longueur des côtés et, finalement, la distance entre les villes. Pour déterminer la différence de latitude entre les deux villes, Picard, qui est aussi astronome, utilise la hauteur angulaire des étoiles.

Au terme de toutes ces mesures, qui se sont tout de même étalées sur deux ans, il obtient pour un arc de méridien de 1 degré une longueur de 57 060 toises (le mètre n'existe pas encore !), ce qui équivaut à environ 111,1 km et donne 40 036 kilomètres pour la circonférence de la Terre. La précision de la mesure, cette fois maîtrisée, apparaît remarquable puisqu'elle s'écarte très peu de 40 000 kilomètres.

## ? VALEUR DE LA CIRCONFÉRENCE TERRESTRE

Pour le lecteur qui s'étonnerait de ce que la mesure de la circonférence terrestre soit un nombre aussi rond, rappelons que lors de l'introduction du système métrique après la Révolution, le mètre a été défini comme « la dix-millionième partie du quart du méridien terrestre ». Le terme « méridien » est ici à comprendre comme un cercle complet passant par les pôles. Ainsi, 4 fois 10 millions de mètres, ça fait 40 000 kilomètres tout rond !

# La forme de la Terre

Peu de temps après que l'abbé Picard a effectué ses relevés, un problème initialement soulevé par **René Descartes (1596-1650)** refait surface à l'occasion notamment d'observations astronomiques : la Terre a-t-elle une forme parfaitement sphérique comme le pensaient les Anciens, ou bien se pourrait-il qu'elle soit comme une boule légèrement comprimée ou étirée dans une direction, c'est-à-dire un ellipsoïde ? Descartes pensait que la Terre était allongée dans la direction de l'axe des pôles, mais l'observation de Jupiter et Saturne a révélé au contraire des planètes légèrement aplaties aux pôles et renflées à l'équateur : leur rayon équatorial est plus grand que leur rayon polaire.

## Le modèle de Newton

Certains scientifiques adoptent alors l'hypothèse selon laquelle la Terre pourrait être, à l'image de Jupiter et Saturne, légèrement aplatie aux pôles. En particulier, le grand physicien anglais **Isaac Newton (1642-1727)** s'empare du problème et applique au cas de la Terre ses récentes théories relatives à la gravitation universelle et aux lois du mouvement. Il aboutit effectivement à une forme ellipsoïdale avec aplatissement aux pôles.

Cette déformation de la « boule-Terre » peut aussi se comprendre aisément à l'aide de la force centrifuge qui a tendance à éjecter la matière en rotation vers l'extérieur : vous expérimentez ce phénomène chaque fois que vous utilisez votre essoreuse à salade !

## Les mesures de Cassini

Pendant le même temps, l'astronome français d'origine italienne **Jean-Dominique Cassini (1625-1712)**, directeur de l'observatoire de Paris, et son fils Jacques – qui deviendra à son tour directeur de l'observatoire de Paris, comme d'ailleurs son petit-fils César-François puis son arrière-petit-fils Dominique : une vraie dynastie de directeurs ! – ont entrepris d'arpenter le méridien de Paris en vue de réaliser une carte de France très précise. Ils procèdent comme l'abbé Picard par triangulation et font des relevés de latitude, ce qui leur permet entre autres d'évaluer la longueur correspondant à un arc méridien de 1 degré. Il ressort de leurs mesures que cet arc de méridien est légèrement plus long dans le sud de la France que dans le nord, ce qui correspond au modèle d'une Terre allongée vers les pôles et aplatie à l'équateur, donc le contraire du modèle de Newton ! En effet, sur une ellipse, un même angle intercepte un arc plus grand sur la partie « aplatie » que sur la partie « allongée », comme l'illustre le schéma ci-dessous.

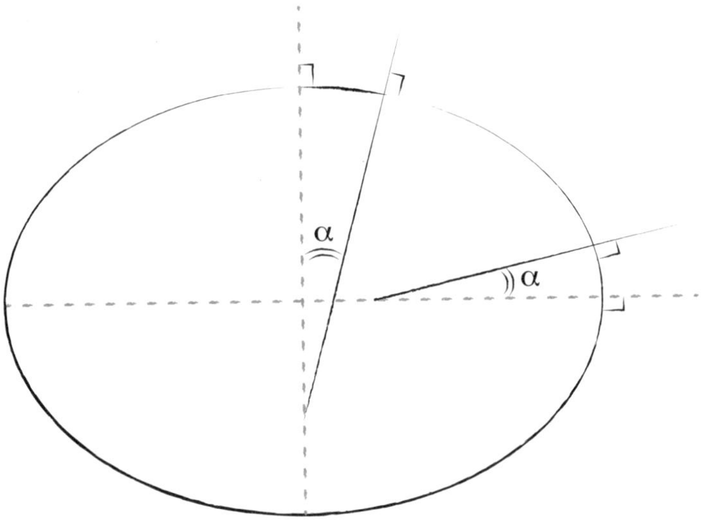


**FIGURE 6-2 :** Les deux angles égaux interceptent deux arcs différents.

Il s'ensuit une controverse scientifique acharnée qui va durer des décennies, jusqu'à ce que l'Académie des sciences décide, pour y mettre fin, d'envoyer deux missions géodésiques conduites par d'éminents académiciens, qui devront déterminer la longueur d'un arc de méridien de 1 degré, l'une au Pérou donc proche de l'équateur, l'autre en Laponie (à environ 66° de latitude), donc proche des régions polaires. La première part en 1735 et revient… huit ans plus tard, après avoir accumulé des difficultés de tous ordres ! La deuxième part en 1736 et ramène ses mesures dès 1737. Le résultat de ces missions est sans appel : Newton a raison ! L'arc de méridien est plus long vers le pôle et plus court vers l'équateur, ce qui signifie que la Terre est bien aplatie aux pôles et renflée à l'équateur. Les mesures des Cassini père et fils étaient entachées d'erreurs et d'imprécisions, ce qui les a conduits à une conclusion erronée.

### Le globe terrestre aujourd'hui

À l'heure actuelle, on attribue à l'ellipsoïde terrestre un rayon polaire de 6 356,8 km et un rayon équatorial de 6 378,1 km, soit 21,3 km de différence. Cela correspond à un aplatissement très faible, qui justifie que l'on assimile le plus souvent la Terre à une sphère. On peut considérer que la surface de l'ellipsoïde terrestre correspond *grosso modo* à la surface des océans. Mais ceci n'est qu'approximatif, car la surface réelle des océans peut s'écarter, suivant les régions, de plusieurs dizaines de mètres vers le haut ou vers le bas de cette surface moyenne théorique. Ces variations d'altitude de l'eau océanique sont le fait d'inhomogénéités dans le sous-sol terrestre qui entraînent des variations locales du champ de pesanteur, ce dernier étant maintenant mesuré avec précision grâce à des satellites géodésiques. D'autres types de satellites équipés de radars permettent de mesurer les fluctuations du niveau des océans en fonction des fonds marins. Les scientifiques ont pu ainsi constater, par exemple, que l'existence de reliefs au fond de l'océan (comme les dorsales océaniques) provoquent une surélévation de la surface de l'eau, alors que la présence d'une fosse abyssale provoque l'effet inverse.

## L'intérieur de la Terre

Comment et de quoi est fait l'intérieur de la Terre ? Vivant à sa surface, on peut observer les premières couches de terrain lorsque l'érosion les a découvertes, sur les bords des vallées des rivières ou sur les falaises maritimes. Mais on n'a aucun moyen d'accéder directement aux profondeurs du globe terrestre : le *Voyage au centre de la Terre* imaginé par Jules Verne n'est pas pour demain, ni après-demain ! Car – on le sait bien maintenant – il fait très chaud vers le centre de la Terre : des milliers de degrés. Les forages que l'on est susceptible de réaliser pour connaître le sous-sol ne sont que des piqûres ridicules par rapport au diamètre du globe terrestre. Le forage le plus profond jamais réalisé l'a été par une équipe russe sur la presqu'île de Kola (vers Mourmansk) et a atteint une profondeur de 12 kilomètres… après 19 ans d'efforts !

Pour tenter de percer les secrets de la structure interne de la Terre, les scientifiques en sont donc réduits aux hypothèses et aux modélisations. Mais la fascination qu'a toujours exercée sur les hommes le monde souterrain (les grottes, les gouffres…) a conduit certains à élaborer des théories pour le moins étranges, sinon délirantes, à propos de l'intérieur de la Terre, comme celles de la Terre creuse.

## Une Terre creuse !

Nous avons déjà noté que pour les anciennes civilisations, la croyance en des mondes souterrains, souvent associés aux Enfers, le royaume des morts, était monnaie courante. C'est en quelque sorte une rémanence de ces croyances ancestrales qui a conduit à l'élaboration de théories selon lesquelles la Terre serait creuse, la partie interne pouvant à l'occasion être habitée par d'autres civilisations.

Il peut apparaître curieux que le très sérieux astronome **Edmond Halley (1656-1742)**, grand ami de Newton et découvreur du retour cyclique de la comète qui porte son nom, soit l'un des premiers à proposer, en 1692, un modèle de Terre creuse. Mais, en fait, ce modèle est conçu pour expliquer certaines observations relatives au champ magnétique terrestre, que Halley avait étudié en détail et dont il avait remarqué des changements dans le temps. Il propose ainsi une Terre constituée d'une sorte de coquille externe, sur laquelle on vit, et d'un noyau sphérique intérieur, les deux étant « aimantés », donc porteurs chacun d'un champ magnétique.

Coquille et noyau sont séparés par une zone fluide, qui leur permet de tourner librement autour d'un même axe (celui des pôles de la Terre) mais avec des vitesses légèrement différentes. Il s'ensuit que le champ magnétique global de la Terre, obtenu par l'addition des deux champs élémentaires, apparaît variable et correspond plus ou moins au champ magnétique de la Terre réellement observé. Par la suite, Halley complexifiera son modèle avec une Terre constituée de trois coquilles concentriques entourant un noyau central, séparées deux à deux par une couche fluide de type atmosphérique.

### TERRE CREUSE ET AURORES BORÉALES

Ce modèle était censé fournir aussi une explication au phénomène spectaculaire et mystérieux des aurores boréales. On imaginait en effet que les sphères-coquilles concentriques étaient percées de deux orifices, l'un à chaque pôle de la Terre. Les atmosphères intérieures étant lumineuses (pourquoi pas !), les aurores boréales – ou australes dans les régions polaires sud – seraient dues à cette lumière interne qui sort des « trous polaires » à certains moments.

Cette idée de Terre creuse avec des ouvertures aux pôles a été largement reprise par la suite. En 1818, l'Américain John Symmes tente même d'organiser une expédition au pôle Nord pour essayer de trouver l'entrée vers le monde intérieur. Finalement, son projet capote, ce qui à l'évidence lui évitera une grosse déconvenue à l'arrivée !

Dans une variante de la Terre creuse, l'Américain Cyrus Teed imagine au XIXe siècle que notre monde vit à l'intérieur de la Terre creuse, sur sa face concave qui, en fait, contient tout l'univers !

Aussi incroyable que cela puisse paraître, cette théorie délirante a fait des adeptes dans de nombreux pays au XXe siècle. Cela a été le cas notamment dans l'Allemagne nazie où plusieurs membres de l'entourage d'Hitler y croyaient vraiment, au point de faire financer par l'armée des recherches sur ses possibles applications militaires !

# Le feu central

Certains phénomènes observables à la surface de la Terre semblent montrer qu'il fait chaud, voire très chaud à l'intérieur de celle-ci ! C'est le cas des sources hydrothermales, des spectaculaires geysers et des non moins spectaculaires volcans crachant leur lave incandescente. Les profondeurs de la Terre semblent donc être une source de chaleur permanente. Mais quelles sont la nature et l'origine de ce « feu central » ?

## Premières représentations

Les premières propositions dans ce domaine sont l'œuvre du philosophe René Descartes (1596-1650) qui considère notre planète comme un ancien soleil qui aurait conservé dans sa région centrale un morceau de matière solaire, chauffant les couches matérielles (roches, terre, eau...) qui l'entourent. Un peu plus tard, le père jésuite **Athanasius Kircher (1602-1680)** place au centre de la Terre un « foyer central » relié par des sortes de cheminées aux volcans, qui sont des « soupiraux » par où s'échappe le feu intérieur. Quant à l'origine des « réserves de feu » dont la Terre a été dotée, c'est tout simplement une « merveilleuse création de Dieu » ! Au XVIIe siècle, Dieu, ou la Providence – ce qui revient un peu au même –, était encore la cause annoncée de maints phénomènes...

Dans le cadre de la recherche d'une cause plus scientifique de l'origine de la chaleur interne de la Terre, on trouve l'idée *a priori* logique d'une combustion permanente du charbon souterrain. Mais outre qu'elle nécessite une alimentation régulière en air, les calculs montrent qu'il faudrait brûler de gigantesques quantités de charbon pour assurer le flux de chaleur remontant des profondeurs terrestres. Cette hypothèse se montre donc irréaliste.

## L'hypothèse d'une chaleur originelle

En revanche, certains scientifiques du XVIII^e siècle avancent une idée qui paraît audacieuse pour cette époque encore largement influencée par la religion, et qui va s'avérer plus fructueuse : la Terre dans sa prime jeunesse était constituée de matières en fusion. Elle était donc extrêmement chaude et fluide, puis elle s'est lentement refroidie, sa chaleur actuelle étant un vestige de cette chaleur initiale.

Newton déjà, lorsqu'il a modélisé le globe terrestre sous forme d'un ellipsoïde, a fait l'hypothèse d'un état initial fluide et d'une solidification progressive, justifiant ainsi que la partie rigide de la Terre ait cette forme ellipsoïdale. Cette idée est reprise par le grand naturaliste **Buffon (1707-1788)**, de son vrai nom Georges-Louis Leclerc, comte de Buffon. Dans la partie « Époques de la nature » de son œuvre monumentale (en 36 volumes !), *Histoire naturelle*, il décrit en 1778 les étapes successives de l'évolution de la Terre avec un état initial très chaud lors duquel la matière rocheuse est en fusion. Il en veut pour preuves, outre la forme ellipsoïdale de la planète, le fait que la température augmente lorsqu'on s'enfonce dans le sous-sol (par exemple dans un puits de mine), et aussi l'origine ignée, donc liée à des matériaux en fusion, de certaines roches formant le socle rocheux des montagnes.

### THÉORIES DE LA FORMATION DES ROCHES

Concernant l'origine des roches, les propos de Buffon correspondent à la théorie géologique appelée « plutonisme » (de Pluton, dieu des Enfers, évoquant donc monde souterrain et chaleur) soutenue par le grand géologue écossais **James Hutton (1726-1797)**, considéré comme le fondateur de la géologie moderne. Pour celui-ci, l'action de la chaleur de la Terre est à l'origine de la formation des roches (autres que sédimentaires) telles que le granite ou le basalte. Au cours du XVIII^e siècle, cette théorie s'oppose au « neptunisme » (de Neptune, dieu de la mer), théorie défendue essentiellement par l'Allemand **Abraham Werner (1749-1817)**, qui attribue une origine sédimentaire (dépôt au fond des océans) à toutes les roches. Le plutonisme sortira vainqueur de ce conflit mais sera complété par la théorie du métamorphisme proposée vers 1830 par le géologue écossais **Charles Lyell (1797-1875)**. Le processus qu'elle désigne, et qui est à l'œuvre en permanence dans les profondeurs terrestres, consiste en la transformation d'une roche en une autre sous l'action conjuguée de la chaleur et de la pression. C'est ainsi que le calcaire se transforme en marbre et le granite en gneiss.

La description des « époques de la nature » de Buffon, qui, bien sûr, ne correspond en rien aux épisodes bibliques, lui vaut les foudres des autorités ecclésiastiques. Celles-ci voient en effet d'un très mauvais œil cette Terre primitive en fusion et surtout son âge, estimé par Buffon à plus de 100 000 ans compte tenu de la durée nécessaire à son refroidissement, alors que cet âge était supposé de l'ordre de 6 000 à 7 000 ans d'après les Saintes Écritures.

## Chaleur et formation de la Terre

Qu'en est-il, au vu de nos connaissances actuelles, de cette conception d'un globe terrestre actuellement chaud parce qu'initialement en fusion ?

Elle apparaît assez largement confirmée, car le scénario de formation de la Terre actuellement privilégié par la communauté des planétologues et des astrophysiciens inclut effectivement une telle phase.

Notre planète s'est formée par accrétion de matière (planétoïdes, astéroïdes, poussières et autres cailloux…) au sein d'un disque protoplanétaire entourant le jeune Soleil tout juste formé. L'effondrement gravitationnel de cette matière pour former progressivement la jeune Terre s'est accompagné d'une forte élévation de sa température : le physicien dirait dans son jargon que l'énergie potentielle de gravitation qui a été perdue s'est transformée en énergie thermique.

Peu après sa formation, la jeune Terre a continué à recevoir de l'énergie sous forme d'un intense bombardement météoritique, et il semble maintenant bien établi que, quelques dizaines de millions d'années plus tard, elle a été l'objet d'une rencontre cataclysmique avec un corps de plusieurs milliers de kilomètres de diamètre. Cette collision effroyable – mais il ne faut pas s'inquiéter pour les témoins de la catastrophe : il n'y avait aucun être vivant sur Terre à cette époque-là ! – a eu deux conséquences majeures :

- la première a été l'éjection dans l'espace d'une gigantesque quantité de matière (en provenance de la Terre et du bolide percuteur), qui est restée en orbite autour de la planète et s'est ensuite progressivement agglomérée pour donner naissance à la Lune ;
- la seconde a été un apport d'énergie tellement considérable – là, le physicien parlerait d'énergie cinétique se transformant en énergie thermique – que tout l'intérieur du globe terrestre s'est trouvé fortement chauffé et liquéfié. Ainsi, la structure actuelle de la planète, que nous allons découvrir dans la prochaine section, est le résultat d'une évolution à partir de cet état initial extrêmement chaud et fluide… comme l'imaginait Buffon !

Quant à savoir à quelle période s'est déroulé « l'heureux événement » de la naissance de la Terre, on est bien loin aujourd'hui des 100 000 ans avancés par Buffon, car l'âge de notre planète est estimé à 4,56 milliards d'années.

### La chaleur de la Terre aujourd'hui

On a calculé que le flux de chaleur en provenance des profondeurs du globe terrestre n'est dû que très partiellement à l'énergie thermique emmagasinée par la Terre dans sa prime jeunesse. En effet, cette énergie primordiale ne compte que pour 10 % environ de la chaleur remontant de la Terre profonde, les 90 % restants étant produits par la radioactivité naturelle des roches. Ce sont en fait certains éléments entrant dans la constitution de ces roches qui subissent des désintégrations radioactives libérant de l'énergie : il s'agit essentiellement de l'uranium, du thorium et du potassium 40, un isotope radioactif du potassium (appelé « 40 » parce que le noyau de l'atome de potassium contient 40 nucléons).

## Structure du globe terrestre

Au début du XIXe siècle, les géologues multiplient les observations, les mesures et les expériences pour essayer de découvrir la structure interne du globe terrestre.

### Un océan de magma

Le géologue français **Louis Cordier (1777-1861)** mesure l'augmentation de température que l'on observe en descendant dans un puits de mine. Il obtient un gradient de température de 1 degré Celsius pour 25 mètres, ce qui correspond aussi à 4 degrés pour 100 mètres. La valeur moyenne mesurée actuellement est plutôt de 3 degrés pour 100 mètres, mais ce gradient diffère légèrement suivant les lieux.

#### RESSENTIR UN GRADIENT DE TEMPÉRATURE

Dire qu'il existe un gradient de température de 1 degré pour 25 mètres signifie que la température augmente de 1 degré quand on s'enfonce de 25 mètres supplémentaires.

Pour bien « ressentir » la notion de gradient de température, vous pourrez réaliser l'expérience suivante si vous possédez une cheminée et un tisonnier en fer. Placez durant deux à trois minutes l'extrémité de l'outil dans les braises du feu de bois, tout le reste étant maintenu en dehors du feu.

Saisissez alors le tisonnier par la poignée : celle-ci est à peine tiède. Déplacez ensuite progressivement votre main vers la partie qui est dans le feu : plus vous en approchez, plus la température du tisonnier est élevée : vous ressentez ainsi le gradient de température. Si vous le saisissez très près du feu, là, vous vous brûlez ! Vous avez mal, mais vous avez compris ce qu'est un gradient de température !

Louis Cordier fait l'hypothèse que le gradient mesuré reste constant et que la température continue donc d'augmenter régulièrement au fur et à mesure que l'on s'enfonce (par la pensée !) dans le sous-sol terrestre. Un rapide calcul montre alors qu'à une profondeur de l'ordre de 40 kilomètres, la température atteint environ 1 600 degrés. Elle est alors suffisante pour faire fondre pratiquement toutes les roches. Cordier en déduit qu'à partir de cette profondeur ne se trouvent plus que des roches fondues, donc du magma, et il se représente le globe terrestre comme une croûte solide de quelques dizaines de kilomètres d'épaisseur entourant un océan de magma qui emplit tout le reste du globe.

## Liquide ou solide ?

Ce modèle de Cordier séduit bon nombre de géologues au XIXe siècle, d'autant plus qu'il fournit une explication simple pour le fonctionnement des volcans : ceux-ci sont reliés par des conduits à l'océan magmatique et, au hasard de ses mouvements internes, le magma remonte dans les conduits et provoque les éruptions volcaniques.

En revanche, d'autres géologues contestent ce modèle en avançant au moins deux bons arguments.

» Tout d'abord, la température de fusion des roches est de plus en plus élevée au fur et à mesure que la pression augmente, ce qui est le cas lorsqu'on s'enfonce dans les profondeurs de la Terre. Si, par exemple, l'augmentation de pression fait croître la température de fusion d'une roche plus vite que n'augmente la température réelle, la roche va rester à l'état solide. En fait, on le sait aujourd'hui, c'est ce qui se passe et les roches sous la croûte superficielle sont effectivement à l'état solide. Comme il y a tout de même de lents mouvements de convection au sein de ces roches, on peut aussi les considérer comme un liquide pâteux d'une extrême viscosité.

» Une deuxième objection avancée par le physicien britannique **William Thomson, lord Kelvin (1824-1907)** consiste à considérer que l'énorme masse de magma liquide proposée par Cordier devrait être soumise au phénomène des marées, au même titre que les océans, ce qui devrait occasionner d'importants soulèvements ou abaissements du sol avec la même périodicité que les marées, ce que l'on n'observe pas. Thomson, qui est entre autres un spécialiste des marées, constate que la partie rigide de la Terre ne se déforme que très légèrement lors des marées, ce qui l'amène à considérer la Terre comme un solide légèrement élastique.

## PRESSION ET CHANGEMENTS D'ÉTAT

L'influence de la pression sur la température de changement d'état d'un corps est une propriété générale, que ce soit pour le changement solide/liquide ou liquide/vapeur. C'est toutefois lors de ce dernier changement d'état qu'il est le plus facile à observer, comme dans le cas de l'ébullition de l'eau.

On apprend à l'école que l'eau bout à 100 degrés. Soit. Mais attention ! Cela n'est vrai qu'à la pression atmosphérique normale, et à l'altitude « zéro » correspondant au niveau de la mer.

Lorsque de l'eau est en train de bouillir dans une cocotte-minute, sa température est de l'ordre de 115 degrés, car l'engin est conçu pour maintenir à l'intérieur une pression supérieure à deux fois la pression atmosphérique : à pression plus élevée, température d'ébullition plus élevée.

*A contrario*, l'eau va bouillir à environ 85 degrés au sommet du mont Blanc, car la pression atmosphérique y est environ deux fois plus faible qu'au niveau de la mer.

Ainsi, la température d'ébullition de l'eau augmente avec la pression et il en va de même pour les roches dont la température de fusion est d'autant plus élevée que la pression est grande. La règle est valable pour pratiquement tous les solides… sauf la glace, pour laquelle c'est le contraire ! Cette exception s'explique par le fait que l'eau est l'un des très rares corps dont le volume est plus grand à l'état solide qu'à l'état liquide.

## Un noyau ferreux

Au XVIIIe siècle, on considérait l'intérieur de la Terre comme à peu près homogène et donc de densité quasi uniforme. Cette conception va être remise en cause au tournant du siècle quand les scientifiques vont réussir à déterminer la densité moyenne de la Terre, qui s'avère égale à environ 5,5.

Comme la densité des roches superficielles, qu'on peut mesurer sur le terrain, est généralement comprise entre 2 et 3, on peut en déduire que, dans la région centrale de la Terre, doit se trouver une grande quantité de matière dont la densité soit bien supérieure à 5. Le fer est le meilleur candidat pour jouer ce rôle, car il est suffisamment dense et de plus très abondant dans le système solaire. C'est ainsi que le Français **Édouard Roche (1820-1883)** puis l'Allemand **Emil Wiechert (1861-1928)** proposent un modèle de Terre possédant un noyau central en fer dont la densité serait supérieure à 7. Même si dans un premier temps ils surestiment sa taille, leur hypothèse va se trouver confirmée par la suite.

## CALCULER LA DENSITÉ DE LA TERRE

Pour calculer la densité – ou, ce qui revient au même, la masse volumique – de la Terre, il faut connaître sa masse et son volume. Le calcul de ce dernier ne pose aucun problème puisqu'on connaît ses dimensions. En revanche, pour évaluer sa masse, on ne dispose pas de balance assez grande ! Il faut donc faire appel à un phénomène dans lequel elle intervient et qui va permettre de la calculer. On pense alors à la loi de la gravitation universelle que Newton a établie au XVII^e siècle. Celle-ci stipule que deux corps matériels s'attirent mutuellement avec une force dont l'intensité est proportionnelle à la masse de chacun, et inversement proportionnelle au carré de leur distance. Si, par exemple, le premier corps est la Terre et le second un objet à sa surface, cette force d'attraction est tout simplement le poids de l'objet, que l'on peut facilement mesurer. Mais il y a un hic... Dans l'expression de l'intensité de la force, se trouve un coefficient de proportionnalité (la constante d'attraction universelle) dont, à l'époque, on ne connaît pas la valeur précise.

C'est là que l'illustre physicien et chimiste anglais **Henry Cavendish (1731-1810)** va réaliser une expérience déterminante. En 1798, grâce à une balance à fil de torsion ultrasensible, il parvient à mesurer l'infime force d'attraction gravitationnelle qui s'exerce entre deux masses métallques très proches l'une de l'autre, ce qui lui permet d'en déduire la valeur de la constante d'attraction universelle. Muni de cette valeur, il peut alors calculer la masse de la Terre : Cavendish a réussi, en quelque sorte, à peser la Terre ! Il détermine ensuite sa densité moyenne, pour laquelle il obtient la valeur de 5,45, ce qui est d'une remarquable précision vu que la valeur actuellement admise est de 5,52. Cela signifie qu'en moyenne la Terre a une masse de 5,5 t par mètre cube.

## Les messages des ondes sismiques

Au XX^e siècle, les géologues ont trouvé un bon moyen de sonder les profondeurs terrestres : observer la propagation dans toutes les directions des ondes sismiques émises lors des tremblements de terre assez puissants. Ces ondes régulièrement produites – pour le plus grand malheur des populations en général – permettent aux sismologues et aux géologues de réaliser une sorte d'échographie de la planète. Lors d'un séisme, un brusque déplacement des roches dans une région du sous-sol crée des vibrations qui se propagent à l'intérieur du globe terrestre : ce sont les ondes sismiques. Celles-ci sont enregistrées un peu partout à la surface de la Terre par un réseau de sismographes. Elles peuvent, en effet, franchir des distances considérables lorsque le séisme est de grande intensité. Par exemple, pour celui survenu au Japon en mars 2011 – à l'origine de la catastrophe de Fukushima –, les ondes sismiques sont parvenues jusqu'à Paris, à plus de 9 000 kilomètres de distance.

Lorsqu'elles se propagent dans les profondeurs du globe, les ondes sismiques suivent des trajectoires courbes, car leur vitesse et leur direction dépendent de la densité des roches traversées, qui est variable. L'analyse des durées des trajets des ondes émises lors d'un même séisme vers les différents sismographes fournit de précieuses informations à propos de la densité des différentes roches traversées. Elle a également permis de repérer à certaines profondeurs des discontinuités, sur lesquelles les ondes sont réfractées (brusquement déviées) ou réfléchies. Les géologues ont pu ainsi élaborer un modèle de la Terre en couches successives concentriques, un peu comme un oignon.

» Une première discontinuité est détectée à faible profondeur par le géologue yougoslave **Andrija Mohorovicic (1857-1936)** en 1909. Appelée depuis lors le *moho* (ça fait gagner du temps !) et située à une trentaine de kilomètres de profondeur en moyenne, cette discontinuité correspond à la séparation entre la croûte superficielle porteuse des continents et des océans et les roches plus profondes constituant ce que l'on appelle le *manteau*.

» Une deuxième discontinuité est repérée en 1914 à 2 900 kilomètres de profondeur par le géophysicien américain d'origine allemande **Beno Gutenberg (1880-1960)**. Il l'interprétera par la suite comme la limite entre le manteau rocheux et le noyau central de 3 500 kilomètres de rayon, constitué essentiellement de fer et accessoirement de nickel et quelques autres métaux plus légers. On a pu établir que ce noyau était liquide, car il ne transmet pas une certaine catégorie d'ondes sismiques dites transversales (ou encore de cisaillement), ce qui est une caractéristique des liquides.

» Une nouvelle discontinuité est découverte en 1936 par la géophysicienne danoise **Inge Lehmann (1888-1993)** – qui lui a donné son nom – à l'intérieur du noyau à 5 150 kilomètres de profondeur. Le comportement des ondes à cette frontière semble montrer que la partie centrale du noyau est solide, ce qui sera confirmé par la suite. Cette boule de métal solide qui occupe le centre de la Terre est nommée la *graine*. Elle a donc aujourd'hui un rayon de 1 220 kilomètres environ, une température de l'ordre de 6 000 degrés et grossit petit à petit au fur et à mesure que le noyau se refroidit. Ainsi, à la surface de la graine, le fer liquide cristallise en fer solide à raison de 10 000 tonnes par seconde !

## POURQUOI DU FER SOLIDE AU MILIEU D'UN NOYAU LIQUIDE ?

La présence de cette graine de fer solide au centre du noyau de fer liquide peut étonner : puisqu'il fait de plus en plus chaud en allant vers le centre de la Terre, comment se fait-il que le fer y soit solide, alors que plus haut où il fait moins chaud, il est liquide ? Cela s'explique par le fait que la température de fusion du fer augmente rapidement quand la pression augmente, donc quand on s'enfonce plus profondément. Juste pour donner une idée, la pression au centre de la Terre vaut trois millions six cent mille fois la pression atmosphérique ! Il se trouve qu'au-delà de 5 150 kilomètres de profondeur, la pression devient tellement élevée que la température de fusion du fer devient supérieure à la température (environ 5 000 °C) qui règne réellement à cette profondeur. Ainsi, sous cette pression, le fer n'est pas assez chaud pour fondre et reste donc à l'état solide.

» Une quatrième discontinuité a été repérée à une profondeur de 670 kilomètres, donc au sein du manteau rocheux, correspondant à une augmentation soudaine de densité. Cette discontinuité a d'ailleurs conduit les géologues à séparer le manteau en deux parties : le manteau supérieur au-dessus et le manteau inférieur en dessous, ce qui a le mérite de la logique et de la simplicité ! Pour comprendre l'origine de la discontinuité, les chercheurs ont réussi à recréer expérimentalement les conditions qui règnent dans la Terre vers cette profondeur-là pour y soumettre des échantillons de roches du manteau. Il est facile d'obtenir celles-ci grâce à la générosité des volcans qui en rejettent des quantités !

Diverses expériences ont ainsi montré que les roches du manteau, qui sont essentiellement des silicates de fer et de magnésium, tout en gardant la même composition chimique, voient leur structure modifiée à partir d'une certaine pression correspondant à la discontinuité, pour adopter des assemblages plus compacts, donc plus denses.

### EXPÉRIMENTER DANS DES CONDITIONS INFERNALES !

Créer en laboratoire les conditions régnant à 670 kilomètres de profondeur, à savoir une pression égale à 300 000 fois la pression atmosphérique et une température de l'ordre de 2 000 degrés, n'est pas une mince affaire ! Heureusement, la technique est venue au secours des chercheurs en mettant à leur disposition depuis quelques décennies un dispositif pouvant fournir des pressions titanesques : la presse à enclumes de diamant. L'échantillon inséré et fortement pressé entre deux enclumes de diamant – le seul matériau assez dur pour supporter de telles pressions – est alors soumis à un intense rayonnement laser qui va le chauffer jusqu'à la température voulue. Il ne reste plus alors qu'à analyser la structure du matériau grâce aux rayons X.

# Le champ magnétique terrestre

Que la Terre possède un champ magnétique revêt une importance de premier ordre pour l'histoire de notre planète, et donc aussi pour la nôtre et celle du monde vivant en général. Bien sûr, son existence a permis aux hommes de s'orienter plus facilement grâce à la boussole, ce qui est déjà bien… Mais il leur a surtout sauvé la vie ! On sait en effet depuis quelques décennies que ce champ magnétique terrestre (CMT pour les intimes) joue un rôle protecteur pour les êtres vivants en les préservant des dangers venus de l'espace.

Quant à savoir comment il est produit et pourquoi il change au cours du temps, le mystère à ce sujet reste, sinon entier, du moins assez consistant…

## Boussole et champ magnétique

Dès l'Antiquité, les hommes ont remarqué qu'un minéral sombre avait l'étrange propriété d'attirer le fer ou l'acier. Cette « pierre d'aimant » a été nommée *magnétite*, du grec *magnes* signifiant « aimant ». On sait aujourd'hui qu'elle est constituée essentiellement d'un oxyde de fer ($Fe_3O_4$) et de nombreux autres métaux en petites quantités. Ce matériau est ferromagnétique, c'est-à-dire qu'il a la propriété (comme un barreau d'acier) de s'aimanter et donc de devenir un aimant permanent, en présence d'un champ magnétique. C'est ce qui se passe en particulier dans le champ magnétique terrestre, ce qui explique qu'on le trouve à l'état d'aimant naturel.

## Magnétite et boussole

Les Chinois sont les premiers à remarquer, dès le début de notre ère, qu'une pierre d'aimant libre de tourner sur elle-même s'oriente dans la direction nord/ sud. Cette direction peut être connue par ailleurs grâce aux étoiles puisque la direction du nord est à l'aplomb du pôle céleste Nord autour duquel se fait la rotation apparente de la voûte céleste (et qui d'ailleurs coïncide pratiquement avec la position de l'étoile Polaire). Très tôt, les Chinois utilisent cette propriété pour fabriquer des boussoles avec une pierre d'aimant montée sur pivot ou sur flotteur, remplaçant à l'occasion la pierre d'aimant par une aiguille en acier préalablement aimantée par frottement sur une pierre d'aimant. Ces boussoles servent principalement pour la navigation et c'est pour cette même utilisation qu'elles sont introduites et adoptées en Europe au XII$^e$ siècle. Plus tard, l'aiguille aimantée sera suspendue sur un pivot et enfermée dans une petite boîte, qui en italien se dit *bussolo*, d'où le mot français « boussole » !

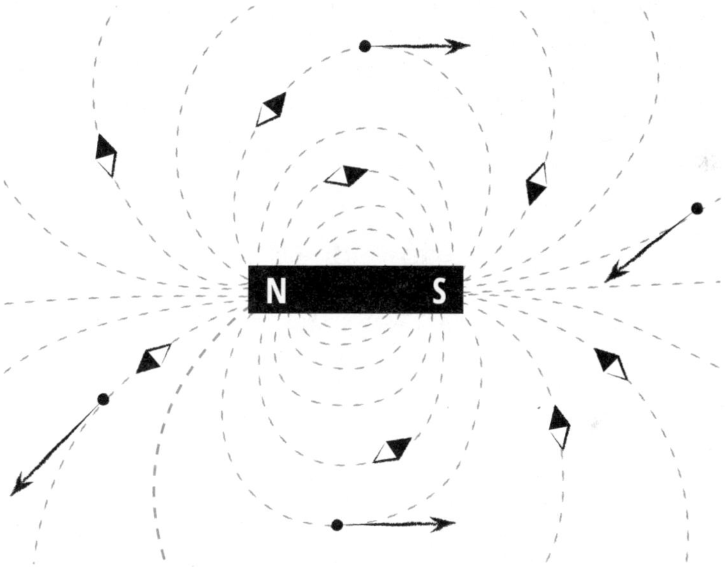


**FIGURE 6-3 :** Champ magnétique d'un aimant barreau.

## PÔLES ET CHAMP MAGNÉTIQUE D'UN AIMANT

On repère facilement sur un aimant les deux zones, appelées « pôles », qui attirent le plus fortement un morceau de fer. Dans le cas d'un aimant de forme allongée, ce sont les extrémités. Tout aimant libre de tourner se comporte comme l'aiguille de la boussole. L'extrémité de l'aimant qui se tourne vers le nord est par convention appelée « pôle nord » de l'aimant et l'autre « pôle sud ». Lors de l'interaction entre aimants, on constate qu'un pôle nord et un pôle sud s'attirent alors que deux pôles du même nom se repoussent.

Un aimant attire à distance un morceau de fer. Il a cette capacité parce qu'il modifie l'espace autour de lui de telle sorte qu'en tout point, le fer va « ressentir » son action. C'est cette propriété définie en tout point de l'espace environnant que l'on nomme « champ magnétique » de l'aimant. On a l'habitude de représenter ce champ par une flèche (le physicien dira « un vecteur ») indiquant sa direction, son sens et son intensité, qui se mesure en teslas (T), ou plutôt en micro-teslas (µT).

Pour visualiser la géométrie de ce champ magnétique, on peut saupoudrer de limaille de fer une plaque posée sur un aimant. Chaque particule de fer s'aimante et, telle une minuscule boussole, s'oriente suivant la direction du champ magnétique au point où elle se trouve. L'ensemble forme des lignes qui vont d'un pôle à l'autre : on a représenté certaines de ces « lignes de champ » sur le dessin de la page précédente. Les aiguilles aimantées, également dessinées, tournent leur pôle nord (en noir) vers le pôle sud de l'aimant, et réciproquement.

## Les indications de la boussole

Les marins notent dès le XV^e siècle deux comportements étranges des boussoles qu'ils utilisent.

» Ils remarquent tout d'abord que la direction prise par l'aiguille ne correspond pas exactement à la direction du nord géographique, ce qui d'ailleurs est un peu gênant pour s'orienter en mer par mauvais temps… Qui plus est, l'angle entre les deux directions, appelé « déclinaison », dépend du lieu où l'on se trouve et varie dans le temps ! En France par exemple, la déclinaison valait à cette époque environ « 10 degrés est » – c'est-à-dire que l'aiguille de la boussole pointait 10 degrés à l'est du vrai nord géographique – alors qu'elle est pratiquement nulle actuellement.

» Si l'aiguille de la boussole peut pivoter dans un plan vertical, elle s'incline d'un certain angle par rapport à l'horizontale, appelé de ce fait « inclinaison ». Le pôle nord de l'aiguille pointe vers le sol dans l'hémisphère Nord et inversement dans l'hémisphère Sud. En France, l'inclinaison vaut environ 65 degrés à l'heure actuelle.

## L'aimant-Terre

Jusque vers la fin du XVI$^{e}$ siècle, les aimants restaient des objets totalement mystérieux et l'on pensait que l'orientation nord-sud de la boussole provenait d'une influence du ciel, les pôles célestes Nord et Sud attirant les pointes de l'aiguille. Ou bien on pensait que celle-ci voulait imiter le ciel ! C'est l'Anglais **William Gilbert (1544-1603)**, médecin de la reine Élisabeth I$^{re}$ et surnommé, ce qui est tout à son honneur, « le Galilée du magnétisme », qui va comprendre que c'est le globe terrestre qui agit sur l'aiguille de la boussole à la manière d'un gros aimant. Il fabrique même, sous la forme d'une boule de magnétite, un modèle de cette Terre-aimant, qu'il nomme *Terrella*, afin de reproduire – autant que possible, et sans doute très approximativement ! – les phénomènes réels.

Quelle est la direction dans l'espace de l'axe de cet aimant-Terre ou, pour employer un langage plus actuel, l'axe du CMT (qui signifie « champ magnétique terrestre », on vous le rappelle !) ? Un principe de simplicité voudrait qu'il coïncide avec l'axe de rotation de la planète, mais l'existence de la déclinaison montre qu'il n'en est rien. En fait, les deux axes font actuellement entre eux un angle de 11 degrés. Les deux points de la surface terrestre par où passe l'axe du CMT, donc vers lesquels convergent les aiguilles des boussoles, sont appelés « pôles magnétiques » du globe terrestre. Ils sont donc quelque peu décalés par rapport aux pôles géographiques et ont la caractéristique d'être assez « baladeurs » : ils se déplacent au fil des années et des siècles, tout en restant néanmoins dans un relatif voisinage avec les pôles géographiques.

### IL Y A PÔLE ET PÔLE...

Signalons à ce propos un petit problème de vocabulaire qui pourrait perturber le lecteur attentif et perspicace... Il est lié au double sens du mot « pôle » et à la convention adoptée pour nommer les pôles des aimants.

Le point appelé **pôle magnétique nord** ($N_m$ sur le dessin) se trouve par définition dans l'hémisphère Nord, dans le voisinage du pôle géographique Nord ($N_g$). Par contre, le **pôle de l'aimant-Terre** (aimant fictif bien sûr !) qui est situé dans l'hémisphère Nord est un pôle sud magnétique, puisqu'il attire le pôle nord de l'aiguille de la boussole ! Le dessin ci-dessous vous aidera à mieux vous représenter la chose...

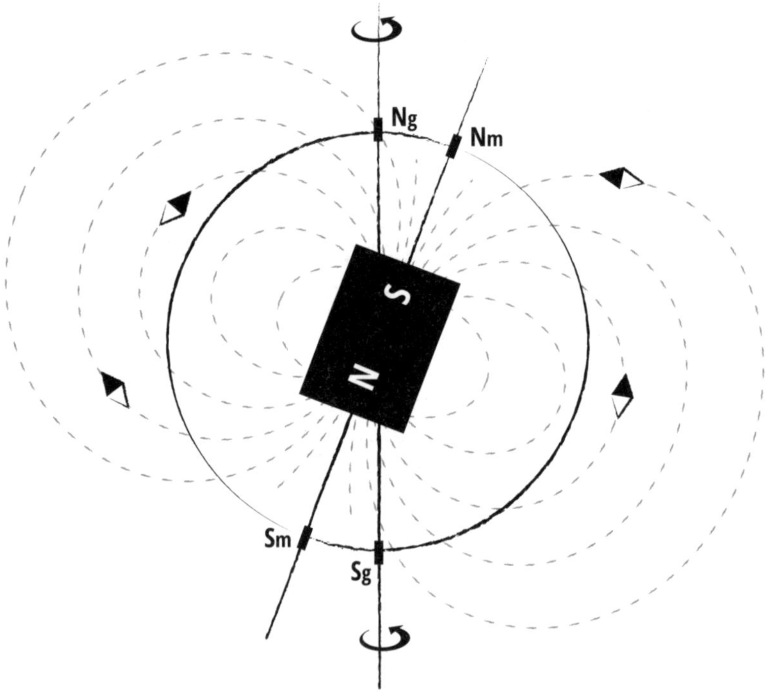


**FIGURE 6-4 :** Pôles et champ magnétique terrestre.

Le CMT, tel qu'on l'observe actuellement, est globalement dipolaire – c'est-à-dire qu'il possède deux pôles : un pôle nord et un pôle sud – et presque équivalent à celui que produirait un gigantesque barreau aimanté situé dans la région centrale de la Terre et incliné de 11 degrés par rapport à son axe de rotation.

## Origine du champ magnétique terrestre

Au XIXe siècle, tandis que les scientifiques s'interrogent à propos de l'origine du CMT, une découverte cruciale va les mettre sur la voie d'une cause possible.

En 1820, à l'occasion d'un cours devant des étudiants, le physicien danois **Hans Christian Œrsted (1777-1851)** découvre de façon fortuite une relation entre électricité et magnétisme, qui étaient jusque-là deux phénomènes parfaitement séparés. Faisant circuler du courant électrique dans un fil, Œrsted constate qu'une boussole proche du fil voit son aiguille dévier. Le courant électrique a donc un effet magnétique.

## EFFET MAGNÉTIQUE DU COURANT ÉLECTRIQUE

Voici une petite expérience permettant de mettre en évidence le champ magnétique créé par un courant électrique. Pour la réaliser, il vous faut simplement 80 centimètres environ de fil électrique fin, une pile (dans l'idéal une pile plate de 4,5 V) et une petite boussole.

Après avoir dénudé ses extrémités, enroulez le fil électrique autour d'un bout de tube de stylo-bille pour réaliser une petite bobine de 2 à 3 centimètres de long. Placez-la à côté de la boussole, puis branchez (à l'aide de trombones, de petites pinces...) les extrémités du fil sur les bornes de la pile.

Vous observez qu'une pointe de l'aiguille est soit attirée, soit repoussée comme elle le serait à proximité d'un aimant, le phénomène étant contraire si vous inversez le sens de branchement ou l'orientation de la bobine.

Tant que vous y êtes, enlevez la boussole et placez sur la bobine une plaque de verre ou de carton que vous saupoudrez de limaille de fer. Vous voyez alors apparaître le spectre du champ magnétique de la bobine, qui ressemble étrangement à celui du barreau aimanté dessiné plus haut !

Les scientifiques se demandent alors si l'origine du CMT ne résiderait pas dans des courants électriques circulant à l'intérieur de la Terre. Or qui dit « courant électrique » dit nécessairement « milieu conducteur ». Fort opportunément, c'est le cas du noyau métallique de fer et de nickel qui est au centre de la Terre, et qu'on imagine liquide – ce qui sera confirmé par la suite – afin que des mouvements internes puissent générer par frottements des déplacements de charges électriques.

Au début du XX^e^ siècle, le grand mathématicien français **Henri Poincaré (1854-1912)** construit un modèle mathématique du fonctionnement du noyau ferreux et aboutit à des mouvements du fluide tournant au sein de grands cylindriques adjacents, dont les axes sont parallèles à l'axe du champ magnétique engendré. Il est remarquable de constater que les modèles les plus récents représentant la dynamique du noyau ne sont pas si éloignés de celui de Poincaré, puisqu'ils aboutissent également à des écoulements de type cylindrique, d'ailleurs dans différentes variantes : grandes colonnes juxtaposées ou couches cylindriques concentriques...

Toutefois, même ces modélisations actuelles ne parviennent pas à rendre compte de façon satisfaisante des caractéristiques et de la variabilité du CMT. La Terre apparaît certes comme une géo-dynamo (une dynamo est un appareil qui produit du courant électrique quand on le fait tourner, comme sur les anciennes bicyclettes !) dont le fonctionnement est entretenu par sa rotation sur elle-même, mais les géophysiciens peinent à expliquer précisément comment les courants électriques sont produits et comment ils génèrent le champ magnétique observé.

Pour tenter de progresser dans l'élucidation de ces mystères, certaines équipes de chercheurs multiplient les simulations informatiques alors que d'autres testent en laboratoire des modèles réduits du noyau, en espérant voir apparaître un champ magnétique ressemblant le plus possible au CMT réel. Mais la tâche se révèle des plus ardues, car ce dernier est fluctuant et très imprévisible...

## Merci le champ magnétique !

Si l'on se demande quelle peut être une éventuelle utilité du champ magnétique terrestre, on pense bien sûr à l'aide apportée par l'utilisation de la boussole pour s'orienter. L'homme n'est d'ailleurs pas le seul à utiliser le CMT dans ce but : divers animaux migrateurs (oiseaux, poissons, tortues...) synthétisent dans certaines cellules de leur corps des cristaux de magnétite qui leur permettent de « ressentir » le champ magnétique et de se guider grâce à lui.

Mais là n'est pas l'essentiel, car le rôle le plus fondamental du CMT est de protéger la surface de la Terre d'un bombardement de projectiles invisibles et agressifs arrivant du ciel. Il s'agit du « vent solaire », ce flot de particules chargées électriquement (essentiellement des protons, des noyaux d'hélium et des électrons) en provenance du Soleil, qui foncent sur nous à une vitesse vertigineuse (1,5 million de kilomètres par heure) et qui sont d'ailleurs particulièrement nombreuses lors des éruptions solaires.

En temps normal, ce flot ionisé permanent au-dessus de nos têtes ne trahit sa présence qu'à l'occasion du spectacle grandiose d'une aurore boréale, lorsque quelques-unes des particules du vent solaire parviennent à atteindre la haute atmosphère des régions polaires. Là, leurs collisions avec les atomes d'oxygène et d'azote atmosphériques excitent ces derniers, qui restituent l'énergie reçue sous forme de lumière, nous offrant le spectacle de ces draperies lumineuses colorées et changeantes.

Si d'aventure ce vent solaire venait à traverser l'atmosphère et atteindre le sol un peu partout de façon durable, il s'ensuivrait pour les organismes vivants toutes sortes de désagréments dont voici quelques exemples :

- Les chocs de ces particules avec les tissus organiques provoqueraient l'apparition de radicaux libres, néfastes à l'ADN et favorisant les mutations génétiques.
- Des réactions chimiques en cascade provoquées dans la haute atmosphère produiraient en quantité du monoxyde d'azote, gaz « tueur » d'ozone ; or la couche d'ozone est une protection pour les êtres vivants contre le rayonnement ultraviolet nocif du Soleil.

» Plus particulièrement pour les sociétés humaines, le flot de particules ionisées provoquerait des perturbations multiples des télécommunications et des réseaux électriques…

Seule et maigre consolation, on pourrait admirer fréquemment un peu partout de magnifiques aurores boréales, qui ne seraient plus l'apanage des seules régions polaires !

Heureusement pour nous, la nature a bien fait les choses et un champ magnétique a la propriété d'agir sur les charges électriques en mouvement en exerçant sur elles une force tendant à faire dévier leur trajectoire. (C'est d'ailleurs sur cette propriété que repose le principe de fonctionnement d'un moteur électrique.) C'est ainsi que le CMT joue le rôle d'un bouclier en déviant les particules du vent solaire qui foncent vers la Terre. Ces dernières sont forcées en effet de suivre les lignes de champ et sont ainsi empêchées de pénétrer dans l'atmosphère, excepté toutefois dans les régions polaires où les lignes de champ convergent vers le sol et permettent à quelques particules de s'engouffrer entre celles-ci pour produire des aurores boréales.

Beaucoup de spécialistes pensent que si la Terre n'avait pas possédé dès sa jeunesse un champ magnétique protecteur, la vie n'aurait pas pu s'installer à sa surface.

# Un champ évolutif

Les géophysiciens ont constaté depuis deux décennies que les caractéristiques du champ magnétique de la Terre changent assez rapidement. Pour savoir si le fait est exceptionnel et accessoirement s'il faut s'en inquiéter, on est amené à interroger l'histoire du CMT, que les chercheurs se sont employés – et s'emploient toujours – à reconstituer.

## Le paléomagnétisme

Le champ magnétique de la Terre est mesuré depuis le XVII^e siècle, et ses caractéristiques sont enregistrées en permanence depuis 1839. Même si cela représente un passé extrêmement récent au regard du rythme des phénomènes géologiques, ces données accumulées sont suffisantes pour constater que le CMT peut varier assez rapidement au cours du temps. Les pôles magnétiques se déplacent à la surface du globe, ce qui se traduit par des variations de déclinaison et d'inclinaison. De même, l'intensité du champ magnétique varie au cours du temps et selon les lieux.

Pour avoir une idée de ses variations sur de grandes périodes, et donc en des temps plus anciens datant de milliers ou de millions d'années, les géologues vont chercher des informations dans les archives naturelles que sont certaines roches volcaniques (laves solidifiées) ou sédimentaires.

En effet, les laves rejetées par les volcans contiennent des grains de roches ferromagnétiques, notamment de la magnétite. Tant que la lave est très chaude, l'agitation thermique empêche ces grains de s'aimanter. Quand la température devient assez basse – quand elle passe en fait en dessous d'un seuil appelé « température de Curie » et égale à 580 degrés Celsius pour la magnétite –, les grains s'aimantent sous l'influence du CMT existant à ce moment-là et à cet endroit-là. Chaque grain de magnétite devient alors comme un petit aimant orienté dans la direction de ce champ, qui est donc ainsi mise en mémoire.

Dans le cas des roches sédimentaires se formant par dépôt au fond de l'eau, les grains de magnétite qui s'y déposent proviennent de l'érosion de roches volcaniques. Ils sont donc déjà aimantés et, telles de petites boussoles, ils s'orientent suivant le champ magnétique du lieu. Ils se déposent puis s'enfouissent dans les sédiments en gardant leur orientation, donc en mémorisant la direction du CMT du lieu et du moment.

En datant par diverses méthodes (présence de fossiles, radio-isotopes...) les roches dans lesquelles se trouve aujourd'hui la magnétite aimantée, les géologues peuvent ainsi connaître l'état du champ magnétique à l'époque de leur formation.

## Historique renversant

Grâce à ce paléomagnétisme, les chercheurs ont pu retracer l'historique du CMT sur des centaines de millions d'années. Première constatation d'importance : outre son côté « baladeur », le champ magnétique a aussi un côté « versatile » ! À de nombreuses reprises, on constate qu'il s'est inversé, le pôle nord devenant le pôle sud et réciproquement, pour ensuite rester dans la nouvelle configuration pendant... un certain temps, de plusieurs dizaines à plusieurs centaines de milliers d'années selon les cas. On dénombre environ 300 inversions de ce type durant les 250 derniers millions d'années, la dernière s'étant produite il y a 780 000 ans. Les chercheurs ont également remarqué de nombreuses inversions avortées, qu'ils nomment « excursions », au cours desquelles la polarité du champ commence à s'inverser, mais revient ensuite très rapidement à son état initial. Ces phénomènes d'inversion et d'excursion semblent pour l'instant totalement aléatoires et donc imprévisibles...

» D'après le scénario qui a pu être établi grâce au paléomagnétisme, une inversion commence par une diminution progressive de l'intensité du champ magnétique, jusqu'à ne valoir que 10 % de sa valeur moyenne normale. Le champ cesse alors d'être dipolaire pour devenir multipolaire, avec plusieurs pôles nord et plusieurs pôles sud répartis à la surface du globe : bref, une situation particulièrement complexe qui suggère des mouvements de fluide assez tumultueux au sein du noyau ! Les multiples pôles se déplacent et finissent par se rejoindre pour redonner un seul pôle nord et un seul pôle sud, mais inversés par rapport à la situation initiale. Les spécialistes pensaient jusqu'à très récemment que ce processus d'inversion prenait de un à plusieurs milliers d'années pour s'accomplir, mais une étude récente menée sur des roches sédimentaires semble montrer qu'il a fallu à peine un siècle pour que s'effectue la dernière inversion d'il y a 780 000 ans. Cette dernière hypothèse demande bien sûr à être vérifiée...

## Inversion imminente ?

Les géophysiciens ont fait ces dernières décennies certaines constatations qui ont conduit à des annonces quelque peu alarmistes, suivant lesquelles il se pourrait que l'on se dirige aujourd'hui vers une inversion du champ magnétique. Une telle perspective peut effectivement faire peur au vu des conséquences dont on a donné quelques exemples plus haut...

Quelles sont les constatations qui ont déclenché l'inquiétude ?

» Tout d'abord, le pôle nord magnétique, qui se déplaçait paisiblement du nord du Canada vers l'océan Arctique depuis le XIXe siècle, s'est soudain mis à accélérer depuis le milieu des années 1990. Sa vitesse a décuplé si bien qu'il fonce actuellement vers la Sibérie à raison de 55 kilomètres par an !

Cette vitesse constitue un record pour un phénomène géologique ! Il correspond tout de même à un déplacement de 150 mètres par jour, soit 6 mètres par heure, si bien que si l'on pouvait visualiser ce pôle magnétique, on le verrait réellement bouger comme on voit bouger la pointe de l'aiguille de la trotteuse d'une montre !

» Un deuxième indice, qui pourrait aller dans le sens d'une inversion en cours, est la diminution de l'intensité du champ magnétique, qui a baissé d'environ 10 % depuis les cent cinquante dernières années.

» Enfin, un troisième fait intrigant est observé et étudié depuis les années 1960. Le phénomène est connu comme « l'anomalie magnétique de l'Atlantique Sud », et consiste en une très large zone s'étendant du sud du Brésil à l'Afrique, où le champ magnétique est nettement plus faible qu'ailleurs. Tout se passe comme si au champ habituel bipolaire se superposait un champ additionnel inversé. Certains voient dans cette anomalie le présage d'une situation multipolaire caractéristique des inversions.

Y a-t-il donc réellement matière à s'inquiéter pour notre proche avenir ? Eh bien, finalement, pas vraiment ! Tout d'abord, le caractère imprévisible et irrégulier bien établi du CMT fait que les écarts par rapport à la normale qui sont constatés de nos jours peuvent tout à fait s'estomper dans l'avenir et disparaître comme ils sont venus, comme ils peuvent aussi perdurer : on ne peut *a priori* rien prévoir à ce sujet... De plus, si inversion il devait y avoir, l'histoire montre que ce phénomène n'a jamais conduit à des extinctions massives ou d'importants problèmes pour les êtres vivants, qui semblent s'y adapter.

Surtout, l'analyse historique a montré que le phénomène d'inversion se produit quand l'intensité du champ magnétique a diminué jusqu'au dixième environ de sa valeur habituelle. Or la valeur actuelle est plutôt assez élevée et sa diminution jusqu'à ce seuil critique, si elle devait avoir lieu, devrait prendre plusieurs siècles, voire plusieurs millénaires. Cela devrait laisser le temps à vos petits-enfants de vieillir tranquillement avant que l'humanité n'ait à affronter une inversion de champ magnétique !

# Chapitre 7
# Ça bouge dans la Terre !

**DANS CE CHAPITRE :**

- **En faire des montagnes !**
- **Des continents à la dérive**
- **La tectonique des plaques**

On remarque facilement, à l'échelle d'une vie humaine, que la surface de la Terre change et évolue du fait de causes naturelles. L'érosion est en effet inlassablement à l'œuvre, arasant les reliefs et provoquant éboulements, ravinements et autres glissements de terrain. De même, les cours d'eau creusent progressivement leur vallée, tandis que la mer arrache des pans de falaises et déplace des tonnes de sable, détruisant des plages ici et en créant là.

Toutes ces manifestations de l'érosion, qui affectent localement et rapidement les paysages, sont d'ailleurs à l'origine d'un questionnement ancestral : si les montagnes sont ainsi sans cesse « usées » et « rabotées » par l'érosion, comment se fait-il qu'il en existe toujours, et, pour certaines, très hautes ? À moins de considérer que la Terre soit très jeune comme l'affirme d'ailleurs le récit biblique, ce problème conduit à l'idée que les montagnes doivent se former plus ou moins en permanence ou par épisodes. La question devient alors : comment cela se passe-t-il et quelle en est la cause ?

Outre ces modifications de la surface terrestre, certains phénomènes plus ou moins familiers (selon les lieux et les époques) sont le signe qu'il se passe également des choses sous nos pieds : il s'agit des tremblements de terre et des éruptions volcaniques. Pour les séismes, les Anciens voyaient dans ces « colères de la Terre » l'œuvre d'êtres mythiques ou encore des tempêtes, des orages ou des explosions dans des cavernes souterraines. Quant aux volcans, ils étaient vus comme des conduits permettant d'évacuer un excès de « matières allumées » présentes à l'intérieur de la Terre.

La compréhension de ces phénomènes a, bien sûr, beaucoup progressé par la suite, mais elle se heurte encore de nos jours à l'impossibilité d'aller voir directement ce qu'il se passe dans les profondeurs du globe terrestre. En tout cas, ces phénomènes sont manifestement les témoins d'une certaine activité interne de la Terre.

En revanche, ce qui nous paraît *a priori* parfaitement stable et invariable, du moins à notre échelle de temps humaine, c'est la répartition globale des grands éléments de relief à la surface de la Terre : montagnes, plaines, îles et, par extension, continents. En effet, tous ces éléments semblent rester bien sagement à leur place au fil des décennies, voire des siècles. Cette immobilité des grandes structures est apparue historiquement tellement évidente et logique qu'il a fallu attendre la fin des années 1960 – autant dire hier ! – pour qu'elle soit officiellement remise en cause par la communauté scientifique et qu'une nouvelle théorie appelée « tectonique des plaques » fournisse un cadre explicatif au déplacement enfin reconnu des continents, et, par la même occasion, aux autres phénomènes évoqués : formation des reliefs, volcanisme et séismes.

# En faire des montagnes !

Imaginer comment se forment les montagnes (pour faire savant, vous pouvez parler d'« orogénèse »), et comment elles perdurent malgré l'érosion permanente qu'elles subissent, est un problème qui est posé dès l'Antiquité. S'y ajoute d'ailleurs un autre questionnement issu d'une constatation pour le moins étonnante : la présence de fossiles d'animaux marins, notamment de coquillages, dans les roches constituant les montagnes ! Comment diable ces derniers ont-ils pu se retrouver là ?

## Des coquillages dans les montagnes

Comme pour beaucoup de problèmes scientifiques, certains philosophes grecs de l'Antiquité ont émis, par rapport à ces questionnements, des idées d'une assez grande clairvoyance.

### Intuitions antiques

La présence de fossiles dans les montagnes conduit **Hérodote (v. 484 - v. 420 av. J.-C.)** à conclure que, jadis, la mer devait s'étendre là où ils se trouvent maintenant, donc recouvrir des terres actuellement émergées. Ce faisant, il montre qu'il a compris deux points essentiels :

- les fossiles sont des vestiges d'animaux marins ayant réellement vécu dans un passé plus ou moins lointain ;

» la répartition entre les terres émergées et la mer n'est pas immuable, puisqu'elle était différente par le passé.

Reprenant ces mêmes idées, l'incontournable Aristote envisage un mouvement cyclique de la mer qui, d'après lui, alterne les phases de retrait (baisse du niveau de l'eau) laissant apparaître des terres contenant des fossiles, avec des phases d'avancées (hausse du niveau de l'eau) qui vont conduire au dépôt de nouveaux fossiles. Aristote conçoit ces cycles se succédant très lentement à l'échelle humaine, et éternellement puisque le monde n'a pour lui ni commencement ni fin.

Notons que l'intuition d'Aristote était cette fois assez heureuse, car cette succession d'avancées et retraits des eaux, qu'on appelle aujourd'hui transgressions et régressions marines, est un phénomène qui s'est effectivement déroulé de multiples fois par le passé, notamment à cause de l'alternance des périodes de glaciation et de réchauffement qui ont émaillé les derniers millions d'années. Par exemple, au maximum de la dernière période glaciaire il y a environ 20 000 ans, d'énormes quantités d'eau étaient retenues à l'état solide sous forme de gigantesques calottes glaciaires, si bien que le niveau des mers et océans était environ 100 à 120 mètres plus bas qu'aujourd'hui.

## LA GROTTE COSQUER, TÉMOIN DES VARIATIONS DU NIVEAU DE LA MER

En 1985, le plongeur professionnel Henri Cosquer découvre dans les calanques de Marseille, au pied des falaises du cap Morgiou, l'entrée d'une grotte située à 37 mètres de profondeur. Après l'avoir explorée et visitée à plusieurs reprises, il signale son existence aux autorités en 1991.

Au bout d'un tunnel d'accès totalement immergé long de 175 mètres, la grotte s'ouvre sur plusieurs salles dont les parties émergées dévoilent de nombreuses peintures et gravures pariétales (mains en négatif, animaux terrestres et marins…), datées de deux époques distinctes du paléolithique, il y a 19 000 et 27 000 ans. À ces époques-là, le niveau de la Méditerranée était plus bas d'une centaine de mètres et le rivage se situait donc à des kilomètres de l'entrée de la grotte. Les hommes du paléolithique y accédaient sans problème à pied sec !

Si Aristote ne donne pas vraiment d'explication aux variations de niveau de la mer, un géographe nommé Strabon (v. 58 av. J.-C. - v. 23 apr. J.-C.) s'y risque trois siècles plus tard en imaginant que le sol peut alternativement s'élever (provoquant le retrait de la mer) puis s'affaisser (entraînant l'avancée des eaux). Pour justifier l'élévation possible du sol, Strabon se réfère à l'apparition d'îles qui émergent soudainement des flots, comme c'est le cas en mer Égée. En fait, on sait aujourd'hui que cette référence n'était pas correcte, car ces îles sont d'origine volcanique. Elles sont formées par l'accumulation du magma éjecté par un volcan sous-marin et solidifié au contact de l'eau. Il n'est donc aucunement question de soulèvement de terrain dans ce phénomène.

Il n'en reste pas moins que ce mécanisme d'un soulèvement du fond marin, qui donne naissance à une montagne contenant des fossiles, s'avère tout à fait pertinent au regard des connaissances actuelles, même si, bien sûr, il manque le « moteur » de ce soulèvement.

## Temps obscurs

La période médiévale n'est pas très favorable à l'émergence de nouvelles idées quant à la formation des montagnes. Signalons, pour l'anecdote, la proposition d'un moine florentin du XIIIe siècle, Ristoro d'Arezzo, qui considère que le « jaillissement des cimes » est dû à l'attirance « magnétique » des étoiles, une sorte de « force cosmique » analogue à celle exercée par la Lune sur les marées.

De même, les idées à propos des fossiles sont plutôt en régression jusqu'à la fin du XVIe siècle, principalement à cause du carcan religieux. Car l'Église n'apprécie pas les fossiles, dont l'existence n'est pas prévue dans les textes bibliques. Ces derniers affirment en effet que Dieu a créé d'abord la terre ferme, puis les animaux. Comment des vestiges de ces derniers pourraient-ils alors se trouver inclus dans des roches ? Sans compter que nombre de fossiles ne correspondent à aucun animal existant et ne font donc pas partie de la « liste autorisée » des animaux de la Création...

### DES MINÉRAUX QUI POUSSENT !

Afin sans doute de ne pas franchir ces barrières religieuses, certains naturalistes de l'époque renoncent à considérer les fossiles comme des animaux ayant réellement vécu. Ils les conçoivent plutôt comme des formes créées au sein des roches elles-mêmes, et qui ne seraient, suivant l'expression consacrée, que des « jeux de la nature » ! Le célèbre céramiste **Bernard Palissy (1510-1589)** va même plus loin en pensant que les montagnes résultent de la poussée d'une « végétation minérale » !

Bien sûr, cette idée de reliefs poussant comme des plantes nous paraît aujourd'hui un tantinet absurde, mais elle n'était pas si étrange à une époque où l'on croyait pêle-mêle à la magie, à la sorcellerie et à la génération spontanée... Alors, pourquoi pas des montagnes qui poussent ! D'ailleurs, les stalagmites dans les grottes ne semblent-elles pas pousser ?

## Vers une vision scientifique

À la fin de la période médiévale, le grand **Léonard de Vinci (1452-1519)** fait exception en ayant une approche plus scientifique du problème. Intrigué par la présence de fossiles marins dans les montagnes, il en donne sa vision dans ses *Carnets* en écrivant : « Au-dessus de l'Italie, là où volent une multitude d'oiseaux, nageaient jadis des bancs de poissons. » Pour expliquer comment le fond marin renfermant les fossiles a finalement émergé pour devenir une montagne, Léonard imagine l'affaissement d'immenses cavités souterraines provoquant par allègement l'élévation des terres voisines. Bien que ce mécanisme paraisse *a priori* peu probant (sauf le respect dû au génie de Léonard !), l'idée d'un effondrement pour expliquer la formation d'un relief va malgré tout convaincre nombre de savants par la suite.

Elle sera reprise en particulier par le géologue danois **Niels Steensen (1638-1686)**, connu aussi sous le nom latinisé de **Nicolas Sténon**, qui a posé les bases de la géologie moderne en décrivant le processus de sédimentation et de fossilisation en strates superposées correspondant à des époques successives. Pour expliquer l'aspect des reliefs, Sténon imagine une succession de cycles incluant sédimentation, émersion puis sape des couches inférieures formant des cavités, effondrement de ces dernières, nouvelle immersion, sédimentation, etc. Lors des effondrements, on conçoit que les strates initialement horizontales peuvent se retrouver plus ou moins inclinées, expliquant ainsi ce que l'on observe réellement dans les reliefs sédimentaires.

# Neptune versus Pluton

Dans le courant du XVIIIe siècle, deux thèses principales s'affrontent pour expliquer l'origine des roches et des reliefs : le *neptunisme* et le *plutonisme*.

Neptune, dieu gréco-romain de la mer, a donné son nom à une théorie selon laquelle, d'une part, l'émergence des montagnes provient de la baisse progressive du niveau de la mer depuis la Création, et, d'autre part, toutes les roches qui les constituent se sont formées au fond des océans par dépôt et sédimentation. Cette théorie est défendue principalement par le minéralogiste allemand Abraham Gottlob Werner, qui a minutieusement observé, décrit et classé les différentes strates sédimentaires. Mais elle présente un écueil qui nous apparaît aujourd'hui évident : elle implique l'existence d'un océan primordial recouvrant la Terre entière, donc contenant une quantité d'eau pharamineuse si l'on veut que les plus hauts sommets des Alpes – sans parler de la cordillère des Andes ou de l'Himalaya ! – aient été, à l'origine, recouverts par l'eau ! Malgré cela, de nombreux esprits savants du XVIIIe siècle adhèrent à cette idée, parce qu'ils sont influencés par la notoriété de Werner, mais aussi, certainement, parce qu'elle est en accord avec l'épisode biblique du

Déluge. En effet, la plupart des scientifiques de l'époque sont croyants et s'efforcent d'accorder le Livre de la nature avec le Livre sacré.

Bien sûr, Werner et ses amis neptunistes sont dans l'erreur en considérant que toutes les roches ont une origine sédimentaire : par exemple, le granite, qui constitue le socle des montagnes et apparaît quand l'érosion a éliminé la couverture sédimentaire, ainsi que le basalte, qui caractérise les reliefs volcaniques, n'ont pas du tout une origine sédimentaire.

## NATURE ET ORIGINE DES ROCHES

Les roches du sol et du sous-sol ont trois origines principales :

» **sédimentaire**, lorsqu'elles sont le résultat d'un dépôt au fond de l'eau (mer, océan, lac...) ;

» **ignée** (ou encore *plutonique*), lorsqu'elles résultent de la solidification d'un magma fondu ;

» **métamorphique**, lorsque des roches ont été transformées en profondeur sous haute pression et haute température.

» Le calcaire est la principale roche sédimentaire. Composé principalement de carbonate de calcium, il comporte souvent des fossiles, et ses strates recouvrent une grande partie des continents. La craie est une forme particulière de calcaire. Le grès est une autre roche sédimentaire formée de sables (silice) ressoudés par l'action de la chaleur.

» Le granite et le basalte sont les deux principales roches ignées, composées chimiquement en grande partie de silicates.

» Le granite est issu d'un refroidissement lent et en profondeur du magma. Riche en quartz et d'une densité de l'ordre de 2,7, il forme l'essentiel de la croûte terrestre continentale et constitue le socle des montagnes qui ne sont pas d'origine volcanique.

» Le basalte résulte du refroidissement rapide du magma éjecté à l'air libre ou sous la mer par des volcans. Plus riche en feldspath et d'une densité de l'ordre de 3, il forme l'essentiel de la croûte terrestre océanique.

» Les roches métamorphiques sont le résultat de la transformation des autres types de roches. Ainsi, lorsqu'ils sont fortement chauffés et pressés, le calcaire se transforme en marbre, le granite en gneiss et l'argile en schiste.

Le plutonisme emprunte son nom à Pluton, dieu romain des Enfers, car cette théorie est fondée sur le rôle central de la chaleur interne de la Terre dans la formation des reliefs. Le célèbre géologue et chimiste écossais James Hutton, considéré comme le fondateur de la géologie moderne, a donné ses lettres de noblesse à cette théorie. Dans ce cadre, Hutton montre l'origine ignée du granite et du basalte et établit que la remontée du magma chaud par des fissures peut provoquer le soulèvement global des strates sédimentaires et donner ainsi naissance à un relief, phénomène qui s'observe réellement. Ces remontées magmatiques entraînent également le « dérangement » des strates, expliquant les plissements et déformations (inclinaison, courbures, ruptures...) que l'on peut effectivement observer sur le terrain.

Ainsi les idées de Hutton s'imposent progressivement et la publication en 1795 de son ouvrage *Theory of the Earth* (*Théorie de la Terre*) portera un coup fatal au neptunisme : Pluton a terrassé Neptune !

## ? UNE EXPLICATION ORIGINALE DES PLISSEMENTS

Par rapport à l'origine des dérangements et plissements des strates sédimentaires qui avaient été observées notamment dans les Alpes, signalons la proposition d'explication du Français **Déodat de Gratet de Dolomieu (1750-1801)** qui, pour être fausse, n'en est pas moins intéressante. Il envisage la chute tangentielle (trajectoire presque horizontale avant l'impact) d'une comète ou d'un gros astéroïde, seul événement capable d'après lui de développer une force suffisamment colossale pour plisser le massif alpin dans son ensemble. L'intérêt de la proposition réside dans la direction tangentielle, donc quasi horizontale, de la force envisagée, ce qui correspond bien à la direction des contraintes effectivement en jeu telles qu'on les connaît aujourd'hui.

# La Terre comme une pomme flétrie

Au début du XIX$^{e}$ siècle, malgré des progrès dans les connaissances géologiques, on ne dispose toujours pas d'une théorie globale pour expliquer comment se forment les montagnes à la surface du globe terrestre. Un phénomène apparemment anodin va mettre le géologue français **Léonce Élie de Beaumont (1798-1874)** sur la piste d'une telle théorie.

Des relevés de température dans les puits de mine font apparaître une augmentation régulière de celle-ci au fur et à mesure que l'on s'enfonce plus profondément. Les physiciens montrent que ce gradient de température est le signe d'un flux de chaleur permanent venant de la partie centrale de la Terre et remontant vers sa surface, où cette chaleur est alors rayonnée vers l'espace. La conclusion est la suivante : la Terre perd de la chaleur en permanence et doit donc, en toute logique, se refroidir progressivement. Or tout corps qui se refroidit se contracte.

Élie de Beaumont se représente alors cette contraction thermique de la Terre et y reconnaît la cause générale de la formation des reliefs. Toute la partie interne de la Terre voit son volume diminuer petit à petit alors que son enveloppe externe, c'est-à-dire la croûte solide qui porte les continents et les fonds océaniques, qui est à une température d'équilibre, ne subit pas de variation de volume. La croûte devient donc « trop grande » par rapport à la Terre interne. Elle se trouve alors contrainte, pour « recoller » à celle-ci, de se plisser à la manière de la peau d'une vieille pomme flétrie ! Les parties en creux correspondent aux bassins océaniques et les bosses aux chaînes de montagnes.

Ce modèle présente l'évidente faiblesse de n'envisager que des mouvements verticaux (effondrement, élévation) qui ne peuvent pas expliquer les nombreux plissements des strates qui exigeraient des mouvements tangentiels, donc horizontaux.

Malgré cela, ce modèle, établi dans la première moitié du XIXe siècle et popularisé par la métaphore de la pomme flétrie, fera recette pendant près d'un siècle ! (Moyennant, il est vrai, quelques améliorations.)

# Des continents à la dérive

Durant la seconde moitié du XIXe siècle, les géologues, paléontologues et géographes vont faire diverses constatations suggérant que la distribution des continents et des océans à la surface de la Terre a dû être, dans un lointain passé, autre qu'elle ne l'est aujourd'hui. Différentes théories sont alors avancées et débattues avant que le météorologiste allemand **Alfred Wegener (1880-1930)** fasse une habile synthèse des idées à retenir, enrichie de ses apports personnels. Il propose ainsi sa brillante et révolutionnaire théorie de la dérive des continents, bousculant le dogme de la fixité… qui va naturellement, comme son nom le suggère, faire encore de la résistance durant quelques décennies !

## Les précurseurs

Avant que Wegener ait présenté sa théorie, quelques scientifiques ont fait des observations, eu des intuitions et émis des hypothèses qui laissaient présager le caractère non immuable des continents tels qu'on les connaît aujourd'hui.

### Des continents qui bougent

Le premier scientifique à imaginer un mouvement possible des continents est le géographe français **Antonio Snider-Pellegrini (1802-1885)**, qui affirme en 1858, sans vraiment l'argumenter, que les continents étaient tous rassemblés lors de la phase de refroidissement de la Terre primordiale. Ce sont ensuite les eaux du Déluge (récit biblique décidément bien obsédant !) qui auraient fragmenté ce proto-continent et provoqué, notamment, la séparation de l'Afrique et de l'Amérique du Sud dont les côtes qui se font face, avait-il remarqué, s'emboîtent très bien l'une dans l'autre. Inutile de dire que ces propositions ne sont guère prises au sérieux dans les milieux scientifiques...

Plus tard, en 1910, l'Américain **Frank B. Taylor (1860-1938)** soutient, à son tour, que les continents se sont déplacés au cours du temps en se basant sur l'étude des chaînes de montagnes « jeunes » [s'étant formées à l'ère tertiaire, il y a moins de 35 millions d'années (Ma)] : Alpes, Himalaya, Rocheuses, Andes. Pour expliquer leur formation, il imagine initialement deux proto-continents situés dans les régions polaires, qui, par la suite, se fragmentent et migrent vers l'équateur avant d'entrer en collision. C'est ce choc titanesque entre continents qui crée les chaînes de montagnes. Taylor se risque à proposer une cause motrice pour ces déplacements et imagine qu'elle réside dans l'action attractive de la Lune, qui viendrait d'être capturée par la Terre. Ici encore, la communauté scientifique va ignorer les propositions de Taylor, faute d'arguments justificatifs suffisamment solides.

## Des fossiles dispersés

Ce sont essentiellement des données de paléontologie qui vont conduire le brillant géologue et paléontologue autrichien **Eduard Suess (1831-1914)** à développer une nouvelle théorie à propos de l'histoire des continents.

Ainsi, il apparaît que des fossiles d'une fougère nommée *Glossopteris* datant de - 240 Ma se trouvent en Inde, en Australie, en Antarctique et en Afrique. De même, des fossiles d'un petit reptile ayant vécu il y a 260 Ma, le *Mesosaurus*, se trouvent en Afrique du Sud et au Brésil. Eduard Suess se demande comment expliquer qu'un même animal ou une même plante puisse ainsi exister au même moment sur des continents aussi éloignés les uns des autres. Cette coexistence sans contact possible n'est pas conforme à ce que prévoit la théorie de l'évolution de Darwin. Il en arrive alors à la conclusion que les continents aujourd'hui séparés devaient être reliés à l'époque (- 240 / - 260 Ma) par des terres émergées, qu'il appellera « ponts continentaux », permettant à la flore et à la faune de se propager d'un continent à l'autre.

## Supercontinents et effondrements

Pour figurer à quoi ressemblait la surface terrestre à l'époque considérée, Suess regroupe tous les continents de *Glossopteris* et *Mesosaurus*, à savoir l'Afrique, l'Amérique du Sud, l'Inde, l'Australie et l'Antarctique, pour former un seul supercontinent qu'il nomme Gondwana. D'autres considérations l'amènent à regrouper l'Amérique du Nord et l'Eurasie en un deuxième supercontinent qu'il nomme

Atlantis. Chaque supercontinent est formé des continents actuels dans la même position qu'ils occupent aujourd'hui, mais les espaces entre eux sont occupés par la terre ferme.

Il lui restait à imaginer comment on est passé des supercontinents à la situation actuelle. Adoptant l'hypothèse d'Élie de Beaumont, il imagine que la contraction thermique de la Terre a provoqué l'affaissement des ponts continentaux. Ceux-ci ont été remplacés par des bassins océaniques séparant les continents tels qu'on les connaît aujourd'hui.

## Théorie réfutée

Suess expose sa théorie globale dans son livre *La face de la Terre*, qu'il publie en 1883. Elle devient très populaire à la fin du XIX$^{e}$ et au début du XX$^{e}$ siècle, mais elle va se heurter à trois obstacles principaux qui vont sérieusement la remettre en cause.

» Le premier défaut de la théorie est qu'elle s'appuie sur le modèle « pomme flétrie » ! En effet, celui-ci ne prévoit pas la possibilité de mouvements horizontaux de grande amplitude qui permettraient de rendre compte des plissements, chevauchements et autres nappes de charriage en forme de « S », que l'on observe en montagne au niveau des strates sédimentaires.

**FIGURE 7-1 :** Plissements dans des strates sédimentaires.

» Par ailleurs, l'hypothèse de l'effondrement des ponts continentaux est remise en cause, car elle entre en contradiction avec une autre théorie développée au XIXe siècle, appelée « isostasie ». Cette dernière part de la constatation qu'une grande montagne, malgré son énorme masse, n'entraîne pas localement d'augmentation sensible de la gravité, contrairement à ce que l'on pourrait supposer. Pour l'expliquer, on doit considérer que les roches constitutives de la montagne sont moins denses que le substrat sur lequel elle repose, à savoir le manteau. En fait, les montagnes et finalement toutes les parties continentales flottent sur ce manteau solide mais déformable. Or de la même façon qu'un bouchon enfoncé dans l'eau va remonter à la surface dès qu'on le lâche, les ponts continentaux de Suess ne pourraient pas rester durablement enfoncés dans le manteau, si tant est qu'ils se soient effondrés.

» Le troisième obstacle va naître de la découverte, au tournant du siècle, du phénomène de la radioactivité. Les physiciens constatent que les corps dits « radioactifs » libèrent de l'énergie en permanence. Or certains de ces corps, tels que l'uranium ou le thorium, sont présents à l'intérieur de la Terre au sein des roches du manteau, et produisent l'essentiel du flux de chaleur remontant vers la surface de la Terre. Il en résulte que la Terre ne se refroidit pas, ou très peu, et donc que l'hypothèse de la contraction thermique de la Terre tombe à l'eau… ce qui ne l'empêchera pas d'être encore utilisée et propagée durant quelques décennies !

## Wegener et la dérive des continents

Alfred Wegener est un météorologue, mais il s'intéresse à toutes les sciences qui étudient la Terre : géologie, climatologie, glaciologie, paléontologie, etc. Cet éclectisme va lui permettre d'avoir une vision d'ensemble du fonctionnement de la planète et de faire une synthèse originale et cohérente des idées et hypothèses proposées par les précurseurs.

Il déclare lui-même qu'il a eu l'idée d'une possible dérive des continents en observant la complémentarité des côtes atlantiques de l'Afrique et de l'Amérique du Sud. Elles paraissent pouvoir s'emboîter quasi parfaitement comme deux pièces d'un puzzle si on les met en regard, d'où l'intuition que les deux continents ont été autrefois réunis. S'ajoute à cette coïncidence une similitude entre les structures géologiques de part et d'autre de l'Atlantique, car les montagnes congolaises ressemblent étrangement aux montagnes brésiliennes. Il semblerait donc qu'un même massif montagneux ait pu être coupé en deux lors de la séparation des deux continents.

Une autre observation étonnante est venue alimenter son intuition. Lors de sa participation à une mission d'exploration au Groenland en 1906, il remarque que les positions géodésiques de certains lieux reconnus ne correspondent plus aux mesures effectuées précédemment. Il semblerait que le Groenland se soit déplacé... Si le Groenland se déplace, pourquoi les autres continents ne se déplaceraient-ils pas ?

## ALFRED WEGENER

Né en novembre 1880 à Berlin, il y fait des études qui le conduisent à une thèse en astronomie en 1904. Mais passionné par la météorologie, qui est à l'époque une science nouvelle, il se tourne directement vers cette discipline dont il fera son métier, tout comme d'ailleurs son frère Kurt. Ils effectuent ensemble des voyages en ballon pour étudier les circulations atmosphériques et vont même à cette occasion battre le record de durée avec un vol de plus de 52 heures.

L'expédition au Groenland à laquelle il participe en 1906 va développer chez lui un goût pour l'exploration arctique et une passion pour ce continent... qui lui sera fatale.

À partir de 1908, il donne des cours de météorologie à l'université de Marburg et il publie, en 1911, un ouvrage de référence pour les étudiants en météorologie : *La thermodynamique de l'atmosphère*. Blessé au début de la guerre de 1914, il profite de sa convalescence pour rédiger son livre sur la dérive des continents, *La genèse des continents et des océans*, qu'il va publier en 1915 dans un contexte guerrier peu favorable à sa diffusion. La dernière partie de sa carrière universitaire se déroule à Graz, en Autriche, à partir de 1924.

Au-delà de sa théorie révolutionnaire, la vie de Wegener fut marquée par sa passion pour le Groenland. Entre l'été 1912 et l'été 1913, il participe à une expédition au cours de laquelle il effectue une traversée à skis de la calotte glaciaire. Il met au point une méthode de mesure de l'épaisseur des inlandsis (glaciers continentaux) par enregistrement de l'écho de la détonation de charges explosives en surface. En 1930, il entreprend une troisième expédition vers son continent préféré, au cours de laquelle il va malheureusement trouver la mort. Parti à skis avec son guide groenlandais pour un trajet de 400 kilomètres entre deux campements, il disparaît sur le parcours, certainement terrassé par une crise cardiaque. Son corps n'est retrouvé qu'au printemps suivant enfoui sous la neige dans son sac de couchage.

Convaincu de la mobilité des continents, Wegener va alors accumuler les indices et les preuves de la validité de son hypothèse. Il présente pour la première fois sa « théorie des translations continentales » en 1912, puis, après l'avoir étayée et enrichie, il expose sa théorie de la « dérive des continents » dans son œuvre maîtresse *La genèse des continents et des océans*, publiée en 1915.

Ses hypothèses sont solidement argumentées. Nous avons déjà évoqué la complémentarité des formes de certains continents actuels qui semblent pouvoir s'emboîter, ainsi que la similitude des structures géologiques entre deux continents, qui semble être le signe d'une ancienne continuité et donc proximité. Wegener met aussi en avant l'argument paléontologique. La présence de fossiles d'animaux identiques et contemporains dispersés sur des continents aujourd'hui séparés par des milliers de kilomètres d'océan n'est explicable que si l'on admet que ces continents étaient jadis réunis. Il a remarqué également la concordance de dépôts glaciaires datant d'une même époque sur des continents qui jouissent aujourd'hui de climats très différents, comme l'Amérique du Sud, l'Inde ou l'Australie, tendant à montrer qu'ils étaient autrefois réunis en un seul et même continent situé vers le pôle Sud.

Le modèle évolutif de Wegener suppose qu'à la fin du Carbonifère (vers – 300 Ma), tous les continents actuels étaient réunis en un seul supercontinent appelé *Pangée* – ce qui en grec signifie « toutes les terres ». Celui-ci s'est ensuite progressivement fragmenté durant le Crétacé (autour de - 100 Ma) et les différents « morceaux » de Pangée, qui deviendront les continents actuels, ont ensuite lentement dérivé en flottant sur le manteau terrestre, suivant le principe de l'isostasie. Enfin, Wegener montre que son modèle permet d'expliquer la formation des montagnes par collision et chevauchement des blocs continentaux au cours de leur déplacement.

# Mauvais accueil

Dans la dernière version parue en 1922 de *La genèse des continents et des océans*, Wegener multiplie les arguments et les preuves pour étayer sa théorie de la dérive des continents, qui apparaît comme une théorie globale capable d'expliquer de nombreuses observations et dont le caractère visionnaire sera d'ailleurs reconnu par la postérité. Va-t-elle pour autant rencontrer le succès qu'elle mérite auprès des scientifiques de l'époque ? Que nenni ! Les spécialistes des disciplines de la Terre lui ont réservé en général un accueil glacial, et ce pour différentes raisons dont certaines sont peu avouables. Commençons par les bonnes raisons, c'est-à-dire les points objectivement critiquables.

» La principale faiblesse de la théorie est qu'elle ne précise pas quel est le moteur du mouvement des continents, donc l'origine de la force horizontale obligatoirement colossale qui permet de déplacer ces masses gigantesques. Wegener fait appel à la force de marée exercée par la Lune et à la force centrifuge due à la rotation de la Terre, mais les géophysiciens et, en particulier, le virulent opposant anglais **Harold Jeffreys (1891-1989)** ont tôt fait de calculer que ces forces-là sont beaucoup trop faibles.

- Une autre objection *a priori* pertinente tient au caractère solide des roches constituant le manteau, car les détracteurs considèrent que les continents, flottant sur lui, ne peuvent donc pas avancer. (En effet, un bateau pour avancer doit fendre et déplacer l'eau.) On ne concevait pas à l'époque que les roches solides du manteau aient une certaine plasticité et soient susceptibles de se déformer lentement ou de se déplacer, ce dont Wegener avait eu le pressentiment et qui sera établi par la suite.

Au-delà de ces objections justifiées, s'élève un concert de critiques qui reprochent à Wegener d'utiliser des arguments trop approximatifs, insuffisamment précis, pas assez nombreux, peu significatifs… et qui semblent relever assez largement de la mauvaise foi !

- Les spécialistes des sciences de la Terre, géologues et géophysiciens en tête, voient tout d'abord d'un très mauvais œil qu'un météorologue se mêle de venir piétiner leur domaine réservé : leur orgueil s'en trouve froissé et leur réaction est de rejeter la théorie incongrue.
- Qui plus est, les propositions de Wegener sont révolutionnaires et conduisent à une remise en cause complète des modèles en place. Or on connaît la capacité de résistance au changement de la communauté scientifique… Il est toujours douloureux pour un scientifique de renom de reconnaître qu'il s'est trompé depuis des décennies ! La déclaration d'un participant à un colloque de géologues américains, en 1926, reflète bien cet état d'esprit : « Si nous acceptons l'hypothèse de Wegener, il nous faut oublier tout ce que nous avons appris depuis soixante-dix ans et tout reprendre à zéro ! »

La théorie de la dérive des continents est donc rejetée en bloc par une large majorité de spécialistes et la mort prématurée de son auteur, en 1930, met fin au débat. Le modèle de la pomme flétrie, en tant que thèse officielle pour décrire l'évolution de la surface terrestre, a encore quelques belles années devant lui !

# La tectonique des plaques

Quand il présente sa théorie, Wegener n'a pas que des détracteurs. L'Américain Taylor que nous avons déjà cité, le géologue suisse Émile Argand et le Sud-Africain Alexandre Du Toit sont, par exemple, des adeptes de la dérive des continents. Mais pour rallier à cette idée une majorité de scientifiques, il allait falloir rassembler un faisceau de preuves sacrément solides et convaincantes, ce qui prendra encore quelques décennies. C'est l'étude des fonds marins, et surtout le paléomagnétisme, à savoir le magnétisme fossile des roches, qui allait fournir les arguments décisifs permettant d'aboutir *in fine* à une théorie globale décrivant le fonctionnement de l'écorce terrestre : la tectonique des plaques.

## Le paléomagnétisme

La Terre possède un champ magnétique, ce qui revient à dire qu'elle se comporte globalement comme si un gros aimant barreau (un dipôle magnétique, disent les physiciens) était situé dans sa région centrale.

### Pôles magnétiques

Les deux points sur le globe terrestre par où passe l'axe de cet aimant fictif sont les deux pôles magnétiques de la Terre : le pôle magnétique nord à côté du pôle Nord géographique, et le pôle magnétique sud à côté du pôle Sud géographique. Il est important de bien noter le « à côté », car les pôles magnétiques ne coïncident pas avec les pôles géographiques par où passe l'axe de rotation de la Terre. Actuellement, les deux axes font entre eux un angle de 11 degrés.

On peut connaître la direction des pôles magnétiques simplement grâce à la boussole : son aiguille s'oriente de sorte que ses deux pointes soient dirigées vers les deux pôles magnétiques.

### Aimantation naturelle rémanente

On trouve dans la nature certaines roches d'origine volcanique qui sont légèrement aimantées. On parle à leur sujet d'aimantation naturelle rémanente (ANR), « rémanente » signifiant que cette aimantation persiste dans le temps. Il s'agit de roches contenant de la magnétite, un corps qui a justement la propriété de pouvoir s'aimanter sous l'action d'un champ magnétique extérieur, puis de garder cette aimantation. Mais comment cette magnétite a-t-elle pu devenir naturellement aimantée ? C'est en fait lors du refroidissement de la lave rejetée par les volcans que les grains de magnétite, soumis au champ magnétique terrestre (CMT), s'aimantent progressivement selon la direction de ce champ. Ce faisant, la roche formée par refroidissement de la lave garde en mémoire les caractéristiques du champ magnétique terrestre à l'époque de sa formation : autrement dit, le champ magnétique s'est fossilisé dans la roche.

Les roches volcaniques ne sont pas les seules à garder ainsi une aimantation rémanente. En effet, l'érosion désagrégeant petit à petit ces roches volcaniques, les grains de magnétite aimantés sont emportés par l'eau et vont finalement se déposer au fond des mers parmi les autres dépôts sédimentaires. En se déposant, chaque grain de magnétite se comporte comme une minuscule boussole et s'aligne dans la direction du CMT du lieu et du moment, le mettant là aussi en mémoire.

Si l'on peut dater différentes roches possédant une ANR – et de ce point de vue, les roches sédimentaires sont plus faciles à dater que les roches volcaniques grâce à la présence de fossiles –, il devient possible de reconstituer, du moins en partie, l'historique du champ magnétique terrestre et notamment la position des pôles magnétiques.

## La promenade des pôles magnétiques

L'aimantation naturelle des roches étant de faible intensité, il faut disposer pour la mesurer de magnétomètres de grande sensibilité. De tels appareils ne deviennent disponibles qu'au début des années 1950, et c'est à partir de là que différentes équipes de chercheurs entreprennent d'étudier le paléomagnétisme des roches un peu partout sur la planète. Une première constatation s'impose : la position du pôle nord magnétique dans le passé est différente de sa position actuelle, et l'écart est d'autant plus important qu'on remonte plus loin dans le temps. Plusieurs interprétations de ce phénomène sont alors possibles :

- soit le pôle magnétique s'est effectivement déplacé ;
- soit il est resté fixe, mais alors ce sont les roches qui se sont déplacées ;
- soit le pôle magnétique et les roches elles aussi se sont déplacées.

## Et revoilà la dérive des continents !

Avec son équipe de l'université de Cambridge, l'Anglais **Keith Runcorn (1922-1995)** entreprend d'établir l'historique du CMT sur plusieurs centaines de millions d'années, à partir de l'aimantation des roches en Europe et en Amérique du Nord. Il obtient ainsi pour chacun des deux continents la trajectoire du pôle nord magnétique. Problème : sur une période allant de - 150 Ma à - 300 Ma environ, les deux trajectoires ne coïncident pas du tout ! Il ne peut pourtant pas y avoir deux pôles nord magnétiques différents ! À bien y regarder, les deux cheminements du pôle ont une forme assez semblable mais ils apparaissent décalés et orientés différemment. La seule explication possible est de considérer que l'Europe et l'Amérique du Nord ont bougé l'une par rapport à l'autre depuis cette époque lointaine. En effet, si l'on ramène les deux continents l'un contre l'autre, les deux trajectoires cette fois coïncident. Runcorn en conclut donc que l'Europe et l'Amérique du Nord étaient anciennement accolées et se sont depuis séparées. C'est ainsi qu'une trentaine d'années après la mort de Wegener, son idée de dérive des continents fait un retour en force !

Le même type d'étude de l'aimantation des roches est ensuite réalisé à propos d'autres continents, qui conduisent les chercheurs à la conclusion qu'il y a 250 millions d'années, tous les continents actuels étaient réunis en un seul supercontinent : on retrouve la Pangée proposée par Wegener le visionnaire !

On est alors à la fin des années 1950, et l'on pourrait penser qu'après cette démonstration éclatante de la mobilité des continents, la communauté des géo-scientifiques soit convertie à cette idée… Eh bien pas du tout ! Ils affichent toujours vis-à-vis d'elle un scepticisme de rigueur. Eh si !

Notons au passage que les études récentes du paléomagnétisme ont permis d'établir qu'un plus ancien supercontinent existait sur Terre il y a presque un milliard d'années. Les géologues l'ont nommé Rodinia, ce qui en russe signifie « la terre-mère ».

## Expansion du fond océanique

Dès les années 1920, les géologues ont repéré au beau milieu de l'océan Atlantique une immense chaîne de montagnes sous-marines, d'un tracé globalement analogue aux côtes américaines, donc de direction d'ensemble nord-sud, qu'ils ont appelée « dorsale médio-atlantique ». Une dorsale du même type a été repérée également dans le Pacifique. Pendant la Seconde Guerre mondiale et la guerre froide qui a suivi, l'étude des fonds marins a beaucoup progressé – car ils revêtaient une importance stratégique –, ce qui a permis aux scientifiques de faire des découvertes étonnantes sur le relief sous-marin en général et les dorsales en particulier.

## Des dorsales très actives

Les chercheurs découvrent ainsi que le plancher des océans est fait de roches jeunes, ce qui est en contradiction avec l'idée dominante à l'époque de bassins océaniques immuables, donc vieux de plusieurs milliards d'années. On remarque toutefois que les fonds océaniques sont de moins en moins jeunes en s'éloignant des dorsales, comme si les roches qui les constituent étaient formées au niveau des dorsales puis s'en éloignaient progressivement…

En 1953, le géologue **Bruce Heezen (1924-1977)** et sa compagne cartographe **Marie Tharp (1920-2006)** découvrent que la dorsale médio-atlantique est fendue sur sa longueur par un profond fossé (*rift* en anglais), qui leur fait penser à celui, bien connu, qu'on retrouve en Afrique de l'Est, caractérisé par une forte activité volcanique et sismique. S'agit-il de structures similaires ? Deux observations vont permettre de répondre à cette question par l'affirmative. Tout d'abord, Heezen étudie la distribution des épicentres des récents séismes survenus dans la zone et constate que nombre d'entre eux sont situés dans cette vallée axiale, qui présente donc une importante activité sismique. Par ailleurs, le géophysicien britannique **Edward Bullard (1907-1980)** montre que le flux de chaleur arrivant en surface est huit fois plus important sur l'axe des dorsales que dans les régions avoisinantes, ce qui est le signe manifeste d'une activité volcanique du rift.

## Tapis roulant sous-marin

Réalisant une synthèse de toutes ces découvertes relatives aux fonds océaniques, le géologue américain **Harry Hess (1906-1969)** propose en 1962, dans un article intitulé « Histoire des bassins océaniques », une vision « mobiliste » de la formation du plancher océanique. Se doutant qu'elle allait fortement déplaire à la communauté géo-scientifique, il a la prudence de la présenter comme un exercice de « géopoésie » ! Son idée principale est que le rift est le siège d'une sortie en continu de magma. Ce dernier se refroidit au contact de l'eau et se solidifie pour former la roche du socle océanique (donc du basalte), qui s'écarte ensuite lentement de part et d'autre de la dorsale. Ainsi, tel un double tapis roulant sous-marin, la croûte océanique produite en continu sur la dorsale dérive lentement vers les bords de l'océan où elle vient heurter et pousser le continent en s'enfonçant sous ce dernier, pour finalement plonger et disparaître dans le manteau (phénomène que l'on appelle aujourd'hui *subduction*). Hess estime à un centimètre par an l'ordre de grandeur de la vitesse de déplacement du socle océanique, ce qui s'avère être une valeur correcte pour l'Atlantique ; elle peut atteindre une dizaine de centimètres par an dans d'autres cas.

### LA CONVECTION

La convection consiste en un déplacement global de matière au sein d'un fluide (liquide ou gaz), généralement dû à des écarts de température entre différentes parties de ce fluide. Ce phénomène est basé sur le même principe que les corps flottants, selon lequel un corps placé dans un liquide va flotter si sa densité est inférieure à celle du liquide, ou va couler dans le cas contraire.

Cette règle est vraie aussi pour deux liquides de densité différente qui ne se mélangent pas : le plus dense se place sous le moins dense. Vous pouvez expérimenter ce principe en versant dans un verre de l'huile et du vinaigre : l'huile ayant une densité plus faible que celle du vinaigre, elle se place au-dessus de ce dernier. Mais il se passe la même chose avec l'eau (ou tout autre fluide) chaude et l'eau froide, car l'eau chauffée se dilate et sa densité diminue. Ainsi, l'eau chaude se place naturellement au-dessus de l'eau froide : c'est dans ces conditions que le système est en équilibre.

Imaginons maintenant que pour une raison quelconque, l'eau froide se trouve à un moment donné au-dessus de l'eau chaude. Cette situation de déséquilibre va provoquer spontanément la montée de l'eau chaude et la descente de l'eau froide : c'est ce mouvement d'ensemble de la matière qui est appelé « convection ». Si une source de chaleur crée en permanence de l'eau chaude dans le bas d'une certaine quantité d'eau – comme lorsqu'on met tout simplement une casserole d'eau sur la flamme d'une gazinière –, cette eau chauffée remonte en permanence tandis que l'eau refroidie en surface redescend par ailleurs : il se crée au sein de la masse d'eau un courant de convection permanent.

Pour proposer sa théorie de l'expansion du plancher océanique, Hess s'appuie sur une hypothèse avancée dès 1929 par le géologue écossais **Arthur Holmes (1890-1965)**, qui postule l'existence au sein des roches du manteau (solides mais néanmoins déformables) de lents courants de convection. Ainsi, les roches les plus chaudes du manteau profond ont tendance à remonter, alors que les roches moins chaudes du manteau superficiel ont tendance à redescendre. Holmes avait suggéré à l'époque (sans succès bien sûr !) que ces courants de convection pourraient être le « moteur » de la dérive des continents de Wegener. Dans la théorie de Hess, les dorsales médio-océaniques correspondent aux zones d'ascendance qui provoquent la sortie du magma, alors que les parties descendantes correspondent aux zones de plongée de la croûte océanique. Notons que ce schéma général reste globalement valable dans le cadre de la théorie actuelle de la tectonique des plaques.

## Des plaques en mouvement

Avec la théorie de Hess et la mise en mouvement du socle océanique poussant sur les terres émergées, c'est encore l'idée de la dérive des continents qui refait surface cinquante ans après sa présentation par Wegener ! Toutefois, malgré l'accumulation des indices en sa faveur, les spécialistes des sciences de la Terre, décidément très enclins à l'immobilisme (à tous les sens du terme), continuent de camper sur leurs positions ! Il va falloir encore de nouveaux arguments, apportés une nouvelle fois par le paléomagnétisme, pour les faire enfin changer d'avis.

## Une peau de zèbre sur les fonds marins

À partir des années 1950, l'étude de l'aimantation naturelle rémanente des roches terrestres de différents âges permet de déterminer les époques auxquelles le champ magnétique terrestre (CMT) s'est inversé (le pôle nord magnétique devenant le pôle sud magnétique et réciproquement) au cours des derniers millions d'années, ce qui s'est produit à de multiples reprises.

Par ailleurs, au début des années 1960, on entreprend de mesurer systématiquement le CMT près des fonds marins en promenant des magnétomètres très sensibles remorqués à l'arrière des bateaux. Les relevés effectués réservent quelques surprises à leurs auteurs sous la forme d'anomalies magnétiques : le CMT mesuré est selon les lieux supérieur ou inférieur à la valeur théorique attendue. Mais le plus curieux de l'histoire est que ces anomalies, qui s'observent aux environs de toutes les grandes dorsales, forment des bandes plus ou moins parallèles à l'axe de la dorsale. Elles alternent champs magnétiques fort et faible et sont larges d'environ une à quelques dizaines de kilomètres. Représentées sur les cartes des fonds marins par une alternance de bandes blanches et noires, elles donnent à celles-ci une allure de « peau de zèbre » qui laisse perplexes les géophysiciens et autres océanographes...

jusqu'à ce que deux chercheurs de Cambridge, **Drummond Matthews (1931-1997)** et **Fred Vine (né en 1939)**, comprennent qu'elles correspondent en fait à des zones où les basaltes du plancher océanique ont gardé depuis leur formation une aimantation, soit directe (dans le sens du champ magnétique actuel) et qui vient alors s'ajouter au CMT, soit inverse et qui vient alors se retrancher du CMT. Ainsi, au fur et à mesure que l'on s'éloigne de la dorsale, l'alternance des bandes du « zèbre océanique » raconte à rebours l'histoire du CMT au cours des derniers millions d'années. Moyennant une vitesse de progression du plancher océanique à partir de la dorsale de l'ordre de un à une dizaine de centimètres par an (selon l'océan considéré : le mouvement est, par exemple, beaucoup plus rapide dans le Pacifique que dans l'Atlantique), l'alternance et la largeur des bandes rendent parfaitement compte des inversions successives du CMT. On vérifie aussi que le plancher océanique est d'autant plus vieux qu'il est éloigné de la dorsale en considérant l'épaisseur de plus en plus grande des sédiments qui le recouvrent.

Nous approchons alors de la fin des années 1960, et les évidences apportées par ce paléomagnétisme sous-marin vont désormais être considérées (enfin !) comme des preuves suffisamment solides pour valider la théorie de Hess. Comme un seul homme, la communauté des géo-scientifiques va alors opérer un virage à 180 degrés et devenir « mobiliste » en reconnaissant la réalité de l'expansion des planchers océaniques. Ce phénomène implique leur déplacement vers les continents et, par voie de conséquence, le mouvement de ces derniers, le tout étant mû *a priori* par de gigantesques et lents mouvements de convection au sein des roches du manteau.

Munis dorénavant de cette nouvelle conviction, les géologues et géophysiciens vont pouvoir réaliser une synthèse entre la vieille théorie de Wegener et l'expansion des fonds océaniques, pour aboutir à une théorie globale qui décrit la structure et l'évolution de la surface terrestre dans son ensemble : la tectonique des plaques. L'avènement de cette dernière marque un tournant majeur pour les sciences de la Terre, constituant en quelque sorte leur « révolution copernicienne » !

## Tectonique des plaques et lithosphère

Initiée par le géologue canadien **Tuzo Wilson (1908-1993)** qui imagine, dès 1965, la surface de la Terre constituée d'une mosaïque de plaques rigides bougeant les unes par rapport aux autres, la nouvelle théorie de la tectonique des plaques est ensuite développée et présentée en 1967 par le géophysicien américain **William Jason Morgan (né en 1935)**. Il identifie six plaques principales et une douzaine de plaques plus petites dont il décrit les mouvements à la surface de la Terre en s'appuyant sur un théorème mathématique (ce qui fait toujours plus sérieux !) établi par le mathématicien suisse du XVIII^e^ siècle Leonhard Euler.

En prolongement de ce travail, le Français **Xavier Le Pichon (né en 1937)** présente, en 1968, un schéma d'organisation de la surface terrestre dans lequel les mouvements de six grandes plaques portant les continents peuvent expliquer l'ensemble des phénomènes tectoniques terrestres et permettre de retracer leurs déplacements lors de la dernière centaine de millions d'années. Précision assez cocasse : à peine deux ans auparavant, Le Pichon avait soutenu une thèse de doctorat résolument anti-mobiliste !

Les plaques dont il est question dans la théorie de la tectonique ne concernent pas la seule croûte terrestre, c'est-à-dire le socle océanique et le socle continental, épais respectivement d'une dizaine et d'une trentaine de kilomètres. Comme l'avait déjà proposé le géologue américain **Robert Dietz (1914-1995)**, les plaques en mouvement incluent également la couche superficielle des roches du manteau sous-jacent, épaisse d'une soixantaine à une centaine de kilomètres, qui est solidaire de la croûte et se déplace avec elle. Cet ensemble appelé « lithosphère » se caractérise par la rigidité et le caractère cassant des roches qui le constituent, que ce soient les roches de la croûte (basalte, granite, calcaire...) ou celles plus denses du manteau superficiel (péridotite...).

En revanche, plus en profondeur, les mêmes roches du manteau ont un comportement différent à cause des conditions de pression et de température plus élevées : elles peuvent alors subir des déformations plastiques sans casser – on dit qu'elles sont ductiles. La frontière entre la lithosphère et les roches inférieures est marquée par une zone où les roches semblent être très partiellement fondues. La relative fluidité qui en découle pourrait favoriser le glissement de la lithosphère sur les roches inférieures (que les spécialistes appellent l'asthénosphère, mais on n'est pas obligé d'adopter leur jargon !).

## Plaques et séismes

Il existe une relation directe entre le puzzle des différentes plaques lithosphériques (océaniques et continentales) et les régions aux fréquents séismes, à tel point que ces derniers peuvent même être considérés comme des marqueurs permettant de localiser les zones où se situent les frontières entre plaques.

En effet, dans la plupart des cas, la frontière entre deux plaques en contact et en mouvement est le siège d'énormes contraintes au niveau des roches. Celles-ci subissent des déformations élastiques qui s'accentuent (comme lorsqu'on comprime progressivement un ressort) durant des années ou des siècles, avant de produire un jour une rupture soudaine. Ce « craquement » des roches provoque alors un séisme dont les ondes se propagent dans le sol avant d'être ressenties selon le cas à des dizaines, centaines ou milliers de kilomètres, avec les conséquences dramatiques que l'on connaît pour les plus fortes secousses. On constate ainsi que les frontières entre plaques tectoniques correspondent *grosso modo* aux zones à forte sismicité, à laquelle est souvent associée aussi une importante activité volcanique.

## Subduction, séismes et volcanisme

Deux plaques en contact peuvent soit se rapprocher, soit s'écarter, soit coulisser l'une contre l'autre. Si ce dernier cas peut donner lieu à des séismes très violents (par exemple : la célèbre faille de San Andreas en Californie), c'est en général lorsqu'il y a rapprochement (« convergence » comme disent les spécialistes) et confrontation entre plaques que les contraintes, et donc les effets, sont les plus spectaculaires. C'est, en particulier, ce qu'il se passe lorsqu'une plaque océanique vient buter contre et pousser sur une plaque continentale : la côte ouest de l'Amérique du Sud en constitue un cas exemplaire. La croûte océanique basaltique étant plus dense que la croûte continentale granitique, la plaque océanique plonge sous la plaque continentale et s'enfonce dans les roches du manteau : c'est le phénomène de subduction, par lequel la plaque océanique disparaît après avoir voyagé depuis la dorsale où elle avait pris naissance. Mais ce plongeon ne se fait pas sans « dégâts » collatéraux, provoquant séismes et volcanisme.

En effet, les roches de la plaque océanique étant rigides et cassantes, leur friction contre les roches du manteau provoquent des ruptures et donc des séismes, qui peuvent être très violents, tout au long de leur parcours. L'étude de la répartition de leurs foyers (les sismologues disent « hypocentres ») montre qu'ils ont lieu sur un plan incliné partant de la zone de contact entre plaques et se prolongeant jusqu'à 600 ou 700 kilomètres de profondeur sous la lithosphère continentale. On en déduit que la plaque océanique plongeante suit ce trajet incliné en gardant son caractère cassant jusqu'à cette profondeur.

La subduction océanique engendre également une forte activité volcanique se révélant souvent explosive. Selon le scénario établi par les spécialistes, les roches de la plaque océanique, en plongeant dans le manteau, subissent diverses réactions chimiques produisant de l'eau. Celle-ci va hydrater les roches de la lithosphère continentale, ce qui a pour effet de les faire fondre à une température plus basse que la normale (1 100 °C au lieu de 1 300 °C). Il en résulte la formation, à quelques dizaines de kilomètres de profondeur, de poches de roches partiellement fondues susceptibles de remonter vers la surface par des fissures. Le magma ainsi formé étant visqueux et riche en gaz, une éruption se produit lorsque la pression du gaz est suffisamment élevée pour faire « sauter le bouchon » de magma. L'explosion qui s'ensuit peut être particulièrement spectaculaire et dangereuse : elle propulse dans le ciel blocs de roches et nuage de cendres, et provoque également une nuée ardente faite de gaz et de débris rocheux sortant à près de 300 degrés, qui dévale les pentes du volcan à quelque 350 kilomètres par heure ! Mieux vaut avoir pris le large avant l'explosion et se tenir à une distance respectable de la montagne en furie !

L'éruption du mont Saint Helens aux États-Unis (État de Washington), le 18 mai 1980, est un exemple récent de ce type d'éruption explosive, dont les photos prises avant et après l'explosion sont édifiantes : le volcan a expulsé près de 1 kilomètre de hauteur de roche !

**FIGURE 7-2 :** Le mont Saint Helens avant et après son explosion du 18 mai 1980.

## Subduction et formation des reliefs

Une autre conséquence de la subduction réside dans la formation de relief. En effet, dans la zone de confrontation entre la plaque océanique et la plaque continentale (pour reprendre l'exemple précédent), les roches de cette dernière sont repoussées, comprimées, plissées, soulevées, donnant ainsi naissance à d'importants reliefs. C'est ainsi que la subduction de la plaque océanique du Pacifique Sud sous la plaque de l'Amérique du Sud a entraîné la formation, tout au long de sa bordure continentale, de l'imposante cordillère des Andes et ses 7 000 mètres d'altitude !

Mais il existe une autre situation de subduction lorsque deux plaques continentales sont en convergence et donc en confrontation. C'est le cas notamment pour la plaque indienne qui entre en collision avec la plaque eurasienne au niveau du Tibet. L'Inde a tendance à plonger sous cette dernière, mais une plaque continentale ne peut pas s'enfoncer dans le manteau beaucoup plus dense. La plaque indienne est alors bloquée et découpée en énormes écailles de roches qui remontent et s'accumulent en surface, créant le gigantesque massif de l'Himalaya.

Avec le mécanisme de subduction, voilà donnée, du moins en partie, la réponse à la question : « Comment se forment les montagnes ? »

## ÉRUPTIONS CATASTROPHIQUES

L'histoire humaine est jalonnée de catastrophes volcaniques qui en ont parfois bouleversé le cours. Ainsi, vers 1600 avant Jésus-Christ, l'explosion du volcan de l'île de Théra (actuellement Santorin) a certainement été l'une des plus puissantes que les hommes aient jamais connues. On l'estime équivalente à une quarantaine de bombes atomiques, éjectant et pulvérisant des kilomètres cubes de roches ! Les dégâts qu'elle a provoqués semblent être à l'origine du déclin de la civilisation minoenne qui florissait dans la Crète toute proche à cette époque-là.

L'éruption la plus connue est celle du Vésuve en 79 après Jésus-Christ, qui a enfoui sous une pluie de pierres et de cendres les villes de Pompéi et d'Herculanum avec leurs habitants… qui de toute façon avaient été asphyxiés par les gaz de la nuée ardente ! On a une connaissance assez précise du déroulement de l'éruption, car elle a été décrite par **Pline le Jeune (61-114)** qui a vu son oncle, le naturaliste romain **Pline l'Ancien (23-79)**, mourir dans ses bras lors de la catastrophe.

Le territoire français d'outre-mer fut marqué par l'éruption catastrophique de la montagne Pelée en Martinique le 8 mai 1902. Le volcan que l'on croyait éteint n'était qu'assoupi et, après quelques signes avant-coureurs, s'est brusquement réveillé ce jour-là. En une minute, sa nuée ardente a déferlé sur la ville proche de Saint-Pierre, qui a été totalement incendiée ainsi que la flotte des navires ancrés dans le port. La quasi-totalité de ses 28 000 habitants a péri puisqu'on ne comptera que deux rescapés, dont un prisonnier qui a été protégé par les murs épais de son cachot !

# Questions ouvertes

Depuis la fin des années 1960, les chercheurs ont sans cesse amélioré et précisé le découpage des plaques ainsi que la mécanique et l'historique de leurs déplacements, si bien que la tectonique des plaques est devenue un monument théorique dont les bases n'ont jamais été remises en cause. Toutefois, du fait de l'extrême complexité de la surface terrestre et de la difficulté à connaître précisément la structure et la mécanique interne de notre planète, diverses questions et incertitudes restent encore d'actualité et alimentent la recherche qui, à l'instar de la Terre, reste très active.

## Pousse ou tire ?

Une question ô combien fondamentale reste encore largement débattue par les chercheurs : Qu'est-ce qui, finalement, fait bouger les plaques tectoniques et comment opère le moteur de ce mouvement ? La cause première ne fait guère de doute : la source d'énergie qui anime la surface de la Terre réside dans la chaleur qui est produite par celle-ci (à cause de la radioactivité), qui génère des mouvements de convection dans les roches du manteau. En revanche, la façon dont s'opère le transfert d'énergie vers les plaques tectoniques est encore loin d'être parfaitement comprise.

Le schéma initial, qui présentait les remontées de magma sur les dorsales comme le seul moteur poussant sur le plancher océanique fraîchement produit, apparaît aujourd'hui trop simpliste. Les chercheurs se sont aperçus en effet que plus la subduction est importante sur les bords d'un océan, plus le plancher océanique s'ouvre et avance rapidement. Ils en ont conclu que c'est plutôt la subduction elle-même, c'est-à-dire la plongée en profondeur de la lithosphère océanique froide et dense, qui tire toute la plaque, à l'image d'une serviette posée sur l'eau et qui va être tirée vers le fond par le premier bord mouillé qui commence à plonger ! Il semblerait que les plaques océaniques soient donc plus tirées que poussées, mais il est toutefois fort probable que les deux causes se conjuguent dans des proportions variables, dépendant de chaque cas particulier.

## L'énigme des points chauds

Nous avons évoqué précédemment deux types de volcanisme qui opèrent au niveau des frontières entre plaques tectoniques : **le volcanisme des dorsales** (dont les volcans islandais sont d'ailleurs les seuls représentants émergés) et **le volcanisme explosif des zones de subduction**. Il en existe un troisième type qui se manifeste au beau milieu des plaques, comme la chaîne des volcans d'Hawaï, ou encore le piton de la Fournaise sur l'île de la Réunion.

Pour expliquer la présence de ces volcans en des lieux qui n'ont rien de particulier *a priori*, Jason Morgan a introduit dès 1971 le concept de point chaud. Il correspond à un endroit où des « panaches » successifs de roches plus chaudes que la moyenne remontent lentement et continuellement depuis la base du manteau à 2 900 kilomètres de profondeur, jusqu'à la lithosphère. À ce niveau-là, elles provoquent la fusion des roches et donc la formation de réservoirs magmatiques qui alimentent en continu un volcan s'étant formé à cet endroit.

Un point chaud présente la particularité de garder toujours la même position par rapport au noyau terrestre, et il en va donc de même pour la chambre magmatique qu'il génère. Mais en surface, du fait de la dérive de la plaque lithosphérique, le volcan se décale petit à petit par rapport à la « fontaine » à magma et finit par se retrouver trop éloigné d'elle pour être alimenté : il devient alors inactif. Mais au hasard des fissures permettant au magma de remonter, un nouveau volcan va se former à l'aplomb de la poche magmatique et rentrer à son tour en activité pour un certain nombre de millions d'années. Et ainsi de suite, ce qui explique qu'on observe d'anciens volcans plus ou moins alignés à proximité d'un point chaud. Dans le cas de l'archipel hawaiien par exemple, le Kilauea est actuellement en activité alors que le Mauna Kea et le Mauna Loa sont d'anciens volcans actuellement éteints.

On répertorie environ une centaine de points chauds sur le globe, dont la distribution paraît obéir aux seules lois du hasard, mis à part qu'ils semblent associés deux à deux de façon antipodale : à un point chaud donné correspond souvent un autre point chaud situé « de l'autre côté » de la Terre. Pour tenter d'expliquer l'origine de ces points chauds, quelques scientifiques ont récemment émis une hypothèse intéressante en avançant une possible cause extraterrestre : chaque couple de points chauds serait la conséquence, en quelque sorte le vestige, de l'impact d'une comète ou d'un astéroïde (suffisamment gros) qui aurait autrefois percuté la Terre. On montre en effet que les ondes de choc de l'impact se focalisent dans la zone antipodale et peuvent donc y perturber le manteau profond, entraînant la formation d'un point chaud.

L'avenir nous dira si cette proposition séduisante mérite d'être retenue ou si elle est à ranger au rayon des « mauvaises » bonnes idées...

# Chapitre 8
# L'atmosphère de la Terre

**DANS CE CHAPITRE :**

- **Atmosphère ! Atmosphère !...**
- **Quel temps fait-il ?**
- **Quel temps fera-t-il ?**

L'atmosphère est la couche d'air qui entoure le globe terrestre. Comme c'est le cas pour tous les animaux et végétaux habitant sur la terre ferme, nous vivons en communion avec cet air puisque nous baignons dedans en permanence et qu'il nous permet de pratiquer cette activité ô combien vitale : respirer !

Au-delà de cette relation quasi filiale de tous les instants, les conditions de vie de l'Homme ont été depuis l'origine très dépendantes du « temps qu'il fait », donc de l'état de l'atmosphère et de l'ensemble des phénomènes atmosphériques qui se déroulent au-dessus de sa tête. C'est ainsi que la forme et la quantité des précipitations (pluies régulières ou torrentielles, neige, grêle ou sécheresse), la température (gel, douceur ou canicule), l'ensoleillement (couverture nuageuse plus ou moins importante), les vents (modérés ou violents, voire tempétueux, etc.), déterminent assez largement la réussite des activités agricoles, la facilité de déplacement, le confort quotidien, etc. Cette dépendance était évidente dans les temps anciens, mais elle reste encore effective de nos jours. Par exemple, l'activité de nombreux acteurs économiques (agroalimentaire, grande distribution...) dépend du temps qu'il fait ou qu'il va faire, auquel ils doivent adapter leur production ou leur approvisionnement. Au-delà, malgré la haute technicité du monde actuel, nous restons à la merci d'épisodes extrêmes de plus en plus fréquents – et souvent tragiques – tels que les inondations, la sécheresse ou encore les tempêtes et les cyclones.

Ainsi, observer le temps qu'il fait – et surtout prévoir le temps qu'il va faire – est une des préoccupations de l'humanité qui remonte certainement à la Préhistoire et qui a traversé les âges jusqu'à l'époque actuelle.

Mais comment s'y prendre pour faire des pronostics sur le temps futur ? Et dans quelle mesure s'avèrent-ils fiables ?

Depuis les simples observations minutieuses et répétées de l'état du ciel et de ses changements conduites par les Anciens, jusqu'à l'utilisation actuelle de satellites et de superordinateurs pour modéliser l'atmosphère et calculer son évolution, la météorologie (du grec *meteôóros* signifiant « élevé dans les airs ») a laborieusement développé ses outils et ses méthodes, à partir de la découverte progressive du fonctionnement de l'atmosphère. Et pendant longtemps, les prévisionnistes ont dû supporter quolibets et sarcasmes, les gens étant toujours prêts à se moquer de la mauvaise qualité de leurs prévisions !

# À la découverte de l'atmosphère

Comment et de quoi est constitué cet « océan » aérien dans lequel nous baignons en permanence ? Ses propriétés changent-elles lorsqu'on s'élève en altitude et jusqu'où s'étend alors l'atmosphère ? Pour répondre à ces questions, les scientifiques des siècles passés ont dû dévoiler les propriétés de l'air, qui, par son caractère invisible et impalpable, est longtemps resté une entité bien mystérieuse et difficile à appréhender. D'ailleurs, il semblerait que ce caractère mystérieux ait une certaine tendance à perdurer pour nombre de nos contemporains, comme le montrent les idées fausses qu'ils expriment en réponse à des questions du type : « Un ballon de football peu gonflé a-t-il un poids inférieur, égal ou supérieur au poids du même ballon très gonflé ? » (Réponse un peu plus loin !).

## La pression atmosphérique

On peut constater que l'air manifeste sa présence dans de nombreuses situations de la vie quotidienne, comme ainsi une sensation sur la peau lorsque l'on bouge ou la formation de bulles dans l'eau. En revanche, on n'a guère l'occasion de mettre en évidence le fait que l'air atmosphérique exerce en permanence une certaine pression sur tous les objets en sa présence, même en dehors de tout mouvement.

Dans le contexte actuel, cette pression atmosphérique se manifeste, par exemple, lorsqu'on écrase le papier du paquet de cacahouètes « sous vide », justement parce qu'on a retiré l'air de l'intérieur du paquet.

## Pression de l'air et horreur du vide

Cette idée d'une pression permanente de l'air atmosphérique n'étant ni évidente ni intuitive, elle a eu du mal à s'imposer contre la vision d'Aristote (encore lui !) qui a tenu le devant de la scène depuis l'Antiquité jusqu'au XVII^e siècle.

D'après lui, l'air est l'un des quatre éléments, avec l'eau, la terre et le feu, à partir desquels est constituée toute chose terrestre. Pour Aristote, l'air remplit tous les espaces où il n'y a pas autre chose, et ce pour une bonne raison qui tient lieu de principe explicatif : « La nature a horreur du vide ! ». Dans l'amorçage d'une pompe aspirante, par exemple, l'air du tuyau est aspiré et l'eau monte alors dans ce tuyau et vient occuper l'espace libéré par l'air, car... la nature a horreur du vide et fait donc venir l'eau pour le combler !

Une expérience réalisée en 1643 par l'Italien **Evangelista Torricelli (1608-1647)**, disciple de Galilée, va sérieusement ébranler et finalement sonner le glas de ce concept aristotélicien en mettant en évidence la pression atmosphérique d'une part et l'existence du vide d'autre part.

À Florence vers 1640, les fontainiers désirent pomper l'eau du fleuve à plus de 10 mètres de hauteur pour alimenter leurs fontaines. Mais malgré l'utilisation des pompes les plus performantes, l'eau refuse obstinément de monter au-dessus de 10 mètres et se bloque à cette hauteur-là. La force ascendante générée par l'horreur du vide aurait-elle une limite ? En désespoir de cause, ils en appellent au célèbre Galilée pour trouver une solution, mais celui-ci meurt aveugle peu de temps après sans avoir réussi.

Torricelli s'empare alors du problème et a l'idée lumineuse de réaliser des expériences avec un liquide beaucoup plus lourd que l'eau : le « vif-argent », nom donné à l'époque au mercure, qui est 13,6 fois plus dense que l'eau.

Il remplit à ras bord de ce liquide un tube de verre d'environ 1 mètre de long, bouche son extrémité avec le doigt et renverse ce tube sur une cuve remplie elle aussi de mercure. Il débouche alors le tube en enlevant son doigt, ce qui permet au liquide de circuler librement entre le tube et la cuve. Il constate alors que le mercure descend dans le tube, puis s'arrête à un certain niveau, toujours le même, qui se trouve à 76 centimètres de hauteur par rapport à la surface libre du liquide dans la cuve. Torricelli interprète correctement son expérience en considérant que l'air atmosphérique exerce sur cette surface libre la même pression que celle générée par le poids de la colonne de 76 centimètres de mercure. Car dans le tube au-dessus du mercure, l'espace qui a été libéré ne contient... rien du tout : c'est le vide ! Et « la nature » ne semble pas s'en offusquer outre mesure...

MAIRIE DE PARIS
BIBLIOTHEQUE
DISCOTHEQUE
18, Rue Faidherbe
75011 PARIS

Si, dans cette expérience, on utilisait de l'eau à la place du mercure, la hauteur d'eau dans le tube nécessaire pour obtenir le même poids de la colonne verticale serait 13,6 fois plus grande que 76 centimètres, soit pratiquement 10 mètres ! On retrouve ainsi la hauteur de 10 mètres contre laquelle butaient les fontainiers, et qui représente en fait une limite indépassable. Si une pompe idéale crée le vide dans le tuyau, l'air atmosphérique, exerçant sa pression sur l'eau du fleuve, va faire monter celle-ci dans le tuyau jusqu'à une hauteur de 10 mètres, mais jamais plus !

## LA PRESSION DANS UN FLUIDE

La pression de l'air, et plus généralement la pression d'un gaz ou de tout fluide, rend compte du fait que celui-ci pousse plus ou moins fort sur les parois de son contenant (ou d'ailleurs sur n'importe quel objet immergé dans ce fluide). Cette poussée est due aux innombrables chocs des molécules du fluide – qui s'agitent sans cesse dans tous les sens et s'entrechoquent à un rythme effréné : dans l'air ambiant, les molécules subissent des milliards de chocs par seconde ! – contre les parois. En effet, ce « bombardement » permanent de milliards de molécules-projectiles sur tout élément de surface de la paroi crée globalement une force qui pousse sur cet élément.

Par définition, la pression du fluide est le rapport entre l'intensité de cette force exercée et l'aire de l'élément de surface considéré. Elle se mesure donc, dans les unités du système international, en newtons (N : unité de force) par mètre carré ($m^2$ : unité d'aire). Mais on a donné à cette unité un nom particulier : le pascal (Pa), anciennement appelé le millibar.

$1 \text{ Pa} = 1 \text{ N/m}^2$

Le modèle du « bombardement » décrit plus haut permet de comprendre facilement que la pression dans un gaz est d'autant plus grande que la concentration en molécules est grande et que leur vitesse, donc leur température, est élevée.

L'expérience de Torricelli a permis la réalisation des premiers instruments servant à mesurer la pression atmosphérique : les baromètres à mercure.

## Une pression… impressionnante !

Exprimée dans l'unité « officielle » actuelle, la pression atmosphérique (au niveau de la mer) a une valeur de 1 013 hectopascals (1 hectopascal égale 100 pascals), ce qui correspond à la hauteur de 76 centimètres de mercure dans le tube de Torricelli. Pour mieux se représenter à quelle force pressante cela correspond, on peut calculer qu'elle équivaut pratiquement à la pression obtenue par le poids d'un objet de 1 kilogramme appuyant sur une surface de 1 centimètre carré.

À titre d'exemple, votre main ayant une surface très approximative d'une centaine de centimètres carrés, c'est comme si vous posiez dessus une charge de 100 kilos ! Cela peut faire mal et, surtout, ce sera difficile à soulever ! On comprend mieux dès lors pourquoi on n'arrive pas à soulever le couvercle d'une conserve « sous vide » : il est plaqué contre le bocal par la pression de l'air extérieur alors qu'à l'intérieur il n'y a (presque) plus d'air pour pousser dans l'autre sens.

## LES HÉMISPHÈRES DE MAGDEBOURG

L'Allemand **Otto von Guericke (1602-1686)** était non seulement le bourgmestre de la ville de Magdebourg, mais également un brillant scientifique. Pour mettre en évidence l'action de la pression atmosphérique, il organise en public en 1654 la célèbre et spectaculaire expérience dite « des hémisphères de Magdebourg ».

Deux hémisphères métalliques d'un peu moins de 1 mètre de diamètre sont juxtaposés l'un contre l'autre avec, entre les deux bords, un simple joint d'étanchéité. À l'aide d'une pompe aspirante, on fait ensuite le vide dans la sphère formée par les deux hémisphères rassemblés. Ceux-ci se retrouvent alors pressés l'un contre l'autre si fortement que deux attelages de six chevaux tirant chacun sur un hémisphère ne parviennent pas à les séparer ! Cette expérience montre la force colossale que peut exercer la pression atmosphérique puisque c'est bien sûr l'air extérieur qui presse ici les deux hémisphères l'un contre l'autre.

L'expérience se termine par l'ouverture d'une soupape pour laisser rentrer l'air entre les deux hémisphères. Ceux-ci se séparent alors sans effort, puisque l'air pousse désormais de la même façon sur l'extérieur et sur l'intérieur des parois métalliques.

## Pression et altitude

Le physicien et mathématicien français **Blaise Pascal (1623-1662)** – génie particulièrement précoce puisqu'il écrit un traité mathématique sur les coniques à l'âge de 16 ans et invente une machine à calculer à moins de 20 ans ! – reproduit les expériences de Torricelli et acquiert l'intuition que la pression dans l'air doit obéir à la même règle que la pression dans l'eau, à savoir qu'elle augmente quand on descend en profondeur, et inversement. Il fait donc l'hypothèse que la pression atmosphérique devrait diminuer quand on s'élève en altitude. Pour le vérifier, il demande en 1648 à son beau-frère Florin Périer, qui est à Clermont-Ferrand, d'organiser une expédition vers le sommet du puy de Dôme en emportant le matériel nécessaire (des « vaisseaux de vif-argent » selon le vocabulaire de l'époque) pour mesurer la hauteur de la colonne de mercure à différentes altitudes.

Les résultats de l'expérience confirment l'hypothèse de Pascal puisque la hauteur de la colonne diminue « jusqu'à trois pouces » (environ 8 cm) entre la plaine et le sommet.

À l'époque, cette expérience a un grand retentissement et contribue à discréditer un peu plus la thèse aristotélicienne selon laquelle la nature a horreur du vide. En effet, pourquoi cette horreur du vide serait-elle plus forte au pied du puy de Dôme qu'à son sommet ?

*A contrario*, les observations s'expliquent très bien par l'action de la pression atmosphérique, si l'on considère que celle-ci est due au poids de l'air qui est au-dessus du lieu où l'on se trouve. Ainsi, plus on monte en altitude, moins il y a d'air au-dessus pour presser par son poids sur la surface du mercure dans la cuve, et plus la pression atmosphérique diminue.

On peut donc considérer que le baromètre de Torricelli « pèse » la colonne d'air située au-dessus de la cuve de mercure, ce qui explique au passage la racine étymologique du mot « baromètre », *baros* en grec signifiant « poids ».

## JUSQU'OÙ VA L'ATMOSPHÈRE ?

Les moyens modernes ont permis de mesurer la valeur de la pression atmosphérique jusqu'à des altitudes très élevées. Ainsi, à partir de sa valeur mesurée au niveau de la mer (1 013 hPa), la pression atmosphérique est *grosso modo* divisée par 2 à 5 kilomètres d'altitude, par 3 à 8 km, par 10 à 15 km, par 100 à 30 km, par 1 000 à 50 km, par 100 000 à 85 km… Cela diminue sans cesse, mais à quelle altitude l'atmosphère finit-elle donc ?

Eh bien, en fait, elle n'en finit pas de finir ! L'air se raréfie progressivement et il n'y a donc pas de limite nette entre l'atmosphère et le vide de l'espace interplanétaire. Au-delà d'une centaine de kilomètres d'altitude, on estime qu'on entre dans l'espace où il est possible de faire tourner des satellites artificiels ; ceux-ci vont toutefois être légèrement freinés par des molécules d'air résiduelles et perdre ainsi petit à petit de l'altitude… En revanche, à partir de 800 à 1 000 kilomètres, il reste si peu de molécules résiduelles qu'on peut considérer avoir totalement quitté l'atmosphère.

En fait, les 30 premiers kilomètres contiennent 99 % de l'air atmosphérique. C'est cette couche d'air qui apparaît à l'horizon au-dessus de la Terre sur les photos prises depuis l'espace, comme celle de la page suivante. Cette couche a la couleur bleue caractéristique du ciel… quand la photo est en couleurs !

**FIGURE 8-1 :** L'atmosphère terrestre vue depuis l'espace.

## L'air de rien, l'air pèse quelque chose !

L'existence de la pression atmosphérique est liée au fait que l'air est pesant (autrement dit, l'air a une certaine masse), ce qui ne doit pas nous étonner puisque l'air, pour être gazeux, n'en est pas moins de la matière. Au niveau de la mer et à température ambiante, un litre d'air pèse 1,2 grammes. « C'est léger ! », direz-vous peut-être ? Oui et non... L'air est certes 800 fois moins dense que l'eau liquide, mais vous calculerez facilement que votre salon, par exemple, pour peu qu'il soit assez spacieux, contient une centaine de kilogrammes d'air !

Le moment est venu de donner la réponse à la question posée quelques pages plus haut à propos du ballon de football plus ou moins gonflé : plus il y a d'air à l'intérieur, plus il est lourd et c'est donc bien gonflé qu'il est le plus lourd.

## GRAVITÉ ET ATMOSPHÈRE

L'air qui entoure la Terre est dans un espace ouvert, mais il ne s'échappe pourtant pas dans l'espace. Il reste plaqué contre notre planète, et heureusement, car sinon nous ne serions pas là pour en parler ! Nous devons remercier pour cela le phénomène de gravitation, qui fait que toutes les molécules constitutives de l'air – comme d'ailleurs tout élément matériel – sont attirées vers le centre de la Terre par la force d'attraction gravitationnelle : leur poids.

Comme la Terre est une assez grosse planète, cette force est assez élevée pour que toutes les molécules attirées vers le bas aient tendance à se tasser contre la surface du globe. Mais comme par ailleurs elles s'entrechoquent sans cesse et se repoussent les unes les autres, elles se répartissent en fait sur une certaine épaisseur autour de la planète.

La tendance au « tassement » vers le bas a pour conséquence que la concentration en molécules, et donc aussi la densité de l'air et la pression atmosphérique, sont maximales au niveau le plus bas, c'est-à-dire au niveau de la mer, et décroissent ensuite quand on monte en altitude.

# La température de l'air

Contrairement à la pression, la température est une grandeur qui nous est assez familière puisque nous la « vivons » quotidiennement par notre sensation de chaud ou de froid. Nous savons qu'elle correspond en quelque sorte à cette sensation, mais elle est mesurée de façon plus précise et objective grâce à l'utilisation d'un thermomètre (instrument qui, étymologiquement, « mesure la chaleur »). Avant l'avènement de l'électronique, tous les thermomètres étaient basés sur le phénomène de dilatation, qui veut que le volume d'un échantillon de matière augmente quand sa température augmente (c'est vrai à de très rares exceptions près). Un thermomètre « classique » utilise la dilatation d'un liquide (alcool, mercure, toluène, etc.) contenu dans un réservoir surmonté d'un tube très fin. Dans ce dernier, le niveau du liquide se déplace en face d'une graduation quand la température varie.

## Échelles de température

La mise au point de cet instrument se révélant assez difficile, ce n'est qu'au début du XVIIIe siècle que les premiers thermomètres fonctionnels de ce type sont construits par le physicien allemand **Daniel Gabriel Fahrenheit (1686-1736)**. Utilisant d'abord l'alcool puis le mercure (qui a une dilatation plus régulière), ses thermomètres sont gradués en degrés (appelés depuis « degrés Fahrenheit » : °F) dans une échelle inventée par Fahrenheit lui-même. Ce dernier attribue la valeur 32 (pourquoi pas !) à la température de la glace fondante, et la valeur 96 à la température « normale du sang » !

Ce choix paraît étrange pour un physicien puisque cette température référence n'est pas parfaitement fixée... Son échelle de température aura tout de même un beau succès puisqu'elle est encore utilisée de nos jours dans certains pays anglo-saxons !

Mais l'échelle de température qui aura un succès planétaire est celle du Suédois **Anders Celsius (1701-1744)**, du moins après une modification. En effet, dans le thermomètre à mercure qu'il propose vers 1730, Celsius attribue la valeur de 100 degrés à la température de la glace fondante et celle de 0 degré pour l'ébullition de l'eau : tout à l'envers des autres ! Ce n'est qu'après sa mort que l'on décide d'inverser cette échelle tout en gardant les mêmes références de température, pour aboutir à l'échelle Celsius (degré Celsius : °C) qu'on utilise aujourd'hui presque partout dans le monde.

## RELEVER LA TEMPÉRATURE DE L'AIR

La température de l'air est bien sûr une donnée importante en météorologie et il convient de la mesurer de façon rigoureuse, en évitant toute cause qui pourrait fausser le résultat. Pour cela, le thermomètre doit être placé sous abri, suffisamment éloigné de toute paroi et du sol, qui pourraient apporter de la chaleur ou du froid. Il doit également être protégé du soleil, du vent et d'éventuelles précipitations. C'est la raison pour laquelle les thermomètres des stations météorologiques sont placés à 1,50 m du sol, blottis dans une petite cabane de bois blanc ajourée, comme vous pouvez en voir à l'occasion au bord des autoroutes.

## Température et altitude

La température de l'air dépend du lieu et des conditions du moment, mais elle dépend aussi de l'altitude. Tout un chacun habitant près d'une montagne sait très bien que plus on monte, plus la température diminue. Pour étudier précisément – entre autres choses – la façon dont s'opère cette décroissance, certains scientifiques de l'époque ont réalisé des ascensions risquées des plus hauts sommets alpins, puis sont allés pratiquer des mesures encore plus haut, dans des nacelles accrochées à des ballons gonflés à l'hydrogène. Le vol en 1804 des physiciens français **Louis Joseph Gay-Lussac (1778-1850)** et **Jean-Baptiste Biot (1774-1862)**, qui ont atteint 6 500 mètres d'altitude, est resté célèbre.

Toutes ces aventures scientifiques, ainsi que d'autres moyens plus modernes (ballons-sondes) ont permis d'établir que dans le cas général, la température décroît régulièrement avec l'altitude, à raison de 6,5 °C pour 1 000 mètres. Mais cette diminution est limitée à la première douzaine de kilomètres (appelée « troposphère »). À partir de là, la température qui avait atteint – 60 °C se met à augmenter pour tendre vers 0 °C à une cinquantaine de kilomètres d'altitude. Dans cette partie de l'atmosphère entre 10/12 km et 50 kilomètres appelée « stratosphère », c'est principalement l'ozone présent qui réchauffe l'air en absorbant le rayonnement ultraviolet du Soleil. Au-delà de 50 kilomètres, la température fait encore le yo-yo : elle diminue jusqu'à - 90 °C vers 80 kilomètres d'altitude avant d'augmenter cette fois jusqu'à 500 à 1 000 °C dans une zone où le rayonnement solaire ionise les gaz très raréfiés qui s'y trouvent.

## De l'eau dans l'air

Qu'il puisse y avoir de l'eau dans l'atmosphère est un fait assez évident et reconnu depuis l'Antiquité, puisque nous sommes régulièrement arrosés par cette eau venue d'en haut. Les précipitations allant nécessairement de pair avec la présence de nuages, ces derniers sont identifiés fort justement comme des « réservoirs d'eau » au sein de l'atmosphère, qu'ils soient formés de gouttelettes d'eau liquide ou de cristaux de glace en suspension dans l'air. Mais à côté de cette eau « visible » sous forme de nuages, une quantité d'eau beaucoup plus importante est mélangée à l'air sous une forme invisible : la vapeur d'eau, qui est de l'eau à l'état gazeux.

### Le cycle naturel de l'eau

La vapeur d'eau atmosphérique résulte de l'évaporation de l'eau liquide présente un peu partout à la surface de la Terre : océans, cours d'eau, sols plus ou moins humides, végétaux, etc. Cette transformation de l'eau de l'état liquide à l'état gazeux absorbe de la chaleur, qui dans la nature est apportée par le rayonnement solaire. Dans certaines conditions, la vapeur d'eau présente dans l'air se condense pour reformer les gouttelettes d'eau liquide (ou les cristaux de glace) des nuages, qui vont donner des précipitations et ramener ainsi l'eau sur la surface de la Terre. L'eau terrestre subit ainsi un cycle permanent de changements d'état et de déplacements entre l'atmosphère et la surface du globe, qui dure depuis des milliards d'années !

## L'ÉVAPORATION

L'évaporation (à ne pas confondre avec l'ébullition) est la transformation à température ambiante de l'eau liquide en vapeur d'eau. Elle a lieu à l'interface eau liquide / air où certaines molécules d'eau de la surface du liquide bénéficient passagèrement, au hasard de l'agitation incessante de ce petit monde moléculaire, d'un surcroît d'impulsion de la part des molécules voisines. Elles peuvent alors quitter le liquide pour devenir des molécules libres mélangées à l'air, c'est-à-dire de la vapeur d'eau.

Dans le même temps, certaines molécules de vapeur d'eau déjà présentes dans l'air, au hasard de leur cheminement chaotique, reviennent dans le liquide, mais en général les molécules qui partent sont plus nombreuses que celles qui reviennent, et donc globalement la quantité d'eau liquide diminue au profit de la vapeur d'eau.

Ce mécanisme de l'évaporation permet de comprendre pourquoi ce phénomène absorbe de l'énergie ou, dit d'une autre façon, « produit du froid ». En effet, chaque fois qu'une molécule quitte le liquide, elle emporte avec elle le surcroît d'énergie qui lui a été nécessaire pour s'échapper. Mais cette énergie a été fournie par ses voisines, qui ont donc été ralenties, c'est-à-dire refroidies.

Vous ressentez d'ailleurs vous-même ce refroidissement lorsque mouillé (au sortir du bain par exemple), vous êtes soumis à un courant d'air qui accélère l'évaporation. Pour s'évaporer, l'eau qui recouvre votre peau prend rapidement de la chaleur à votre corps et vous avez froid, même si l'air ambiant est chaud !

## Taux d'humidité de l'air

La quantité de vapeur d'eau présente dans l'air est très variable suivant le lieu et le moment. La proportion des molécules d'eau parmi les molécules constitutives de l'air peut varier d'environ 0,1 % quand l'air est très sec, à plus de 5 % quand il est très humide, la moyenne se situant autour de 2 %. L'éventuelle condensation de la vapeur d'eau pour former des nuages, voire des précipitations, va bien sûr dépendre de cette proportion, mais aussi de la température.

En effet, à une température donnée correspond une concentration maximale de molécules d'eau que l'air peut contenir. Tant que cette concentration n'est pas atteinte, les molécules d'eau restent à l'état de vapeur. Si, en revanche, elle est atteinte, l'air devient saturé en vapeur d'eau. Les molécules d'eau sont alors tellement nombreuses à s'entrechoquer qu'elles s'agglomèrent pour former des gouttelettes d'eau liquide en suspension dans l'air : le physicien dira qu'on a atteint le « point de rosée » et il y a donc condensation.

Mais la concentration maximale possible dépend de la température : elle est d'autant plus élevée que l'air est plus chaud, car l'agitation des molécules contrarie leur regroupement en gouttelettes. Ainsi, un air chaud peut contenir beaucoup de vapeur d'eau sans qu'il soit le siège d'une condensation : c'est par exemple le cas dans les régions équatoriales.

Il en résulte que pour être significative, la concentration en vapeur d'eau doit être considérée par rapport à la valeur maximale possible, pour une température donnée. C'est pourquoi le taux d'humidité de l'air est défini sous la forme d'un pourcentage. Par exemple, un air ayant un taux d'humidité de 80 % contient 80 % de la quantité maximale de vapeur d'eau qu'il peut contenir, à la température considérée. Notons en passant que si la température de cet air pris pour exemple vient à diminuer, son taux d'humidité va de ce fait augmenter. Un air saturé en vapeur d'eau correspond à un taux d'humidité de 100 %.

Le taux d'humidité de l'air est un facteur météorologique essentiel, si bien que dès le XVII$^{e}$ siècle, divers scientifiques ont cherché à fabriquer un instrument permettant de le mesurer. Les premiers hygromètres sont basés sur l'utilisation de matériaux qui s'allongent ou se contractent en fonction de l'humidité : crins ou boyaux d'animaux, cheveux, fibres végétales… On fait en sorte que leur variation de longueur entraîne la rotation d'une aiguille. Il semblerait que le premier instrument de ce type ait été inventé en 1664 par l'éclectique savant anglais **Robert Hooke (1635-1703)**. Ces instruments n'étaient certainement pas d'une précision et d'une fiabilité à toute épreuve, contrairement au modèle réalisé en 1815 par Gay-Lussac, basé sur un tout autre principe. Il associe deux thermomètres identiques dont l'un a son réservoir entouré d'un tissu mouillé, de sorte qu'il est refroidi en permanence par l'évaporation de l'eau. Ce refroidissement, et donc l'écart de température entre les deux thermomètres, est d'autant plus important que l'évaporation est plus rapide, et donc que l'air est plus sec. On obtient ainsi, après étalonnage de l'instrument, une lecture directe et précise du taux d'humidité de l'air.

## Composition de l'air atmosphérique

Le génial initiateur de la chimie moderne, **Antoine Laurent de Lavoisier (1743-1794)**, grâce à une expérience qui est restée l'une des plus célèbres, si ce n'est la plus célèbre de l'histoire de la chimie, a découvert et identifié en 1777 les deux principaux gaz constitutifs de l'air : l'oxygène et l'azote, présents dans une proportion respective de 1/5 et 4/5. Précisons que dans le langage actuel de la chimie, on dit plutôt « dioxygène » et « diazote » pour signifier qu'il s'agit de molécules formées de deux atomes d'oxygène ou d'azote.

## L'EXPÉRIENCE HISTORIQUE DE LAVOISIER

Lavoisier fait chauffer à feu doux du mercure sous une cloche étanche dans laquelle il peut connaître la pression. Au fur et à mesure du chauffage, il voit apparaître à la surface du métal liquide une poudre rougeâtre qui résulte de l'oxydation du mercure. Dans le même temps, la pression diminue progressivement sous la cloche. Au bout de plusieurs jours, plus rien ne se passe. Il constate alors qu'environ un cinquième de l'air a disparu et que l'air restant n'a plus la faculté d'entretenir les combustions : une bougie allumée s'y éteint immédiatement.

Ayant recueilli la poudre rouge formée, il la chauffe fortement dans une enceinte où il a fait le vide. Il voit alors réapparaître du mercure métallique tandis que la pression augmente progressivement. Introduisant une bougie allumée dans le gaz formé, il voit celle-ci brûler vivement.

Lavoisier en conclut que la poudre rouge doit être une combinaison du mercure et d'un gaz présent dans l'air à raison d'un cinquième de son volume. Ce gaz actif qui est consommé lors de l'oxydation des métaux (première phase de l'expérience) ainsi que lors des combustions et de la respiration, Lavoisier le nomme *oxygène* (étymologiquement : qui génère de l'oxydation). L'autre gaz constitutif de l'air pour les 4/5 restants sera nommé azote, ce qui étymologiquement signifie « impropre à la vie animale ».

On savait déjà depuis le XVII$^{e}$ siècle que l'air contenait aussi, mais en faible proportion, un autre gaz incolore et inodore qui se forme lors des combustions. On l'a appelé successivement « gaz sylvestre », puis « air fixé », avant que Lavoisier (encore lui !) ne l'identifie comme une combinaison de carbone et d'oxygène. Son nom est alors devenu gaz carbonique puis, en langage moderne, dioxyde de carbone. Ce gaz a acquis de nos jours une grande célébrité depuis que sa production en masse par les activités humaines en a fait la principale cause d'un réchauffement global et d'un changement climatique annoncés...

Jusque vers la fin du XIX$^{e}$ siècle, on considère qu'oxygène, azote et gaz carbonique, avec bien sûr la vapeur d'eau, sont les seuls constituants de l'air. Mais au tournant du siècle, de nouveaux moyens de détection, en particulier la spectroscopie, permettent de déceler dans l'air la présence de gaz rares, encore appelés gaz « nobles », ou gaz « inertes », car ils n'ont aucune réactivité chimique. Il s'agit en premier lieu de l'argon, finalement pas si rare que ça puisqu'il représente tout de même 0,9 % de l'air, puis des autres en quantités beaucoup plus faibles : néon, hélium, krypton, xénon, radon.

Enfin, on trouve aussi en faible proportion du méthane d'origine biologique (« dégazage » des ruminants !) et des gaz issus de l'activité volcanique comme des composés soufrés.

# L'étude des phénomènes atmosphériques

Quelles sont les composantes du « temps qu'il fait » dont nos conditions de vie quotidienne sont largement dépendantes ?

Un des premiers paramètres est bien sûr la température de l'air qui nous dicte, par exemple, comment nous habiller... légèrement ou chaudement. Mais tout le monde a pu se rendre compte qu'entre la température annoncée, et donc mesurée sous abri, et la température ressentie, il peut y avoir une sacrée différence en fonction du vent, ce dernier ayant tendance à accentuer la sensation de froid en emportant constamment la fine couche d'air chaud qui se forme contre notre peau. Le vent constitue donc une donnée météorologique essentielle, qui d'ailleurs influe également sur l'état du ciel, plus ou moins chargé en nuages de toutes sortes, ces derniers étant susceptibles de donner lieu à des précipitations éventuelles.

## Le vent

S'il nous paraît aujourd'hui évident que le vent résulte d'un déplacement global d'une masse d'air dans une certaine direction, cette idée n'apparaît pas du tout historiquement comme une évidence.

Dans la Grèce antique par exemple, outre que les vents sont régis par des divinités sous la houlette d'Éole, la nature même du vent fait débat. Alors qu'Hippocrate a une vision correcte du phénomène, Aristote considère le vent comme une entité différente de l'air, prenant sa source « quelque part » et « coulant » à la façon d'un courant d'eau, avec une force plus ou moins grande suivant les moments.

Depuis au moins le XVe siècle, on a bien compris que l'atmosphère est le siège de mouvements d'air incessants et que le vent est le résultat de ces mouvements. C'est en fait le Soleil qui est le grand manipulateur de l'atmosphère en lui apportant un flux d'énergie permanent, mais qui se répartit inégalement à la surface de la Terre. Par rapport au globe terrestre dans son ensemble, la quantité d'énergie apportée varie avec la latitude. Elle est maximale dans la zone équatoriale où le rayonnement solaire arrive presque perpendiculairement au sol, et minimale dans les régions polaires où les rayons du Soleil restent assez rasants. Mais outre ces variations à l'échelle du globe, on observe aussi des différences localement, en fonction de l'état de la surface de la Terre (présence d'étendues d'eau ou de végétation, état du sol, etc.). Ainsi, l'existence de zones plus chaudes que la moyenne, et d'autres moins chaudes, va donner naissance au vent par un processus présenté ci-après de façon simplifiée, car on a pitié du lecteur...

## Fluctuations de la pression atmosphérique

Dans une zone où la surface de la Terre capte plus efficacement le rayonnement solaire et devient donc plus chaude qu'aux alentours, l'air s'échauffe et en conséquence se dilate. Il devient donc « plus léger » (« moins dense » dira le physicien) que la moyenne. Cette « légèreté » a deux conséquences. D'une part cet air appuie moins fort sur le sol et donc sa pression devient inférieure à la moyenne. L'endroit devient une zone de basse pression, appelée « dépression ». D'autre part cet air chaud plus « léger » a tendance à s'élever comme le fait une montgolfière remplie d'air chaud (c'est alors la poussée d'Archimède qui est à l'œuvre).

On peut raisonner à l'inverse pour une zone où la surface de la Terre est moins chaude que la moyenne. L'air plus froid et plus « lourd » (plus dense) va presser plus fort : c'est une zone de haute pression appelée « anticyclone » dans le jargon météorologique, dans laquelle l'air a tendance à descendre.

On constate ainsi que la pression atmosphérique, qui, on l'a déjà vu, vaut en moyenne 1 013 hectopascals au niveau de la mer, peut fluctuer autour de cette valeur de quelques dizaines d'hectopascals en plus ou en moins. Les météorologistes tracent sur leurs cartes des lignes qui correspondent aux lieux pour lesquels la pression a la même valeur (par exemple 1 000 hPa, ou bien 1 020 hPa), appelées « isobares » et représentées dans le schéma ci-après. Les lettres D et A représentent les deux lieux où la pression est respectivement la plus faible et la plus forte.

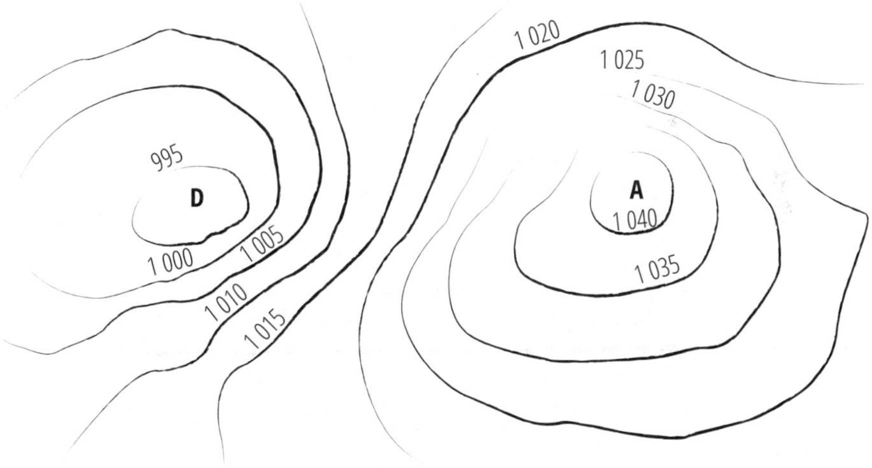


**FIGURE 8-2 :** Dépression, anticyclone et isobares.

## Direction et sens du vent

Comment l'existence de zones de dépression et d'anticyclone peut-elle être à l'origine du vent ? Tout simplement pour la même raison qui fait que l'air va sortir rapidement d'un objet préalablement gonflé (pneu, ballon…) si ce dernier se crève : l'air qui est comprimé à l'intérieur se précipite dehors où la pression est plus faible, car l'air se déplace naturellement et spontanément d'une zone de haute pression vers une zone de plus basse pression. On conçoit donc qu'au sein de l'atmosphère, l'air va avoir tendance à voyager de l'anticyclone vers la dépression, et c'est effectivement ce qu'il se passe.

Contrairement à ce que l'on pourrait croire, le vent, pour ce faire, ne choisit pas le trajet le plus simple qui consisterait à aller de A à D en ligne droite… La faute à la rotation de la Terre ! En effet, la Terre tourne sur elle-même et ce mouvement incurve la trajectoire des vents et les fait tourner également ! On explique ce phénomène en faisant intervenir une force déviante appelée « force de Coriolis », d'après le nom du Français **Gaspard Coriolis (1792-1843)** qui en a fait la théorie mathématique.

Étudiant le problème de l'origine et de la direction des vents, le météorologiste hollandais aux prénoms improbables **Chritophorus Henricus Didericus Buys-Ballot (1817-1890)** établit vers 1855 la loi certainement la plus importante de la météorologie : le vent se dirige toujours suivant les isobares. Il s'ensuit que le vent tourne autour d'une dépression ou d'un anticyclone en suivant à peu près la direction des isobares. En fait, il effectue plus précisément dans les deux cas un mouvement en spirale, car tout en tournant, il s'éloigne progressivement du centre de l'anticyclone et il se rapproche progressivement du centre de la dépression.

Buys-Ballot a également déterminé le sens de rotation du vent : dans le sens des aiguilles d'une montre autour d'un anticyclone, et dans le sens inverse autour d'une dépression. Ces sens de rotation sont imposés par les forces de Coriolis et la déviation vers la droite évoquée plus haut… à condition toutefois de se situer dans l'hémisphère Nord, car les sens sont inversés dans l'hémisphère Sud !

Ces mêmes forces de Coriolis orientent la circulation des grandes masses d'air au niveau planétaire, comme les alizés ou les courants-jets d'altitude, mais nous n'entrerons pas dans le détail de ces phénomènes.

## FORCE DE CORIOLIS ET TRAJECTOIRE COURBE

Pour comprendre comment agit la force de Coriolis, imaginons l'expérience suivante. Un méchant se place au pôle Nord et, à l'aide d'un énorme canon, tire un boulet dans la direction de la ville de Brest (dessin n° 1) – c'est leur situation à l'extrême ouest de la France qui a valu aux Bretons d'être choisis comme victimes ! – (dessin n° 1). Mais pendant que le boulet suit son trajet entre le pôle et le point visé, la Terre tourne (d'ouest en est : tous ses points se déplacent vers l'est) si bien que quand le boulet atteint son but, la ville de Brest n'est plus là ! Le boulet tombe en fait dans l'océan à quelques dizaines de kilomètres à l'ouest de Brest (dessin n° 2) ! Les dessins nos 1 et 2 représentent l'histoire vue par un observateur extérieur à la Terre, mais le lanceur du boulet, depuis son pôle Nord, a une autre vision de la scène : il voit son boulet partir tout d'abord en direction de Brest, puis être progressivement dévié vers la droite pour finalement tomber dans l'eau (dessin n° 3). Pour expliquer cette déviation vers la droite, il faut faire intervenir une force (« de Coriolis ») poussant le boulet vers la droite, mais remarquons que cette dernière est une force fictive – tout comme d'ailleurs la force centrifuge – qui n'intervient que lorsqu'on analyse le mouvement du boulet dans un référentiel (la Terre) en rotation.

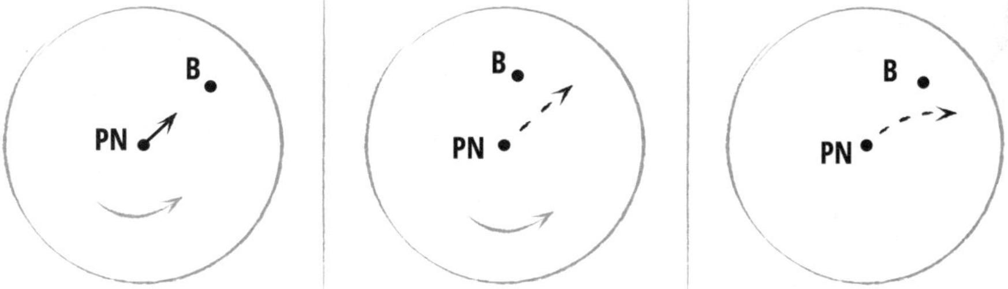

1. Départ du boulet
2. Arrivée du boulet au point visé
3. Trajectoire du boulet par rapport à la Terre

Force de Coriolis et déviation.

Le boulet étant donc dévié vers la droite dans l'hémisphère Nord, un raisonnement analogue permet de conclure qu'il sera dévié vers la gauche dans l'hémisphère Sud. Et ce qui vaut pour le boulet de canon vaut aussi pour une masse d'air en mouvement, ce qui explique pourquoi le vent va suivre lui aussi une trajectoire courbe.

Les règles qui précèdent gouvernent la circulation des vents sur de grandes étendues, car centre dépressionnaire et centre anticyclonique sont souvent éloignés de plusieurs milliers de kilomètres. Il est d'autres situations où des vents locaux circulent plus directement entre des zones de pressions différentes.

C'est le cas de la brise qui souffle sur les rivages maritimes. Pendant la journée ensoleillée, la terre s'échauffe plus vite que la mer (qui présente une plus grande inertie thermique). L'air situé au-dessus des terres s'échauffe de la même façon, se dilate et, devenu moins dense, s'élève en altitude. Il est progressivement remplacé par de l'air plus frais venant de la mer, ce déplacement d'air provoquant la brise de mer. Après le coucher du Soleil, la terre se refroidit cette fois plus vite que la mer et le phénomène est inversé. Après une période de calme, l'air plus chaud au-dessus de la mer s'élève en altitude et se trouve remplacé par de l'air plus frais venant des terres : c'est la brise de terre, qui va souffler durant la nuit.

### LE MAUVAIS TEMPS EST À GAUCHE !

La formule-choc « Le mauvais temps est à gauche » est attribuée à Buys-Ballot, en application des différentes règles qu'il avait découvertes. Comme le vent tourne autour d'une dépression en sens inverse des aiguilles d'une montre, on a effectivement le centre dépressionnaire à notre gauche si l'on se place dos au vent. Il ne reste plus qu'à considérer que la présence d'une dépression est assez souvent synonyme de mauvais temps – sans que cette relation soit systématique – pour aboutir à la règle énoncée, qui a le mérite d'être facile à retenir !

Attention ! Cette règle n'est valable que dans l'hémisphère Nord et doit être inversée pour l'hémisphère Sud.

## Nuages et précipitations

Formés de gouttelettes d'eau liquide ou bien de minuscules cristaux de glace, les nuages apportent dans certains cas des précipitations sous forme de pluie ou de neige, voire de grêle (elles ne sont alors jamais les bienvenues !). On peut facilement constater que les nuages se situent à des hauteurs différentes, s'échelonnant entre le niveau du sol (c'est alors du brouillard) et 8 kilomètres d'altitude environ. Ils semblent à première vue d'une infinie variété, mais les scientifiques ont bien sûr cherché à les classer en différentes catégories.

À ce petit jeu, c'est l'Anglais Luke Howard, scientifique et météorologiste amateur éclairé, qui va gagner en proposant en 1803 une classification et une nomenclature qui passeront à la postérité.

Mais dans quelles conditions un nuage se forme-t-il et par quel mécanisme la pluie apparaît-elle ?

## Formation des nuages

Nous avons déjà vu que l'air peut contenir une quantité de vapeur d'eau d'autant plus grande que sa température est élevée. Quand de l'air chaud et fortement chargé d'humidité vient à se refroidir, il devient saturé en vapeur d'eau (c'est le « point de rosée ») et celle-ci se condense pour former des gouttelettes d'eau liquide. C'est d'ailleurs exactement ce qu'il se passe lorsque l'hiver vous voyez se former du brouillard devant votre bouche quand vous expirez !

### CATÉGORIES DE NUAGES

Howard distingue quatre sortes principales de nuages, auxquels il attribue des noms latins (si le but était de faire plus sérieux, l'opération semble avoir réussi !) :

» les *cirrus* (« cheveux »), d'aspect filamenteux, et situés à haute altitude, entre 6 et 8 kilomètres, et constitués de cristaux de glace ;

» les *cumulus* (« amoncellement »), nuages bourgeonnants et particulièrement photogéniques, ayant l'aspect de paquets de coton rassemblés et se développant entre un 1 et 5 cinq kilomètres d'altitude ;

» les *stratus* (« couche »), nuages très bas rendant le ciel uniformément gris et triste ;

» les *nimbus* (« pluie »), pourvoyeurs de précipitations.

À partir de ces quatre catégories principales, Howard a imaginé des catégories intermédiaires, que les météorologues ont depuis enrichies. Citons par exemple les *stratocumulus*, pas tout à fait stratus et pas tout à fait cumulus, qui se présentent sous la forme de gros rouleaux, ou bien le *cumulonimbus*, l'effrayant nuage d'orage qui peut se développer sur plus de 10 kilomètres d'altitude et déverser d'énormes quantités de précipitations (pluie ou grêle).

C'est par un phénomène analogue que se forment la plupart des nuages, lorsque de l'air chaud et assez humide s'élève en altitude. Ce mouvement ascendant provoque une diminution progressive de sa pression et de sa température, jusqu'au moment où l'air devient assez froid pour être saturé en vapeur d'eau. Celle-ci se condense alors pour former des gouttelettes d'eau liquide dont l'amoncellement forme le nuage.

Une telle situation s'observe, par exemple, lorsque du vent en provenance de la mer, et donc assez chargé d'humidité, rencontre un relief montagneux et se trouve ainsi forcé de s'élever contre le versant de la montagne. À partir d'une certaine altitude, la condensation se produit et les nuages apparaissent, pouvant donner lieu ensuite à des précipitations.

Mais le processus de formation des nuages décrit ci-dessus est en fait un peu simplifié… On s'est aperçu en effet vers la fin du XIXe siècle que l'air pouvait être saturé en vapeur d'eau sans pour autant que la condensation ne se produise. Cette situation *a priori* instable de « sursaturation » a lieu et persiste si l'air est particulièrement « propre », c'est-à-dire s'il a été par exemple filtré pour éliminer toutes les particules solides, les poussières microscopiques en suspension. Ces dernières constituent donc d'indispensables « noyaux de condensation », sur lesquels vont venir s'agglomérer les molécules d'eau pour former les gouttelettes. On les appelle aussi « noyaux d'Aitken », car c'est l'Écossais John Aitken qui vers 1880 a le premier observé au microscope et identifié ces particules de nature variée (cristaux de sel, fumées, cendres volcaniques, particules fines issues de la combustion du gazole et des moteurs Diesel, etc.), dont les dimensions sont de l'ordre du dixième de micromètre (donc du dix millième de millimètre).

Si, en revanche, l'air est chargé de ces particules invisibles, comme c'est en général le cas dans l'atmosphère, la condensation se déclenche instantanément en cas de saturation en vapeur d'eau et le nuage se forme. Les gouttelettes qui le constituent sont de toute petite taille, inférieure au dixième de millimètre, et c'est pourquoi elles restent en suspension dans l'air. En fait, en toute rigueur, elles tombent avec une extrême lenteur et suivent essentiellement les mouvements de l'air.

## Pluie, neige et grêle

Lorsqu'un nuage déverse son eau sous forme de pluie, les gouttes qui tombent sont alors beaucoup plus grosses (de 0,5 mm à 6 mm de diamètre selon les cas) que les gouttelettes du nuage, si bien qu'il faut au moins un million de ces dernières pour produire une goutte de pluie !

Mais comment passe-t-on des unes aux autres et quel est finalement le mécanisme de la pluie ?

Jusqu'au début du XXe siècle, on pensait que les gouttes de pluie résultaient de la coagulation en grand nombre des gouttelettes du nuage, mais ce phénomène restait en lui-même assez mystérieux. Vers 1910, le grand météorologiste allemand Alfred Wegener – que nous avons déjà rencontré en tant qu'auteur de la théorie de la dérive des continents – propose dans ses grandes lignes une description originale de la formation des précipitations, qui sera contestée au départ puis largement confirmée par la suite (tout comme la dérive des continents !).

Presque toutes les précipitations prennent naissance dans des nuages situés à haute altitude, par exemple au sommet des cumulus ou des nimbus. La température y étant fortement négative, le nuage est formé de cristaux de glace, toutefois accompagnés de minuscules gouttelettes d'eau liquide en état de surfusion. Dans cet état instable, l'eau reste liquide à une température négative, mais elle va se solidifier en masse instantanément si elle rencontre un « germe de cristallisation », c'est-à-dire un petit objet solide qui va servir de support pour l'accrochage des molécules d'eau.

Le nuage est alors le siège de deux phénomènes qui vont provoquer le grossissement des cristaux de glace aux dépens des gouttelettes. D'une part ces dernières perdent des molécules d'eau par évaporation alors que les cristaux captent ces molécules de vapeur d'eau. D'autre part, quand une gouttelette d'eau surfondue rencontre un cristal de glace, elle cristallise immédiatement en s'accrochant dessus, le faisant ainsi grossir. Prenant ainsi du poids, les cristaux tombent de plus en plus vite, continuent à grossir et s'agglomèrent les uns aux autres pour devenir des flocons de neige. Au cours de leur chute, ces flocons rencontrent de l'air de plus en plus chaud et, quand la température devient supérieure à 0 °C, ils fondent pour devenir des gouttes de pluie.

Ainsi, la pluie qui nous arrose provient pratiquement toujours de cristaux de glace qui ont fondu. Naturellement, si la température reste négative jusqu'au niveau du sol, les flocons de neige ne fondent pas en route et arrivent tels quels : dans ce cas, il neige. Par ailleurs, il est des circonstances où la captation des gouttelettes d'eau surfondue est particulièrement rapide et abondante. Les « grains » de glace grossissent alors en masse pour former des globules compacts : c'est la grêle, qui atteint le sol lors de certains orages, au grand dam des agriculteurs.

## L'orage : spectacle sons et lumières

L'orage s'annonce lorsqu'arrive l'imposant et menaçant cumulonimbus. Vu de dessous, il apparaît très sombre, car il se développe sur 8 à 10 kilomètres de hauteur (voire plus dans les zones tropicales) et arrête donc en grande partie le rayonnement solaire. Le nuage se forme à partir d'une masse d'air chaud et humide qui s'élève par le phénomène de convection. Lors de ce mouvement ascendant, la décompression de l'air entraîne la condensation d'une grande quantité de vapeur d'eau, formant des gouttelettes d'eau liquide puis des cristaux de glace, qui font grossir le nuage avant de donner lieu à des précipitations. Mais cette condensation libère de la chaleur (la même chaleur que le Soleil avait fournie à l'eau pour la faire évaporer) qui réchauffe l'air, favorisant encore plus sa remontée. Cette tendance accentuée provoque une sorte d'emballement du mouvement ascendant de l'air dans la zone centrale du nuage : sa vitesse verticale peut y dépasser 130 kilomètres par heure !

Le cumulonimbus apparaît ainsi comme une formidable machine thermique à extraire l'eau de l'air. Sa puissance est impressionnante : chaque seconde, il peut aspirer à sa base 700 000 tonnes d'air humide et renvoyer vers le sol 4 000 tonnes d'eau sous forme de précipitations !

Dans certains cas, l'aspiration de l'air à la base du cumulonimbus prend un aspect tourbillonnant et finit par former comme un entonnoir étroit entre la base du nuage et le sol. On observe alors une tornade, qui fonctionne comme un aspirateur géant capable de soulever dans les airs des toitures de maisons, des voitures, du bétail... et dans lequel le vent peut frôler les 500 kilomètres par heure !

Toujours dans le genre « impressionnant », un cyclone fonctionne globalement sur le même principe : ascension de l'air chaud avec détente et condensation de la vapeur d'eau. Mais gavé d'air très chaud et très humide à la surface de l'océan tropical, le cyclone est le siège de phénomènes d'une ampleur hors du commun, que ce soit la vitesse des vents entre 200 et 300 kilomètres/heure, ou la violence des précipitations (1,3 mètre d'eau tombé en une demi-journée sur l'île de la Réunion en 1964, soit presque deux fois la hauteur d'eau qui tombe à Paris en un an !). Chaque seconde, un cyclone libère la même énergie que plusieurs bombes atomiques !

## PLUIE OU GRÊLE ?

Heureusement pour les cultures, tous les orages n'engendrent pas des chutes de grêle. Il semblerait que la raison réside dans la proportion variable entre cristaux de glace et gouttelettes d'eau liquide surfondues lors de leur formation au sein du nuage. On a déjà vu que les cristaux grossissent au détriment des gouttelettes qui d'une part s'évaporent et d'autre part viennent geler sur les cristaux. Dans un nuage d'orage, ces phénomènes sont rapides et les cristaux deviennent des billes de glace : les grêlons. Ainsi, ces derniers grossissent en se « partageant » en quelque sorte la « réserve » de gouttelettes. S'ils sont nombreux, il n'y en a pas beaucoup pour chacun et les grêlons restent d'assez petite taille. En se réchauffant au cours de leur chute vers le sol, ils vont fondre complètement et devenir de la pluie. Si par contre ils sont peu nombreux, ils grossissent beaucoup plus, tombent plus vite et atteignent le sol sous forme de grêlons.

Outre de violentes précipitations, l'orage se caractérise surtout par ses effets spectaculaires et effrayants que sont les éclairs et le tonnerre. Les éclairs sont comme de gigantesques étincelles électriques de plusieurs kilomètres. Ils peuvent se produire au sein du nuage ou bien entre le nuage et le sol, provoquant alors un « coup de foudre » à l'endroit touché.

Si le phénomène de l'éclair en tant que décharge électrique à travers l'air est aujourd'hui bien compris dans ses grandes lignes, le détail des processus mis en jeu fait encore l'objet d'études et de mystères. Les questions : « Comment le nuage se charge-t-il en électricité ? » et « Qu'est-ce qui déclenche la foudre ? » n'ont toujours pas reçu de réponses entièrement satisfaisantes.

## SE PROTÉGER DE LA FOUDRE

On a longtemps cru que la foudre consistait en la chute d'une pierre, la « pierre de tonnerre », s'étant formée dans le nuage orageux et tombant avec fracas sur la zone foudroyée. Pour s'en protéger, les gens plaçaient des pierres à différents endroits des habitations ou glissaient une pierre dans leur poche quand l'orage menaçait ! Gageons du peu d'efficacité du procédé...

On avait également coutume de combattre ce phénomène effrayant en essayant... de l'effrayer par des charivaris ! Et dans la même logique, une façon de faire du bruit en chassant le diable ou les mauvais esprits était de sonner à tout va les cloches des églises pendant les orages. Cette pratique s'est montrée bien malheureuse, car elle a coûté la vie à de nombreux sonneurs de cloches qui sont ainsi morts foudroyés ! En effet, la forme pointue des clochers des églises et leur grande hauteur en faisaient des cibles privilégiées pour la foudre !

D'ailleurs, cette dernière caractéristique de la foudre – et plus généralement des étincelles électriques –, de s'établir prioritairement et plus facilement au niveau des pointes, va permettre de proposer le premier moyen de protection efficace contre la foudre : le paratonnerre. C'est à l'Américain **Benjamin Franklin (1706-1790)** que l'on doit cette invention en 1752 : elle consiste simplement en un long pieu métallique pointu profondément enfoncé dans le sol, et dont le rôle est d'attirer l'éclair sur lui et d'éviter ainsi que la foudre tombe sur d'autres bâtiments ou objets alentour, puis de conduire vers la terre le courant électrique qu'il transporte.

On observe que le cumulonimbus est globalement porteur de charges électriques positives dans sa partie supérieure et négatives dans sa partie inférieure, avec une petite poche de charges positives tout à la base du nuage. On suppose que ces charges apparaissent au cours des frottements entre d'une part les petits cristaux de glace ou les gouttelettes d'eau en formation, et d'autre part les grêlons plus gros en train de chuter, qui subtiliseraient des électrons aux premiers.

Cette accumulation de charges engendre de fortes tensions électriques au sein du nuage et entre celui-ci et le sol. Pour des raisons encore incertaines (une hypothèse récente fait intervenir les rayons cosmiques...), des décharges électriques s'amorcent à partir du sol et du nuage, appelées « traceurs » ou « précurseurs », qui en se rejoignant forment un canal conducteur entre le nuage et le sol. C'est alors l'éclair, c'est-à-dire le passage d'un intense courant électrique dans ce canal, où l'air devient lumineux et la température atteint 20 000 à 30 000 °C en une fraction de seconde ! Cette augmentation de température provoque aussi une brutale dilatation de l'air, comme une véritable explosion dont le bruit se propage aux alentours : c'est le tonnerre, que l'on entend un certain temps après avoir vu l'éclair puisque le son met environ trois secondes pour parcourir un kilomètre. D'ailleurs, mesurer le retard du tonnerre par rapport à l'éclair que l'on voit instantanément est une méthode bien connue pour évaluer la distance où se situe l'orage.

Au-delà de son caractère spectaculaire, la foudre est un phénomène dangereux qui tue en France plusieurs dizaines de personnes par an et provoque pour un milliard d'euros de dégâts (incendies, destruction de matériel…). On comprend que les hommes aient toujours cherché à s'en protéger, avec plus ou moins de réussite…

# Les prévisions météorologiques

Observer et décrire le temps qu'il fait est une chose, prévoir le temps qu'il va faire en est une autre ! L'atmosphère terrestre est une machine thermodynamique d'une extraordinaire complexité, un système dont toutes les parties sont interdépendantes, ce qui rend très difficile la prévision de son évolution.

C'est seulement depuis quelques années, disons au XXIe siècle, que la puissance des ordinateurs est devenue suffisante pour calculer cette évolution sur quelques jours avec une assez bonne fiabilité.

## Dictons et prévisions

Pendant très longtemps, pratiquement de l'Antiquité jusqu'au XVIIIe siècle, la seule façon de prévoir le temps qu'il va faire est d'observer de façon précise et prolongée le temps qu'il fait, pour essayer de repérer des épisodes qui se reproduisent de façon analogue, et donc qui du coup deviennent prévisibles. Les règles ainsi découvertes sont traduites le plus souvent dans des dictons qui présentent l'avantage d'être facilement mémorisables. Omniprésents dans les nombreux almanachs qui prolifèrent jusqu'au début du XXe siècle, les dictons météorologiques rencontrent un vif succès populaire à tel point que nombre d'entre eux sont encore largement connus et énoncés aujourd'hui, non sans une certaine conviction quelquefois… Ainsi, qui ne connaît pas : « Noël au balcon, Pâques aux tisons », ou bien : « S'il pleut à la Saint-Médard, il pleuvra quarante jours plus tard » ?

Mais quelle valeur prédictive doit-on vraiment leur accorder ? Pour en avoir le cœur net, des scientifiques ont mis entre autres ces deux dictons à l'épreuve de l'ordinateur à partir de relevés météorologiques courant sur des décennies. Le résultat de ces études statistiques est sans appel : elles aboutissent à une absence totale de corrélation entre les événements qui sont censés être liés : le pourcentage de chances qu'il fasse chaud ou qu'il fasse froid à Pâques est le même, quel que soit le temps qu'il ait fait à Noël, et le nombre de jours de pluie qui suivent la Saint-Médard est sensiblement le même, qu'il ait plu ou non ce jour-là ! De façon générale, les dictons qui établissent ainsi une supposée liaison entre des périodes éloignées sont totalement fantaisistes, et il en est d'ailleurs de même pour ceux qui annoncent un événement à date fixe, tel que : « 19 février : Saint Boniface brise la glace. ». C'est le genre de dictons qui va se vérifier environ une fois sur deux, comme le résultat d'un pile-ou-face !

En revanche, certains dictons qui annoncent une évolution du temps à court terme peuvent s'avérer pertinents, car ils se fondent sur le repérage d'une relation de cause à effet. Il en est ainsi de « Lune cerclée, pluie assurée », car cet aspect de la Lune est dû à la présence de cirrostratus, qui forment l'avant-garde du cortège nuageux et pluvieux d'une perturbation : la pluie est donc effectivement assurée dans un proche avenir !

## À l'écoute du baromètre

Au XVIII$^{e}$ siècle, l'observation du temps et sa prévision prennent une coloration un peu plus scientifique grâce à l'utilisation des divers instruments permettant de connaître l'état de l'atmosphère : baromètre, thermomètre et hygromètre dont nous avons déjà parlé, mais aussi anémomètre pour mesurer la force (donc la vitesse) du vent et pluviomètre. On remarque notamment un lien étroit entre les indications du baromètre et les variations du temps, ce qui éveille chez certains l'espoir de prévisions fiables. C'est le cas de Lavoisier qui établit dès 1765 les premières règles pour prédire le temps et déclare : « La prédiction des changements qui doivent arriver au temps est un art qui a ses principes et ses règles, qui exige une grande expérience et l'attention d'un physicien très exercé. Les données nécessaires pour cet art sont : l'observation habituelle et journalière des variations de la hauteur du mercure dans le baromètre, la force et la direction des vents à différentes élévations, l'état hygrométrique de l'air. Avec toutes ces données, il est presque toujours possible de prévoir un jour ou deux à l'avance, avec une très grande probabilité, le temps qu'il va faire... »

### LE TEMPS ET LES INDICATIONS DU BAROMÈTRE

L'étroite relation entre le temps et la pression atmosphérique se trouve d'ailleurs inscrite sur ces magnifiques instruments que sont les anciens baromètres à cadran et aiguille : des indications quant au temps (« forte pluie », « variable », « beau temps », etc.) apparaissent immanquablement en regard de la graduation, les basses pressions correspondant globalement au mauvais temps et les hautes pressions au beau temps.

Mais attention ! Il ne faut pas trop se fier à ces indications simplistes. Ce sont surtout les variations de la pression, à quelques heures d'intervalle, qui sont significatives : une diminution de la pression est annonciatrice d'une dégradation du temps, d'autant plus sévère que la chute est rapide, alors qu'une augmentation de la pression annonce une amélioration. L'absence de variations est plutôt signe de stabilité.

# L'observation s'organise

La science météorologique fait un progrès décisif au milieu du XIXe siècle, lorsque l'on comprend que les phénomènes de grande ampleur se déplacent à la surface de la Terre. Cette découverte trouve son origine dans un événement dramatique survenu le 14 novembre 1854 au cours de la guerre de Crimée. La flotte franco-britannique est en mer Noire depuis quelques jours quand elle est prise dans une très violente tempête qui provoque la mort de 400 marins et le naufrage de 38 navires, dont le vaisseau amiral, le *Henri IV*. Suite à cette catastrophe, le ministre français de la Guerre demande au directeur de l'Observatoire de Paris, l'astronome Urbain Le Verrier, d'en étudier les causes météorologiques. Celui-ci se rend compte rapidement que la tempête existait déjà trois jours avant et qu'elle avait traversé toute l'Europe : on aurait donc pu la prévoir ! Il est alors décidé de mettre en place un réseau d'observations météorologiques, essentiellement destiné à signaler les phénomènes dangereux, qui comporte au départ 24 stations en France, reliées par télégraphe. Progressivement étoffé et internationalisé, le réseau météorologique européen compte 59 stations dès 1865.

Grâce aux données recueillies par ce réseau et à l'utilisation des lois établies par Buys-Ballot (« les vents suivent *grosso modo* les isobares » et « plus les isobares sont serrées, plus le vent est fort »), on commence à pouvoir faire des prévisions. La méthode utilisée est plutôt simple : on localise dans un premier temps les grandes masses nuageuses et les zones pluvieuses, puis, en fonction de la direction et de la force des vents, on essaie de prévoir où se trouveront ces nuages ou ces pluies le lendemain. Ce procédé qui consiste finalement à « transporter » les nuages le long des isobares a été baptisé « chemin de fer » par les prévisionnistes. Il va être utilisé, sous des formes de plus en plus améliorées, durant pratiquement un siècle !

Initialement, la principale faiblesse du réseau de stations météo est de ne fournir que des données mesurées au sol. Or la troisième dimension joue un rôle primordial dans le fonctionnement de l'atmosphère. On constate, par exemple, en observant le déplacement des nuages, que les vents en altitude ne soufflent pas en général comme au niveau du sol.

Une première réponse à ce problème est apportée par un riche météorologiste amateur, **Léon Teisserenc de Bort (1855-1913)**, qui a l'idée d'envoyer en hauteur des appareils enregistreurs accrochés tout d'abord à des cerfs-volants, puis à des ballons gonflés à l'hydrogène. Ces derniers peuvent atteindre une trentaine de kilomètres d'altitude avant d'éclater, laissant retomber l'appareillage transporté, dont les enregistrements pourront alors être exploités. C'est bien, mais le délai de récupération peut être important en fonction du point de chute quelque peu aléatoire, ce qui est évidemment pénalisant pour leur exploitation à des fins de prévisions. C'est pourquoi un progrès décisif est apporté en 1927 lorsque le Français **Robert Bureau (1892-1965)** équipe un ballon-sonde d'un émetteur radio qui transmet instantanément les mesures effectuées par les différents appareils. Dès lors, les envois de ballons-sondes ainsi équipés deviennent systématiques et permettent l'amélioration progressive des prévisions.

## LA MÉTÉOROLOGIE AU SERVICE DE L'ARMÉE

Au printemps 1944, alors que les Allemands occupent une bonne partie de l'Europe, les Américains et les Anglais préparent le débarquement sur les côtes normandes. Pour mener cette opération avec les meilleures chances de succès, il faut que les conditions météorologiques soient favorables ; avec un vent ne dépassant pas 30 kilomètres/heure le 17 mai, le général américain Eisenhower fixe le jour « J » au 5 juin. Les météorologistes anglais se mettent alors au travail et prévoient l'installation du mauvais temps début juin. Le 3 juin, ils informent Eisenhower que le vent soufflera très fort jusqu'au soir du 5 juin. Le général décide alors de repousser d'un jour le débarquement, qui a lieu le 6 dans des conditions plus favorables, comme prévu par les météorologistes, et avec le succès que l'on sait.

# Calculs et prévisions

Au début du XX^e^ siècle, le Norvégien **Wilhem Bjerknes (1862-1951)** a l'idée de modéliser le fonctionnement de l'atmosphère en y appliquant les lois de la thermodynamique et de la mécanique des fluides. Il s'agit en fait de calculer, à partir des équations traduisant ces lois et des conditions initiales mesurées un certain jour, l'évolution des variables (pression, température, hygrométrie, etc.) sur 24 heures, afin de déterminer le temps qu'il fera le lendemain.

Une première mise en œuvre de cette méthode est tentée vers 1920, mais la masse des calculs nécessaires est telle qu'il faut des mois de travail acharné à une équipe de « calculateurs » pour les mener à bien : un tantinet problématique pour établir des prévisions à 24 heures ! Cette méthode prévisionnelle par modélisation de l'atmosphère apparaît donc alors inexploitable, mais elle sera reprise avec succès dans les années 1960 grâce à l'ordinateur, pour devenir rapidement le principal mode d'élaboration des prévisions météorologiques. Leurs progrès en précision et fiabilité se calquent désormais sur les progrès de l'informatique et de la puissance des supercalculateurs.

Un autre facteur essentiel de progrès est l'utilisation, là aussi depuis les années 1960, de satellites survolant la Terre pour fournir en continu des images de sa surface et la mesure, par télédétection, des différents paramètres décrivant avec précision l'état de l'atmosphère.

Forts de ces différents moyens techniques, les météorologues parviennent aujourd'hui à prévoir le temps qu'il va faire jusqu'à deux semaines à l'avance, avec une bonne fiabilité au moins pour les trois ou quatre premiers jours, même si certains continuent à clamer malgré tout, avec une certaine mauvaise foi que « la météo se trompe tout le temps ! ». Mais peut-on espérer, progrès technologiques aidant, améliorer encore et toujours ces capacités de prévisions et prédire par le calcul quel temps il fera dans trois semaines, un mois ou plus ? Eh bien certainement pas, et ce à cause du fameux « effet papillon » présenté en 1972 par le météorologue américain **Edward Lorenz (1917-2008)** sous la forme imagée suivante : « Le battement d'ailes d'un papillon en Amazonie peut – éventuellement – déclencher une tornade au Texas ! » Cela revient à dire que d'infimes variations dans les conditions initiales de l'atmosphère vont provoquer, après quelques jours, des écarts très importants dans son état final, donc dans le temps qu'il va faire. Ce comportement de l'atmosphère dit « chaotique » fixe à environ deux semaines la limite de validité pour des prévisions calculées numériquement.

## Changements climatiques

Les climatologues qui étudient les modèles d'évolution à long terme de l'atmosphère à l'échelle de la planète sont amenés à se montrer alarmistes à propos d'un changement prévisible du climat en général. Celui-ci serait provoqué par une élévation sensible de la température moyenne de la Terre à échéance de quelques décennies, trouvant son origine pour une large part dans les rejets dans l'atmosphère de produits issus des activités humaines, qui accentuent l'effet de serre atmosphérique.

## L'effet de serre

Depuis que le monde a pris conscience du problème planétaire du réchauffement global de la Terre, l'effet de serre qui en est la cause est montré d'un doigt accusateur et assimilé à une calamité... à tort ! En effet, l'effet de serre est initialement un phénomène naturel tout à fait bénéfique : on a calculé que sans lui, la température moyenne de la Terre serait de – 18 °C au lieu de + 15 °C actuellement, ce qui, convenons-en, serait beaucoup moins confortable !

La Terre reçoit en permanence un flux d'énergie apporté par le rayonnement solaire, formé essentiellement de lumière visible avec un peu d'infrarouge et d'ultraviolet. Excepté pour une partie réfléchie par les nuages et la haute atmosphère, ce rayonnement traverse l'atmosphère et vient réchauffer le sol ou l'océan. La surface du globe ainsi chauffée réémet une partie de l'énergie reçue sous la forme d'un rayonnement infrarouge dit « lointain », c'est-à-dire de grande longueur d'onde, qui a la propriété d'être absorbé par certaines molécules présentes dans l'air. Cette chaleur réémise par la surface terrestre est donc captée par la basse atmosphère qui se réchauffe, comme le fait l'air dans une serre (d'où le nom) dont la vitre renvoie le rayonnement infrarouge lointain. Grâce à cet « effet de serre », l'atmosphère se trouve ainsi chauffée par le bas, ce qui explique d'ailleurs que la température diminue lorsqu'on monte en altitude.

Les gaz responsables de cet effet de serre ne sont pas les principaux constituants de l'air, mais d'autres molécules présentes en faible proportion et constituées d'au moins trois atomes : vapeur d'eau, dioxyde de carbone, méthane, ozone, oxyde nitreux, chlorofluorocarbone...

## Un réchauffement lié aux activités humaines

Excepté les chlorofluorocarbones (anciennement utilisés pour les systèmes réfrigérants et les aérosols, et interdits depuis une trentaine d'années à cause de leur action destructrice sur la couche d'ozone stratosphérique), toutes les molécules citées précédemment sont présentes naturellement dans l'atmosphère et participent à l'effet de serre depuis des centaines de millions d'années. En revanche, on assiste à une augmentation spectaculaire de leur concentration au cours des XXe et XXIe siècles, en liaison directe avec la multiplication des activités humaines impliquant toujours plus de combustions et de rejets dans l'atmosphère. Pour le dioxyde de carbone par exemple, plus gros contributeur à l'effet de serre et produit par toutes les combustions, sa concentration a augmenté d'environ un tiers au cours de ces deux siècles !

Cette augmentation des concentrations intensifie l'effet de serre et engendre un processus de réchauffement global de la planète dont les effets ont commencé à se faire nettement sentir récemment, avec, entre autres, la fonte accélérée de la banquise arctique et des glaciers du Groenland et de l'Antarctique. Devant l'évidence des faits, pratiquement plus personne ne conteste aujourd'hui la réalité du réchauffement accéléré et de son origine anthropique. Les climato-sceptiques encore virulents il y a peu d'années – et souvent animés, il faut bien le dire, par des intérêts personnels tels que se mettre en avant dans les médias par une position contestataire et faire à l'occasion la promotion d'un livre... – ont massivement changé de camp ou sont réduits au silence.

Certaines conséquences climatiques prévisibles du réchauffement global sont particulièrement inquiétantes, comme l'élévation du niveau des océans de plusieurs dizaines de centimètres à échéance de quelques décennies. Autre sujet d'inquiétude : la difficulté à traduire dans les faits les meilleures intentions à ce sujet affichées par la communauté internationale. L'objectif fixé au niveau international de limiter à deux 2 ou trois 3 degrés l'augmentation de température jusqu'à la fin du siècle va être très difficile à tenir...

# 3

# La matière

## Cap sur l'infiniment petit

**DANS CETTE PARTIE...**

C'est à une plongée vertigineuse au cœur de la matière que vous êtes convié. Vous découvrirez tout d'abord les atomes dont la réalité aura mis plus de deux millénaires à s'imposer, puis leur structure interne dévoilée grâce à quelques expériences géniales, et enfin la capacité des atomes à s'accrocher pour former des édifices d'une extraordinaire diversité : les molécules.

La plongée se terminera par une visite de la famille des particules élémentaires, que les physiciens s'amusent à créer dans des dispositifs (collisionneurs) dont la taille est inversement proportionnelle à celle des particules, donc gigantesque !

# Chapitre 9

# Au cœur de la matière : atomes et molécules

**DANS CE CHAPITRE :**

» **L'atome, brique élémentaire**

» **L'atome se dévoile**

» **Le noyau de l'atome**

Tandis que vous êtes confortablement installé en train de lire ce livre, laissez-vous aller à rêver, et imaginez que vous puissiez rapetisser à volonté pour aller voir de plus en plus près de quoi est faite la feuille de papier où sont imprimées ces lignes. Vous pourriez ainsi scruter, à des dimensions de plus en plus microscopiques, la matière qui la constitue pour découvrir sa structure la plus intime.

C'est à la première partie d'un tel voyage que vous êtes invité dans ce chapitre, qui va nous amener jusqu'aux atomes et aux molécules, tout en voyageant également dans le temps, car nous ne manquerons pas, à cette occasion, de relater comment la connaissance scientifique a progressé dans ce domaine. Signalons que vous aurez l'occasion de prolonger cette « plongée » au cœur de la matière dans le chapitre suivant, à la découverte des particules élémentaires.

Au-delà du papier de cette feuille, vous pourriez vous intéresser aussi à d'autres matériaux comme le bois de la table sur laquelle est posé votre livre, ou encore la matière vivante de la plante verte ou du chat couché sur la table, bref, à toutes les diverses choses matérielles qui sont autour de vous. On constate en effet que la matière se présente sous une grande diversité d'aspects, de propriétés, de comportements... Mais y aurait-il sous cette apparente variété quasi infinie, un ordre caché, une certaine unité de constitution et d'organisation ? Et peut-on par ailleurs diviser un échantillon d'un certain matériau autant que l'on veut, pour en obtenir des morceaux de plus en plus petits jusqu'à l'infini, ou bien y a-t-il une limite à cette division ?

Ce questionnement, les hommes s'y confrontent depuis des millénaires ! Comme souvent, les premières réponses, purement spéculatives, sont apportées par les philosophes grecs de l'Antiquité vers le Ve siècle avant. J.-C., mais il faut attendre le début du XXe siècle pour que des avancées décisives commencent à se dessiner et que la réalité de l'atome et des molécules s'impose enfin.

Au fait, est-ce qu'en s'intéressant à la matière on s'attache à tout ce qui existe autour de nous ? Eh bien presque... mais pas tout à fait. Car la lumière qui vous permet de voir ce livre n'est pas matérielle, de même que tous les rayonnements (que les physiciens qualifient d'électromagnétiques) comme les micro-ondes de votre four, les infrarouges de votre télécommande ou les ondes de votre téléphone portable.

## L'atome, brique élémentaire

De l'atome d'hydrogène le plus léger à l'atome d'uranium le plus lourd, la nature a fabriqué 92 atomes différents. Les physiciens contemporains, à l'aide de leurs gigantesques accélérateurs de particules, s'amusent à en fabriquer d'autres, encore plus lourds que l'uranium, mais qui sont pour l'essentiel très éphémères.

La plupart des atomes ont la propriété absolument fondamentale – car s'ils ne l'avaient pas, nous ne serions pas là pour en parler – de pouvoir s'accrocher fortement avec un ou plusieurs autres atomes pour former des édifices plus ou moins complexes appelés molécules. Par exemple, la molécule d'eau, représentée dans le formalisme actuel par la formule bien connue $H_2O$, est formée d'un atome d'oxygène (O) accroché à deux atomes d'hydrogène (H). Mais en associant un nombre quelconque (2, 3, 10, des milliers...) d'atomes, identiques ou différents, on peut former une extraordinaire variété de molécules différentes, chacune d'elles correspondant à un corps particulier. C'est en ce sens que les différents types d'atomes peuvent être considérés comme 92 « briques » d'un jeu de construction, à partir desquelles la nature – ou l'homme ! – fabrique tous les corps matériels qui forment notre monde.

De nos jours, personne de sérieux ne conteste plus l'existence des atomes. Mais à partir de quand l'idée de l'atome a-t-elle germé dans l'esprit humain ? On pourra s'étonner de constater que c'est une histoire ancienne...

## L'atome, une très vieille idée

Les philosophes grecs de l'Antiquité cherchaient à découvrir la nature des choses et à comprendre le sens et le fonctionnement du monde, que ce fût le monde matériel des objets et des matériaux, ou encore le monde céleste des astres. Cette recherche était purement spéculative, basée sur le raisonnement logique, la discussion et l'argumentation.

Deux d'entre eux, **Leucippe** et **Démocrite (vers 460-vers 370 av. J.-C.)** avancent des idées dont la pertinence, au regard de nos connaissances actuelles, ne peut que nous subjuguer. Ils considèrent que la matière ne peut pas être divisée à l'infini et qu'à force de divisions, on finit par obtenir les plus petits morceaux de matière possible, qui eux sont incassables, indivisibles. Ce minuscule constituant ultime de la matière, ils le nomment *atomos* – ce qui en grec signifie justement insécable, impossible à couper.

Ils imaginent ces atomes comme des petits grains, donc pleins, et en train de s'agiter en permanence au sein d'un espace vide. Au cours de leur perpétuel mouvement, les atomes se heurtent et s'accrochent entre eux pour former, par leurs diverses combinaisons, les différentes substances de notre monde familier. Ce même mouvement incessant conduit aussi parfois à la destruction des structures : les atomes se séparant alors les uns des autres, les substances se désagrègent et disparaissent en tant que telles. En revanche, les atomes eux-mêmes sont indestructibles et éternels.

D'autres philosophes grecs ont adhéré à cette vision atomiste de la matière. Épicure en particulier, un siècle plus tard, reprend ces idées et déclare en outre que les atomes possèdent une certaine pesanteur et se trouvent en nombre fini.

On ne peut qu'être admiratif devant une telle clairvoyance de la part de ces philosophes qui ont construit, par la seule force de leur pensée, une vision du monde correspondant aux mêmes bases que notre vision moderne. Ainsi l'agitation incessante des atomes est effectivement une réalité que l'on nomme de nos jours agitation thermique (car elle est due à la chaleur contenue dans les corps), et l'idée des atomes s'accrochant entre eux renvoie, même de façon très approximative, à la notion de molécule.

Cette vision atomiste du monde, qui apparaît si pertinente *a posteriori*, a-t-elle eu le succès qu'elle méritait auprès des scientifiques dans les siècles qui ont suivi ?

Eh bien non ! Car d'autres philosophes de l'Antiquité ont développé des conceptions différentes du monde et l'une notamment s'est imposée parce qu'elle était soutenue par l'un des philosophes les plus renommés de son époque : **Aristote (384-322 av. J.-C.)**.

## Une idée fausse qui a la vie dure

Emboîtant le pas à **Empédocle (v^e siècle av. J.-C.)** qui avait le premier émis cette théorie, Aristote considère que toutes les choses présentes sur Terre sont formées par la combinaison de quatre éléments de base, présents depuis toujours : l'eau, l'air, le feu et la terre. Les astres du ciel, quant à eux, sont formés d'un cinquième élément : l'éther (ou « quinte-essence », ce qui étymologiquement signifie « cinquième élément »). Aristote attribue à chaque élément terrestre deux qualités fondamentales prises parmi deux couples de qualités opposées : le chaud et le froid, d'une part, le sec et l'humide, d'autre part. Ainsi l'eau est froide et humide, l'air est chaud et humide, le feu est chaud et sec et la terre est froide et sèche. Il s'appuie sur ces caractéristiques pour expliquer les propriétés des différents corps.

### ARISTOTE, PIONNIER DE LA MÉTHODE SCIENTIFIQUE

Aristote est durant une vingtaine d'années l'élève et le disciple de Platon dans sa célèbre Académie d'Athènes. Il effectue par la suite différents voyages avant de devenir le précepteur d'Alexandre, fils du roi Philippe II de Macédoine, qui n'est autre que le futur Alexandre le Grand. En 334 avant. J.-C., Aristote fonde à Athènes sa propre académie, le « Lycée », appelée également École péripatéticienne (du grec *peripatein* signifiant « déambuler »), car les philosophes y discutent en marchant.

Contrairement à son maître Platon qui accorde peu d'importance au monde réel, Aristote manifeste de l'intérêt pour l'étude de la nature et, en particulier, des animaux dont il observe minutieusement les caractéristiques externes et internes. À la recherche d'un principe d'organisation de la nature, il établit une première classification des animaux et écrit plusieurs ouvrages sur ce sujet.

Il développe aussi toute une réflexion sur ce qu'est la science, ses exigences quant à la prise en compte de la réalité et les raisonnements conduisant à la connaissance.

Aristote apparaît ainsi comme l'initiateur de la méthode scientifique. Son œuvre littéraire considérable, couvrant tous les domaines de la connaissance, fait de lui un des plus grands penseurs de l'histoire. De par son immense notoriété, ses idées sur le monde ont fait autorité durant deux millénaires, même si celles portant sur la matière et le mouvement des astres se sont révélées par la suite totalement fausses.

Par ailleurs, Aristote réfute la théorie atomiste en considérant que le vide ne peut pas exister et que la matière doit occuper tout l'espace. Elle est donc forcément continue et peut être divisée à l'infini.

La renommée d'Aristote dans la communauté des philosophes étant très grande, sa théorie des quatre éléments va non seulement prendre le dessus à son époque, mais continuer par la suite à dominer la pensée scientifique durant près de deux millénaires ! Il faut dire aussi que les idées d'Aristote, avec notamment sa vision géocentrique du monde céleste, avaient été globalement adoptées par l'Église, et donc élevées au rang de dogmes...

La théorie des quatre éléments ne sera définitivement abandonnée qu'avec l'avènement de la chimie moderne vers la fin du XVIIIe siècle.

# Des quatre éléments aux éléments chimiques

Le cheminement vers des connaissances scientifiques à propos des substances et de leurs propriétés, donc relevant de ce que l'on appelle actuellement la chimie, fut long et laborieux, car il s'est heurté à de nombreuses difficultés. Au-delà de la conception aristotélicienne qui constituait un cadre de pensée erroné, comment distinguer corps pur et mélange ? Ou plus difficile encore, comment reconnaître un corps simple ou un corps composé ? Sans compter que certaines substances invisibles, les gaz, ont longtemps échappé à toute observation et manipulation...

Les premiers expérimentateurs qui se sont confrontés à la transformation des substances furent les alchimistes qui, s'ils ne visaient aucunement la compréhension des phénomènes, ont mis au point différentes opérations sur la matière.

## L'héritage des alchimistes

L'alchimie, très en vogue au Moyen Âge et nécessairement auréolée de mystère, comprend une composante mystique, avec une quête spirituelle qui est très importante, et une composante pratique consistant en différentes actions sur la matière (surtout les métaux) dans le but de la transformer et d'obtenir finalement le métal parfait : l'or évidemment ! Ces deux composantes sont résumées dans la devise de l'alchimiste : *Oora et labora* (« Prie et travaille »).

Les traités d'alchimie sont délibérément hermétiques et flous, cultivant le secret et destinés à n'être compris que par des initiés. Cela apparaît *a posteriori* souhaitable, non pas pour éviter que le premier venu soit capable de fabriquer de l'or à gogo, mais plutôt pour éviter qu'il constate l'inefficacité des méthodes proposées !

En effet, la transmutation des métaux (transformation d'un métal en un autre) étant strictement impossible par des actions physico-chimiques telles que celles que pouvaient employer les alchimistes, inutile de vous dire qu'aucun d'entre eux n'a jamais obtenu une once d'or, même si certains, prenant leur rêve pour une réalité ou simplement voulant se glorifier, ont déclaré avoir atteint cet objectif ultime !

En revanche, il faut reconnaître aux alchimistes l'intérêt d'avoir mis au point divers procédés de transformation de la matière qui seront repris ensuite par les chimistes et, pour certains, encore utilisés aujourd'hui : calcination, distillation, sublimation, dissolution, décantation, coagulation (précipitation ou cristallisation)... Ces opérations s'accompagnent d'un matériel adapté qui là aussi sera repris et amélioré : ballon (l'œuf philosophique des alchimistes), creuset, alambic...

## ÉLÉMENT CHIMIQUE, CORPS SIMPLE, CORPS COMPOSÉ

**Un élément chimique** est une entité quelque peu abstraite qui correspond à un type d'atome particulier. Il existe 92 éléments chimiques naturels correspondant à 92 types d'atomes différents, dont on découvrira la structure dans les sections suivantes. On représente un élément chimique par un symbole : H pour l'hydrogène, O pour l'oxygène, Fe pour le fer, Cl pour le chlore, etc.

Lorsqu'on parle d'un corps, cela renvoie à la forme sous laquelle la substance se présente réellement (molécules ou atomes), et ce corps peut être simple ou composé.

Ainsi, l'eau se présente sous la forme de molécules ($H_2O$) constituées de deux sortes d'atomes (donc d'éléments) différents : oxygène et hydrogène. De ce fait, on dit que l'eau est **un corps composé**.

L'oxygène qui est présent dans l'air (heureusement pour nous !) se présente sous forme de molécules ($O_2$) constituées de deux atomes d'oxygène. Cette molécule étant formée d'atomes identiques, donc d'un seul et même élément, on dit qu'il s'agit d'**un corps simple**. D'ailleurs, pour bien le différencier de l'élément hydrogène, les scientifiques ont décidé de nommer le corps simple *dioxygène*.

Le fer, comme tous les métaux, n'est pas formé de molécules mais d'un empilement d'atomes et reste symbolisé par Fe.

## Vers la chimie moderne

À partir du XVII^e siècle, quelques découvertes vont préparer le terrain pour le développement futur d'une chimie scientifique. Le Belge **Jan Baptist Van Helmont (1579-1644)**, à la fois alchimiste et chimiste, étudie la combustion du charbon de bois. Il interprète fort justement la perte de masse du combustible comme ayant servi à former « l'esprit sylvestre », qui n'est autre que notre « gaz carbonique » ($CO_2$) nommé scientifiquement « dioxyde de carbone ». Le terme « esprit sylvestre » provient du fait que ce même gaz est produit lors de la fermentation. Van Helmont invente à cette occasion le terme « gaz » pour signifier cette entité invisible produite.

Le chimiste français **Jean Rey (1583-1645)** interprète la prise de poids de métaux (étain et plomb) quand on les calcine comme la fixation d'air par le métal (il s'agit en fait d'une oxydation du métal et donc effectivement d'une fixation de l'oxygène de l'air). Il suggère à ce propos l'idée de conservation de la matière, ce qui représente une révolution par rapport à la conception des alchimistes !

Mais l'évolution des connaissances en chimie n'est pas un long fleuve tranquille... Au début du XVIIIe siècle, le médecin allemand **Georg Ernst Stahl (1660-1734)** propose une nouvelle théorie pour les combustions. D'après lui, tout corps inflammable contient un « principe » inflammable, le phlogistique, qui quitte le corps en train de brûler et se dégage sous forme de flamme. Le corps se retrouve alors « déphlogistiqué » et n'est plus combustible. Comme lors de la combustion d'un métal, on obtient un oxyde (autrefois appelé « chaux »), Stahl pense que le métal est un mélange de chaux et de phlogistique.

Mais la chaux obtenue pèse plus lourd que le métal initial... Qu'à cela ne tienne, Stahl explique cela en considérant que le phlogistique a un poids négatif !

Évidemment, cette théorie peut prêter à sourire au vu des connaissances actuelles. Il n'empêche... Elle va pourtant dominer la pensée scientifique pendant les trois-quarts du XVIIIe siècle et sera même qualifiée de « sublime » dans un dictionnaire de chimie ! Il faudra attendre les travaux et les découvertes du chimiste français **Antoine Laurent de Lavoisier (1743-1794)** pour qu'elle soit définitivement abandonnée dans les années 1780.

Par l'utilisation systématique de la balance et la mise en œuvre d'une méthode expérimentale rigoureuse, Lavoisier apparaît comme l'initiateur d'une chimie moderne et scientifique. Ses nombreuses expériences sur la combustion lui permettent d'établir une théorie cohérente de l'oxydation. Il réalise l'analyse de l'air en isolant l'oxygène (appelé « air vital ») et l'azote. Il montre lors d'une expérience menée en 1783 que la combustion de « l'air inflammable » (ancien nom de l'hydrogène) avec de l'air vital produit de l'eau. Il montre ainsi que contrairement à la vision aristotélicienne, l'eau n'est pas un corps simple, mais qu'elle est formée d'oxygène et d'hydrogène (ce nom signifiant étymologiquement « qui génère de l'eau »).

Ses observations quantitatives lui permettent d'énoncer les lois fondamentales de conservation de la masse et des éléments lors des réactions chimiques, qui se trouvent résumées dans cette maxime qu'on lui attribue : « Rien ne se perd, rien ne se crée, tout se transforme. »

## LE DESTIN TRAGIQUE DE LAVOISIER

Antoine Laurent de Lavoisier est un esprit brillant et précoce. Après des études de droit et dans différents domaines scientifiques, il entre à l'Académie des sciences à l'âge de 25 ans. Ses compétences exceptionnelles lui permettent d'obtenir en 1779 une place de fermier général, où il se distingue en tant qu'administrateur et économiste, tout en consacrant son temps libre à ses expériences de chimie.

Puis arrive la Révolution de 1789. Il continue à s'impliquer dans les affaires de l'État en tant que député suppléant aux états généraux de 1789, puis en 1790 membre de la commission pour l'établissement d'un nouveau système de poids et mesures, et, en 1791, secrétaire de la Trésorerie. Mais le régime de la Terreur s'instaure progressivement et, en novembre 1793, la Convention décrète l'arrestation de tous les fermiers généraux. Lavoisier vient alors se constituer prisonnier. Le 8 mai 1794, il est jugé par le tribunal révolutionnaire, condamné à mort et guillotiné le jour même. Énorme gâchis pour cet éminent scientifique qui, au-delà de son rôle essentiel en chimie, a également apporté d'importantes contributions en physique (calorimétrie), en biologie (respiration), en géologie, en météorologie…

Sous l'impulsion de Lavoisier, la chimie va connaître un développement rapide. Mais un grand chantier se présente aux chimistes : établir la liste des éléments chimiques, ces briques à partir desquelles se forment tous les corps. Dans ce domaine, le chimiste suédois **Jöns Berzelius (1779-1848)** permet une avancée significative en proposant la symbolisation des éléments par des lettres (encore utilisée aujourd'hui), en déterminant le « poids » atomique de nombreux éléments connus et en en identifiant de nouveaux : sélénium, baryum, strontium, etc.

## POIDS ATOMIQUE DES ÉLÉMENTS

Le « poids atomique » d'un élément correspond à une appellation ancienne remplacée aujourd'hui par « masse atomique ». Il s'agit d'une valeur relative mesurée par rapport à la masse d'un élément pris comme référence : l'hydrogène, qui est l'élément le plus léger et auquel on attribue la valeur « 1 ». Pour chaque élément, la masse atomique prend en général une valeur entière ou à peu près : par exemple, 4 pour l'hélium ou 12 pour le carbone. Nous verrons plus bas que cette valeur correspond au nombre de nucléons du noyau de l'atome considéré, l'atome d'hydrogène n'en ayant qu'un.

Actuellement, on rend compte aussi de cette masse atomique d'une autre façon : en exprimant la masse de N atomes d'un élément donné nous dirons que ce nombre N est choisi, en simplifiant un peu, de façon à ce qu'on retrouve en grammes les nombres précédents. Il est donc tel que N atomes de carbone pèsent 12 grammes (et N atomes d'hydrogène pèsent 1 gramme). Ce nombre N est évidemment très grand : $6{,}02 \times 10^{23}$, ce qui correspond à 600 000 milliards de milliards ! Il est appelé nombre d'Avogadro, du nom du chimiste italien **Amadeo Avogadro (1776-1856)**, et définit ce que l'on appelle une mole de l'élément considéré. La masse de N atomes d'un élément est appelée masse molaire de cet élément.

## De l'ordre dans les éléments chimiques

Il n'a pas été facile de mettre de l'ordre au sein des éléments chimiques, surtout que leur nombre a passablement augmenté au cours du XIX^e^ siècle. De 34 éléments connus en 1800, on passera à 81 éléments à la fin du siècle et les chimistes recherchent des façons rationnelles de les classer. En 1869, le Russe **Dmitri Mendeleïev (1834-1907)** a l'heureuse idée de combiner deux critères de classement, ce qui va le conduire à élaborer un tableau tel que celui reproduit ci-dessous. Mendeleïev place sur une même ligne des éléments qui ont des propriétés chimiques semblables, les masses atomiques de ces éléments augmentant de gauche à droite. Dans une même colonne, les éléments se succèdent de haut en bas par masses atomiques croissantes.

| | | | | | |
|---|---|---|---|---|---|
| | | | Ti = 50 | Zr = 90 | ? = 180 |
| | | | V = 51 | Nb = 94 | Ta = 182 |
| | | | Cr = 52 | Mo = 96 | W = 186 |
| | | | Ma = 55 | Rh = 104,4 | Pt = 197,4 |
| | | | Fe = Co = 59 | Ru = 104,4 | Ir = 198 |
| H = 1 | | | Cu = 63,4 | Pd = 106,6 | Os = 199 |
| | B3 = 9,4 | Mg = 24 | Zn = 65,2 | Ag = 108 | Hg = 200 |
| | B = 11 | Al = 27,4 | ? = 68 | Cd = 112 | |
| | C = 12 | Si = 28 | ? = 70 | Ur = 116 | Au = 197 ? |
| | N = 14 | P = 31 | As = 75 | Sn = 118 | |
| | O = 16 | S = 32 | Se = 79,4 | Sb = 122 | Bi = 210 ? |
| | F = 19 | Cl = 35,5 | Br = 80 | Te = 128 ? | |
| Li = 7 | Na = 23 | K = 39 | Rb = 85,4 | J = 127 | |
| | | Ca = 40 | Sr = 87,6 | Cs = 133 | Tl = 204 |
| | | ? = 45 | Ce = 92 | Ba = 137 | Pb = 207 |
| | | ? Er = 56 | La = 94 | | |
| | | ? Yt = 60 | Di = 95 | | |
| | | ? In = 75,6 | Th = 118 ? | | |

**FIGURE 9-1 :** Le premier tableau des éléments de Mendeleïev (1869). Les cases vides correspondent au scandium (45), au gallium (68) et au germanium (70) découverts par la suite.

Il est remarquable de constater que la version moderne du tableau de classification périodique des éléments est toujours construite sur cette même logique (sous-tendue en fait par la structure de l'atome comme on le verra plus loin), à la différence près que lignes et colonnes ont permuté et que le nombre d'éléments est bien plus élevé. On notera en particulier l'absence totale dans le tableau de Mendeleïev des éléments de la colonne de droite du tableau actuel (l'hélium, le néon, l'argon, le krypton, le xénon, le radon), appelés « gaz nobles », ou encore « gaz rares », ou encore « gaz inertes », car ils n'ont pratiquement aucune réactivité chimique ; ils n'étaient pas encore connus à l'époque.

Une autre idée très ingénieuse de Mendeleïev est de laisser des cases vides dans son tableau (notées avec un point d'interrogation), prédisant ainsi l'existence d'éléments non encore découverts mais dont il peut prévoir les propriétés chimiques et approximativement la masse atomique. Ses prévisions seront confirmées par la suite avec la découverte dans les années suivantes notamment du gallium, du scandium et du germanium.

Numéro atomique : Z — Symbole : **X** — Nom de l'élément : Nom — Masse atomique relative (mollaire) : *M*

| PÉRIODE | I | II | III | IV | V | VI | VII | VIII | IX | X | XI | XII | XIII | XIV | XV | XVI | XVII | XVIII | PÉRIODE |
|---|---|---|---|---|---|---|---|---|---|---|---|---|---|---|---|---|---|---|---|
| 1 | 1 **H** Hydrogène 1,0 | | | | | | | | | | | | | | | | | 2 **He** Helium 4,0 | 1 |
| 2 | 3 **Li** Lithium 6,9 | 4 **Be** Béryllium 9,0 | | | | | | | | | | | 5 **B** Bore 10,8 | 6 **C** Carbone 12,0 | 7 **N** Azote 16,0 | 8 **O** Oxygène 16,0 | 9 **F** Fluor 19,0 | 10 **Ne** Néon 20,2 | 2 |
| 3 | 11 **Na** Sodium 23,0 | 12 **Mg** Magnésium 24,3 | | | | | | | | | | | 13 **Al** Aluminium 27,0 | 14 **Si** Silicium 28,1 | 15 **P** Phosphore 32,1 | 16 **S** Souffre 32,1 | 17 **Cl** Chlore 35,5 | 18 **Ar** Argon 39,9 | 3 |
| 4 | 19 **K** Potassium 39,1 | 20 **Ca** Calcium 40,1 | 21 **Sc** Scandium 45,0 | 22 **Ti** Titane 47,9 | 23 **V** Vanadium 50,9 | 24 **Cr** Chrome 52,0 | 25 **Mn** Manganèse 54,9 | 26 **Fe** Fer 55,8 | 27 **Co** Cobalt 58,9 | 28 **Ni** Nickel 58,7 | 29 **Cu** Cuivre 63,5 | 30 **Zn** Zinc 65,4 | 31 **Ga** Gallium 69,7 | 32 **Ge** Germanium 72,6 | 33 **As** Arsenic 79,0 | 34 **Se** Sélénium 79,0 | 35 **Br** Brome 79,9 | 36 **Kr** Krypton 83,8 | 4 |
| 5 | 27 **Rb** Rubidium 85,5 | 28 **Sr** Strontium 87,6 | 29 **Y** Ytrium 88,9 | 40 **Zx** Zirconium 91,2 | 41 **Nb** Niobium 92,9 | 42 **Mo** Molybdène 95,9 | 43 **Te** Technétium 99 | 44 **Ru** Ruthénium 101,1 | 45 **Rh** Rhodium 102,9 | 46 **Pd** Palladium 106,4 | 47 **Ag** Argent 107,9 | 48 **Cd** Cadium 112,4 | 49 **In** Indium 114,8 | 50 **Sn** Etain 118,7 | 51 **Sh** Antimoine 127,6 | 52 **Te** Tellure 127,6 | 53 **I** Iode 126,9 | 54 **Xe** Xénon 4,0 | 5 |
| 6 | 55 **Cs** Césium 132,9 | 56 **Ba** Baryum 137,3 | 57-71 Lanthanides | 72 **Hf** Hafnium 178,5 | 73 **Ta** Tantale 180,9 | 74 **W** Tungstène 183,9 | 75 **Re** Rhénium 186,2 | 76 **Os** Osmium 190,2 | 77 **Ir** Iridium 192,2 | 78 **Pt** Platine 195,1 | 79 **Au** Or 197,0 | 80 **Hg** Mercure 200,6 | 81 **Tl** Thallium 204,4 | 82 **Pb** Plomb 207,2 | 83 **Bi** Bismuth 209 | 84 **Po** Polonium 209 | 85 **At** Astate 210 | 86 **Rn** Radon 4,0 | 6 |
| 7 | 87 **Fr** Francium 223 | 88 **Ra** Radium 226,1 | 89-103 Actinides | 104 **Rf** Rutherfordium 261 | 105 **Dh** Dubnium 262 | 106 **Sg** Seaborgium 266 | 107 **Bh** Bohrium 264 | 108 **Hs** Hassium 269 | 109 **Mt** Meitnerium 268 | 110 **Ds** Darmstadtium 271 | 111 **Rg** Roentgenium 272 | 112 **Umb** 285 | 113 **Uut** | 114 **Umq** 287 | 115 **Uup** | 116 **Lv** 291 | 117 **Uus** | 118 **Uuo** | 7 |

| | | | | | | | | | | | | | | | |
|---|---|---|---|---|---|---|---|---|---|---|---|---|---|---|---|
| **LANTHANIDES** | 57 **La** Lanthane 138,9 | 58 **Ce** Cérium 140,1 | 59 **Pr** Praséodyme 140,9 | 60 **Nd** Néodyme 144,2 | 61 **Pm** Prométhium 145 | 62 **Sm** Samarium 150,4 | 63 **Eu** Europium 152,0 | 64 **Gd** Gadolinium 157,3 | 65 **Tb** Terbium 158,9 | 66 **Dy** Dysprosium 162,5 | 67 **Ho** Holmium 164,9 | 68 **Er** Erbium 167,3 | 69 **Tm** Thulium 168,9 | 70 **Yb** Ytterbium 173,0 | 71 **Lu** Luthétium 175,0 |
| **ACTINIDES** | 89 **Ae** Actinium 227 | 90 **Th** Thorium 232 | 91 **Pa** Protactinium 231 | 92 **U** Uranium 238 | 93 **Np** Neptunium 237 | 94 **Pu** Plutonium 244 | 95 **Am** Américium 243 | 96 **Cm** Curium 247 | 97 **Bk** Berkélium 247 | 98 **Cf** Californium 251 | 99 **Es** Einsteinium 252 | 100 **Fm** Fermium 257 | 101 **Md** Mendelévium 258 | 102 **No** Nobélium 259 | 103 **Lr** Lawrencium 262 |

**FIGURE 9-2 :**
L'actuel tableau périodique des éléments.

# L'atome s'impose enfin

Même si certains scientifiques de grand renom, tels Galilée ou Newton, ont adhéré en leur temps à la vision atomiste de la matière, cette dernière a été largement oubliée durant deux millénaires. Elle réapparaît sous la plume du chimiste irlandais **Robert Boyle (1627-1691)** qui a l'intuition visionnaire d'une matière faite d'atomes et de molécules. Il pense, en effet, que les différents éléments « consistent dans des corpuscules insaisissables » et que « c'est de l'arrangement et de la combinaison de ces corpuscules que résulte une multitude de composés complexes ». Mais c'est au début du XIXe siècle que le Britannique **John Dalton**, s'appuyant sur les progrès de la chimie quantitative, posa les bases d'une véritable théorie atomique moderne. Bien que très imparfaite au départ, l'essentiel est déjà là. Dalton fait correspondre à chaque élément chimique connu à l'époque un type d'atomes particulier, caractérisé par un « poids » spécifique (une « masse », dirait-on aujourd'hui). De même que les éléments chimiques peuvent se combiner entre eux pour former des corps composés, plusieurs atomes peuvent se lier entre eux pour former des édifices plus complexes, que Dalton appelle *atomes composés* et qu'on appelle aujourd'hui *molécules*.

Tout au long du XIXe siècle, la réalité de l'atome reste un sujet de polémique et de débats acharnés au sein de la communauté scientifique, ses partisans de plus en plus nombreux s'opposant à ceux qui continuent à concevoir la matière continue et infiniment divisible.

Il va falloir attendre 1906 pour que la preuve expérimentale définitive de l'existence des molécules et des atomes puisse être enfin apportée par le physicien français **Jean Perrin (1870-1942)**, qui en s'appuyant sur les calculs et les prévisions proposés un an plus tôt par un illustre inconnu (à l'époque !), un certain… **Albert Einstein (1879-1955)** ! Âgé de seulement 26 ans, ce dernier publie, entre autres, un article sur le mouvement brownien. Le phénomène en question est le suivant : si on place des objets microscopiques, comme, par exemple, des grains de pollen, dans de l'eau, on constate au microscope que les grains sont agités d'un mouvement incessant avec des trajectoires apparemment chaotiques. Einstein montre par de savants (évidemment !) calculs que ce mouvement peut être expliqué par les chocs incessants des molécules d'eau qui, elles-mêmes en mouvement, viennent heurter les grains. Ces calculs permettent également d'estimer l'ordre de grandeur des dimensions des molécules et donc des atomes.

Au fait, quelles sont ces dimensions ? En assimilant un atome à une sphère, ce qui en est une vision très simplificatrice, il apparaît que le diamètre de l'atome est de l'ordre du dixième de nanomètre, ce qui signifie un dixième de milliardième de mètre ! Si on se réfère à une petite longueur encore accessible à nos sens, le millimètre, cela signifie qu'il faudrait aligner côte à côte 10 millions d'atomes pour couvrir ce millimètre !

## Peut-on voir les atomes ?

Un objet aussi minuscule n'est évidemment pas observable avec un microscope optique, aussi puissant soit-il. En revanche, certains instruments développés plus récemment, comme le microscope à effet tunnel ou le microscope à force atomique, permettent d'obtenir, par un traitement informatique d'un signal électrique, une image des atomes à la surface d'un échantillon.

**FIGURE 9-3 :** Photo d'atomes d'or obtenue avec un microscope à effet tunnel.

# L'atome se dévoile

Au début du xx^e siècle, l'existence de l'atome apparaît bien établie, même si certains scientifiques ne veulent toujours pas l'admettre, comme le physicien et philosophe autrichien Ernst Mach (1838-1916) qui refusera d'y croire jusqu'à sa mort ! Une question va alors rapidement s'imposer : l'atome est-il effectivement cette entité insécable telle que l'avait imaginée Démocrite, ou bien est-il lui-même un édifice complexe à l'intérieur duquel se cacheraient des constituants encore plus minuscules et élémentaires ?

# Un petit grain d'électricité

Tout un chacun sait bien aujourd'hui que c'est la deuxième proposition qui est la bonne et que les atomes ont une structure interne. Néanmoins, cette dernière n'a pas été facile à établir à l'aube du XXe siècle, faute de moyens efficaces d'exploration de l'infiniment petit.

Les premiers pans du voile sont levés en 1897 par le Britannique **Joseph John Thomson (1856-1940)**, au sein du prestigieux laboratoire Cavendish de l'université londonienne de Cambridge. Travaillant sur le phénomène des rayons cathodiques, il parvient à identifier et caractériser précisément les petits « grains » d'électricité qui constituent ces rayons émis par la cathode métallique.

## LES RAYONS CATHODIQUES

Deux plaques métalliques, reliées aux deux bornes d'un générateur électrique, sont disposées à quelques centimètres l'une de l'autre dans une ampoule de verre à l'intérieur de laquelle on a fait le vide. Si on applique entre les deux plaques (électrodes) une tension électrique suffisamment élevée de quelques milliers de volts, on constate que la cathode (l'électrode reliée à la borne « moins » du générateur électrique) émet ce qui a été appelé un rayonnement cathodique, et qui est en fait un flux de particules chargées négativement. Celles-ci sont attirées par l'anode (l'électrode reliée à la borne « plus » du générateur électrique) et sont captées par celle-ci, ce qu'on peut mettre en évidence à l'aide d'une substance fluorescente. On constate que ce flux des particules entre cathode et anode s'accompagne du passage d'un courant électrique entre les deux électrodes.

Thomson détermine la valeur de la charge électrique négative de ces particules et montre qu'elles sont extrêmement légères : 2 000 fois plus légères que l'atome d'hydrogène, qui est pourtant le plus léger des atomes ! Il les baptise « électrons ».

Mais une conclusion de portée considérable s'impose. Ces électrons qui sont émis devaient être initialement présents dans la matière, donc dans les atomes du métal. Du coup, l'atome n'apparaît plus aussi insécable que son étymologie le laisse penser : on peut lui arracher cette particule, l'électron, qui semble donc être l'un de ses constituants.

Signalons au passage que la charge électrique de l'électron est la charge dite « élémentaire », c'est-à-dire la plus petite charge que l'on puisse isoler et mesurer.

# Un atome plein... de vide

Le deuxième physicien à effectuer une percée décisive pour la compréhension de l'atome est le Britannique d'origine néo-zélandaise **Ernest Rutherford (1871-1937)**. Il réalise en 1909 une expérience capitale lui permettant d'établir qu'au centre de l'atome se trouve un noyau très petit, porteur d'une charge électrique positive et dans lequel se concentre pratiquement toute la matière, donc toute la masse, de l'atome.

Cette expérience a été rendue possible grâce à la découverte, annoncée en 1896, par le Français Henri Becquerel (1852-1908), d'un nouveau phénomène fort étrange appelé « radioactivité ». Il s'est aperçu que des sels d'uranium émettent en permanence un rayonnement capable d'impressionner une plaque photographique et d'ioniser les gaz. Ce nouveau phénomène est alors étudié par Rutherford lui-même ainsi que par les Français Pierre Curie (1859-1906) et son épouse Marie (1867-1934), qui vont découvrir d'autres corps plus radioactifs que l'uranium : le thorium, le polonium et surtout le radium. Au cours de leurs expériences, ils distinguent deux types de rayonnements pouvant être émis par les corps radioactifs : les rayons $\alpha$ (alpha), porteurs d'une charge électrique positive, et les rayons $\beta$ (bêta), chargés négativement. Les rayons $\alpha$ sont en fait des noyaux d'atomes d'hélium alors que les rayons $\beta$ sont des électrons.

Ainsi Rutherford aboutit à une première représentation de l'atome formé d'un minuscule noyau central, autour duquel tournent des électrons dans un volume essentiellement occupé... par du vide ! Les électrons négatifs sont logiquement retenus à proximité du noyau positif par la force d'attraction électrique, puisque dans le monde des charges électriques, deux charges de signes contraires s'attirent !

Les caractéristiques du noyau atomique peuvent paraître, pour le non-physicien, dignes du livre des records ! Son diamètre est environ 100 000 fois plus petit que celui de l'atome, soit de l'ordre du millionième de millionième de millimètre ! Un modèle d'atome ramené à notre échelle avec le noyau de la taille d'un pois-chiche occuperait le volume d'une sphère d'un kilomètre de diamètre !

Comme le noyau concentre la quasi-totalité de la masse de l'atome dans un volume absolument minuscule, la densité du noyau est extrêmement élevée, et même difficilement concevable : environ 200 000 milliards de fois celle de l'eau liquide ! C'est comme si toute la matière de la planète Terre était concentrée dans une sphère de moins de 200 mètres de diamètre !

## L'EXPÉRIENCE DE RUTHERFORD

Grâce aux recherches sur la radioactivité auxquelles il a activement participé, Rutherford dispose dans son laboratoire d'une source radioactive émettant un rayonnement α (*alpha*). Il sait que ce rayonnement transporte des charges électriques positives.

Rutherford va utiliser ce rayonnement α pour bombarder une feuille d'or extrêmement fine, afin d'étudier comment le rayonnement interagit éventuellement avec cet obstacle. Étant donné la très faible épaisseur de la feuille d'or, on pourrait s'attendre à ce que le rayonnement la traverse sans être notoirement modifié, comme une balle de revolver traverse du carton. Et c'est effectivement ce qu'observe Rutherford, ou plutôt c'est presque ce qu'il observe… Car si la majeure partie du rayonnement traverse l'obstacle comme si de rien n'était, une faible proportion des particules α sont déviées plus ou moins fortement, certaines allant même jusqu'à rebrousser chemin comme si elles rebondissaient sur la feuille d'or !

Les résultats étonnants de cette expérience amènent Rutherford à une double conclusion :

» D'une part l'intérieur des atomes d'or doit être essentiellement occupé par du vide puisque la plupart des particules α traversent les atomes sans interagir.

» D'autre part, il existe au centre de chaque atome une zone extrêmement petite par rapport à l'atome (qui est déjà très petit !), qui fait de la résistance et qui repousse les quelques particules α passant à proximité. Par analogie avec le noyau d'un fruit contre lequel butte le couteau, il nomme cette zone le « noyau » de l'atome.

Comme dans le monde des charges électriques, deux charges de même signe se repoussent, le noyau qui repousse les particules α chargées positivement doit être porteur lui aussi d'une charge électrique positive.

# Des électrons désobéissants

Intéressons-nous aux électrons dont on a dit qu'ils tournaient autour du noyau. Ils tournent, soit, mais comment tournent-ils plus précisément ?

## Les électrons « planètes »

Lorsqu'il a découvert le noyau, Rutherford a imaginé l'atome comme un petit système solaire en miniature, les électrons-planètes tournant autour du noyau-Soleil. Sauf que ce modèle pose un sacré problème théorique aux scientifiques de l'époque, car une loi physique stipule qu'une charge électrique en rotation doit émettre un rayonnement, et, du coup, perdre de l'énergie. Cette perte d'énergie devrait provoquer le ralentissement de l'électron jusqu'à son inexorable crash sur le noyau ! Comme il n'en est rien, force a été de constater que les électrons dans l'atome n'obéissaient pas aux lois de la physique de l'époque, la physique dite « classique ».

## EINSTEIN ET LA DUALITÉ ONDE/CORPUSCULE

En 1905, Einstein publie plusieurs articles importants dont l'un est consacré à l'explication de l'effet photo-électrique. Ce phénomène se manifeste lorsqu'on éclaire par une lumière convenable une plaque métallique : celle-ci émet alors des électrons. Ces derniers peuvent ensuite être canalisés par une tension électrique pour être détectés. On observe que, pour chaque métal, il existe une fréquence minimale de la lumière en dessous de laquelle aucun électron n'est émis, quelle que soit l'intensité de la radiation lumineuse. Au-dessus de cette fréquence-seuil, le flux d'électrons émis est proportionnel à l'intensité de la lumière.

Pour expliquer ces constatations, Einstein s'inspire des travaux du physicien allemand **Max Planck (1858-1947)**, l'inventeur des *quanta* d'énergie, et postule que la lumière, malgré sa nature ondulatoire bien connue, doit aussi être considérée comme étant formée de « grains » d'énergie élémentaires, que l'on nommera plus tard *photons*. La quantité (le *quantum*) d'énergie transportée par un de ces grains est proportionnelle à la fréquence de l'onde qui lui est associée : les photons de la lumière violette sont, par exemple, deux fois plus énergétiques que les photons de la lumière rouge. On comprend ainsi que lors de l'effet photoélectrique, cette fréquence doive être suffisamment élevée pour que l'énergie transportée par le photon soit égale ou supérieure à l'énergie nécessaire pour arracher un électron du métal.

Einstein introduit ainsi une idée fondamentale : suivant le phénomène dans lequel elle intervient, la lumière se comporte soit comme une onde, soit comme un corpuscule. Cette double nature est appelée « dualité onde/corpuscule ». Pour contradictoire qu'elle paraisse *a priori*, cette dualité s'est imposée par la suite non seulement pour la lumière et les photons, mais aussi pour les autres particules de l'infiniment petit, comme les électrons : c'est leur nature ondulatoire qui est à la base du fonctionnement du microscope électronique.

## L'atome de Bohr

Face à ce problème critique, un jeune physicien danois **Niels Bohr** propose en 1913 une idée révolutionnaire : les électrons dans l'atome tournent sur des orbites bien précises et prédéterminées, qui correspondent pour les électrons à différents niveaux d'énergie, là aussi prédéterminés et les seuls autorisés. Tant qu'il est sur son orbite, l'électron conserve son énergie. En revanche, il peut sauter d'une orbite à une autre en gagnant ou en perdant une petite quantité d'énergie (un *quantum* d'énergie) sous la forme d'un « grain » de lumière, que l'électron va absorber s'il gagne de l'énergie et passe à un niveau d'énergie plus élevé, ou émettre dans le cas contraire.

Bohr s'appuie ici sur une idée proposée par Einstein dès 1905, selon laquelle la lumière, bien qu'étant une onde (électromagnétique), présente aussi un aspect corpusculaire et voyage sous la forme de petits grains d'énergie lumineuse : les photons.

Le modèle de « l'atome de Bohr » va marquer le début de l'élaboration d'une nouvelle physique appelée « physique quantique », aux concepts très abstraits et souvent très éloignés du sens commun, mais qui rend compte très précisément du comportement des électrons et plus généralement des particules au niveau atomique.

## Organisation du cortège électronique

À l'heure actuelle, on a conservé de ce modèle les notions de niveaux d'énergie et de saut entre niveaux d'énergie avec émission ou absorption d'un photon. En revanche, l'idée d'orbites bien définies pour les électrons a dû être abandonnée.

Dans l'atome, les électrons sont animés d'une vitesse vertigineuse correspondant *grosso modo* à 10 millions de milliards de tours par seconde autour du noyau ! Dans ces conditions, tout se passe comme si chaque électron était un petit peu partout en même temps, et on ne peut connaître que sa probabilité de présence à tel ou tel endroit. On définit ainsi, pour chaque niveau d'énergie, une zone autour du noyau appelée « orbitale », dans laquelle l'électron a une plus forte probabilité de présence.

Les électrons d'un atome sont organisés en couches successives autour du noyau, chacune étant formée de sous-couches (les orbitales). Ces couches peuvent contenir de plus en plus d'électrons au fur et à mesure qu'on s'éloigne du noyau (2, 8, 18, 32…) et leur remplissage progressif, quand on passe d'un élément au suivant dans le tableau des éléments, obéit à des règles dans le détail desquelles nous ne rentrerons pas.

Ce sont les électrons de la couche externe, les plus éloignés du noyau et ceux qui sont retenus le moins fortement par ce dernier, qui participent aux réactions chimiques et définissent donc les propriétés chimiques de l'atome. Ainsi, les éléments situés sur une même colonne de l'actuel tableau de classification des éléments ont des propriétés chimiques semblables, car ils possèdent le même nombre d'électrons sur leur couche externe.

## NIVEAUX D'ÉNERGIE DES ÉLECTRONS DANS L'ATOME

L'organisation des électrons dans l'atome obéit à une règle découverte et énoncée par le physicien suisse d'origine autrichienne **Wolfgang Pauli (1900 - 1958)**, connue comme le « principe d'exclusion de Pauli ». Il stipule que tous les électrons dans l'atome doivent se trouver dans des états quantiques différents. Cela correspond à des niveaux d'énergie différents, donc à des orbitales différentes.

En fait, chaque orbitale peut héberger deux électrons, mais à condition que ces derniers diffèrent par leur spin. Le spin ? Voilà encore un concept purement quantique, donc très abstrait, que l'on pourrait se représenter – mais ce n'est qu'une aide à penser – comme associé à la rotation de l'électron sur lui-même, dans un sens ou dans l'autre. Dans l'unité dans laquelle se mesure le spin, celui de l'électron peut être égal à + 1/2 ou – 1/2.

# Liaison chimique

C'est le chimiste allemand **Walther Kossel (1888-1956)** qui, le premier, reconnaît en 1916 l'importance des électrons situés sur la couche externe pour déterminer les propriétés chimiques d'un élément. Il établit notamment que les atomes, qui deviennent des ions par le gain ou la perte d'un ou plusieurs électrons, tendent à acquérir une couche externe à 8 électrons (c'est la règle dite « de l'octet »). Cette disposition caractérise la structure électronique des atomes des gaz nobles (sauf l'hélium qui ne possède que 2 électrons sur sa seule et unique couche) et s'avère d'une très grande stabilité.

Dans le cas du chlorure de sodium (le banal sel de cuisine !), l'atome de sodium (Na) ne possède qu'un électron sur sa couche externe, la 3e couche. Il a donc une forte tendance à le perdre pour acquérir la structure électronique du néon, qui possède 8 électrons sur sa 2e couche. L'atome de sodium devient alors un ion $Na^+$, porteur d'une charge positive. L'atome de chlore (Cl), quant à lui, possède 7 électrons sur sa couche externe et ne demande qu'à en acquérir un huitième pour avoir la structure électronique de l'argon. Il gagne donc l'électron perdu par le sodium et devient un ion $Cl^-$, porteur d'une charge négative. Les deux sortes d'ions $Na^+$ et $Cl^-$ s'attirent électriquement, formant une liaison ionique.

Mais il est, bien sûr, d'innombrables cas où des atomes sont liés entre eux pour constituer des molécules, sans pour autant devenir des ions. Comme l'a proposé le chimiste américain **Gilbert Newton Lewis (1875-1946)** dès 1916, il y a alors mise en commun d'un doublet d'électrons (chaque atome fournissant un électron), pour former une liaison dite « covalente ». En général, chaque atome établit autant de liaisons covalentes qu'il lui manque d'électrons sur sa couche externe pour acquérir la structure du gaz noble voisin dans le tableau. Ce nombre est appelé « valence » de l'élément chimique correspondant.

Dans le cas de la molécule d'eau, l'atome d'oxygène (O) possède 6 électrons sur sa couche externe. Il lui en manque donc deux pour atteindre les 8 électrons externes du néon. Il va former deux liaisons covalentes avec deux atomes d'hydrogène (H) en mettant en commun deux doublets d'électrons. Chaque atome d'hydrogène y trouve également son compte puisqu'il possède alors un environnement électronique de deux électrons, semblable à celui de l'hélium et donc très stable.

Tout électron qui participe ainsi à une liaison covalente est partagé par les deux atomes en ce sens que sa probabilité de présence se répartit autour des deux noyaux, étant maximale entre les deux. Si les deux atomes liés sont identiques comme dans la molécule de dioxygène $O_2$ formée de deux atomes d'oxygène, le partage de l'électron entre les deux est équitable, et ce dernier a la même probabilité de présence près de l'un comme près de l'autre. Mais il arrive assez souvent que le partage ne soit pas équitable... Dans la molécule d'eau par exemple, l'atome d'oxygène attire plus fortement l'électron partagé que l'atome d'hydrogène. Il s'ensuit une dissymétrie de la liaison chimique, et l'électron a une probabilité de présence plus forte près de l'oxygène que de l'hydrogène. La liaison est dite alors « polarisée » : l'atome d'oxygène porte une charge électrique (partielle) négative puisqu'il s'accapare une bonne part de l'électron, et la même charge partielle mais positive apparaît sur l'atome d'hydrogène.

# Le noyau de l'atome

La structure complexe de l'atome étant dévoilée, un esprit scientifique est naturellement poussé à se demander si la logique des poupées russes va opérer une nouvelle fois et notamment si le noyau va à son tour se révéler comme un édifice formé d'entités plus élémentaires. C'est, bien sûr, ce que cherchent à savoir les scientifiques durant la deuxième décennie du XX$^e$ siècle.

## Des graines dans le noyau

C'est encore Rutherford qui, le premier, va apporter une réponse en 1919. À l'issue d'expériences de bombardement de différents matériaux par des particules $\alpha$, il met en évidence la présence d'un même « grain » de matière dans le noyau des différents atomes. Ce grain est porteur d'une charge électrique positive élémentaire, c'est-à-dire la même charge en valeur absolue que celle de l'électron. En fait, cette particule se révèle être ni plus ni moins que le noyau de l'atome d'hydrogène.

L'hydrogène étant le premier élément dans le tableau de classification des éléments chimiques, Rutherford baptise cette particule *proton*, qui, en grec, signifie « premier ».

Grâce à cette découverte, la structure de l'atome s'éclaire d'un jour nouveau : le noyau apparaît formé d'un certain nombre de protons, et il doit y avoir autant d'électrons dans l'atome que de protons dans le noyau pour assurer la neutralité électrique de l'atome.

Mais une difficulté surgit immédiatement, que l'on comprendra aisément (mais si !) en prenant l'exemple de l'atome d'hélium. C'est le deuxième élément chimique dans le tableau de classification, et l'atome d'hélium comporte donc deux électrons tournant autour du noyau. Par ailleurs, la masse atomique de l'hélium vaut quatre fois celle de l'hydrogène, ce qui conduit à penser que son noyau contient quatre protons. Et là, malheureusement, le compte n'y est pas ! L'atome contient plus de charges positives que de charges négatives !

# Une fausse bonne idée !

Pour lever la difficulté, les physiciens du début du XXe siècle proposent l'idée suivante : le noyau, en plus des protons, doit contenir aussi des électrons en nombre suffisant pour rétablir la neutralité électrique de l'atome. Par exemple, pour l'hélium, il y aurait deux électrons supplémentaires dans le noyau.

Cette idée de la présence d'électrons dans le noyau apparaît d'ailleurs pertinente à plus d'un titre. Elle apporte tout d'abord un semblant de réponse à la question – qu'est-ce qui assure la cohésion du noyau atomique ? En effet, il ne vous aura certainement pas échappé que les protons agglutinés les uns contre les autres dans le noyau se repoussent violemment du fait de leur charge positive, ce qui devrait conduire à l'éclatement du noyau ! Heureusement pour nous, il n'en est rien, et ce, pense-t-on, grâce justement à la présence d'électrons dans le noyau engendrant des forces attractives avec les protons, et stabilisant ainsi l'édifice.

La présence d'électrons dans le noyau apporte également un éclairage sur un phénomène très étudié à l'époque, celui de la radioactivité β, au cours duquel on observe l'émission d'un électron par le noyau d'un atome radioactif. Il paraît en effet relevant du bon sens de considérer que si un électron peut être émis par le noyau, c'est qu'il se trouvait préalablement à l'intérieur !

Eh bien, cette théorie des électrons dans le noyau, très séduisante et qui ayant eu la faveur des scientifiques pendant plus d'une décennie, s'est montrée par la suite complètement fausse !

## Du nouveau dans le noyau

L'idée de la présence d'électrons dans le noyau a dû être abandonnée après la découverte, en 1932, par le Britannique **James Chadwick (1891-1974)**, ancien étudiant et collaborateur de Rutherford, d'un nouveau « grain » de matière présent dans le noyau des atomes. Cette nouvelle particule possède quasiment la même masse que le proton mais ne porte aucune charge électrique. Elle est donc neutre et sera baptisée assez logiquement « neutron ».

Pour la petite histoire, Rutherford avait prédit l'existence du neutron, qu'il envisageait comme pouvant être l'assemblage d'un proton et d'un électron, dix ans avant sa découverte : encore bravo !

### LES ISOTOPES

Il se trouve que, pour presque tous les éléments chimiques, le nombre de neutrons dans le noyau de l'atome peut prendre différentes valeurs. Pour le carbone par exemple, la très grande majorité des atomes possèdent 6 protons et 6 neutrons, soit en tout 12 nucléons. Mais on trouve aussi dans la nature des atomes de carbone possédant 7 neutrons (donc 13 nucléons) ou 8 neutrons (donc 14 nucléons). Ces trois sortes d'atomes de carbone ont exactement les mêmes propriétés chimiques puisqu'ils possèdent le même cortège électronique, mais ils n'ont pas la même masse : on les appelle des isotopes. Pour les différencier, on fait suivre le nom de l'élément par le nombre de nucléons. On dit par exemple « carbone douze » pour l'atome à 12 nucléons, que l'on symbolise par $^{12}C$. Le carbone « quatorze » est symbolisé par $^{14}C$.

Le terme « isotope » vient du grec *isos* signifiant « même » et *topos* signifiant « lieu », car ces différents atomes correspondent effectivement au même emplacement dans le tableau de classification des éléments chimiques.

Outre la masse, les isotopes peuvent différer aussi par la stabilité de leur noyau. Certains peuvent être radioactifs et donc se modifier spontanément... à un moment ou à un autre ! Dans le cas du carbone, seul le carbone 14 est radioactif. Un des 8 neutrons du noyau se transformant spontanément en un proton et un électron, l'atome de carbone 14 devient un atome d'azote 14 dont le noyau comporte 7 protons et 7 neutrons.

Toujours est-il que, grâce au neutron, la structure de l'atome devient plus simple à concevoir : le noyau comporte autant de protons qu'il y a d'électrons tournant autour, et possède le nombre de neutrons nécessaire pour justifier la masse atomique. Pour revenir à notre exemple de l'atome d'hélium, son noyau contient deux protons qui équilibrent électriquement les deux électrons, et deux neutrons, de sorte qu'il y a en tout dans le noyau quatre nucléons (le terme « nucléon » désignant les particules constitutives du noyau, donc indifféremment protons et neutrons).

Mais une question reste toutefois sans réponse : comment diable le noyau de l'atome peut-il rester stable ? Certes la présence des neutrons mélangés aux protons éloigne quelque peu ces derniers les uns des autres, ce qui diminue l'intensité de leur répulsion électrique, mais cette dernière reste néanmoins toujours présente.

Face à ce problème, les scientifiques ont dû admettre qu'il existe au sein du noyau des forces attractives intenses s'exerçant entre les nucléons, dont l'origine est une interaction autre que celles déjà connues (interactions gravitationnelle et électromagnétique). Comme cette nouvelle interaction s'exerce au sein du noyau avec une forte intensité, les physiciens, faisant dans la simplicité, l'ont appelée « interaction nucléaire forte ».

Signalons au passage que les termes « nucléaire » et « nucléons » proviennent du latin *nucleus* signifiant « noyau ».

# Ça bouge dans les noyaux

Même à l'heure actuelle, on est loin d'avoir parfaitement compris les interactions entre nucléons qui ont lieu au sein des noyaux. Ces derniers apparaissent comme un monde très dynamique, vibrant et se déformant. Afin d'essayer de mieux comprendre les lois qui régissent leur stabilité ou leurs transformations, des équipes de chercheurs tentent de fabriquer des noyaux les plus variés possible et d'étudier leur comportement. Ils utilisent un cyclotron dans lequel on accélère des ions (atomes ayant perdu ou gagné un ou plusieurs électrons, donc chargés électriquement) pour les faire se fracasser sur une cible et provoquer ainsi la transformation des noyaux qui peuvent selon le cas fissionner (se fragmenter) ou fusionner.

Les expériences vont essentiellement dans deux directions. La première consiste à essayer de fabriquer des noyaux contenant le plus possible de protons, c'est-à-dire créer de nouveaux éléments chimiques toujours plus lourds n'existant pas naturellement. On est en passe d'atteindre l'élément à 120 protons, alors que l'élément naturel en possédant le plus, l'uranium, n'en a que 92 ! Ces noyaux artificiels super-lourds sont généralement très instables et à courte durée de vie, mais certains sont étonnamment stables. On les appelle familièrement noyaux « magiques » et leur structure intéresse particulièrement les chercheurs.

Une autre voie expérimentale est de tenter de fabriquer, pour un élément donné, des isotopes possédant le plus de neutrons possible. On obtient ainsi des noyaux dits « exotiques », car ils sont très éloignés des isotopes stables habituels, qui peuvent avoir des propriétés étonnantes. On a, par exemple, réussi à fabriquer des noyaux d'hydrogène 7 (1 proton et 6 neutrons) ! Dans le cas du lithium 11 possédant 8 neutrons au lieu de 4 pour l'isotope habituel du lithium, on s'est aperçu que le noyau occupait un plus grand volume que le noyau de l'atome de plomb et ses 207 nucléons !

Toutes ces expériences, si elles peuvent parfois sembler viser le livre des records, sont en fait destinées à mieux comprendre les lois complexes qui régissent les interactions au sein du noyau et sa cohésion.

Chapitre 10

# Élémentaires, les particules !

**DANS CE CHAPITRE :**

- **Les particules de matière**
- **Les particules d'interaction**
- **Zones d'ombre sur la matière**

Dans le chapitre précédent, nous avons parcouru quelques étapes de la longue quête menée par les philosophes et les « savants » depuis l'Antiquité jusqu'à nos jours, pour percer les secrets de la structure de la matière. Cette quête les a laborieusement conduits à mettre en évidence la réalité de l'atome, idée qui a fini par s'imposer au sein de la communauté scientifique au début du XXe siècle. Chaque type d'atome est ainsi apparu comme la « brique » élémentaire caractéristique d'un élément chimique particulier : hydrogène, oxygène, carbone, etc.

Mais contrairement à ce que suggère son nom qui provient du grec *atomos* signifiant « insécable », l'atome a révélé par la suite une structure sous-jacente : un minuscule noyau central de charge électrique positive et concentrant quasiment toute la masse de l'atome, autour duquel tournent des électrons hyper-légers et porteurs chacun de la charge élémentaire négative. Puis le noyau lui-même s'est révélé être un assemblage de deux types de particules : le proton porteur d'une charge élémentaire positive, et le neutron, quasiment de même masse mais sans charge électrique.

Grâce à la découverte du neutron au début des années 1930, les physiciens ont pu rapidement établir une théorie cohérente de la structure de la matière : chaque atome comprend autant d'électrons qu'il y a de protons dans le noyau (l'atome est ainsi électriquement neutre) et le nombre total de nucléons (protons et neutrons) du noyau détermine la masse atomique. On conçoit ainsi l'existence de 92 types d'atomes différents possédant de 1 à 92 protons dans le noyau (et autant d'électrons autour) et correspondant aux 92 éléments chimiques existant naturellement. Cette collection de 92 « briques élémentaires » va de l'atome d'hydrogène, le plus léger avec un seul proton, jusqu'à l'atome d'uranium, le plus lourd avec ses 92 protons. On comprend également qu'en s'assemblant de multiples façons, plusieurs de ces briques élémentaires forment des édifices appelés « molécules », d'une extrême variété, chacune correspondant à un corps particulier : eau, alcool, méthane, etc.

Ainsi, ces trois particules : électron, proton et neutron, connues depuis les années 1930, suffisent pour décrire atomes et molécules constituant la matière ordinaire que l'on rencontre dans notre vie quotidienne. Les chimistes d'ailleurs s'en contentent très bien encore de nos jours pour expliquer toutes les réactions chimiques. Mais les physiciens, qui ont la manie de toujours vouloir fouiller plus profondément au cœur de la matière, se sont bien sûr demandé si d'une part les trois particules ci-dessus étaient vraiment élémentaires (insécables), et si d'autre part il n'existait pas d'autres particules de matière...

# Les particules de matière

Les scientifiques s'étant emparés de ces questions, la nature ne s'est pas gênée pour leur compliquer le travail ! À commencer par la production d'une particule particulièrement insaisissable...

## La particule fantôme

En 1931, le physicien suisse d'origine autrichienne **Wolfgang Pauli (1900-1958)** travaille sur la radioactivité β. Dans cette forme de radioactivité, un neutron du noyau d'un atome se transforme spontanément en un proton, et un électron est émis.

Venant de lire cela, vous vous dites peut-être : « Ah bon ! Donc un neutron est constitué d'un proton et d'un électron. » Eh bien... pas du tout ! Vous allez devoir laisser votre bon sens au vestiaire pour découvrir le fonctionnement étrange et déconcertant de la matière dans l'infiniment petit, où des particules disparaissent corps et biens (mais pas leur énergie) et d'autres apparaissent justement à partir de cette énergie et du vide ! Ce dernier constitue un réservoir inépuisable de particules virtuelles qui ne demandent qu'à se matérialiser pour peu qu'on leur fournisse l'énergie suffisante.

Ainsi, l'électron produit ne préexiste pas dans le neutron. Dans les transformations nucléaires, la matière et la masse ne se conservent pas. Ce qui se conserve, en revanche, ce sont la charge électrique et l'énergie totales des particules.

Justement, à ce propos, Pauli fait une observation pour le moins surprenante. Il constate que l'énergie totale des deux particules créées (proton et électron) est légèrement inférieure à l'énergie du neutron initial. La sacro-sainte loi de conservation de l'énergie serait-elle mise en défaut ? Inacceptable pour un physicien !

Pauli se résigne alors à prendre une décision qu'il qualifie lui-même de « désespérée », celle « d'« inventer » une nouvelle particule qui serait créée en même temps que l'électron et qui emporterait avec elle l'énergie manquante. Cette particule doit être neutre électriquement, très petite et, pense-t-il initialement, sans masse. C'est le physicien italien **Enrico Fermi (1901-1954)** qui lui trouvera son nom définitif : *neutrino*, ce qui signifie en italien « petit neutre ».

L'existence du neutrino va rester hypothétique durant vingt-cinq ans avant qu'il soit enfin détecté en 1956. Il faut dire que détecter un neutrino n'est pas une mince affaire ! Minuscule, hyper-léger et non chargé, il n'interagit pratiquement pas avec la matière. Par exemple, parmi l'énorme flux continu de neutrinos (des milliards de milliards par seconde !) qui traverse la Terre – et vous-même par la même occasion ! –, un seul sur 10 000 milliards va interagir et être arrêté ! Les autres continuent leur chemin comme si de rien n'était. Cette capacité exceptionnelle à jouer les passe-murailles a valu au neutrino le surnom de « particule fantôme ».

Les neutrinos sont produits par des réactions nucléaires, par exemple, dans les étoiles comme le Soleil, ou au sein des corps radioactifs. Auriez-vous pensé que par la radioactivité naturelle, votre corps produit quelques milliers de neutrinos par seconde ? On possède parfois des capacités insoupçonnées...

On ne connaît pas précisément la masse du neutrino, mais on sait, d'une part, qu'elle n'est pas nulle et, d'autre part, qu'elle est extrêmement faible, certainement inférieure à l'équivalent de 2 électronvolts (eV), alors que la masse de l'électron, qui est pourtant déjà un sacré poids plume, est égale à l'équivalent de 511 000 eV.

## LA DIFFICILE CAPTURE DES NEUTRINOS

Vu leur très faible propension à interagir, on comprendra aisément que pour espérer capter un neutrino de temps en temps, il faut surveiller un énorme volume de matière, généralement de l'eau, ce qui conduit à construire des détecteurs gigantesques. De plus, ces derniers doivent être profondément enfouis (sous une montagne, ou au fond de l'océan) afin de ne pas capter de signaux parasites dus aux rayonnements venus de l'espace. C'est ainsi que le détecteur japonais Super-Kamiokande et ses 13 000 photomultiplicateurs, blotti sous le mont Ikeno au Japon, a permis de montrer en 1998 que les neutrinos ont bien une masse.

Le plus grand détecteur à l'heure actuelle est l'IceCube. Enfoui dans les glaces du continent Antarctique entre 1 500 et 2 500 mètres de profondeur, cette installation surveille 1 kilomètre cube de glace grâce à plus de 5 000 modules optiques ! Ceux-ci enregistrent un petit flash de lumière bleue lorsqu'un neutrino interagit avec une molécule d'eau.

Le détecteur japonais de neutrinos Super-Kamiokande.

## ÉNERGIE ET MASSE DES PARTICULES

Qui ne connaît pas la formule d'Einstein, certainement la plus célèbre de toute l'histoire des sciences : $E = mc^2$ ? Dans cette relation, E est l'énergie d'une particule (au repos), m sa masse et c la vitesse de la lumière dans le vide, qui apparaît ici comme une constante universelle et fondamentale de la physique, égale à pratiquement 300 000 kilomètres par seconde, soit $3 \times 10^8$ m/s.

Cette relation exprime le fait que masse et énergie sont deux grandeurs équivalentes, deux facettes d'une même réalité. Ainsi la masse d'une particule au repos représente son contenu en énergie, ou encore l'énergie qui peut être libérée si la particule se désintègre et que sa masse disparaît. Cette équivalence explique pourquoi la masse des particules est souvent exprimée dans une unité d'énergie.

Dans le système international d'unités, l'unité d'énergie est le joule (J). Mais cette unité est adaptée à notre échelle et ne convient pas bien pour l'infiniment petit, c'est pourquoi les physiciens des particules lui préfèrent l'électronvolt (eV). Un électronvolt est l'énergie acquise par un électron qui est accéléré sous une tension de 1 volt. Un électronvolt représente une quantité d'énergie infime. Par comparaison avec le joule, on obtient la correspondance : 1 eV = $1{,}6 \times 10^{-19}$ J. Pour les réfractaires aux puissances de 10 (surtout les négatives !), cela signifie que 1 électronvolt vaut 1,6 dixième de milliardième de milliardième de joule !

On utilise le plus souvent les multiples de l'électronvolt : le mégaélectronvolt (MeV) égal à un million d'électronvolts, le gigaélectronvolt (GeV) égal à un milliard d'électronvolts, le téraélectronvolt (TeV) égal à mille 1 000 milliards d'électronvolts.

Pour le proton, par exemple, son énergie de masse vaut 938 MeV, ce qui correspond à peu près à $1{,}6 \times 10^{-27}$ kg.

# Élémentaire mon cher... quark

La montée en puissance des accélérateurs de particules (les cyclotrons) après la Seconde Guerre mondiale a permis aux chercheurs de provoquer des chocs entre particules à des niveaux d'énergie de plus en plus élevés, provoquant l'apparition de particules de plus en plus nombreuses et massives.

## Profusion de particules

En effet, plus la particule projectile (électron, proton ou autres) est accélérée et atteint une grande vitesse, plus son énergie cinétique (due à la vitesse), qui se rajoute à son énergie de masse, est élevée. Lors d'un choc avec une cible, la particule peut disparaître en tant que telle mais son énergie reste disponible pour donner naissance à de nouvelles particules, concrétisant ainsi l'équivalence entre masse et énergie proposée par Einstein. On conçoit bien que plus l'énergie disponible lors du choc sera grande, plus les particules créées pourront être lourdes.

Dès lors les physiciens des années 1940-1950 s'en donnent à cœur-joie en essayant d'obtenir toujours plus d'énergie et des particules toujours plus massives. Ils voient effectivement apparaître par dizaines des particules qui, à l'instar du proton et du neutron, sont sensibles à l'interaction nucléaire forte, cette force attractive intense qui maintient les nucléons agglomérés dans les noyaux. On désigne ces nouvelles particules sous le nom générique de « hadrons » (du grec *hadros* signifiant « fort »). La plupart d'entre elles se révèlent très instables, se désintégrant en une fraction de seconde.

Mais devant une telle profusion de hadrons, les scientifiques ont une fois de plus l'intuition que cette complexité apparente doit cacher des structures sous-jacentes plus simples, et que ces particules ne doivent pas être « insécables » mais au contraire formées de constituants plus élémentaires.

## L'invention des quarks

Exploitant cette piste, les Américains **Murray Gell-Mann (né en 1929)** et **Georges Zweig (né en 1937)** postulent, en 1964, l'existence de ces constituants élémentaires que Gell-Man nomme « quarks ». Leur existence se trouve confirmée vers 1970 par divers résultats expérimentaux.

Il existe six quarks différents à partir desquels on peut reconstituer tous les hadrons connus. Mais seulement deux des six sont stables et sont présents dans la matière ordinaire. On les appelle « up » et « down » et on les désigne tout naturellement par les lettres *u* et *d*.

Ils sont différents, entre autres, par leur charge électrique. Si l'on prend comme unité la charge électrique élémentaire, le quark *u* a une charge de + 2/3 et le quark *d* une charge de - 1/3.

Le proton et le neutron sont chacun formés de trois quarks : deux *u* et un *d* pour le proton (*uud*), deux *d* et un *u* pour le neutron (*udd*). Laissons au lecteur que les fractions ne rebutent pas le soin de vérifier que le compte est bon au niveau des charges électriques et que l'on obtient bien une charge de + 1 pour le proton et de 0 pour le neutron.

Mais le lecteur attentif et perspicace pourra peut-être s'étonner que les quarks aient pour charge électrique une fraction de la charge élémentaire... qui du coup paraît ne plus l'être, élémentaire ! En fait, le quark est tout sauf un animal solitaire et ne s'observe jamais seul. Il se trouve toujours associé à d'autres dans des hadrons, si bien que ces charges fractionnaires ne sont jamais libres et isolées.

## Saveur des quarks et interaction faible

Les physiciens disent des quarks *u* et *d* qu'ils ont deux « saveurs » différentes. N'imaginez pas pour autant que les quarks aient du goût ! Cette appellation familière est certainement destinée à minimiser le côté abstrait de la propriété qu'elle désigne... mais personne n'est dupe !

En fait, la saveur d'un quark caractérise la façon dont le quark intervient dans un type d'interaction appelée « interaction nucléaire faible ». C'est la quatrième (et dernière, pour vous rassurer !) interaction fondamentale qui existe dans la nature après les interactions gravitationnelle, électromagnétique et nucléaire forte. De portée extrêmement courte ($10^{-18}$ m, soit un milliardième de milliardième de mètre), elle ne se manifeste qu'entre particules en contact et engendre, comme son nom l'indique, des forces de faible intensité. Mais elle est néanmoins importante, car c'est elle qui est à l'œuvre dans certaines réactions nucléaires comme la radioactivité β. Lors de ce phénomène, un neutron se transforme en un proton (avec émission d'un électron), car l'interaction faible peut transformer un quark *d* en un quark *u* : *udd* devient *uud*.

## Confinement des quarks

L'interaction nucléaire forte, qu'on a déjà évoquée, lie entre eux les trois quarks formant un proton ou un neutron. Son mode d'action dans un nucléon est toutefois assez déroutant, car elle agit un peu comme un élastique incassable. Quand les trois quarks sont très proches les uns des autres, chacun semble libre de ses mouvements. Mais si un quark commence à s'éloigner de ses acolytes, il est rappelé vers eux par une force qui augmente rapidement avec la distance. Les trois quarks sont en quelque sorte libres, mais dans une cage !

L'interaction nucléaire forte, qui se manifeste entre protons et neutrons au sein du noyau atomique et les maintient reliés les uns aux autres, n'est en fait que le prolongement en dehors des nucléons de cette force qui confine les quarks dans ces derniers.

# Une histoire de familles

À ce stade de notre voyage au cœur de la matière, opérons une pause pour établir la liste des particules de matière que nous avons rencontrées et qui méritent véritablement le qualificatif d'« élémentaires », c'est-à-dire *a priori* insécables (au vu de nos connaissances actuelles). Elles sont au nombre de quatre :

- **l'électron et le neutrino**, que l'on regroupe sous l'appellation générique de « leptons », particules non sensibles à l'interaction forte ;,
- **les deux quarks up et down**, sensibles à l'interaction forte.

La petite famille formée par ces quatre « briques » élémentaires suffit pour expliquer la structure et le comportement de la matière ordinaire qui nous entoure.

Seulement voilà… Une fois n'est pas coutume, la nature semble cette fois être adepte du principe : « Pourquoi faire simple quand on peut faire compliqué ? » C'est ainsi que lors des collisions à haute énergie dans leurs accélérateurs de particules, les physiciens ont pu discerner – très progressivement, car il leur a fallu près de quarante ans pour boucler l'inventaire ! – deux nouvelles familles de quatre particules, tout aussi élémentaires que les quatre premières, cousines germaines de celles-ci, car elles ont respectivement les mêmes propriétés, sauf que bouffies d'énergie, elles ont pris de l'embonpoint ! Ainsi les particules de la 2e famille sont beaucoup plus massives que celles de la première, et celles de la 3e famille encore plus massives. À titre d'exemple, le muon dans la 2e famille est plus de 200 fois plus lourd que son cousin l'électron, et le tau, cousin de la 3e famille, est 3 500 fois plus lourd ! Remarquons au passage que le muon peut être observé dans la nature, car il est créé par les rayons cosmiques dans la haute atmosphère.

Le tableau ci-après regroupe les 12 particules élémentaires de matière existantes. On a fait figurer entre parenthèses la charge électrique de la particule. Chaque colonne correspond à une famille de quatre particules et chaque ligne contient trois particules semblables, excepté par la masse (et la durée de vie).

**TABLEAU 10-1** **Organisation des particules élémentaires de matière en trois familles**

| | 1re famille | 2e famille | 3e famille |
|---|---|---|---|
| **Leptons** | **e** (− 1)<br>électron | **μ** (− 1)<br>muon | **τ** (− 1)<br>tau |
| | $\nu_e$ (0)<br>neutrino électronique | $\nu_\mu$ (0)<br>neutrino muonique | $\nu_\tau$ (0)<br>neutrino tauique |
| **Quarks** | **u** (+ 2/3)<br>up | **c** (+ 2/3)<br>charm | **t** (+ 2/3)<br>top |
| | **d** (− 1/3)<br>down | **s** (− 1/3)<br>strange | **b** (− 1/3)<br>bottom (ou beauté) |

Le neutrino que l'on connaissait déjà est appelé ici « neutrino électronique », car il est associé à l'électron dans certaines réactions nucléaires, comme par exemple la radioactivité β. Dans la même logique, les cousins plus massifs du neutrino sont appelés « muonique » et « tauique ».

Les noms donnés aux différents quarks ne révèlent rien d'autre… qu'un certain penchant des physiciens pour l'activité poétique !

Les particules des 2e et 3e familles sont instables et se désintègrent en une fraction de seconde. Elles ne peuvent exister que dans des conditions de densité d'énergie, et donc de température, très élevées, obtenues dans les grands accélérateurs de particules mais existant aussi dans le cœur d'une étoile massive, lors d'une supernova (explosion cataclysmique d'une étoile) ou certainement lors des premiers instants de l'univers, juste après le bBig bBang.

# Les particules d'interaction

Pour compléter notre bestiaire des particules, nous devons évoquer le cas de celles qui ne sont pas des particules de matière, mais qui sont associées à une interaction. Nous avons déjà rencontré une particule qui correspond à cette description : c'est le photon, grain élémentaire (quantum) d'énergie lumineuse et vecteur de la force électromagnétique. Il est sans masse, sans charge électrique et se déplace à la vitesse… de la lumière évidemment !

## Principe d'une interaction

En fait, dans le cadre de la physique des particules, toute interaction entre deux particules matérielles ne peut s'opérer que par l'intermédiaire de quelque chose qui est échangé entre elles. Il s'agit en fait d'une particule qui véhicule l'interaction, qui est en quelque sorte son messager et par laquelle apparaît la force produite par l'interaction.

D'ailleurs, à bien y réfléchir, cette idée paraît assez logique : sans cet échange, comment chacune des deux particules matérielles, situées à une certaine distance l'une de l'autre, pourrait-elle « être au courant » de la présence de l'autre avec qui elle a pour mission d'interagir ?

## UNE ANALOGIE POUR UNE INTERACTION

Pour mieux concevoir comment une interaction peut être véhiculée par l'échange de particules, de messagers, osons une analogie aquatique en considérant deux amis vacanciers à la mer, confortablement installés chacun sur sa grosse bouée et flottant immobiles à quelques mètres l'un de l'autre. Ils ont apporté un gros ballon assez lourd, évidemment pour jouer avec. Celui qui tient le ballon le lance à l'autre, qui l'attrape puis le relance à la première personne, et ainsi de suite de nombreuses fois. Et que font les bouées durant ces échanges de ballon ? Eh bien, elles s'éloignent l'une de l'autre, comme si elles se repoussaient mutuellement !

En effet, à chaque lancer du ballon vers l'autre personne, la bouée du lanceur reçoit une impulsion en sens inverse qui la fait reculer : c'est le principe de la propulsion par réaction ! Et quand le receveur bloque le ballon, il reçoit à son tour une impulsion qui fait reculer sa bouée. Les physiciens diront que, dans chaque cas, il y a conservation de la quantité de mouvement, mais on n'est pas obligé d'adopter leur jargon !

Le bilan global de l'interaction équivaut à une force répulsive entre les bouées, véhiculée par le ballon « messager ». Bien sûr, cette grossière analogie n'a pas d'autre prétention que d'illustrer le principe d'une interaction...

Nous avons vu plus haut qu'il existe en tout et pour tout quatre interactions, ou encore quatre forces fondamentales entre particules matérielles : gravitationnelle, électromagnétique, nucléaire faible et nucléaire forte. Pour chacune d'elles, il existe en principe une ou plusieurs sortes de messagers qui sont échangés. Toutes ces particules qui transmettent une interaction sont appelées de façon générique « bosons » (pour faire encore plus savant, vous pourrez dire comme les physiciens « bosons de jauge », mais on ne vous expliquera pas pourquoi !), du nom du physicien indien **Satyendranath Bose (1894 - 1974)** qui travailla avec Einstein sur ce type de particules. Les particules matérielles, quant à elles, sont appelées « fermions », du nom du physicien italien Enrico Fermi.

# Inventaire des bosons voyageurs

Faisons donc l'inventaire de ces bosons messagers.

- Pour l'interaction gravitationnelle qui a une portée infinie, la théorie prévoit l'existence du « graviton », dont la masse devrait être nulle. Mais personne n'a encore réussi à le débusquer et son existence reste donc très hypothétique.
- Pour l'interaction électromagnétique, à laquelle sont sensibles les particules chargées électriquement et qui nous est familière, car elle est à l'œuvre dans une grande diversité de phénomènes (électriques, magnétiques, chimiques,

lumineux…), le boson échangé est le photon, ici sous une forme virtuelle, car il est alors indétectable.

- Pour l'interaction nucléaire faible, responsable entre autres de la radioactivité β et à laquelle sont sensibles toutes les particules de matière, les choses se compliquent un peu, car il existe trois sortes de bosons messagers appelés $W^+$, $W^-$ et $Z^0$. Les deux premiers sont chargés électriquement et le troisième est neutre. Autre propriété qui peut surprendre : ces bosons ont une masse. Et pas des moindres : près de 100 fois la masse du proton ! C'est d'ailleurs cette grande masse qui explique la portée très courte de l'interaction faible. Souvenez-vous de nos deux baigneurs sur leur bouée. Si, au lieu d'un ballon, ils doivent se lancer un sac de 20 kilos de pommes de terre, ils ne pourront y parvenir, donc interagir, que s'ils sont très proches l'un de l'autre !
- Pour l'interaction nucléaire forte à laquelle sont sensibles les seuls quarks, ça se complique carrément, car on dénombre pas moins de huit particules différentes, appelées *gluons*. Le terme est évocateur, car ces gluons, échangés sans cesse entre quarks, les engluent littéralement au sein du hadron dont ils ne peuvent sortir.

Les gluons n'ont ni masse ni charge électrique mais ils portent, en revanche, tout comme les quarks, une charge d'une autre nature, dite « de couleur ». Pourquoi cette appellation ? N'allez surtout pas croire une fois de plus que les gluons ou les quarks pourraient apparaître colorés comme nous l'entendons habituellement ! En fait, cette propriété peut prendre trois états dont la somme conduit en quelque sorte à la neutralité. Par analogie, on les fait correspondre aux trois couleurs primaires de la synthèse additive des couleurs : le rouge, le vert et le bleu, dont la somme est le blanc. Dans un proton ou un neutron, les trois quarks sont toujours des trois couleurs différentes, si bien que le proton ou le neutron sont blancs. Ils sont donc observables, car la théorie stipule que seules les particules blanches sont observables. Les couleurs sont sans arrêt échangées entre quarks et gluons et pilotent la façon d'interagir de la particule. La théorie fort complexe qui décrit toutes ces interactions est appelée chromodynamique quantique.

Revenons un instant aux trois bosons messagers de l'interaction nucléaire faible, à savoir les particules $W^+$, $W^-$ et $Z^0$. Ce sont des particules non matérielles, mais qui pourtant ont une masse. Cette constatation nous amène à considérer que le fait de posséder une certaine masse n'est pas une spécificité de la matière. Ainsi, tout ce qui est matériel a certes une masse, mais la réciproque n'est pas vraie : ce qui a une masse n'est pas forcément matériel !

## DIFFÉRENCIER BOSONS ET FERMIONS

Si la masse n'est pas une caractéristique discriminante, quelle propriété peut permettre de différencier à coup sûr les particules de matière (les fermions) des particules d'interaction (les bosons) ? Hélas, trois fois hélas, il faut alors faire appel à une propriété purement quantique, donc abstraite et un peu obscure : le spin. Comme nous l'avions indiqué dans le précédent chapitre, cette grandeur peut être interprétée – mais ce n'est pas une réalité – comme une caractéristique de la rotation de la particule sur elle-même. Il se trouve que dans l'unité servant à mesurer le spin, les fermions ont un spin demi-entier (1/2) alors que les bosons ont un spin entier (1).

Au terme de cet inventaire des particules, matérielles, d'une part, et vecteurs des forces, d'autre part, signalons que la plupart d'entre elles ont été prévues par les théoriciens avant d'être effectivement observées des années plus tard, notamment grâce aux accélérateurs de particules. On ne peut qu'être admiratif devant la puissance prédictive des théories élaborées et la dose de génie qui caractérise leurs auteurs !

Aurions-nous donc enfin terminé notre tour d'horizon des particules élémentaires recensées à ce jour ? Pas tout à fait ! Car il en manque encore une à l'appel, et qui plus est, la plus célèbre d'entre toutes : le boson de Higgs.

# Higgs en vedette américaine

Impossible en effet de passer sous silence cette particule « vedette » qui a défrayé la chronique ces dernières années, car elle revêt une importance capitale autant pour les physiciens des particules que pour les astrophysiciens. Pour comprendre les raisons de ce succès scientifique et médiatique, il faut considérer ce que représente cette particule, préciser son rôle et la manière dont elle a été découverte.

## Le modèle standard

Pour expliquer le monde de l'infiniment petit et rendre compte de la façon dont agissent les trois interactions électromagnétique, nucléaire faible et nucléaire forte, les physiciens ont bâti, durant les années 1960-/1970, un monument théorique appelé « modèle standard de la physique des particules », que d'aucuns considèrent comme la plus grande élaboration conceptuelle de tous les temps ! C'est dire si ce n'est pas simple ! La quatrième interaction, la gravitation, n'a pas pu être intégrée à ce modèle et reste décrite par la seule théorie de la relativité générale élaborée par Einstein.

Le modèle standard, qui intègre les principes de la mécanique quantique, de la relativité, et s'appuie sur des concepts mathématiques de symétrie, décrit avec une extrême précision les phénomènes microscopiques. Dans ce cadre, les chercheurs ont mis en évidence un phénomène *a priori* fort surprenant : les deux interactions électromagnétique et nucléaire faible, tellement différentes dans les conditions habituelles, apparaissent unifiées en une seule et même interaction dite « électro-faible » si les conditions deviennent beaucoup plus torrides, avec une densité d'énergie et une température très élevées, comme celles qui régnaient dans la prime enfance de l'univers, moins d'un milliardième de seconde après le Big Bang !

## Mécanisme de Higgs

Seulement, il y a comme un hic ! Ou encore « il y a comme un Higgs », si ce vilain jeu de mots devait nous être pardonné… La théorie prévoit que, dans ces conditions, les particules associées à cette interaction électrofaible n'ont aucune masse. Comment passer de cette situation à celle qu'on connaît dans les conditions actuelles où les bosons W et $Z^0$ ont une masse alors que les photons n'en ont pas ?

C'est là qu'intervient un mécanisme complexe dit mécanisme BEH – (des noms de **Robert Brout (1928 - 2011)**, **François Englert (né en 1932)** et **Peter Higgs (né en 1929)** qui l'ont conjointement élaboré –) ou plus simplement mécanisme de Higgs, qui accompagne le découplage des deux forces électromagnétique et nucléaire faible. Les physiciens parlent à ce propos de « brisure spontanée de symétrie ».

### SYMÉTRIE ET VINAIGRETTE

Pour tenter d'éclairer quelque peu ce phénomène, considérons une situation qui va nous ramener à quelque chose de nettement plus familier, à savoir une vinaigrette ! Constamment secouée, elle se présente sous la forme d'une émulsion où l'huile et le vinaigre sont intimement mélangés. La vinaigrette a alors un aspect homogène, donc symétrique dans toutes les directions. Arrêtons de secouer : les deux liquides vont se séparer, l'huile se plaçant au-dessus du vinaigre, et il n'y a plus de symétrie verticalement. La vinaigrette a été le siège d'une brisure spontanée de symétrie !

Dans le cas des deux forces fondamentales, la brisure intervient à cause du refroidissement du milieu en dessous d'une certaine température : $10^{15}$ degrés (un million de milliards de degrés) dans l'univers primordial !

## Boson de Higgs et masse des particules

Le mécanisme de Higgs qui intervient à ce stade exige la présence dans l'espace des fameux bosons de Higgs, qui emplissent l'espace et vont interagir avec certaines particules. Cette interaction a pour effet de rendre plus difficile le mouvement de ces particules, soit, au final, de leur conférer une masse. Plus l'interaction avec le boson de Higgs est intense, plus la masse de la particule est grande.

### UN COCKTAIL POUR M. HIGGS

Une analogie devenue déjà classique permet de se représenter – très approximativement ! – comment intervient le boson de Higgs.

Dans un cocktail mondain, les invités en assez grand nombre dans une pièce discutent, boivent et se déplacent lentement de façon désordonnée (sauf quand on apporte de nouveaux plateaux de petits- fours, ce qui génère un très net mouvement de foule en direction des plateaux !). Ces invités représentent les bosons de Higgs.

Si une personnalité célèbre rentre dans la pièce pour la traverser, son déplacement va être rendu difficile, car il provoque autour de lui un attroupement, qui entrave sa progression. Cette personne célèbre représente une particule qui interagit fortement avec les invités – bosons de Higgs. Sa difficulté à avancer équivaut à conférer à la particule une masse assez importante.

Si maintenant rentre dans la pièce un illustre inconnu, personne ne s'y intéresse et il peut traverser la pièce très facilement, comme si elle était vide. Cette personne – particule qui n'interagit pas avec le boson de Higgs – reste sans masse.

Le boson de Higgs interagit donc avec les particules qui se révèlent massives.

Cette capacité à conférer ainsi une masse aux autres particules a valu au boson de Higgs le surnom de « particule divine », transformé en « particule de Dieu », donné un peu maladroitement par le physicien américain **Leon Lederman (né en 1922)**. Ce surnom, qui a beaucoup participé au succès médiatique du boson de Higgs, a de quoi faire grimacer les physiciens, qui, bien sûr, ne voient rien de plus divin dans cette particule que dans les autres !

Néanmoins, le boson de Higgs apparaît bien comme la clé de voûte du modèle standard. Il était donc primordial pour les physiciens de prouver son existence en identifiant sa signature après l'avoir recréé dans un accélérateur de particules. Mais le Higgs – comme on l'appelle familièrement – est très massif, et il fallait donc pour le faire apparaître une machine très puissante produisant des chocs à très haute énergie. C'est ce que l'on a obtenu grâce au LHC (*Large Hadrons Collider*, ou, en français, « grand collisionneur de hadrons »).

## LE LHC, DISPOSITIF DE CHOCS !

Installé à Genève sous la frontière franco-suisse et exploité par le CERN (Organisation européenne pour la recherche nucléaire), le LHC est le dispositif de tous les superlatifs. Dans son tunnel circulaire de 27 kilomètres de long enfoui à 100 mètres de profondeur, on fait tourner en sens inverse deux faisceaux de particules, dans un premier temps des protons, en les accélérant jusqu'à une vitesse proche, à un millionième près, de la vitesse de la lumière !

Tout cela est facile à dire... mais nettement plus difficile à faire. Il faut déjà que règne un vide quasi parfait dans le tube où circulent les protons. Ensuite, courber la trajectoire de ces projectiles lancés à une folle vitesse nécessite d'appliquer des champs magnétiques colossaux. Ils sont obtenus grâce à 9 600 énormes électroaimants supraconducteurs, donc refroidis à moins de deux degrés au-dessus du zéro absolu ! Bref, tous les équipements font dans la démesure. Les deux faisceaux de protons doivent en outre être guidés très finement pour pouvoir, le moment voulu, se rencontrer et se heurter en provoquant ainsi des collisions frontales entre protons.

Dans la première phase d'exploitation du LHC jusqu'en 2012 (qui a permis d'observer le boson de Higgs), l'énergie des protons atteignait 3,5 TeV (téraélectronvolts : 1 000 milliards d'électronvolts), ce qui permettait lors d'un choc frontal d'obtenir l'énergie phénoménale (à l'échelle des particules) de 7 TeV. Pour observer alors dans leurs moindres détails les événements produits, il faut des détecteurs non moins colossaux. Le LHC en compte quatre, dont ATLAS et CMS qui ont détecté le boson de Higgs. Pour donner une idée de la démesure de ces installations, ATLAS mesure 46 mètres de long et 25 mètres de haut, tandis que CMS pèse 12 500 tonnes !

Pour sa deuxième phase d'exploitation actuellement en cours, la puissance du LHC a été quasiment doublée afin d'obtenir des chocs à une énergie de 13 TeV.

Le détecteur CMS du LHC.

Ainsi, presque cinquante ans après avoir été prévu par Peter Higgs et ses collègues, le célébrissime boson a enfin montré le bout de son nez le 4 juillet 2012, accusant une masse de 126 GeV. Cette découverte n'aura pas été sans mal. Il aura fallu le travail acharné de milliers de chercheurs pendant des années pour décrypter et interpréter les résultats de quelque 700 000 milliards de collisions enregistrées : merci l'informatique et les gros calculateurs ! Et aussi les quelque 9 milliards d'euros pour la construction du LHC… Mais c'était le prix à payer pour une avancée déterminante de notre compréhension du monde de l'infiniment petit à l'infiniment grand.

# Zones d'ombre sur la matière

Après cette éclatante démonstration de la validité du modèle standard grâce à la détection du boson de Higgs, la messe est-elle définitivement dite et les physiciens des particules vont-ils devoir mettre la clé sous la porte de leur laboratoire et aller chercher ailleurs un autre travail ? Soyons rassurés sur leur sort, ils ont encore beaucoup de pain sur la planche ! Nombre de mystères restent encore à élucider, à commencer par ceux qui entourent l'antimatière, cette autre sorte de matière qui, bien qu'elle soit devenue assez familière pour les physiciens des particules, garde encore une bonne partie de ses secrets.

## Rencontre explosive avec l'antimatière

Pour un public non scientifique, l'antimatière reste largement entourée d'un halo de mystère qui la rend fantasmatique, relevant plus de la science-fiction que de la réalité. Elle est pourtant bien réelle : non seulement les chercheurs l'observent quotidiennement lors des chocs violents réalisés au sein des accélérateurs de particules, mais elle est également présente dans les hôpitaux, car elle est utilisée en imagerie médicale dans les dispositifs de « tomographie par émission de positrons » (TPE) !

### Qu'est-ce que l'antimatière ?

Difficile de répondre simplement à cette question ! L'antimatière, c'est… presque de la matière, une sorte de symétrique de la matière, formée des mêmes particules ayant les mêmes propriétés (masse, dimensions), exceptée la charge électrique qui est opposée. Ainsi, l'antiparticule correspondant à l'électron, l'antiélectron a les mêmes caractéristiques que l'électron, mis à part qu'il porte une charge élémentaire positive. On l'appelle d'ailleurs *positron* (ou *positon*). Il existe dans la même logique un antiproton, de charge élémentaire négative ou encore un antineutron. Mais, allez-vous peut-être dire, le neutron est neutre et la charge opposée à une charge nulle est la même charge nulle… Certes, mais comme le neutron est formé de trois quarks chargés, l'antineutron est formé des trois antiquarks correspondants.

Finalement, nous vivons dans un monde de matière (à part quelques rares situations comme celles évoquées plus haut, nous ne rencontrons guère d'antimatière dans la vie quotidienne, et heureusement pour nous !) mais un antimonde, fait uniquement d'antimatière, ressemblerait certainement au nôtre comme deux gouttes d'eau (ou d'anti-eau !) et tout s'y passerait normalement.

Par contre, les choses se passent mal quand de l'antimatière rentre en contact avec de la matière, ou plus exactement quand une particule de matière rencontre son antiparticule. Cette rencontre est toujours explosive et les deux protagonistes sont aussitôt annihilées, c'est-à-dire qu'elles disparaissent tandis que leur masse est convertie en énergie pure selon l'incontournable relation d'Einstein : $E = mc^2$. Cette énergie libérée peut se convertir à son tour en photons très énergétiques (rayonnement $\gamma$) ou se matérialiser, par interaction avec le vide, en de nouvelles particules et antiparticules.

## Découverte de l'antimatière

L'existence de l'antimatière n'est pas une découverte récente puisqu'elle remonte aux années 1930. Le physicien britannique **Paul Dirac (1902-1984)** travaille alors à l'élaboration d'une équation qui décrive le comportement d'un électron dans le cadre de la mécanique quantique, mais tout en intégrant les principes de la relativité d'Einstein qui s'appliquent dans le cas où la vitesse des particules n'est pas négligeable par rapport à la vitesse de la lumière. À son grand étonnement, il aboutit à deux solutions dont l'une correspond à une énergie négative. Pour expliquer cette « anomalie », Dirac postule en 1931 l'existence d'un électron positif, semblable en tous points à l'électron mais de charge opposée.

Dirac est alors la risée de nombre de ses collègues… mais pas pour longtemps ! Dès 1932, le positron est observé au sein des rayons cosmiques qui arrosent la Terre depuis l'espace. Suit la découverte de l'antiproton en 1955, puis diverses autres antiparticules apparaissent progressivement dans les accélérateurs de particules. Au final, à chaque particule de matière correspond son antiparticule, faite d'antimatière.

## Mystérieuse disparition d'antimatière…

Diverses questions se posent encore aujourd'hui à propos de l'antimatière, dont l'une est essentielle : où est donc passée l'antimatière qui a dû se former à la naissance de l'univers, au moment du Big Bang ?

La théorie prévoit, en effet, que l'énergie pure libérée lors de cet événement se soit ensuite matérialisée sous forme de particules et d'antiparticules en quantités égales. Il devait donc exister dans l'univers primordial autant de matière que d'antimatière. Or lorsqu'on observe autour de nous, depuis la Terre jusqu'aux galaxies, on ne trouve que de la matière (du moins le semble-t-il). Pour tenter de résoudre ce mystère, les chercheurs mettent en place actuellement diverses expériences qui visent à rechercher d'éventuelles dissymétries entre matière et antimatière, donc des domaines où elles ne se comporteraient pas exactement de la même façon, avec l'espoir de trouver dans ces différences l'explication de la disparition de l'antimatière. On se demande par exemple si l'antimatière gravite comme la matière ou anti-gravite, auquel cas elle serait repoussée par la matière (ce qui aurait bien sûr des conséquences énormes en cosmologie), ou encore si les niveaux d'énergie sont les mêmes dans un atome d'antimatière que dans l'atome de matière correspondant.

## RECETTE DE L'ANTI-HYDROGÈNE

Pour fabriquer de l'anti-hydrogène, les ingrédients de base sont peu nombreux (antiprotons et positrons), mais ils ne se trouvent pas en supermarché et les ustensiles de cuisine sont assez élaborés !

On obtient des antiprotons par le bombardement d'une cible adaptée avec des protons. Pour les positrons, on utilise une source radioactive qui est le siège d'une radioactivité dite $\beta^+$, au cours de laquelle un proton du noyau se transforme spontanément en neutron, avec émission d'un positron (et d'un neutrino). Il faut ensuite ralentir considérablement nos antiparticules en appliquant entre autres d'intenses champs électriques. Mais la principale difficulté est alors d'éviter que les antiparticules n'entrent en contact avec de la matière, sous peine d'être annihilées immédiatement ! Elles doivent donc rester éloignées des parois de leur contenant et ne pas rencontrer non plus de molécules d'air. On confine donc, grâce à de savants champs magnétiques, nos antiparticules au milieu de leur récipient respectif, dans lequel on doit aussi obtenir un vide quasi parfait. Dernière condition de leur survie : les refroidir à très basse température (avec de l'hélium liquide) pour les ralentir au maximum. Il ne reste plus qu'à provoquer d'astucieux changements du champ électromagnétique pour faire se mélanger lentement les deux petits nuages d'antiprotons et de positrons, en espérant que quelques mariages entre les deux puissent s'opérer pour former les précieux atomes d'anti-hydrogène !

## Fabrication d'antimatière

Mais pour pouvoir effectuer des tests et des mesures sur l'antimatière et voir ainsi ce qu'elle a dans le ventre, les chercheurs ont besoin de disposer d'anti-atomes. Et c'est là que ça se complique, car même si on se contente de l'anti-atome le plus simple, l'anti-hydrogène formé d'un positron tournant autour d'un antiproton, sa fabrication et son stockage sont des plus délicats... Les premiers atomes d'anti-hydrogène ont été obtenus en 1995, mais ils n'étaient que neuf et ont survécu 40 milliardièmes de seconde ! Un peu court pour les étudier dans le détail...

Heureusement la technique a progressé et on parvient aujourd'hui à les fabriquer en plus grand nombre et à les conserver assez longtemps pour commencer à sonder leurs propriétés. Des réponses aux questions posées plus haut devraient donc être apportées dans les prochaines années.

## Nouvelles théories et nouvelles particules ?

De nouvelles théories encore très spéculatives sont en élaboration pour dépasser le modèle standard. En effet, ce dernier ne fonctionne plus quand on considère la matière dans des conditions de densité et de température extrêmes, telles que celles qui prévalaient dans le bébé-univers lors des infimes premières fractions de seconde après le Big Bang. Ces théories sont dites de « gravité quantique », car elles visent à concilier et faire rentrer dans le même cadre mathématique, d'une part, la relativité générale d'Einstein qui décrit le phénomène de gravitation au niveau de l'infiniment grand, dans un espace-temps courbé par les masses et donc évolutif, et, d'autre part, la physique quantique qui régit le fonctionnement de l'infiniment petit dans un espace-temps plat et immuable. Ces nouvelles théories impliquent pour la plupart l'existence d'une foule de nouvelles particules, que les chercheurs vont guetter au cours des futures collisions à très haute énergie au sein du LHC.

### THÉORIE(S) DES CORDES ET SUPERSYMÉTRIE

Parmi les nouvelles théories de gravité quantique, la théorie des cordes (ou plutôt les théories des cordes, car il existe plusieurs variantes) est celle qui semble la plus prometteuse à une majorité de physiciens. C'est un monstre mathématique qui fait évoluer ses objets dans un espace-temps à… 10 dimensions ! Aux 3 dimensions de notre espace familier et à la dimension temporelle, s'ajoutent 6 autres dimensions qui sont repliées sur elles-mêmes et de taille extrêmement petite.

Dans ce monde étrange, les particules ne sont plus ponctuelles mais ressemblent à de minuscules cordes qui peuvent vibrer à certaines fréquences définies. À chaque fréquence de vibration de la corde, celle-ci correspond à une particule habituelle : pour une fréquence la corde est un électron, pour une autre fréquence la corde est un quark, etc. C'est donc un seul et même objet, la corde, qui peut prendre l'identité des différentes particules.

À ce cadre général de la théorie des cordes, certains théoriciens ont intégré l'idée d'une symétrie totale entre les particules de matière (les fermions) et les particules d'interaction (les bosons). Cette théorie appelée « supersymétrie » exige qu'à chaque particule « normale » déjà connue soit associée une particule partenaire supersymétrique, plus massive et relevant de l'autre catégorie. Ainsi à l'électron qui est un fermion correspond le boson supersymétrique appelé sélectron, au boson photon correspond le fermion supersymétrique photino, etc.

## Ça bouge dans les nucléons

Même les banals nucléons constituant les noyaux des atomes ont une structure qui reste largement mystérieuse. Grâce à un collisionneur électron-proton situé en Allemagne, une équipe de chercheurs a pu établir en 2015 un portrait de l'intérieur d'un proton dont le moins qu'on puisse dire est qu'il apparaît particulièrement complexe, avec des transformations incessantes et ultrarapides : des gluons se transformant en d'autres gluons ou donnant naissance à des paires quark-antiquark, qui aussitôt disparaissent pour former de nouveaux gluons… Bref, un fourmillement perpétuel de nombreuses particules qui se créent et se désintègrent à une allure folle : $10^{-23}$ s, soit un cent-millième de milliardième de milliardième de seconde ! On est loin de l'image « paisible » du proton formé de ses trois quarks. Celle-ci n'est en quelque sorte qu'une moyenne dans le temps de l'état du proton.

Cette nouvelle vision représente du travail en perspective pour les physiciens qui vont devoir adapter leurs théories en conséquence. Ils devront d'ailleurs y intégrer également de nombreuses données en provenance du LHC fonctionnant dorénavant à pleine puissance, où les collisions à très haute énergie devraient permettre d'obtenir un état de la matière particulièrement chaud et dense : un plasma quarks-gluons, une sorte de soupe épaisse au sein de laquelle les quarks ne seraient plus confinés mais libres de se déplacer en interaction avec les gluons. Un état de la matière qui était présent dans l'univers âgé de moins d'un millionième de seconde.

# 4 Le vivant

## Les secrets de la vie

**DANS CETTE PARTIE...**

Et si nous découvrions ensemble les différents aspects du monde vivant : de l'apparition des premières formes de vie à leur évolution, aux modalités de reproduction du vivant, aux relations entre les êtres vivants et, en particulier, entre – et avec – les plus petits d'entre eux (les microbes) ?

Nous décrirons alors une molécule indispensable au monde vivant : l'acide désoxyribonucléique (ADN), une molécule commune à tous, mais spécifique à chacun.

Pour terminer, l'accent sera mis sur une espèce animale particulière : la nôtre. D'où venons-nous ? Qu'est-ce qu'un être humain ? Cette quatrième partie tentera d'apporter des réponses à ces questions.

Chapitre 11

# L'aventure de la vie : apparition et évolution

**DANS CE CHAPITRE :**

- **Il y a 3 milliards d'années… la vie sur Terre**
- **Hypothèses sur l'origine de la Terre et la biodiversité**
- **Comprendre la théorie de l'évolution**

La définition de la vie proposée par les biologistes est qu'un être vivant est caractérisé par sa capacité à se reproduire. Ainsi, sont vivants aussi bien des êtres unicellulaires (bactéries, algues planctoniques, protozoaires…) que des êtres pluricellulaires comme les végétaux, les animaux ou les champignons.

Quand et comment la vie est-elle apparue sur la Terre ? Un ensemble d'indices, de traces, voire de fossiles permet d'envisager plusieurs scénarios possibles. À partir du (ou des) tout premier(s) être(s) vivant(s), les formes de vie se sont considérablement diversifiées, et cette biodiversité a été affectée au cours des temps géologiques par des crises profondes.

?

Si on postule que tous les êtres vivants sont issus d'une même cellule (ou d'un ensemble de cellules), comment peut-on expliquer la grande diversité des êtres vivants, unicellulaires ou pluricellulaires ? Cela relève de l'évolution des espèces, un phénomène multifactoriel qui aboutit à ce qu'un individu soit le mieux adapté à son milieu de vie, c'est-à-dire sa niche écologique.

# Les premières preuves de vie

La Terre est âgée d'environ 4,5 milliards d'années. En raison de la disparition plus ou moins rapide des roches présentes à la surface de la planète, il est particulièrement difficile de trouver les premières traces de vie. De plus, même si on trouve des traces de réactions chimiques comme celles d'oxydoréduction, il n'est pas certain qu'elles aient été réellement catalysées par des êtres vivants. Néanmoins, des réactions biochimiques (datées de 3,85 milliards d'années) ont été mises en évidence en 1996 sur l'île d'Akilia à l'ouest du Groenland, au travers de la détection de molécules d'hydrocarbures et d'acides aminés enrichis en $C^{12}$, signatures de l'existence de formes de vie.

Dans les roches les plus anciennes de la planète, situées au Swaziland, en Australie, au Zimbabwe ou au Canada, les chercheurs ont également trouvé des microsphères ressemblant à des formes primitives de cellules (coacervats) ainsi que des bactéries (*Eobacterium isolatum*).

## Des traces de cellules

C'est une formation biosédimentaire, les stromatolites, qui a permis de certifier l'existence de cellules vivantes. Cette formation existe toujours actuellement, en Afrique du Sud, au Maroc, en Australie et au Groenland. Des colonies de cyanobactéries, appelées également (à tort) algues bleues ou cyanophycées, y vivent alignées et synthétisent un revêtement gélatineux qui piège des sédiments et les cimente avec du carbonate de calcium $CaCO_3$, en formant des couches superposées. Comme les couches supérieures de ces formations produisent des bulles en surface, les aborigènes parlent de « roches qui respirent ». Les cyanobactéries piégées dans ces formations sédimentaires font de la photosynthèse : elles utilisent l'énergie solaire et le dioxyde de carbone ($CO_2$) atmosphérique afin de produire leur propre matière organique (des sucres) et libèrent du dioxygène ($O_2$) qui, alors, crée ces bulles de gaz dans les couches sédimentaires supérieures.

Des formations fossiles analogues aux stromatolites ont été mises au jour dans différentes régions du monde, comme dans le Transvaal en Afrique du Sud où elles sont datées de 2,3 milliards d'années, dans un gisement canadien en Ontario, datées de 3 milliards d'années, en Australie, datées de 3,375 milliards d'années, et, en Afrique du Sud, au Groenland, certaines auraient même 3,8 milliards d'années. Des analyses faites dans ces stromatolites du précambrien révèlent des microfossiles semblables aux cyanobactéries actuelles (nommées *Gunflintia*).

L'organisation cellulaire des cyanobactéries étant complexe, nous sommes déjà loin des balbutiements de la vie. On a toutefois la preuve qu'il y a plus de 3 milliards d'années (voire presque 4) existaient des organismes unicellulaires photosynthétiques. Compte tenu de la composition probable de l'atmosphère primitive (sans dioxygène), l'activité photosynthétique de ces organismes était vraisemblablement différente de celle des cyanobactéries actuelles, se basant alors sur l'utilisation de $CO_2$ et d'$H_2S$. C'est vers 2,5 milliards d'années qu'apparaissent d'autres cyanobactéries dont l'activité photosynthétique conduit à la libération de dioxygène à l'origine d'une modification progressive de l'atmosphère.

## L'enrichissement progressif de l'atmosphère en $O_2$

L'activité photosynthétique, associée à la précipitation du $CO_2$ sous forme de carbonate de calcium, mène à l'appauvrissement progressif de l'hydrosphère et sans doute de l'atmosphère en $CO_2$. Parallèlement, l'enrichissement en $O_2$ a permis l'essor et la prolifération d'organismes aérobies, qui ont besoin d'$O_2$ pour vivre. Bien évidemment, tous ces événements ont mis du temps à advenir. En Australie (à Zarijini) ont été trouvées des roches datées de 2,5 milliards d'années très riches en oxyde de fer. Pendant plus d'un milliard d'années, l'$O_2$ dégagé par les cyanobactéries aurait oxydé le fer présent en forte quantité dans l'océan primitif, et se serait complexé au fer, piégeant ainsi le dioxygène sous forme d'oxyde de fer. La Terre se refroidissant, l'hydrothermalisme diminue, et par conséquent le dégagement de fer dans l'océan. Après oxydation complète du fer océanique, une fois le degré de saturation des eaux en $O_2$ atteint, alors seulement l'$O_2$ s'est retrouvé dans l'atmosphère, où il atteint un taux compatible avec la vie aérobie. Ce dégagement progressif d'$O_2$ dans l'atmosphère conduit aussi, à partir de 2 milliards d'années, à la formation de la couche d'ozone ($O_3$), qui atteint son épaisseur maximale vers – 600 millions d'années. Désormais protégée des rayonnements ultraviolets mutagènes, la vie peut exploser également hors des océans – sans doute à partir de zones littorales ou d'eaux peu profondes de type lagunes. Les organismes anaérobies (qui fuient l'$O_2$), quant à eux, ne peuvent survivre que dans quelques niches protégées dépourvues d'$O_2$. Nous sommes alors il y a – 500 millions d'années.

## L'apparition des cellules à noyau

Les premières traces de cellules eucaryotes sont datées de 2,5 milliards d'années, compte tenu de la présence de molécules (les stérols) produites par les autotrophes eucaryotes. Seraient apparus ensuite les premiers champignons, qui en association avec les cyanobactéries ont formé des êtres symbiotiques, les lichens. Des restes de protolichens lagunaires ont été découverts en Afrique du Sud et datés de

2 milliards d'années. Or les lichens (comme certaines cyanobactéries) sont capables de conquérir des roches nues (et sont la base de la formation des sols) : on parle de végétaux pionniers.

Si les traces des premières algues pluricellulaires sont datées de 1,2 milliard d'années, on pense que dès 1,9 milliard d'années, elles ont fortement proliféré et contribué à enrichir l'atmosphère en $O_2$. Les premiers métazoaires semblent être apparus voilà un peu moins d'un milliard d'années. Les plus anciens fossiles sont des vers datés de – 740 millions d'années.

# Le feu d'artifice de la biodiversité

Il y a 555 millions d'années, la vie sur Terre explose dans sa diversité. Les archives paléontologiques indiquent une grande diversité d'espèces, à certaines époques, mais révèlent aussi des extinctions massives. Il y a 540 millions d'années, les principaux phyla (de nombreux groupes d'espèces apparentées) des végétaux et des animaux (on parle de métazoaires) existent.

## L'apparition des formes de vie végétale aériennes

L'évolution des végétaux a été continue et régulière. Les fougères sont apparues après les mousses. Au Carbonifère, les forêts étaient composées de fougères arborescentes. Ensuite, les plantes à graines sont apparues : d'abord à graines nues (comme les conifères), puis à graines protégées dans un fruit (les angiospermes), il y a 100 millions d'années.

En comparant les séquences moléculaires des végétaux, les chercheurs ont pu estimer que les premiers végétaux à conquérir le milieu terrestre étaient les ancêtres des mousses (on parle de bryophytes), sans doute ressemblant aux marchantiales (des mousses plates – appelées aussi à thalles – que l'on trouve sur le bord des fossés). Les données scientifiques indiquent que ces végétaux sont probablement issus d'algues vertes à la fin du Protérozoïque (soit vers – 500 millions d'années). Ces végétaux ont pu conquérir le milieu terrestre parce qu'ils sont capables de produire des spores résistantes au dessèchement (des restes de spores datées de – 470 millions d'années ont été mis au jour).

## Une explosion des formes de vie animale

Chez les animaux, ce sont les arthropodes qui se sont aventurés sur la terre ferme, grâce notamment à la protection offerte par leur cuticule. Certains arthropodes ont tout de même atteint des tailles remarquables, comme la libellule *Meganeura* (presque 1 m d'envergure).

Si on peut dater l'apparition des premiers organismes pluricellulaires (environ 1 milliard d'années), comment sont apparues les premières espèces ? Il faut toujours considérer que seulement 0,1 % en moyenne des organismes peut être fossilisé et que tous les fossiles ne nous sont pas accessibles. Comme nous n'en avons presque pas de cette période, il est difficile de répondre à la question ! La faune d'Ediacara (un gisement de fossiles en Australie datés de 650 millions d'années), composée de métazoaires à corps mou, ou la faune de Burgess (– 505 millions d'années), formée entre autres d'arthropodes, d'éponges et de mollusques, sont des exemples de gisements montrant une extraordinaire biodiversité. Les formes actuelles d'animaux étaient déjà présentes il y a 500 millions d'années, mais on trouve aussi des fossiles totalement énigmatiques, sans doute d'espèces disparues.

Chez les vertébrés, les poissons sont apparus les premiers il y a 530 millions d'années et n'avaient pas encore de mâchoires. Entre – 450 et – 400 millions d'années environ, des poissons recouverts de plaques sont apparus (les poissons cuirassés ou placodermes), de même que des poissons cartilagineux comme les requins et les poissons osseux. Les tétrapodes suivront plus tard avec l'apparition des amphibiens, puis des reptiles qui évolueront notamment en dinosaures, en oiseaux, en mammifères.

# La question des origines de la vie sur Terre

L'apparition de la vie sur Terre est le fait d'un concours de circonstances favorables, ce qui la distingue vraisemblablement des autres planètes du système solaire.

En mesurant le taux d'oxygène dans des zircons (des minéraux) trouvés dans des roches très anciennes (4 milliards d'années), des géologues estiment que ces roches ne peuvent s'être formées qu'en présence d'eau. Les océans auraient ainsi mis 150 millions d'années à se former, par condensation de la vapeur d'eau dégagée à partir des roches en fusion. Ces océans primitifs étaient riches en fer. La température de surface devait avoisiner les 93 degrés. L'atmosphère primitive était alors composée de diazote (comme aujourd'hui), de dioxyde de carbone (en plus grande proportion) et de méthane. La Terre était alors abondamment bombardée par des météorites, un bombardement qui va peu à peu se ralentir.

## QUE D'EAU !

En raison de la distance de la Terre par rapport au Soleil, l'eau est maintenue à l'état liquide sur notre planète. C'est un élément indispensable à la vie terrestre : la plupart des êtres vivants sont fortement hydratés, et tous contiennent de l'eau liquide (l'être humain est constitué de 70 % d'eau).

Quelles hypothèses peut-on faire quant à l'apparition de la vie ? Bien évidemment, les chercheurs ne peuvent qu'extrapoler à partir d'indices plus ou moins directs dont ils disposent, car nul n'est capable de reproduire les conditions physico-chimiques ayant permis l'apparition de la vie sur Terre.

La première cellule vivante était de type bactérienne, et ses descendants ont formé les trois branches du vivant : les bactéries, les archaebactéries et les eucaryotes. Afin de retrouver le dernier ancêtre connu ou LUCA (*Last universal commun ancestor*), deux démarches sont adoptées par les chercheurs :

» Une démarche ascendante par biochimie comparative. Il s'agit de comparer les molécules (protéines, acides nucléiques) présentes dans les trois domaines du vivant.

Ainsi, **Craig Venter (né en 1946)** a voulu créer le plus petit système vivant. Pour cela, il a utilisé la plus petite bactérie connue, *Mycoplasma genitalium* (480 gènes), et il a enlevé les gènes un par un pour tester lesquels étaient indispensables. Il a ainsi créé le plus petit système vivant : *Mycoplasma laboratorium*, un procaryote avec seulement 275 gènes.

» Une démarche descendante. À partir des briques élémentaires du vivant, il s'agit de reconstruire, au laboratoire, les protéines et les acides nucléiques afin de retrouver la complexité du vivant.

Les niches dans lesquelles se sont constitués les premiers êtres vivants semblent ainsi avoir été, au moins dans un premier temps, à l'abri des rayons ultraviolets, du bombardement météoritique et des émissions volcaniques, c'est-à-dire sous la terre, au fond des océans et des lacs, par exemple.

Les molécules constituant le monde vivant sont formées de l'assemblage d'atomes de carbone, d'hydrogène, d'oxygène, de phosphore, d'azote, parfois de soufre. Plusieurs hypothèses ont été émises quant à l'apparition des premières molécules qui constituent le vivant.

Essayons de mieux comprendre ensemble comment diverses théories se sont formées au fil de l'histoire.

## La génération spontanée

Les savants antiques avaient différentes hypothèses pour expliquer la présence de la vie sur la Terre. **Anaximandre de Millet (610 av. J.-C. - 546 av. J.-C.)** pensait que la vie était apparue par effet du soleil sur l'eau ; **Empédocle (ve siècle av. J.-C.)** considérait que le hasard avait créé diverses créatures et que seules celles qui n'étaient pas monstrueuses avaient survécu ; **Démocrite (460-357 av. J.-C.)** proposait que la vie était apparue spontanément de la boue pour former des vers qui ont donné ensuite les autres êtres vivants. **Aristote (384-322 av. J.-C.)** proclamait que tous les êtres vivants naissaient d'éléments qui leur ressemblaient, mais aussi de matière en décomposition sous l'effet du soleil.

Cette hypothèse de la génération spontanée a eu beaucoup d'adeptes et il a fallu attendre longtemps pour que **Louis Pasteur (1822-1895)** démontre qu'elle n'a aucune réalité (voir chapitre 12). En tout cas, si la vie est effectivement apparue par l'agencement spontané de molécules, les conditions régnant alors sur la Terre n'existent plus depuis 3 milliards d'années.

## La théorie extraterrestre ou panspermie

Cette théorie a été proposée en 1905 par **Herman von Helmholtz (1821-1894)**, **William T. Kelvin (1824-1907)** et **Svante Arrhenius (1859-1927)**. L'apport de la biomasse primitive par des météorites est une hypothèse popularisée par la NASA, le CNES... En effet, parmi les météorites tombant sur notre planète, les « chondrites carbonées » sont riches en carbone, en eau, mais aussi en hydrocarbures ainsi qu'en acides aminés. Ainsi, la météorite de Murchinson (datée de 4,4 Ga, soit l'âge de la Terre), tombée en Australie en 1969, contient des composés organiques comme l'urée, les cétones, les acides aminés, des bases azotées, etc. **David Deamer (né en 1939)** a même découvert des vésicules dans la météorite de Murchinson faisant penser à des ébauches de cellules.

## La synthèse minérale sur les argiles métalliques

Les chimistes **Alexander G. Cairns-Smith (né en 1931)** et **Günter Wächershaüser (né en 1938)** ont montré dans les années 1990 que des molécules organiques pouvaient s'organiser en contact avec des surfaces minérales : la théorie du monde fer-soufre est proposée.

L'assemblage des acides aminés en protéines nécessite l'élimination de molécules d'eau. Or dans l'eau, cette réaction est thermodynamiquement défavorable. En surface d'argiles, de pyrite de fer, de micas, etc., les acides aminés sont concentrés (et adsorbés). La structure feuilletée de ces minéraux – comme l'argile – peut jouer le rôle d'un catalyseur (comme le font les enzymes dans le monde vivant actuel). De même, ont pu être synthétisées les premières macromolécules d'acides nucléiques. Les milieux humides comme les marécages, qui s'hydratent et s'assèchent continuellement, ont pu ainsi constituer des environnements favorables à l'apparition des molécules du vivant. Ils ne sont peut-être pas le siège de la chimie prébiotique, mais il n'est pas improbable que les sources hydrothermales aient été également des conditions favorables. En effet, au fond des océans, au niveau des fumeurs noirs, tapissés de pyrite de fer, peuplés à l'heure actuelle d'une faune très spécifique (vers riftia, crabes, moules géantes), on trouve une eau à forte concentration en hydrogène, dioxyde de carbone, hydrocarbures et divers minéraux.

## La soupe primitive

En 1924, **Alexandre I. Oparine (1894-1980)**, **John Haldane (1892-1964)** et leurs collègues ont postulé que dans l'océan primitif, une synthèse purement chimique des composants du vivant a pu avoir lieu et que ces molécules ont pu s'organiser pour engendrer des cellules.

Dans l'atmosphère qui régnait aux premiers temps de la Terre (formée par les gaz méthane, dioxyde de carbone, ammoniac et vapeur d'eau), sous l'abondant bombardement des météorites, l'effet des rayons ultraviolets et les violents orages électriques, ont dû se former les premières macromolécules et surtout les premières molécules organiques. Il a probablement fallu 800 millions d'années pour que l'eau passe à l'état liquide et que l'océan primitif se forme. À ce moment-là, protégées contre les rayons UV, les molécules ont pu se former et s'assembler, sans être dégradées. En faisant chauffer des acides aminés, on a obtenu des vésicules (les coacervats !).

Les chercheurs n'excluent pas l'apport de matériel extraterrestre dans la constitution des molécules biologiques retrouvées dans les systèmes vivants.

En 1953, un jeune étudiant de 22 ans, **Stanley Miller (1930-2007)**, a reproduit expérimentalement des conditions proches de celles qui régnaient voici 4 milliards d'années sur la Terre. Bien évidemment, cette expérience ne peut apporter une quelconque certitude, mais elle donne des indications sur les événements passés. Dans un ballon de verre, il a reconstitué une atmosphère composée de méthane, d'ammoniac, d'hydrogène et de vapeur d'eau en équilibre avec de l'eau liquide. Sous l'effet de multiples chocs électriques, la partie liquide a été le siège de nombreuses réactions chimiques, comme la formation de HCN (acide cyanhydrique) à partir de méthane et d'azote, de formaldéhyde HCHO à partir de méthane et d'eau... Ces conditions ont permis la synthèse de treize acides aminés, de glucides et de lipides. Parallèlement, **Joan Oro (1923-2004)** a montré que de l'adénine pouvait être formée à partir de cinq molécules d'HCN. Or l'adénine est une base azotée entrant dans la composition de la molécule énergétique universelle, l'ATP, et des molécules portant l'information génétique (ADN, ARN). En 2009, des chimistes ont pu, en se replaçant dans les conditions supposées de l'atmosphère primitive, synthétiser des nucléotides.

Des critiques ont été formulées sur cette expérience. L'atmosphère utilisée par Stanley Miller était réductrice alors qu'il semblerait que l'atmosphère de la jeune Terre fût riche en $CO_2$ (du fait du volcanisme intense), donc plus oxydante. Le ballon utilisé par Stanley Miller a permis de concentrer les composés, alors que dans l'océan primitif, ils devaient être beaucoup plus dilués.

### ET SI ON ESSAYAIT DE CRÉER UNE CELLULE ?

Si vous voulez fabriquer vous-même des coacervats (des gouttelettes, prémices des premières cellules), préparez une solution de gélatine à 1 % (1 g pour 100 ml d'eau) et une solution de gomme arabique à 1 %. Mélangez 2/3 de volume de gélatine et 1/3 de gomme arabique dans un tube à essai. Ajoutez quelques gouttes d'acide chlorhydrique. Un trouble blanchâtre se fait dans le tube. Prélevez une goutte avec une pipette et déposez-la sur une lame. Observez au microscope. Vous verrez des vésicules : les coacervats. On suppose que ces compartiments, en se formant, auraient concentré les ingrédients et facilité les réactions chimiques. (Le détail de cette expérience se trouve sur le site de Didier Pol : http://www.didier-pol.net.)

Comment sont apparues les premières molécules du vivant ? Rien n'exclut que la soupe primitive, l'intervention des argiles métalliques, des fumeurs noirs, l'apport de matériel extraterrestre... soient impliqués dans l'apparition des molécules du vivant. Mais l'agencement de ces molécules en une cellule vivante n'est pas encore compris.

# De la diversité des espèces

La question de nos origines n'est toujours pas élucidée, mais de nombreuses pistes permettent d'envisager des hypothèses sérieuses. Les premières formes de vie étant capables de se propager, on peut imaginer que l'information génétique existait déjà et pouvait être transmise.

## Au commencement était un monde à ARN...

Se demander qui des protéines ou de l'ADN a été la première catégorie de molécules portant l'information génétique revient à se demander qui de l'œuf ou de la poule a été le premier.

En effet, l'ADN porte l'information génétique sous la forme d'un code : un triplet de bases azotées de l'ADN correspond à un acide aminé dans une protéine. L'ARN messager est un intermédiaire entre ces deux molécules. Or, le décodage de l'ADN nécessite de multiples enzymes comme l'ARN polymérase, donc des protéines. L'ADN porte l'information génétique, les protéines ont la fonction catalytique.

**Leslie Orgel (1927-2007)** a été le premier à réussir au laboratoire à synthétiser des acides nucléiques en absence de toute enzyme.

Rappelons que la structure d'un acide nucléique comprend une base azotée, un sucre (le ribose) et un groupement phosphate. Ces deux derniers éléments constituent le squelette de la molécule d'ADN. Si la synthèse de la base et du phosphate peut être réalisée sans enzyme, celle du ribose est beaucoup plus complexe : la synthèse spontanée du ribose donne en fait une multitude de sucres apparentés dont les structures varient. Il est donc peu probable que les molécules d'ADN ressemblaient à celles que l'on connaît aujourd'hui, un ensemble d'enzymes bien définies étant nécessaire pour catalyser de façon immuable la synthèse du ribose. Ainsi, le squelette de la molécule d'ADN devait être tout autre, mais le code génétique était déjà établi.

Dans la seconde moitié du XX$^{e}$ siècle, des travaux convergents de **Francis Crick (1916-2004)**, **Carl Woese (1928-2012)**, **Walter Gilbert (né en 1932)**, **Thomas Cech (né en 1947)** et **Sidney Altman (né en 1939)** montrent que les ARN ont des capacités autoréplicatives, mais également des propriétés catalytiques. Aussi, il est fort probable que notre monde à ADN a été précédé par un monde à ARN, dans lequel cette molécule jouait non seulement un rôle de porteur de l'information génétique, mais aussi un rôle enzymatique. Les ARN assument d'ailleurs toujours ces rôles : ils sont porteurs de l'information génétique entre l'ADN et la machinerie de synthèse des protéines, et ont une action enzymatique dans le ribosome (des ARN portent le nom de ribozymes).

Selon **Marie-Christine Maurel**, professeur à l'université Pierre et Marie Curie, les viroïdes (des virus de végétaux) seraient assez proches de cette forme de vie ancestrale. Ces viroïdes sont uniquement formés d'ARN. Ces ARN adoptent une forme d'épingle à cheveux avec des motifs de ribozymes. Ils sont capables de répliquer eux-mêmes leur propre génome. Pour **Patrick Forterre**, professeur à l'université Paris Saclay et à l'Institut Pasteur, l'ADN serait une invention virale pour échapper aux défenses des cellules infectées. L'ADN étant plus stable par rapport à différentes agressions chimiques comme le stress oxydant, mais aussi capable d'être réparé, l'évolution l'aura sélectionné. Les protéines synthétisées, dont des enzymes de plus en plus efficaces sur le plan catalytique, ont également été sélectionnées par l'évolution.

# Les théories non scientifiques de la biodiversité

En l'absence de nombreuses connaissances en géologie et en biologie, des théories, relevant de croyances, ont été proposées pour expliquer la diversité des êtres vivants.

## Le fixisme

**Georges Cuvier (1769-1832)**, un des fondateurs de l'anatomie comparée et de la paléontologie, proposait que les êtres vivants n'évoluent pas, ne se transforment pas. Plusieurs déluges et épisodes sismiques auraient permis de faire disparaître une partie des êtres vivants (catastrophisme). Cette théorie est fondée sur des hypothèses antiques et sur les récits religieux. Toute sa carrière, Georges Cuvier n'a eu de cesse de bloquer les idées transformistes et ceux qui y croyaient.

## Le créationnisme

Cette théorie ne fait référence qu'à la Bible, et les tenants de cette façon de penser ne supportent aucune remise en question (au contraire de toute démonstration scientifique). Selon les créationnistes, Dieu a fait le monde en 7 jours, a créé toutes les espèces en même temps, et la première femme (Ève) a été modelée à partir d'une côte du premier homme (Adam). Ils ont eu des enfants, dont Abel et Caïn. Caïn a lui-même eu des enfants… avec une femme qui n'est ni sa mère ni sa sœur, mais qui existe tout de même…

N'y a-t-il pas un problème ? Même le Vatican estime que cette théorie n'est plus recevable. Des courants religieux (toutes religions confondues) proclament encore aujourd'hui que l'évolution n'existe pas. Leurs arguments ne sont que de la rhétorique, ils n'ont aucune preuve scientifique de ce qu'ils avancent.

Les croyances peuvent toutefois avoir une explication scientifique. Le mythe des dragons est ainsi né de la découverte de fossiles de dinosaures. De plus, les animaux fantastiques (du type licorne, sirène, etc.) n'existent pas, c'est prouvé. Les sirènes pourraient être des lamantins ou des dugongs, c'est-à-dire des mammifères de l'ordre des Siréniens. En revanche, d'autres animaux mythiques comme le Kraken, une espèce de calmar géant, existent (du moins, des restes de calmar de très grande taille ont été remontés et les traces laissées sur des cachalots montrent des ventouses de très grand diamètre). Les fossiles existent bel et bien et sont une preuve que des êtres vivants (différents ou semblables à ceux d'aujourd'hui) ont véritablement existé, et ces fossiles peuvent être datés plus ou moins précisément.

## L'INTELLIGENT DESIGN

Selon le précepte de l'Intelligent Design (le dessein intelligent), une volonté supérieure (extraterrestre ou surnaturelle) décide de l'évolution des espèces et permet d'expliquer la complexité du vivant. Il n'y aurait pas de mutations aléatoires sélectionnées par l'évolution, mais les partisans de cette théorie admettent que l'évolution peut avoir lieu. Encore une fois, même le Vatican qualifie ce courant de pseudoscience, car l'hypothèse d'un dessein intelligent repose sur des éléments qui ne peuvent être ni observés ni reproduits expérimentalement. Pour répondre à ces « accusations », les tenants du dessein intelligent demandent à leurs détracteurs de prouver qu'ils ont tort au lieu de prouver eux-mêmes qu'ils ont raison. Il ne faut pas confondre en effet discours de valeur et argumentation scientifique.

# Les théories scientifiques de la biodiversité

L'évolution des espèces n'est pas une croyance, c'est un fait vérifié, par la découverte de fossiles et par des expériences. Comme il est impossible de fouiller la Terre entière, comme la fossilisation n'est pas systématique, comme des mouvements tectoniques ont pu détruire des preuves, il est difficile d'avoir toutes les étapes d'évolution de toutes les espèces sous forme de fossiles, mais on peut trouver des liens de parenté.

Il faut tout d'abord se remettre dans le contexte. Comparons, par exemple, la façon de penser et les outils disponibles au XVIIIe siècle et au XXIe siècle. Au siècle des Lumières, les savants comparaient les animaux les uns avec les autres. Comme les voyages autour du monde devenaient plus fréquents, de nombreux spécimens étaient récoltés, ramenés, observés – voire dessinés. C'est l'époque phare de l'anatomie comparée. Au XXIe siècle, nous disposons d'un outil extraordinaire, la génétique. Les comparaisons de séquences des gènes, reflets directs des liens de parenté entre deux espèces, ont permis de confirmer ou d'infirmer des hypothèses formulées au cours des siècles passés.

L'observation de fossiles et la comparaison des êtres vivants entre eux ont permis aux scientifiques du siècle des Lumières d'envisager une parenté entre les êtres vivants, qui varie toutefois au cours du temps géologique.

## Le transformisme ou lamarckisme

**Jean-Baptiste de Lamarck (1744-1829)** est l'un des premiers naturalistes à avoir compris l'existence et l'importance de l'évolution des êtres vivants. C'est un des savants fondateurs de la biologie. Selon lui, les espèces se transforment au cours des temps géologiques puisque la Terre elle-même se transforme. L'étude de fossiles montre des différences avec les animaux actuels et la découverte de fossiles de Mammouths indique clairement que des espèces disparaissent.

Selon Jean-Baptiste de Lamarck, les animaux se complexifient au cours de l'évolution. Il pense également que si un animal ne se sert pas d'un organe, ce dernier va régresser au cours de l'évolution, alors que s'il doit s'en servir abondamment, l'organe va se développer, s'améliorer et amplifier la fonction qu'il réalise. Ce phénomène est résumé par la formule « la fonction crée l'organe ». Le long cou de la girafe ou les petits yeux de la taupe (vivant dans le sol) sont des exemples permettant d'illustrer cette théorie. Le lamarckisme avance enfin la transmission des caractères acquis : des traits physiques acquis au cours de la vie d'un individu peuvent être transmis à sa descendance.

La génétique développée au XXe siècle allait lui donner tort, mais l'épigénétique (l'ensemble des modulations et modulateurs de l'expression de l'information génétique) permet d'expliquer désormais ses observations.

Dans son combat d'idées avec Georges Cuvier, Jean-Baptiste de Lamarck avait des alliés comme le célèbre naturaliste **Georges-Louis Leclerc de Buffon (1707-1788)** ou encore **Étienne Geoffroy Saint-Hilaire (1771-1844)**. Ce dernier savant, spécialiste de la tératologie (les anomalies du développement), estime que si les êtres vivants gardent les mêmes formes, c'est parce que leur milieu de vie n'est pas modifié. Son combat avec Georges Cuvier a porté notamment sur les crocodiles de Caen. Des fossiles de ces reptiles avaient été trouvés près d'Honfleur. Pour Georges Cuvier, il n'y a pas de lien avec les espèces vivant en Inde, par exemple, alors que, pour Geoffroy Saint-Hilaire, les espèces sont liées, mais les conditions environnementales n'étant plus les mêmes, ces animaux ont disparu de Normandie.

## L'évolutionnisme ou darwinisme

En 1835, **Charles Darwin (1809-1882)**, observant différentes populations de Pinsons des Galápagos, en avait déduit que chaque espèce était la mieux adaptée possible à l'alimentation en abondance sur l'île en question, notamment par la forme de leur bec. Pourtant tous ces oiseaux étaient des descendants des mêmes pinsons. Il a alors postulé (en 1859) que la sélection naturelle influençait l'évolution des espèces. (Voir aussi l'encadré sur « Darwin et l'évolution des espèces », chapitre 13.)

*Le gradualisme* stipule que l'évolution agit très lentement sur de très longues durées. Ce qui est perçu aujourd'hui n'est que le résultat de l'accumulation de tous ces changements graduels. Si dans un gisement de fossiles, il y a des périodes non représentées, c'est parce que l'érosion a détruit les traces du passé (ou la fossilisation s'est mal effectuée). Cette théorie n'explique en revanche pas les changements brutaux (extinction massive d'espèces).

## Le néodarwinisme ou la théorie synthétique

**Ernst Mayr (1904-2005)** explique l'évolution des espèces par la spéciation, c'est-à-dire la formation de nouvelles espèces. Quand une petite population d'individus se trouve isolée du reste, elle connaît des modifications (morphologiques, génétiques) influencées par le milieu colonisé. On parle de spéciation péripatrique. Une preuve en est : le lézard des ruines.

En 1971, un biologiste voulant étudier l'évolution des espèces a introduit une espèce de lézard (*Podarcis siculus*) dans une île de la mer Adriatique. Par suite des conflits politiques de la région, il n'a pas pu poursuivre son étude. En 2004, des chercheurs ont observé que ces lézards avaient fortement changé, notamment l'aspect de leur mâchoire. L'analyse de leur ADN mitochondrial a prouvé que tous étaient bien de la même espèce, mais ces animaux, insectivores à l'origine, étaient devenus majoritairement herbivores, leur intestin s'étant également modifié.

## Les équilibres ponctués

Deux paléontologues américains, **Niles Eldredge (né en 1943)** et **Stephen J. Gould (1941-2002)**, ont proposé leur propre version de la théorie de l'évolution.

L'évolution comprend des périodes d'équilibre, ponctuées par des changements importants comme la spéciation (la création d'espèces) et l'extinction d'espèces. Leurs travaux reprennent ceux de **Pierre Trémaux (1818-1895)** au XIX$^{e}$ siècle. Leurs arguments s'appuient sur le fait qu'il n'existe que très peu de fossiles de formes intermédiaires, ce qui montre que les espèces ont été créées soudainement. Toutefois, Stephen J. Gould n'exclut pas l'existence de formes intermédiaires au niveau des groupes.

## LA THÉORIE DU GÈNE ÉGOÏSTE

Pour **Richard Dawkins (né en 1941)**, les êtres vivants ne sont que des vecteurs pour assurer la reproduction des gènes. La sélection naturelle s'applique non pas aux espèces, mais aux gènes.

### Fossiles stratigraphiques et... principe d'actualisme

Les roches sédimentaires riches en fossiles sont des archives du passé. Selon le principe de l'actualisme, les mêmes conditions de milieu aboutissent à des roches sédimentaires similaires.

Les fossiles apportent donc des indications sur les roches ; ils permettent de préciser :

- le milieu marin, lacustre... dans lequel se sont formées les roches (il s'agit des fossiles de faciès – les restes d'animaux sont caractéristiques du milieu marin, lagunaire, lacustre ou terrestre, par comparaison avec leurs descendants) ;
- leur âge (il s'agit des fossiles stratigraphiques, à courte durée de vie à l'échelle des temps géologiques, avec une large répartition mondiale).

### FOSSILE... ET VIVANT !

On entend souvent parler de fossile vivant à propos de certains êtres vivants. Cela concerne le poisson-cœlacanthe qui vit dans l'océan Indien. En réalité, il a une forme très proche des formes fossiles des poissons-placodermes, mais il ne leur ressemble pas exactement. Ce n'est donc pas un être venu d'un autre âge qui a été péché, mais un poisson bien actuel. Les conditions du milieu dans lequel il vit (les fonds marins) étant particulièrement stables, aucune pression de sélection n'a agi sur le poisson ; c'est pourquoi son aspect est comparable à celui de ses ancêtres, malgré des modifications internes, génétiques. Si vous voyez un nautile dans un aquarium, ce n'est pas un fossile vivant d'ammonite : ce sont bien deux céphalopodes (des cousins de la pieuvre), mais la structure de leur coquille, en apparence similaire, est différente (notamment à l'intérieur).

# Biodiversité et évolution

Le scientifique aime bien classer, ranger de façon logique ses observations dans des boîtes.

Toute classification se fait sur la base de critères morphologiques, de comparaison de génomes, etc., et en reliant entre eux les êtres vivants les plus apparentés en fonction de critères judicieusement choisis, on obtient un arbre. Or, à chaque embranchement, se trouve la forme ancestrale commune aux êtres étudiés... et, au début, était LUCA, notre plus ancien ancêtre.

## LA CLASSIFICATION DE LINNÉ

À l'instar de **Carl von Linné (1707-1778)**, les biologistes classent tout être vivant selon l'ordre :

**règne → embranchement ou phylum → classe → ordre → famille → genre → espèce**

(du plus général, comme le règne animal, au plus précis, comme *Homo sapiens*).

Pour vous en souvenir : Reste En Classe Ou Fais Grandes Études (avec R comme Règne, E comme Embranchement, etc.) !

L'arbre des êtres vivants, foisonnant, est le reflet actuel des nombreux liens de parenté qui nous unissent. Certaines périodes ont été plus foisonnantes que d'autres, alors que de graves crises ont coupé des branches.

## CONSTRUIRE UN ARBRE PHYLOGÉNÉTIQUE

Il est intéressant de connaître les liens de parenté entre ces différents êtres vivants : soit par anatomie comparée (à l'ancienne, version XVIIIe siècle), soit par comparaison de séquences d'ADN (version moderne).

Comment faire un tableau phylogénétique ? Vous allez comparer trois animaux pouvant voler : un criquet, un albatros et une chauve-souris. Hormis leur taille différente, ils possèdent tous les trois un organe leur permettant de voler. Voici comment procéder : recherchez une illustration d'aile de ces trois animaux et comparez-les ; comparez également leur aspect général (il est judicieux de considérer également le squelette de l'oiseau et du mammifère).

Vous allez pouvoir désormais créer un tableau avec différents critères phylogénétiques : aile membraneuse, présence d'un squelette interne, présence de 4 membres, aile associée au membre antérieur, présence de poils, présence de plumes.

| | **Aile membraneuse** | **Squelette interne** | **4 membres** | **Aile = membre antérieur** | **Poils** | **Plumes** |
|---|---|---|---|---|---|---|
| **Criquet** | 1 | 0 | 0 | 0 | 0 | 0 |
| **Albatros** | 0 | 1 | 1 | 1 | 0 | 1 |
| **Chauve-souris** | 0 | 1 | 1 | 1 | 1 | 0 |

## CONSTRUIRE UN ARBRE PHYLOGÉNÉTIQUE *(SUITE)*

Ainsi, le criquet a un exosquelette avec des expansions : des ailes rigides, parcourues par des trachées. Les deux autres animaux sont des animaux vertébrés : l'aile est un développement particulier des membres antérieurs (les bras). Les doigts en particulier sont particulièrement développés. Chez la chauve-souris, la peau relie les doigts ensemble.

Pour construire un arbre phylogénétique, on utilise le **principe de parcimonie** : un caractère partagé est apparu chez un ancêtre commun et partagé par ses descendants (on parle d'homologie). Si un caractère servant à la même fonction est apparu indépendamment au cours de l'évolution, on parle d'analogie (comme justement l'exemple de l'aile choisi ci-dessus).

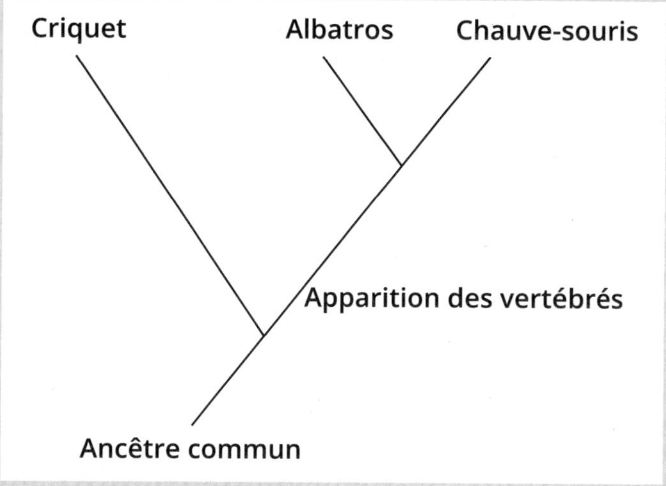


Un arbre phylogénétique.

Remarquez que les trois animaux sont tous situés sur la même ligne horizontale : aucune espèce n'est plus évoluée que les autres. Si on avait choisi l'exemple des gènes contrôlant le développement embryonnaire, on aurait pu remarquer que ces gènes sont quasiment homologues entre la mouche drosophile, la souris et l'homme. On peut ainsi faire s'exprimer un de ces gènes, dits architectes, de souris chez la mouche et obtenir un organe de mouche. C'est une preuve moléculaire de l'existence d'ancêtres communs chez les animaux.

# De LUCA à la biodiversité actuelle

LUCA est l'acronyme utilisé pour désigner notre ancêtre commun : un être unicellulaire ancêtre des bactéries, des archaebactéries et des eucaryotes. Nous ne sommes cependant pas certains que celui-ci ait réellement existé : LUCA est peut-être un ensemble de cellules qui ont échangé entre elles avant de donner des descendants ayant évolué séparément. « Évoluer » : que signifie ce mot dans ce contexte ? La définition est la source d'innombrables débats.

Tout d'abord, il ne faut pas penser que l'espèce humaine est au sommet de la création. Bien évidemment, comme les humains ont créé les critères pour classer les espèces les unes entre les autres, ils se sont mis au sommet (vision anthropomorphe de l'évolution). Mais en réalité, tous les êtres sont aussi évolués les uns que les autres puisque nous descendons *tous* du même ancêtre commun. Toutes les espèces actuellement présentes sur la Terre ont donc le même temps d'évolution.

Si on considère la capacité à fabriquer intentionnellement des outils complexes, l'être humain est le plus capable de tous les êtres vivants. Si on considère la capacité à résister à la radioactivité sans séquelles, le cafard se débrouille mieux que nous ! Le champion de toutes les résistances (froid, sécheresse, radioactivité, même le vide intersidéral !) est le tardigrade (un animal microscopique qui vit dans les flaques d'eau). Si le critère considéré est le nombre de gènes, l'être humain ne possède que 23 000 gènes (environ) alors que la paramécie (un protozoaire, donc un animal unicellulaire) peut en compter plus de 39 500.

Comment un type cellulaire unique a-t-il pu donner l'ensemble des êtres vivants qui peuplent et ont peuplé la Terre ?

Dans les années 1970, le microbiologiste **Carl Woese (né en 1928)** a proposé une classification du vivant en se fondant sur une catégorie de molécules : les ARN ribosomaux. Il distingua ainsi deux catégories (phylum) : celui des archaebactéries et celui des bactéries. La composition de leur membrane et d'autres éléments permettent également de les distinguer.

Le nom des archaebactéries vient du grec *arkhaios* signifiant : « ancien ». Pourquoi ont-elles été appelées ainsi ? On suppose qu'elles possèdent les mêmes caractéristiques que les procaryotes ancestraux, notamment parce que certaines vivent dans des milieux pour le moins inhospitaliers. Parmi les archaebactéries, on trouve :

- les méthanogènes, vivant dans des milieux sans oxygène, produisant du méthane par réduction du $CO_2$ (par exemple dans l'estomac des vaches) ;
- les halophiles, vivant dans des milieux très salés et soumis au rayonnement ultraviolet, doués d'activité photosynthétique ;
- les thermophiles (vivant en milieu très chaud autour de 80-95 °C parfois).

Parmi les bactéries, certaines sont photosynthétiques comme les cyanobactéries, d'autres non.

Une étape extrêmement importante de l'évolution des espèces a été l'apparition des eucaryotes : des cellules pour lesquelles l'information génétique est délimitée par une double membrane constituant le noyau. Ce noyau contient l'information génétique de la cellule, la protège et rend sa lecture à la fois mieux régulée et plus efficace.

Comment est apparu ce noyau ? Pourquoi une double membrane s'est-elle constituée autour de l'information génétique ? Toutes ces interrogations demeurent encore largement sans réponse à l'heure actuelle. L'hypothèse d'une infection virale d'un procaryote a été formulée pour expliquer l'origine du noyau dans les cellules eucaryotes.

Les eucaryotes ancestraux dérivent de procaryotes – sans doute des archaebactéries –, et ont acquis des compartiments comme les mitochondries (les usines énergétiques) et les chloroplastes (le lieu de la photosynthèse) par endosymbiose. L'acquisition des mitochondries est estimée de 2 milliards à 1,4 milliard d'années, celle des plastes de 1,4 à 1,2 milliard d'années.

## Le transfert horizontal de gènes

Une hypothèse émise par **William Martin et Miklós Müller** en 1998 dans le journal scientifique *Nature* postule que l'$O_2$ étant toxique, les premières cellules eucaryotes auraient été formées par la symbiose entre une archaebactérie capable de faire de la photosynthèse – donc d'utiliser le $CO_2$ pour son métabolisme – et une bactérie aérobie, capable de transformer l'$O_2$ et de l'éliminer, en produisant du $CO_2$. L'archaebactérie aurait ainsi internalisé la bactérie à son profit. La seconde aurait transféré à la première ses gènes permettant d'utiliser le glucose (on parle de transfert horizontal de gènes). Cette cellule hybride pouvait alors parfaitement survivre dans un milieu de plus en plus riche en $O_2$.

## Les grandes crises affectant la biodiversité

Les premières cellules ont probablement prélevé les molécules énergétiques dans leur milieu. Ces ressources s'amenuisant, celles qui pouvaient les fabriquer par elles-mêmes ont survécu (comme les cyanobactéries). C'est la première crise : la crise métabolique. Quand la photosynthèse a produit de l'$O_2$, les cellules anaérobies n'ont pu survivre que dans des niches protégées. Cela a été une autre grande extinction. Nous n'en avons aucune trace et ces hypothèses sont uniquement spéculatives.

Les extinctions de masse qui ont ponctué l'histoire de la vie sur la Terre (et qui servent de points de séparation dans le calendrier des ères géologiques) ont obligé les espèces à se réinventer sans cesse : des niches écologiques bondées se retrouvant vidées – donc disponibles –, des compétiteurs disparus laissant la place nette pour d'autres espèces. Des espèces peuvent aussi être fortement affectées, mais ressurgir plus tard, les survivants bénéficiant du retour à des conditions favorables. On parle d'extinction de masse quand un grand nombre de taxons (un ensemble d'êtres vivants présentant les mêmes caractères) disparaît, pendant une courte période (d'où le terme de crise majeure), et ce à l'échelle de la planète.

Les deux principales crises affectant les métazoaires sont :

- **La crise du Permien**. Il y a – 245 millions d'années, plus de la moitié des organismes marins a disparu ; les vertébrés terrestres ont également été décimés. On estime que plus de 95 % des espèces ont alors disparu de la surface de la Terre : 30 % des familles d'insectes, 60 % des familles d'amphibiens et de reptiles. Les animaux récifaux ont été particulièrement touchés.
- **La crise Crétacé-Tertiaire**. Il y a – 65 millions d'années, elle a provoqué la disparition, entre autres, des ammonites et des dinosaures.

En observant la présence, l'abondance de fossiles, et la nature des roches, les chercheurs ont pu envisager diverses hypothèses pour expliquer la soudaine disparition de bon nombre de fossiles à certaines époques sur notre planète.

## Une cause extraterrestre

La chute des météorites est souvent invoquée. En effet, ces crises se déroulent cycliquement tous les 26 millions d'années, ce qui correspond à un moment où la Terre passe dans une zone de la galaxie riche en météorites. Il y a 65 millions d'années, une météorite est tombée dans l'actuel golfe du Mexique comme le prouvent des traces d'iridium de cette époque.

## Le volcanisme intense

Des traces de coulées de lave abondantes sont détectées à ces périodes. Le volcanisme entraînant l'émission de poussières, donc une diminution de la production primaire par les végétaux chlorophylliens, il y a perturbation des chaînes alimentaires. L'augmentation du taux de $CO_2$ provoque en plus un effet de serre contribuant au réchauffement de la planète.

## La fluctuation du niveau des océans

Une baisse du niveau expose davantage les continents, ce qui augmente leur érosion, alors qu'une hausse du niveau marin engloutit massivement des zones côtières. Ces modifications perturbent également les courants océaniques et les masses d'air de l'atmosphère, provoquant de fortes perturbations météorologiques.

# Les facteurs d'évolution

Les mécanismes de l'évolution sont les mutations génétiques, suivies de la sélection et de la dérive génétique. Cette sélection se base sur des relations entre espèces : la compétition, le mimétisme, le parasitisme ou au contraire la symbiose, l'attraction sexuelle (donc la sélection des reproducteurs).

## L'isolement géographique

Les pinsons de Darwin, les lézards des ruines ne sont pas des exemples isolés. Des espèces issues d'un même ancêtre, séparées géographiquement (comme par un massif montagneux), vont être soumises à des contraintes du milieu différentes, ce qui peut aboutir à des individus ne pouvant plus se reproduire entre eux.

Des oiseaux, les pouillots verdâtres, vivent en Asie, autour du plateau tibétain. Deux espèces vivent côte à côte en Sibérie centrale sans se reproduire. Chez ces oiseaux, seuls les mâles chantent. Or le chant est un élément essentiel lors de la reproduction pour attirer les femelles et éliminer d'autres mâles. La comparaison des « phrases des chants » permet de voir que ces deux espèces n'ont pas du tout le même langage, ils ne se comprennent plus. L'espèce himalayenne a le chant le plus simple, qui s'est complexifié d'ouest en est chez les espèces migrant autour du plateau himalayen. Une espèce ancestrale de pouillot a conquis peu à peu ces milieux et le chant s'est complexifié au fur et à mesure, jusqu'à ce que les chants divergent : ne pouvant plus se comprendre, les deux espèces de pouillots verdâtres ne peuvent plus se reproduire entre elles. On parle ici de spéciation en anneaux.

## La pression de prédation

Plus une espèce échappe à un prédateur, plus elle a de chances de se reproduire, on dit que cela augmente sa valeur sélective.

On parle de théorie de la reine rouge, en référence au roman de Lewis Carroll, où la Reine rouge et Alice devaient courir pour pouvoir rester sur place. La pression de sélection s'exerce, le milieu de vie change : si les espèces veulent continuer à vivre dans ce milieu, elles doivent évoluer en même temps que lui.

Au milieu du XX$^e$ siècle, ce phénomène a été démontré dans une région polluée d'Angleterre.

La phalène du bouleau (*Biston betularia*) est un papillon européen, qui vole la nuit et se repose le jour en se posant sur les troncs d'arbre (en l'occurrence les bouleaux). Il existe deux formes de phalènes : l'une avec des ailes claires (*typica*) et l'autre sombre (*carbonaria*). Au XIX$^e$ siècle, la plus fréquente autour de la ville de Manchester (Royaume-Uni) était la forme claire. En 1848 est apparue la forme sombre et, en moins de cinquante ans, elle est devenue majoritaire dans cette région de l'Angleterre, qui est en plein essor industriel. Il a été remarqué que dans les régions rurales, la forme claire était toujours prédominante.

Afin de tester si l'environnement avait sélectionné l'une ou l'autre forme, le biologiste anglais **Henry B. D. Kettlewell (1907-1979)** a effectué, en 1955, des expériences de capture-marquage-recapture : il a capturé des papillons des deux formes et les a marqués spécifiquement sur la face inférieure de l'aile (cachée quand le papillon est posé). Puis il les a relâchés soit dans une forêt à côté de Birmingham, soit dans une zone non polluée. Plusieurs jours après, il a capturé les mâles en utilisant des pièges (inoffensifs : lampe à mercure, papillons femelles vierges). Pourquoi les mâles ? Parce que ses pièges n'attirent que les mâles. Dans les environs de Birmingham, il a recapturé une plus grande proportion de la forme *carbonaria*. À l'inverse, c'est la forme *typica* qui a été plutôt attirée dans les zones rurales. Une autre expérience a permis de montrer que dans les zones polluées, les troncs des bouleaux sont de couleur sombre, recouverts de poussière. Les papillons aux ailes sombres passent plus facilement inaperçus aux yeux de leurs prédateurs. Les oiseaux mangent préférentiellement les formes claires. Et inversement en zone rurale.

Cette pression de sélection maintenue par les prédateurs influe sur l'évolution de ces papillons, en conservant un caractère physique chez les animaux capables de se reproduire.

## LES MOUSTIQUES DU MÉTRO DE LONDRES

À Londres, deux espèces de moustiques cohabitent : *Culex pipiens pipiens* et *Culex pipiens molestus*. Ces moustiques ne sont pas interféconds. L'espèce *C. p. pipiens*, se nourrissant du sang des oiseaux, a une vie en surface, donc est soumise aux aléas climatiques. En hiver, ces moustiques sont au repos. Quelques individus sont descendus dans le métro londonien (posés sur un oiseau ou un humain). Dans ce milieu chaud en tout moment de l'année, avec de nombreux mammifères (les voyageurs, mais aussi les rongeurs), les moustiques se sont reproduits plus rapidement, ce qui a entraîné des mutations génétiques : l'espèce *C. p. molestus* a divergé de l'espèce initiale. À New York, les moustiques de surface et ceux vivant dans le métro ne sont pas encore deux espèces distinctes.

# Les molécules chimiques

Des traitements trouvés par l'industrie chimique ou pharmaceutique ciblent dans l'organisme pathogène qui doit être éliminé (bactérie, parasite de culture, etc.) des étapes de son métabolisme (par inhibition d'une enzyme, par exemple). Si, parmi les organismes soumis à cette pression de sélection, certains mutent et possèdent alors une enzyme insensible à la molécule chimique, ces êtres vivants sont favorisés et se reproduisent plus rapidement jusqu'à devenir majoritaires.

Évoluons-nous toujours ? Oui, les espèces continuent à évoluer. En ce qui concerne l'être humain, difficile de prévoir quoi que ce soit sans tomber dans la science-fiction. Nous n'aurons pas un cerveau démesuré, car l'accouchement n'est possible que pour un tour de tête compatible avec la taille du bassin maternel. Nous ne pouvons pas prévoir les maladies émergentes à venir et leurs conséquences sur l'humanité, ni une quelconque catastrophe semblable à celles qui ont entraîné des extinctions massives. Une certitude néanmoins : l'exposition aux polluants (les perturbateurs endocriniens) diminue la fécondité de l'espèce humaine.

Chapitre 12

# Les micro-organismes, amis ou ennemis ?

**DANS CE CHAPITRE :**

- **Plongée dans le monde des microbes**
- **Les microbes : des ennemis en pagaille...**
- **... mais aussi nos alliés...**
- **... et ceux de la science !**

S'il est facile d'observer la diversité des animaux ou des végétaux, une grande partie des êtres vivants n'est pas visible à l'œil nu : seul un microscope permet d'apercevoir ces organismes, en grossissant plus efficacement qu'une loupe. Toute une vie qualifiée de microscopique devient alors visible aux yeux de tout observateur. À ce monde minuscule appartiennent les microbes. Au commencement de l'observation microscopique, seuls les plus gros d'entre eux ont pu être regardés. Quand la technique d'observation s'est perfectionnée au XXe siècle, la structure de ces microbes a pu être détaillée et toute la diversité de ce monde vivant a pu être perçue.

Dans les sociétés disposant de soins médicaux et de médicaments, l'espérance de vie dépasse les quatre-vingts ans, et la mortalité infantile est très faible. En revanche, dans les pays qui ne disposent pas des soins suffisants, l'espérance de vie est d'une trentaine d'années. La connaissance des agents infectieux, qui a permis l'essor de traitements spécifiques, est le résultat des travaux de nombreux chercheurs, dont certains ont laissé leur nom dans l'histoire. Parmi ces agents infectieux, on trouve également les virus, des structures à la frontière du monde vivant.

Tous les microbes ne sont toutefois pas des pathogènes, certains sont même nos alliés, vivant à nos côtés. Et les progrès en biologie moléculaire ont même permis de détourner certains microbes à notre profit.

MAIRIE DE PARIS
BIBLIOTHEQUE
DISCOTHEQUE
18, Rue Faidherbe
75011 PARIS

# Les microbes : de l'intuition antique à l'évidence microscopique

Si les accidents cardiovasculaires et les cancers sont actuellement les causes principales de mortalité dans les pays industrialisés, les épidémies ont décimé les populations depuis le début de l'histoire de l'humanité. En absence de toute connaissance scientifique, ces épidémies étaient attribuées à une punition divine. La médecine ne proposait alors que des lavements, des saignées (ce qui contribuait à épuiser le malade). Les astronomes, voire les astrologues, étaient également consultés.

Or les survivants avaient bien compris qu'ils pouvaient s'occuper des victimes de l'épidémie suivante sans tomber de nouveau malades. On dirait aujourd'hui qu'ils étaient immunisés.

## Petite histoire de la découverte des microbes

Les savants de l'Antiquité comme **Aristote (384 av. J.-C. - 322 av. J.-C.)** suspectaient déjà l'existence de vecteurs invisibles responsables de la maladie. Cette idée fut reprise à la Renaissance par d'autres savants comme **Paracelse (1493-1541)**. Dans son ouvrage *Rerum rusticarum*, **Varron (116 av. J.-C. - 27 av. J.-C.)** conseillait de ne pas s'installer près d'un marais, car des créatures minuscules s'en dégageaient et pouvaient rentrer par la bouche et le nez et provoquer des maladies. C'était la *théorie des miasmes* : une vapeur toxique, issue de la décomposition de la matière, se formait. Cette théorie s'opposait à l'époque à celle du *contagionnisme*, selon laquelle les maladies se propagent par contact. Les lépreux (atteints de la lèpre) étaient isolés dans des léproseries et devaient signaler leur présence avec une crécelle pour empêcher tout contact avec eux.

Quelle est la bonne théorie ? En fait, les deux ! Mais tout dépend de la maladie considérée. La théorie des miasmes était tout de même à revoir : si une personne enrhumée éternue à côté de vous, vous pouvez attraper son rhume. Mais ce n'est pas l'air dans lequel elle évolue qui est chargé de microbes, ce sont ses postillons.

Cela a été démontré lors de l'épidémie de choléra à Londres en 1854 par un savant anglais, anesthésiste de la reine Victoria : **John Snow (1813-1858)**. Selon lui, la maladie se propageait non par inhalation, mais par ingestion d'un poison, car il remarqua que tous les malades s'étaient abreuvés à la même source. Il mit en cause l'eau potable, qui devait transporter le poison. Il avait raison. À la même époque, **Filippo Pacini (1812-1883)** a démontré que le poison transporté par l'eau et responsable du choléra était une bactérie (mais ses travaux ont eu peu de retentissement). Il fallut attendre l'invention du premier microscope par **Anton van Leeuwenhoek (1632-1723)** pour commencer à visualiser ces miasmes invisibles – qu'il nomme « animalcules » – et, en particulier, constater leur incroyable diversité : ce savant décrivit pour la première fois les bactéries du tartre dentaire, les levures de la bière et les protozoaires.

Même si les observations au microscope sont antérieures aux travaux réalisés sur le choléra ou la variole, sur le plan clinique, il est encore très difficile à l'époque – pour ne pas dire inconcevable – d'établir une relation de cause à effet entre la présence d'un microbe et une pathologie.

## La théorie de la génération spontanée mise à mal au XIXe siècle

Après l'observation de ces microbes au microscope, se pose bien évidemment la question de leur origine. Autrement dit, ces microbes sont-ils capables d'apparaître spontanément ?

Depuis l'Antiquité, aussi bien en Chine, en Inde, en Égypte qu'en Grèce ou dans l'Empire romain, les savants étaient persuadés que la matière (la boue, l'air, etc.) était chargée de germes de vie et donnait naissance à des animaux : les mouches naissaient de la sueur des chemises, les grenouilles, du limon du Nil, etc. L'idée de la génération spontanée d'organismes vivants s'est perpétuée bien après la Renaissance. Il faut dire que les savants observaient que les milieux de culture utilisés dans leur laboratoire, totalement limpides, se troublaient progressivement même si les récipients utilisés étaient couverts par un linge ou fermés par un bouchon en liège. Personne n'imaginait que le tissu comme le bouchon en liège n'étaient pas hermétiques et pouvaient laisser passer les microbes présents dans l'air à l'origine de la contamination du milieu de culture.

Ce concept fut établi expérimentalement par un savant italien, **Francesco Redi (1626-1697)** qui réalisa l'expérience suivante. Il plaça de la viande et un œuf dans trois bocaux : le premier était ouvert, le deuxième fermé par une gaze (un tissu fin) et le troisième hermétiquement clos. Quelques jours plus tard, il trouva de nombreux asticots à la surface des aliments du premier bocal, quelques asticots à la surface de la gaze du deuxième, aucun dans le troisième. Si l'apparition des asticots était spontanée, elle aurait eu lieu dans les trois bocaux. Au contraire, les asticots ne se trouvaient que dans les bocaux accessibles aux mouches : l'idée d'une contamination de la viande et des œufs par les mouches était ainsi prouvée.

## Les microbes, agents responsables des maladies

Les prémices de la science qui étudie les microbes, c'est-à-dire la microbiologie, allaient être posées par **Lazzaro Spallanzani (1729-1799)**. Il cultiva des microbes dans du jus de viande : si le jus est bouilli et la bouteille bien fermée, les microbes ne se développent pas ; si la bouteille est ouverte, ils se développent rapidement. Ces travaux impliquent qu'une fois introduits dans un milieu adapté, les microbes peuvent se multiplier, proliférer, et donc augmenter en nombre, formant un véritable bouillon de culture. C'est ce qu'observa Lazzaro Spallanzani au microscope, en décrivant la division des bactéries.

Avant son heure, Lazzaro Spallanzani avait ainsi inventé la stérilisation, principe selon lequel la chaleur permet de tuer les microbes et d'éviter leur prolifération.

### LE MICROBE, CAUSE OU CONSÉQUENCE ?

Les microbes sont souvent associés à des agents pathogènes, qui provoquent des maladies. Un des élèves de Lazzaro Spallanzani, **Agostino Bassi (1773-1856)**, démontra qu'une maladie contagieuse du ver à soie était due à un champignon microscopique (*Beauveria bassiana*) que l'on peut voir sous la forme d'une poudre (des spores du champignon) qui se révèle être très contagieuse. Il proposa l'idée de l'existence de parasites vivants responsables des maladies. Ses travaux n'ont pas été retenus par l'histoire.

En 1800, **Nicolas Appert (1749-1841)** perfectionna cette démonstration et inventa la technique d'appertisation. Vous avez déjà mangé des conserves ? Vous avez mangé des aliments appertisés. L'appertisation (ou stérilisation) consiste à faire chauffer les aliments à plus de 100 degrés dans un récipient étanche. À l'époque, on ne savait pas si c'était le chauffage ou le récipient qui permettait de conserver les aliments.

Ce savant a inventé d'autres techniques de conservation comme le lait concentré, les tablettes de bouillon lyophilisées.

Le chimiste **Louis Pasteur (1822-1895)** mit définitivement fin à la théorie de la génération spontanée par ses expériences de 1859 à 1861. Il fit bouillir un milieu de culture et le conserva à l'abri de l'air : le milieu resta stérile. S'il ajoutait volontairement des bactéries au milieu de culture (une fois refroidi), le milieu se troublait rapidement (comme quand le flacon restait ouvert à l'air libre). Enfin, il fit fabriquer par des maîtres verriers un récipient à col de cygne très long et sinueux. Il introduisit dans ce récipient le milieu de culture qu'il fit bouillir, puis laissa le récipient ainsi : l'embouchure est ouverte, mais le col est tellement sinueux que l'air qui y entre se débarrasse de ses impuretés (poussières, etc.).

Le liquide est toujours limpide et aucun organisme ne s'y est développé : l'expérience est toujours en cours au musée de l'Institut Pasteur à Paris.

Précurseur de la microbiologie (voir plus loin), Pasteur poursuivit ses recherches sur de nombreuses maladies : la pébrine, une maladie du ver à soie, le charbon du mouton, le choléra des poules… et bien évidemment la rage (voir plus loin l'aventure de la vaccination). Les agents responsables de ces maladies ont pu être caractérisés physiquement grâce au perfectionnement du microscope inventé par **van Leeuwenhoek**.

Le médecin **Robert Koch (1843-1910)** démontra en effet que le charbon du mouton était effectivement provoqué par une bactérie, ce qui confirmait l'intuition de Pasteur. Ce sont en fait les spores de cette bactérie – lui permettant de se reproduire – qui transmettent la maladie à un animal sain. La lutte scientifique entre l'Allemand Koch et le Français Pasteur se faisait dans un contexte politique de guerre franco-prussienne : Koch ne cita pas Pasteur dans ses travaux, ce dernier lui voua une haine féroce. Encore aujourd'hui, en France, les travaux de Robert Koch sont peu connus à leur juste valeur, et inversement en Allemagne pour ceux de Pasteur.

# La microbiologie, science des microbes

Au XVI$^e$ siècle, l'existence de germes invisibles était déjà soupçonnée par certains savants. Le microscope a permis leur observation. Robert Koch mit au point les milieux de culture, les colorations spécifiques pour les caractériser : il a établi les bases de la microbiologie.

Le nom de microbe a été donné par **Charles-Emmanuel Sédillot (1804-1883)** en 1878, et signifie « petite vie ».

Les microbes désignent en réalité une grande diversité d'organismes, qui, pour la plupart, sont formés d'une seule cellule. Ce sont les êtres vivants les plus présents sur la planète.

## Les eucaryotes unicellulaires

Certains microbes ont leur ADN (leur information génétique) contenu dans un noyau. C'est le cas des protozoaires comme des amibes. Dans l'océan, il s'agit de plancton (les végétaux forment le phytoplancton, les animaux le zooplancton).

La mission scientifique Tara a permis de mieux connaître la biodiversité de ces êtres vivants. Dans les eaux froides, il y a davantage d'espèces planctoniques que dans les eaux chaudes. Le phytoplancton (des microalgues) capture du dioxyde de carbone et fabrique de l'oxygène en utilisant la lumière du soleil comme énergie : c'est le poumon de la planète. Le zooplancton (des animaux microscopiques, des larves...) se nourrit du phytoplancton et d'autres animaux se nourrissent à leur tour du zooplancton. Le plancton est à la base de la chaîne alimentaire de l'océan : les baleines mangent le krill, c'est-à-dire de minuscules crevettes.

Comment avoir une idée de la quantité de plancton présent dans les océans ? Vous connaissez les falaises de craie d'Étretat ? La craie est formée de coquilles vides de coccolithophoridés, un nom désignant une espèce de phytoplancton.

Peut-on facilement observer des protozoaires ? Prenez un vase où des fleurs séjournent depuis une semaine, quand l'eau commence à sentir mauvais. Prélevez un peu de la surface de ce bouillon de culture et observez-le au microscope (même en version jouet) : vous verrez des petits points se déplacer très rapidement, tourner sur eux-mêmes... C'est bon ! Vous avez trouvé les protozoaires.

## Les bactéries

D'autres microbes ont leur ADN libre dans la cellule : ce sont les bactéries. On distingue les bactéries et les archaebactéries. Cette distinction se fait sur la comparaison de leur structure, de leur paroi et de leur matériel génétique. Les archaebactéries présentent de nombreuses similitudes avec les eucaryotes (les cellules à noyau).

Vous avez déjà entendu parler de streptocoques, staphylocoques, bacilles... On distingue les bactéries par leur forme (ronde, en bâtonnet, en spirale), la présence de cils qui leur permettent de se déplacer, la structure de leur paroi, leur taille (entre 0,05 µm et 600 µm, le micromètre étant un millième de millimètre), etc. Elles peuvent vivre en présence ou en absence d'oxygène selon les espèces. Certaines fabriquent même leur propre matière : ce sont les cyanobactéries, semblables aux premiers habitants de la planète.

Avez-vous déjà vu sur un parking ou un trottoir des amas verts qui sèchent au soleil et se réhydratent sous la pluie ? Ce sont des « crachats de lune », des amas de cyanobactéries. Rassurez-vous, c'est tout à fait inoffensif.

En revanche, des bactéries sont responsables de nombreuses pathologies comme la lèpre ou la peste. La bactérie responsable de la listériose, *Listeria monocytogenes*, est capable de se déplacer d'une cellule de notre intestin à une autre en créant une comète de protéines derrière elle. C'est joli au microscope, mais si vous l'attrapez, cela peut être mortel.

Quel est le point commun entre les belles couleurs des lacs de Yellowstone aux États-Unis, les lacs rouges d'Afrique, les pets de vaches et notre nombril ? Ce sont des lieux où vivent les archaebactéries. Ces bactéries sont capables de vivre dans des milieux extrêmement salés comme la mer Morte ou le lac Salé dans l'Utah (États-Unis) : comme elles aiment le sel, on les appelle halophiles. D'autres vivent dans des milieux très acides à des pH inférieurs à 1 (comme l'acide chlorhydrique) : c'est le cas à Yellowstone. D'autres encore vivent à des températures élevées, parfois supérieures à 100 degrés. Ce sont des espèces différentes bien évidemment, mais leur équipement protéique leur permet de conquérir tous les milieux de la planète, même les plus hostiles. On les appelle les bactéries extrêmophiles. D'autres archaebactéries vivent dans des conditions normales, sur ou dans des êtres vivants, dans le sol, dans l'océan, etc. ; certaines vivant dans l'intestin produisent du méthane.

Les micro-organismes et, en particulier, les bactéries sont soit sans conséquence pour les autres organismes, soit dans une relation d'entraide, soit dans une relation néfaste aboutissant à des maladies. Or toutes les maladies n'ont pas pour origine la présence d'une bactérie ; certaines ont une origine virale.

## Les virus

Les virus constituent une classe à part de microbes, distincts des bactéries ou des protozoaires. La virologie, la science qui les étudie, est toutefois souvent associée à la microbiologie.

Les épidémies de variole, de la rage, de la grippe sont connues depuis l'Antiquité, aussi bien en Occident qu'en Extrême-Orient, mais l'identification des agents pathogènes a été plus longue. Ces maladies sont dues à des virus et peuvent passer de l'animal à l'homme avec plus ou moins de virulence.

Si les bactéries sont visibles au microscope, les savants se sont très souvent heurtés au fait de ne pouvoir isoler et/ou visualiser les virus. Par exemple, en 1881, Louis Pasteur n'arrivait pas à cultiver l'agent infectieux responsable de la rage, mais pouvait transmettre cette maladie avec des broyats de cerveau de chien infecté. En 1884, **Charles Chamberland (1851-1908)** invente un filtre pour purifier l'eau de Paris alors ravagé par une épidémie de fièvre typhoïde : si un phénomène transmissible est causé par un microbe, il doit disparaître en passant par le filtre de Chamberland (qui retient toute particule > 0,9 µm). (Pasteur parlait alors d'infrabactéries.) Or, en 1892, **Dmitri Ivanoski (1864-1920)** fit passer au travers de ce filtre en porcelaine un broyat de feuille touchée par la maladie de la mosaïque du tabac (des taches sur les feuilles). Le filtrat qu'il récupéra fut mis en contact avec des feuilles saines… qui contractèrent la maladie de la mosaïque. Il existe donc des agents pouvant transmettre la maladie, qui sont ultra-filtrables. Serait-ce une toxine ? On connaissait déjà les toxines bactériennes. **Martinus Beijerinck (1851-1931)** dilua la sève des plantes infectées et inocula la maladie à d'autres plantes, mais cette maladie était aussi virulente même après plusieurs dilutions : une toxine aurait causé moins de dégâts puisqu'elle aurait été diluée.

Le concept de virus fut introduit, en 1898, par Martinus Beijerinck comme « *contagium vivum fluidum* », mais ne fut pas clair jusqu'en 1935. C'est **Wendel Stanley (1904-1971)** qui cristallisa pour la première fois le virus de la mosaïque du tabac (VMT) et montra qu'il était majoritairement formé de protéines (les capsomères). Cela lui valut le prix Nobel de chimie en 1946.

Pendant la Première Guerre mondiale, **Frederick Twort (1877-1950)** et **Felix d'Herelle (1873-1949)** constatèrent que des agents ultra-filtrables provoquaient la lyse (éclatement) de bactéries. Ils avaient découvert les bactériophages. Ces virus ont été utilisés en médecine pour lutter contre les bactéries, mais la découverte des antibiotiques les a supplantés. Depuis quelques années, par suite de la résistance accrue des bactéries aux antibiotiques, la recherche sur les bactériophages a repris.

Qu'est-ce qu'un virus ? Selon la définition donnée en 1953 par **André Lwoff (1902-1994)**, un virus ne contient qu'un seul type de génome (ARN ou ADN), se reproduit à partir de son matériel génétique, et est un parasite absolu, c'est-à-dire qu'il a besoin d'infecter une cellule hôte pour se reproduire. La taille des virus varie de 12 nanomètres (pour la variole) à près de 400 nanomètres (Mimivirus) (1 nm est mille fois plus petit que 1 µm).

Ainsi, en tant que parasite absolu, un virus exploite et détourne toute la machinerie cellulaire à son profit pour se reproduire et ainsi forcer la cellule infectée à libérer de nouveaux virus.

Les critères de Lwoff permettant de définir les virus ne sont toutefois pas parfaits : certaines bactéries (comme Chlamydia) se comportent comme des virus. Elles traversent le filtre de Chamberland et sont des parasites intracellulaires obligatoires.

Une classification des virus a été proposée par **David Baltimore (né en 1938)** : elle est basée sur le matériel génétique (ADN ou ARN, nombre de copies de ce matériel), la présence d'une membrane autour du virus, et la forme du virus (capside hélicoïdale, icosaédrique…). Ainsi, le VIH est un virus à ARN à capside icosaédrique enveloppée. Cela a une conséquence sur la façon de parasiter la cellule cible et donc sur la façon de concevoir des stratégies thérapeutiques pour lutter contre l'infection virale.

## LE CAS DES VIRUS GÉANTS

En 2003, des chercheurs (les Marseillais Didier Raoult et Jean-Michel Claverie) ont découvert chez des protozoaires - des amibes - des virus de grande taille (d'un diamètre de 0,5 µm environ) avec un matériel génétique très grand lui aussi (1 000 - voire 2 500 - gènes, quand celui de la grippe n'en a qu'une dizaine) et des gènes totalement inconnus. Ces virus, retenus par le filtre de Chamberland, avaient été à l'origine pris pour des bactéries (on peut les observer au microscope optique). D'ailleurs, les amibes, les prenant pour des bactéries, leur mets favori, les mangent et s'infectent par la même occasion.

Des comparaisons de séquences d'ADN ont montré qu'il s'agissait bien de virus : on a donc Mimivirus, Pandoravirus, Megavirus, Marseillevirus. On en a retrouvé en 2015 dans le sol gelé de la Sibérie. En dix ans, la diversité des virus géants découverts dans de nombreux milieux ouvre la porte à de passionnantes découvertes à venir. D'autant que certains semblent être responsables de pneumonie chez l'homme et que, le changement climatique faisant fondre les espaces gelés, de nouveaux virus peuvent ressurgir.

Les virus sont-ils vivants ? Ils ne fabriquent pas de ribosomes (donc de protéines) par eux-mêmes, ne produisent pas d'énergie. Un virus ne pouvant pas se reproduire seul – et étant un parasite absolu – n'est pas vivant, mais il existe des virus de virus (les virophages) : Spoutnik infecte le Mimivirus ! Or les virus infectent les cellules vivantes !

Selon les chercheurs spécialistes des virus géants, par un parasitisme poussé à l'extrême, ces virus sont vivants, mais réduits à leur plus simple expression (leur génome et de quoi le transmettre), c'est-à-dire le virion qui peut être isolé et observé au microscope électronique. Dans le cas des Mimivirus, il se forme dans le cytoplasme de l'amibe infectée une « usine à virus » (la cellule infectée serait la forme vivante du virus, le virion n'étant qu'un moyen de propagation comme les spores pour les bactéries, la graine pour l'arbre). Les chercheurs émettent même l'hypothèse qu'il y a 2 milliards d'années, des cellules seraient devenues parasites et auraient évolué en... virus géants.

## LES VIRUS VECTEURS D'ÉVOLUTION

Une partie de notre génome (un peu moins de 10 %) porte la trace d'infections virales passées, ayant infecté nos ancêtres. Ainsi, certains virus expriment une protéine : la syncytine, qui provoque la fusion du virus avec la cellule qu'il infecte. Or, chez les mammifères, des syncytines existent et provoquent la fusion de plusieurs cellules entre elles. C'est ce qui se passe lors de la formation du placenta, l'organe qui nourrit le fœtus des mammifères. Même fonction de fusion... est-ce la même protéine ? Si on compare la protéine humaine et celle de virus, on peut trouver plus de 85 % de similitudes : à ce niveau de ressemblance, ce n'est pas une coïncidence, mais l'indication que ces deux protéines dérivent d'une même protéine commune présente il y a des millions d'années. Et cet événement a eu lieu à plusieurs reprises (chez l'homme, il y a deux syncytines, par exemple). Est-ce que les humains sont les seuls mammifères concernés ? Non, il n'y a pas que les primates, il y a aussi les souris, les lapins, les carnivores, etc. Est-ce qu'il existe des mammifères qui n'ont pas de placenta ? Connaissez-vous l'ornithorynque ? Ce mammifère à bec de canard, à pattes palmées, à queue de castor, pond des œufs. Et les marsupiaux comme le kangourou ? Le fœtus se développe dans une poche maternelle, car il n'y a pas de placenta. Cela permet de dater dans l'évolution des espèces l'infection par le virus qui a donné la syncytine (après l'apparition des marsupiaux).

# Ô microbes ennemis !

Si nous sommes capables de nous défendre par rapport à certains microbes et guérir des maladies qu'ils occasionnent, d'autres microbes dépassent nos défenses naturelles et, en l'absence de médicaments adaptés, de nombreux malades ne survivent pas à l'infection.

On parle d'épidémie lorsque la maladie se propage rapidement à un grand nombre de personnes. Si l'épidémie se propage à la surface entière de la planète, on parle de pandémie.

## La ritournelle des grandes épidémies

Quelles sont les grandes épidémies qui ont laissé leur nom dans l'histoire ? Beaucoup s'appellent « la peste », un mot générique qui désignait une épidémie. La société étant très religieuse à cette époque, ces maladies contagieuses qui touchaient une très grande part de la population, quel que soit le rang social, passaient pour être une punition divine face aux péchés commis. Les causes des maladies n'étant alors pas connues, les explications données étaient surnaturelles.

## La peste

La peste, la vraie, est provoquée par la bactérie *Yersinia pestis*, qui est transmise par la piqûre de puce et provoque la formation de gonflements : les bubons. On parle aussi de peste bubonique. À son palmarès on peut citer :

- **La peste de Justinien** (du nom de l'empereur byzantin de l'époque – 541-542) a tué plus de 25 millions de personnes, surtout sur le pourtour méditerranéen. Les historiens considèrent cette période comme la transition entre l'Antiquité et le Moyen Âge.
- **La Peste noire** (1347-1352) a tué près de la moitié de la population européenne, soit 50 millions de personnes et, en tout, plus de 100 millions dans le monde entier. Imaginez la déstructuration totale de la société !
- **La grande peste de Londres** (1665) : 20 % de la population londonienne y a succombé. Comment a-t-elle été arrêtée ? Par le grand incendie de 1666, qui, en éliminant les rats (et donc les puces), a éliminé la bactérie.
- Au XIXe siècle, en Chine puis aux États-Unis, en Inde, etc., elle a fait plus de 12 millions de morts.

Et aujourd'hui ? La peste n'a pas disparu, mais des antibiotiques, des molécules chimiques qui empêchent la multiplication de la bactérie, permettent de lutter contre cette maladie.

Aux États-Unis, dans les parcs nationaux, des panneaux indiquent qu'il ne faut pas caresser les écureuils, porteurs de la peste bubonique.

## Le typhus

Une bactérie est également responsable du typhus, qui se manifeste par une forte fièvre, des hémorragies, etc. La peste (le typhus) d'Athènes (430-426 av. J.-C.) a fait plus de 70 000 morts, dont Périclès (et deux de ses fils). Il semblerait qu'elle ait atteint tout le monde antique, mais les traces écrites manquent pour le confirmer.

Cette maladie a décimé les grognards de la grande armée napoléonienne après la campagne de Russie.

## La variole

La variole est une maladie associée à un virus. La momie de Ramsès II porte des traces de variole, suggérant que les épidémies de variole sévissaient dans l'Égypte antique. La peste antonine (165-190) a aussi fait des ravages pendant le règne de la dynastie des Antonins à Rome. Elle a tué 5 millions de personnes, dont l'empereur Marc Aurèle et son frère Lucius Verus. En Amérique (1492-1650), les colons européens ont importé le virus de la variole avec eux. La population des Amérindiens a été réduite de 90 % en moins de deux siècles.

## La grippe

La plus connue des épidémies de grippe est la grippe espagnole de 1918. L'agent responsable de cette grippe est le virus Influenza H1N1, qui aurait tué plus de 30 millions de personnes en Europe.

Elle est appelée grippe « espagnole » parce que le roi Alphonse XIII d'Espagne en a été victime.

Le virus de la grippe asiatique (1956-1958) est apparu en Chine. Une souche humaine de grippe s'est modifiée en se combinant avec un virus infectant les canards : cela a créé un nouveau virus grippal auquel l'homme n'était pas préparé et contre lequel il ne savait pas lutter. C'est ainsi que la grippe asiatique a tué 2 millions de personnes. Un vaccin a été rapidement trouvé, mettant fin à l'épidémie.

Le virus de la grippe est transmis par les aérosols et affecte notamment le système respiratoire. Équipez-vous d'un masque quand la grippe est là (pour éviter d'être contaminé ou de contaminer autrui lorsque vous éternuez).

## Le choléra

Initialement localisée dans le delta du Gange, la maladie provoquée par une bactérie (*Vibrio cholerae*) a été propagée par les voyageurs et a fait plus d'un million de morts en Europe (1852-1860). Aujourd'hui encore, le choléra sévit : à Haïti en 2010, il a fait plus de 400 victimes, alors qu'aucune épidémie de cette maladie n'avait été déclarée pendant plus d'un siècle.

## Le virus de l'immunodéficience humaine (VIH)

Bien qu'officiellement caractérisé en 1981 au même moment à San Francisco et à Paris, le VIH (ou virus du sida) avait été mis en évidence dès les années 1950. Ce virus se transmet par les fluides biologiques (sang, sperme) et la maladie a été longtemps associée aux pratiques des toxicomanes ou des homosexuels alors qu'elle peut toucher tout être humain. Le VIH affaiblit les défenses immunitaires en éliminant les lymphocytes T auxiliaires (LT CD4) ; l'organisme ne peut plus lutter contre les multiples infections auxquelles il est soumis. L'homme ne meurt pas du virus du sida à proprement parler, mais des infections opportunistes (c'est-à-dire des infections qui se développent par suite de l'affaiblissement du système immunitaire par le VIH).

## L'IMMUNITÉ TRAQUE LES INTRUS

Une étude statistique a montré qu'en théorie, notre organisme peut reconnaître tous les pathogènes présents sur cette planète. En réalité, cette reconnaissance dépendra des pathogènes. Chaque organisme est formé de la combinaison de plusieurs molécules. Certaines peuvent déclencher chez un autre organisme la synthèse d'anticorps : ces molécules sont appelées des antigènes. Chaque antigène est formé de morceaux reconnus par les anticorps : les épitopes.

De systèmes de reconnaissance des pathogènes existent chez tous les êtres vivants, procaryotes comme eucaryotes. En fonction des situations, les molécules qui constituent le pathogène vont être reconnues : les lipides, les protéines, les glucides comme l'ADN sont spécifiquement reconnus. Les molécules qui reconnaissent les protéines sont beaucoup plus spécifiques. On les trouve chez tous les vertébrés et ils sont particulièrement diversifiés chez les mammifères. Cela s'appelle le complexe majeur d'histocompatibilité (CMH). Nous possédons des molécules de CMH héritées de nos parents ; cela constitue notre identité tissulaire. Quasiment toutes les cellules de l'organisme présentent à leur surface une carte d'identité : des molécules de CMH associées avec des morceaux de protéines (peptides), celles-ci étant fabriquées par la cellule. Notre système immunitaire a appris à ignorer cette carte d'identité : toute cellule qui la présente avec un peptide antigénique (un épitope) du soi n'est pas ennuyée. En revanche, si un parasite intracellulaire infecte la cellule, cette dernière va fabriquer les protéines du parasite (ou va dégrader des protéines du parasite). Elle va donc présenter sa carte d'identité portant un épitope du parasite (plusieurs molécules avec plusieurs épitopes possibles) : des cellules du système immunitaire vont le(s) reconnaître et tuer la cellule infectée.

Il existe une autre catégorie de molécules du CMH, qui s'associent avec des morceaux de protéines capturés par la cellule. Des cellules sentinelles patrouillent dans notre organisme ou sont en embuscade ; un pathogène se présente : la sentinelle l'attrape et le digère (on parle de phagocytose) et va montrer sa belle prise au système immunitaire. Elle le fait dans des organes particuliers (comme les ganglions, la rate), une base arrière de notre système immunitaire. Là, elle active tout le système immunitaire : les lymphocytes B (qui fabriquent les anticorps), les lymphocytes T auxiliaires (les chefs d'orchestre de l'immunité).

Si nos cellules peuvent avoir des récepteurs pour un grand nombre d'épitopes, c'est parce qu'au cours du développement des cellules de l'immunité, les gènes codant le CMH, les anticorps, les récepteurs des lymphocytes T se réarrangent : au hasard, des morceaux de gènes sont enlevés, les bouts coupés sont recollés avec un ajout éventuel de nucléotides. En théorie, pour chaque molécule d'anticorps synthétisée, il y a près de deux millions de combinaisons possibles pour les gènes. Un contrôle qualité a lieu au cours de ces remaniements. Les pathogènes capturés par différentes cellules vont avoir plusieurs de leurs composants exposés au système immunitaire : difficile de passer au travers de notre armée intérieure.

Certains pathogènes tentent d'échapper au système immunitaire. Par exemple en mutant sans cesse, comme dans le cas de l'agent du paludisme (*Plasmodium falciparum*) ou celui du sida (VIH). D'autres tentent de ne pas faire exprimer la carte d'identité de la cellule. Le système immunitaire a alors une parade : un autre système de reconnaissance grâce aux cellules Natural Killer. Comme leur nom l'indique, ce sont des cellules tueuses : toute cellule n'ayant pas de carte d'identité à présenter est éliminée.

À l'heure actuelle, aucun vaccin n'existe contre le VIH. Un certain nombre de traitements (trithérapies, notamment basées sur l'utilisation d'analogues de nucléotides (comme l'AZT) ont permis de considérablement augmenter l'espérance de vie des individus infectés, même si nous ne sommes toujours pas capables de nous débarrasser du virus.

## LA POLIO DU PRÉSIDENT ROOSEVELT

L'épidémie de poliomyélite est causée par un virus et occasionne des désordres moteurs. Ce virus a tué plus de 6 000 personnes aux États-Unis en 1916 et a continué à sévir (le président Franklin D. Roosevelt en a été atteint).

### Virus émergents

Où en sommes-nous au début du XXI^e^ siècle ? Faut-il redouter de nouvelles épidémies ?

Les vaccins, les antibiotiques... permettent de prévenir, de guérir les maladies ou d'en atténuer leur intensité et, *in fine*, de limiter les épidémies. Mais de nouvelles maladies émergent à travers le monde et de nouvelles épidémies menacent l'homme : c'est le cas des épidémies de fièvres hémorragiques (provoquées par le virus Ebola, dont les foyers sont en Afrique), du SRAS (un virus respiratoire d'origine asiatique ayant jusqu'à ce jour provoqué « seulement » 774 morts à l'échelle de la planète), de maladies transportées et transmises par les moustiques (le chikungunya, la dengue, Zika). Dans ce dernier cas de figure, le paludisme (protozoaire transmis par le moustique Anophèle) reste une des maladies les plus mortelles, à l'heure actuelle.

# La lutte contre les agents infectieux

Au XIX^e^ siècle, un courant de pensée, l'hygiénisme, fait beaucoup d'adeptes. Le monde devient en effet de plus en plus industriel, la tuberculose fait des ravages, etc. Ainsi, la gestion des villes est modifiée : les déchets sont collectés (dans des égouts, des poubelles), les hôpitaux abandonnent les immenses salles communes pour regrouper les malades par types de pathologie, le sport et le grand air sont à l'honneur.

Louis Pasteur avait ainsi démontré que ses milieux de culture se troublaient en moins grand nombre sur la mer de Glace à Chamonix qu'à Paris : il y avait moins de microbes en altitude.

L'hygiène, mise au service de la science, a permis de mieux établir la relation microbe-maladie.

Dans ce contexte, les travaux d'**Ignace Semmelweis (1818-1865)** ont constitué une avancée considérable pour comprendre la relation de cause à effet entre microbe et maladie.

## L'asepsie et l'incroyable réduction de la mortalité maternelle

L'obstétricien hongrois Ignace Semmelweis se demandait pourquoi, dans son service à Vienne, la mortalité des jeunes accouchées était de 18 – voire 27 % – alors que dans le service voisin, la mortalité n'était que de 3 %. Plusieurs hypothèses étaient émises : la promiscuité ou l'atmosphère putride. Mais son service servait aussi à la formation des étudiants en médecine, qui allaient accoucher des jeunes femmes après avoir disséqué un cadavre. Or un de ses collègues, blessé lors d'une dissection, décéda quelques jours après avoir manifesté des symptômes identiques à ceux de la fièvre puerpérale qui emportait les jeunes mères.

Ignace Semmelweis fit aussitôt le rapprochement et obligea les médecins de son service à se laver les mains avec une solution d'hypochlorite de calcium : la mortalité chuta rapidement pour se situer au même taux que celui du service voisin. Il recommanda alors de laver tous les instruments.

Mais confronté à l'hostilité d'une partie de ses collègues, il quitta Vienne et partit en Hongrie. Dans son service, suivant ses principes d'asepsie, le taux de mortalité des jeunes accouchées était inférieur à 1 %.

Pourquoi les médecins viennois étaient-ils opposés à ses idées ? Car la théorie microbienne de la maladie n'existait pas encore et celle des humeurs était encore en vigueur.

Considérer que la mort des jeunes accouchées avait une cause microbienne aurait donc insinué que les médecins étaient directement responsables du décès de milliers de jeunes accouchées !

Des années après, la découverte des bactéries – du genre Streptocoque – a donné raison à Ignace Semmelweis. Mais malgré le respect des règles d'hygiène, les streptocoques sont toujours responsables de nombreuses complications postopératoires, ce que l'on appelle les maladies nosocomiales, c'est-à-dire les maladies contractées à l'hôpital !

## LA THÉORIE DES HUMEURS

La médecine antique se fondait sur les quatre éléments (eau, air, feu, terre) pour expliquer les diverses pathologies. À ces éléments sont associés **le sang, la lymphe (ou phlegme), la bile (jaune du foie), l'atrabile (noire de la rate)**. Selon cette théorie, une de ces humeurs l'emporte sur les autres chez chaque personne : le sanguin est un être joyeux, l'atrabilaire, un être triste, le bilieux, toujours en révolution, le flegmatique, calme et imperturbable. Les saisons affectent les humeurs : ainsi, en hiver, la recrudescence de rhumes est due au phlegme.

Qu'en reste-t-il ? Le spleen de Baudelaire (*spleen* signifiant « rate » en anglais) fait écho à cette théorie des humeurs. Par ailleurs, on dit bien de quelqu'un qu'il est de mauvaise humeur ou qu'il a des sautes d'humeur, qu'il est lymphatique, etc. Et pour ne pas s'inquiéter, autant ne pas se faire de bile !

# La vaccination : d'une démarche empirique aux technologies modernes

Le principe de la vaccination est de mettre un organisme en bonne santé en contact avec un agent infectieux pour le protéger d'une prochaine attaque sans le mettre en danger (cela revient à mimer une infection guérie). Ce traitement préventif consiste à injecter l'agent pathogène rendu inoffensif pour éduquer nos propres défenses et nous permettre ainsi de nous défendre rapidement et efficacement contre ce même pathogène.

La variole était une des maladies les plus mortelles depuis l'Antiquité. Était ? Oui, elle est aujourd'hui éradiquée de la surface de la planète, grâce à la pratique mondiale et systématique de la vaccination.

## De la variolisation à la vaccination

Tout est parti d'une constatation faite par les Chinois : les individus qui avaient survécu à la variole ne tombaient pas malades lors de l'épidémie suivante. Aussi avaient-ils inventé une technique, la variolisation. Des pustules de varioleux séchées et vieillies en jarre de terre cuite étaient inoculées ou reniflées par des patients, ce qui les protégeait de l'épidémie (enfin, presque : il restait un cas de variole pour 200 variolisés !). Cette pratique se propagea le long de la route de la Soie jusqu'en Turquie. La femme de l'ambassadeur britannique en profita en 1721 et fit varioliser ses enfants : tous furent protégés de la variole.

En Angleterre (et dans le reste de l'Europe), la pratique de la variolisation eut du mal à s'imposer...

Un médecin, **Edward Jenner (1749-1823)**, remarqua cependant que les vachers (les cow-boys) attrapaient une maladie de la vache qui ressemblait à la variole, mais ne tombaient jamais malades de la variole ! Il tenta une expérience : il inocula au fils d'une de ses servantes du pus prélevé chez une vachère à son service, puis il lui inocula la variole... Le garçonnet ne tomba pas malade.

Ce genre d'expérience est désormais interdite par les comités d'éthique, mais nous sommes en 1796 !

La méthode de variolisation, nommée vaccination (parce qu'en latin « vache » se dit *vacca*), se répandit alors dans le monde entier, et devint obligatoire au début du XXe siècle.

Était-ce dangereux ? Il y eut 9 morts sur 14 millions de personnes vaccinées (alors que la mortalité associée à la variole est de 30 % !). Au milieu du XXe siècle, le nombre d'individus atteints de variole est passé de 50 à 10 millions de cas en dix ans dans le monde entier... jusqu'à l'éradication totale de la maladie en 1979.

## L'aventure de la vaccination

En France, la vaccination est notamment liée à l'œuvre scientifique de **Louis Pasteur (1822-1895)**. En plus de démontrer l'existence des microbes, ce savant a beaucoup travaillé sur les maladies (charbon du mouton, choléra, rage) et la façon de s'en protéger. En laissant vieillir une culture de choléra des poules et en la réinjectant à des poules saines, il a protégé les poules de la maladie : il avait inventé le vaccin atténué !

Un jour arrive chez Pasteur Joseph Meister, un jeune garçon mordu par un chien enragé. N'étant pas médecin, il ne peut pas vacciner l'enfant avec son vaccin encore expérimental. Mais le petit Joseph risque de mourir. Et pour Louis Pasteur, la vie d'un enfant est précieuse (en tant que père, il portait le deuil de ses enfants décédés en bas âge). Il tente alors le tout pour le tout et accepte que son vaccin soit utilisé.

Le garçonnet fut sauvé, comme un autre enfant quelques jours plus tard : ce succès fut connu et une levée de fonds permit la création de l'Institut Pasteur, inauguré en 1888, et qui, de nos jours, contribue à lutter contre les maladies microbiennes.

D'autres savants ont alors développé des recherches tout au long du XIXe siècle.

**Émile Roux (1853-1933)**, avec **Alexandre Yersin (1863-1943)**, découvre que la bactérie responsable de la diphtérie provenait de molécules qu'elle émettait, constituant une *toxine*. Ils ont créé un vaccin en modifiant celle-ci. La même technique a permis de créer le vaccin antitétanique.

**Robert Koch (1843-1910)** a découvert que l'agent responsable de la tuberculose était une bactérie (*Mycobacterium tuberculosis*).

**Albert Calmette (1863-1933)** et **Camille Guérin (1872-1961)** ont utilisé la stratégie jennérienne en utilisant une bactérie similaire (*Mycobacterium bovis*) pour vacciner contre la tuberculose. Ils avaient créé le BCG qui sera testé en 1921, autorisé en 1924 et aujourd'hui obligatoire !

## Vaccins : toute la panoplie !

De nombreux vaccins sont disponibles aujourd'hui, permettant de prévenir ou guérir un grand nombre de maladies. Ils suscitent néanmoins de nombreuses questions qui mobilisent les chercheurs, les médecins et l'opinion publique.

Prenons le cas de la vaccination contre la grippe : tout le monde ne réagit pas avec la même efficacité à un vaccin, certains patients seront moins bien protégés que d'autres. Pourquoi ? Seul notre organisme a la réponse. Et si la vaccination a eu lieu trop tard, l'organisme n'a pas eu le temps de produire les anticorps nécessaires pour lutter contre l'infection microbienne : le vacciné va réagir comme une personne non vaccinée.

En ce qui concerne le virus de la grippe, le virus *Influenza* mute sans arrêt, générant ainsi de nouvelles formes de virus. Le vaccin doit donc être réinventé chaque année. Et parfois, le virus peut muter plus vite que prévu ; le vaccin sera d'autant moins protecteur.

Pourquoi n'existe-t-il pas des vaccins contre toutes les maladies ? Comme la grippe, d'autres agents infectieux mutent sans arrêt, tels que le VIH ou l'agent du paludisme, le trypanosome. Il est impossible à l'heure actuelle de trouver un morceau du microbe contre lequel diriger notre système immunitaire (notre armée intérieure) pour nous protéger efficacement face à l'ennemi.

La recherche scientifique sur les vaccins s'attache à cibler au mieux ce qui pourra aider notre système immunitaire à détruire l'agresseur. Comme un vaccin doit être injecté à une personne en bonne santé, il ne doit pas la rendre malade (une petite réaction inflammatoire étant juste le signe que le vaccin fait fonctionner nos défenses). Comme nous avons oublié les grandes épidémies (et donc les milliers de morts qui en résultaient), nous ne prêtons importance qu'aux quelques cas d'effets secondaires.

## LES TYPES DE VACCINS

Les vaccins peuvent être classés selon les substances qu'ils utilisent :

- **des microbes vivants**, mais non pathogènes, atténués pour leur virulence, comme dans la vaccine, le BCG contre la tuberculose, le ROR (rougeole-oreillons-rubéole) ;
- **des organismes morts** – mais toujours capables de déclencher une réponse immunitaire –, comme dans les vaccins contre la grippe, la rage, la poliomyélite, le choléra ;
- **des toxines modifiées**, contre le tétanos ou la diphtérie, etc. ;
- **des fragments de microbes**, contre les pneumocoques.

Quel que soit leur type, tous les vaccins doivent protéger contre des maladies sans en déclencher d'autres.

Doit-on avoir peur des vaccins ? Il est difficile de répondre à cette question, car nous avons tous entendu parler du cas d'une personne qui a développé une réaction ou maladie consécutive à l'injection d'un vaccin. Mais la variole, maladie mortelle – et extrêmement contagieuse – a été éradiquée de la surface du globe (ainsi, en 1968, 9 morts ont été attribuées au vaccin aux États-Unis sur 14 millions de personnes vaccinées ; la maladie, elle, tuait un malade sur trois). De nombreuses polémiques comme celle du lien entre le vaccin rougeole-oreillons-rubéole et l'autisme se fondent sur des études erronées qui ont été démenties depuis.

## LE BON VACCIN, AU BON MOMENT !

L'utilisation d'un vaccin est soumise à une étude de son rapport bénéfice/risque. Un vaccin doit ainsi être :

- **sûr :** il ne doit pas induire de pathologie ;
- **protecteur :** il doit protéger de la pathologie, donc du pathogène ;
- **efficace à long terme :** il doit protéger l'organisme pendant plusieurs années (voire toute la vie), des rappels pouvant être nécessaires pour prolonger la période de protection ;
- **facilement utilisable**, stable, peu cher, sans trop d'effets secondaires.

Prenons d'autres exemples. La rougeole est également une maladie pouvant être mortelle, sauf si on est vacciné. En Allemagne, la vaccination n'étant pas obligatoire, il y a eu une épidémie de rougeole au début du XXIe siècle, et de nombreuses personnes sont décédées de cette maladie. Elle est aussi réapparue en France entre 2008 et 2013 (causant 10 décès, près de 1 500 pneumonies graves, etc.). Chaque fois que la couverture vaccinale chute, la maladie ressurgit. La coqueluche réapparaît aux États-Unis depuis 2011, la rubéole en Europe de l'Est depuis 2012. En se vaccinant, on protège aussi ceux qui ne peuvent pas se faire vacciner, comme les nourrissons ou les personnes très âgées.

### LE PROBLÈME DES ADJUVANTS

Nous avons naturellement dans notre organisme des cellules qui patrouillent sans cesse à la recherche de microbes. Ces cellules, appelées sentinelles de l'immunité, sont capables de réagir à la présence de composants bactériens, viraux ou d'autres molécules étrangères à notre organisme. Ces cellules sentinelles possèdent, à leur surface, des capteurs capables de détecter ces molécules étrangères. Une fois l'agresseur identifié, toute une armée de cellules se mobilise contre lui, avec des armes chimiques (les anticorps), des armes de destruction massive (les macrophages), etc. Les adjuvants, qui entrent dans la composition des vaccins, miment les molécules qui activent nos cellules sentinelles. Toutefois, on note que chez certains patients sensibles, des adjuvants, notamment à base d'aluminium, provoquent des réactions parasites, mais ces cas restent minoritaires.

On estime qu'il faut que 95 % de la population soit protégée par un vaccin pour que l'ensemble de la population le soit.

## « Les antibiotiques, c'est pas automatique ! »

Pour lutter contre les bactéries qui nous veulent du mal, nous usons (et abusons) des antibiotiques.

Ce type de médicaments a été découvert par **Alexander Fleming (1881-1955)** : une boîte de culture de bactéries oubliée avait été contaminée par un champignon, le pénicillium. Le chercheur observa qu'autour du champignon, toutes les bactéries étaient mortes. Il eut l'idée géniale d'isoler la molécule sécrétée par le champignon, la pénicilline (le tout premier antibiotique).

Depuis, de nombreux antibiotiques ont été découverts : ils empêchent les bactéries de fabriquer leur paroi, ou toute molécule utile à leur multiplication et à la colonisation des milieux. Mais un usage trop intensif des antibiotiques finit par sélectionner des bactéries résistantes à ces médicaments. Les bactéries ont en effet la capacité d'échanger des gènes, dont certains confèrent une résistance aux antibiotiques. Cette propriété pose notamment un problème dans les hôpitaux, avec les maladies nosocomiales : ainsi, la quatrième génération d'antibiotiques est utilisée pour limiter la prolifération d'une bactérie très pathogène, *Staphylococcus aureus*, mieux connue sous le nom de staphylocoque doré.

# Quand les microbes deviennent des alliés

Sur notre organisme, les cellules procaryotes sont plus nombreuses que nos propres cellules eucaryotes. Ces microbes créent un milieu qui leur est favorable à la surface de notre épiderme et de nos muqueuses et empêchent les microbes pathogènes de s'y installer. Les végétaux tissent également des liens très étroits avec des micro-organismes du sol. Enfin, de façon empirique, les premiers agriculteurs ont découvert sans le savoir que les microbes pouvaient avantageusement modifier leurs aliments. Identifiés depuis, ces microbes sont connus et manipulés par les chercheurs et sont de précieuses aides pour la recherche.

## Les microbes au service de la conservation des aliments

Quel est le point commun entre le vin, le cidre, la bière, la choucroute, le miso et le yaourt ? Ce sont tous des aliments fermentés.

Les aliments issus d'une transformation par une fermentation contrôlée représentent des formes de conservation des matières premières destinées à l'alimentation. Or ce sont des microbes qui assurent la transformation par fermentation de la matière organique ; cette propriété est exploitée par de nombreux industriels. Citons par exemple le vin, le cidre et la bière qui sont issus de la fermentation du jus de raisin, de la pomme, du malt par des bactéries ; la choucroute, c'est du chou fermenté ; le miso, une pâte de riz et soja fermentée ; le yaourt, du lait fermenté par des bactéries. Dans ce dernier exemple, l'appellation yaourt est spécifique du lait fermenté en présence de deux souches bactériennes (10 millions de bactéries par gramme de yaourt tout de même !) : *Streptococcus thermophilus* et *Lactobacillus bulgaricus*. Quelle horreur ! On avale des streptocoques en mangeant du yaourt ? Oui, mais uniquement des bactéries qui nous veulent du bien. Ces deux souches coopèrent, utilisent le lactose (le sucre du lait) et le transforment en acide lactique. Si vous mettez de l'acide (du jus de citron, par exemple) dans du lait, il va cailler. Ici, c'est le même processus : le lait prend en masse. Et ces bactéries occupent tout le terrain, si bien qu'aucune autre souche bactérienne ne peut s'y installer (sauf *Bifidobacterium bifidum*, une amie à eux qui peut s'inviter !).

Vous pouvez donc consommer un yaourt périmé de plusieurs jours, il sera au pire un peu plus acide, mais toujours bon à manger.

La transformation par fermentation des matières premières a été découverte par l'homme de façon totalement empirique, mais a permis l'essor de l'industrie du fromage et du yaourt ainsi que du pain, du vin et de la bière. Les micro-organismes – comme le « levain » pour le pain – étaient utilisés sans être identifiés précisément.

Les progrès technologiques ont permis de mieux caractériser ces auxiliaires. De nombreuses connaissances en génétique et sur le fonctionnement des cellules viennent notamment de l'étude de la levure de bière (*Saccharomyces cerevisiae*) et de la bactérie *Escherichia coli*. On connaît très bien leur génome et les protéines exprimées par ces organismes.

## Les micro-organismes bénéfiques au corps humain

Nous avons plus de bactéries à la surface de notre corps et dans notre corps que de nos propres cellules. Ces bactéries vivent avec nous : nous leur fournissons le gîte et le couvert, elles nous protègent.

Il existe entre notre corps et les bactéries une relation qualifiée de « saprophyte » (ça profite aussi !).

Comment les bactéries peuvent-elles nous protéger ? Elles occupent l'espace et créent des conditions peu favorables aux autres bactéries (par exemple un milieu plus acide). Se laver les mains, c'est bien pour éliminer les bactéries néfastes, mais trop se laver les mains enlève notre protection microbienne.

Ces microbes sont inoffensifs, voire bénéfiques, quand ils sont au bon endroit : *Escherichia coli* dans notre intestin est nécessaire à notre organisme, mais si on ne se lave pas correctement les mains en sortant des toilettes, il peut être la cause de gastro-entérite.

Un traitement antibiotique trop puissant peut détruire notre flore microbienne et engendrer une constipation, des affections cutanées (mycoses), etc. Nos propres bactéries nous sont donc utiles pour maintenir l'équilibre de notre corps.

Il a été démontré également que les bactéries de notre organisme influencent notre physiologie. Notre « microbiote » aurait donc une influence sur notre organisme tout entier : les recherches sur les probiotiques ne font que commencer. (Voir partie des Dix, chapitre 16, énigme n° 7 : Pourquoi le ventre est-il un second cerveau ?)

Par ailleurs, certains animaux doivent impérativement avoir des microbes pour pouvoir digérer leur nourriture : ainsi ceux qui mangent essentiellement du bois, comme les termites, possèdent des microbes bien spécifiques qui digèrent la cellulose. De même chez la vache : ce ruminant mâche à longueur de journée l'herbe qu'elle prélève dans la prairie. Cela permet de découper les végétaux, mais elle les digère mal. Dans une des poches de son estomac, le rumen ou panse, toute une population de microbes existe : des bactéries, des archaebactéries, des protozoaires, les uns digérant la cellulose, assurant la fermentation des végétaux, les autres mangeant les premiers. Il peut y avoir 10 milliards d'organismes par millilitre de contenu gastrique (le volume de la panse étant de 100 l). Les archaebactéries méthanogènes vont produire du méthane qui sera évacué. De l'azote est indispensable pour faire travailler tout ce petit monde, c'est pour cela que l'éleveur ajoute de la luzerne ou des granulés riches en azote à l'alimentation. Pourquoi la luzerne ? Parce que certains végétaux sont capables d'être plus riches en azote que d'autres, en capturant celui de l'air (près de 70 % de l'air est formé d'azote !). Cela est possible grâce à une association avec une bactérie (*Rhizobium*). Cette dernière essaye d'infecter la plante par la racine, qui se défend en construisant une nodosité (petite boule) autour, mais on n'est pas dans du parasitisme ici. Il s'agit d'une symbiose, d'une association où chacun trouve son compte : la bactérie fixe l'azote dans des molécules qu'elle donne à la plante, qui lui donne des aliments et lui fabrique une partie de ses molécules en retour. Vous achetez ces plantes sous le nom d'engrais verts.

L'association avec des bactéries peut être encore plus étroite. Il y a très longtemps, des bactéries se sont liées à des cellules eucaryotes. Cette association était telle que la bactérie a donné une partie de ses gènes à la cellule eucaryote – qui lui fabrique une partie de ses molécules – et ce qu'il reste de la bactérie assure la fourniture en énergie de la cellule. Appelée « endosymbiose », cette union a donné naissance aux mitochondries (les centrales énergétiques de la cellule) et aux chloroplastes (ce qui fait qu'une plante est verte, car elle a de la chlorophylle dans les chloroplastes, dont le rôle est de capturer le $CO_2$ de l'air pour fabriquer des sucres, en produisant de l'$O_2$).

## Nouvelles technologies du vivant

D'un point de vue biotechnologique, il est possible de manipuler ces organismes au niveau génétique pour leur faire fabriquer ce que l'on veut, comme des hormones humaines (l'insuline), afin de pallier certaines pathologies. Toutes les cellules étant cousines, étudier l'expression des génomes chez la bactérie *Escherichia coli* ou chez la levure *Saccharomyces cerevisiae* permet de mieux comprendre le fonctionnement (et surtout les dysfonctionnements) de nos cellules eucaryotes.

Avez-vous aussi entendu parler du maïs BT ? C'est un maïs transgénique dans lequel a été inséré le génome du bacille de Thuringe. Cette bactérie présente naturellement dans le sol tue les insectes prédateurs du maïs en sécrétant une toxine qui fait exploser le tube digestif des larves. Des épandages de cette bactérie ont été réalisés, mais la pluie lessivant les spores bactériennes, les chercheurs et ingénieurs agronomes voulaient que les plants de maïs expriment continuellement cette toxine. C'est désormais réalisé. D'autres végétaux comme le coton ou le tabac transgéniques sont également cultivés dans les pays où cela est autorisé.

Un nouveau mode de défense contre les virus identifié chez les bactéries permet aussi à la recherche médicale une avancée majeure. Très récemment, les chercheurs ont en effet mis au jour chez les bactéries un système de défense naturel antiviral (CRISPR-Cas9) qui reconnaît des régions de l'ADN où le virus a inséré son génome et excise précisément le matériel génétique d'origine virale. Ce système est de plus en plus utilisé en laboratoire pour manipuler les génomes. On parle de découverte du siècle !

# Chapitre 13
# Comment les êtres vivants se reproduisent-ils ?

**DANS CE CHAPITRE :**

- **La reproduction de A à Z**
- **L'ADN, clé de l'information génétique**
- **La lecture du code génétique**

Est-ce que reproduire signifie produire à l'identique ? La reproduction d'une œuvre est la copie exacte de cette œuvre. En biologie, ce n'est pas toujours le cas : la copie ne fait souvent que ressembler à l'original.

À chaque naissance, la famille cherche chez le nouveau-né des ressemblances avec les parents, les frères et sœurs. Deux jumeaux monozygotes (les « vrais jumeaux ») se ressemblent tellement qu'ils peuvent être confondus, alors que des jumeaux dizygotes (les « faux jumeaux ») se ressemblent autant (ou aussi peu) que deux frères et sœurs. On parle souvent d'hérédité, aussi bien dans la transmission des caractères physiques que dans les maladies génétiques, voire même dans les traits de caractère. Est-ce que tout ce qui nous caractérise est transmissible à nos descendants et hérité de nos parents ? Comment notre patrimoine génétique, c'est-à-dire l'ensemble de nos gènes, gouverne-t-il ce que nous sommes ? Nous allons voir les différentes modalités de reproduction avant de nous intéresser à la nature des gènes et de leur transmission. La connaissance de plus en plus fine de l'information génétique, sa nature, sa régulation, son expression, permet désormais aux chercheurs d'envisager quelques modifications possibles.

# La reproduction de A à Z

Les êtres vivants se reproduisent. Certains sont soumis au rythme des saisons, d'autres non. La rencontre entre le patrimoine génétique des deux parents donnera un nouveau patrimoine génétique chez les descendants. Mais les modalités de rencontre de ces patrimoines génétiques seront différentes chez les eucaryotes (les animaux, les végétaux), et les procaryotes (les bactéries).

## La reproduction animale, toute une aventure !

La reproduction animale peut se faire soit par des œufs pondus par la femelle (reproduction ovipare), soit par des œufs qui se sont développés à l'intérieur de la mère (reproduction vivipare).

L'œuf se développe en embryon, puis produit une larve qui devra se métamorphoser (comme la chenille pour un papillon), ou bien un jeune (qui ressemble à l'adulte en miniature, comme chez les humains) vient au monde en perçant la coquille de l'œuf, ou à la suite d'un accouchement. Comment les deux parents se sont-ils rencontrés ?

### Deux sexes et, en principe, deux partenaires

Chez les animaux, la plupart du temps, la reproduction se fait entre un mâle et une femelle, et met en jeu des cellules sexuelles ou gamètes.

Si les animaux sont fixés – donc ne peuvent pas se rencontrer –, les gamètes sont émis dans le milieu. Ainsi, lors d'un soir de pleine lune, les coraux émettent leurs ovules (gamètes femelles) et leurs spermatozoïdes (gamètes mâles) dans la mer. Ces gamètes vont se rencontrer et fusionner (on parle de fécondation), ce qui va aboutir à la formation d'un œuf.

Quand les animaux ne sont pas fixés, ils vont à la rencontre l'un de l'autre. Une parade nuptiale effectuée par le mâle attire la femelle : le cerf brame et son chant charme la biche ; certains oiseaux – comme le paon – arborent de belles couleurs et dansent – ce qui attire les femelles – ou construisent des nids confortables. Les gamètes seront émis au contact des deux partenaires ou au sein même de la femelle.

Certains animaux sont à la fois mâles et femelles. On dit qu'ils sont **hermaphrodites**. C'est le cas du ver de terre, de l'escargot. Il y a toutefois accouplement avec échange de gamètes mâles. En revanche, chez un ver parasite (le tænia), il y a autofécondation.

## Dur d'arriver à l'âge adulte !

Vous avez sans doute vu, lors d'une émission animalière, des oiseaux (les frégates) se jeter sur de jeunes tortues à peine écloses de leurs œufs enfouis dans le sable. Peu de jeunes tortues arrivent alors à la mer, où d'autres prédateurs les attendent. À l'inverse, vous avez également vu les colonies de manchots prendre soin de leurs œufs : à tour de rôle, le père et la mère couvent l'œuf dans leur repli de peau pour le tenir au chaud, l'ensemble de la colonie formant un rempart contre le froid polaire.

Il y a en effet deux « stratégies » de reproduction.

- Chez certaines espèces comme la grenouille, la carpe ou la mouche, il y a une très grande quantité d'œufs produits, ce qui donne une grande quantité de larves. Les prédateurs s'en donnent à cœur joie et peu de larves arrivent à l'âge adulte (donc à l'âge de se reproduire).
- Pour d'autres espèces, comme l'espèce humaine, il y a peu de jeunes ; ils seront très protégés par un des deux, voire les deux parents, ce qui augmente la probabilité d'arriver à l'âge adulte.

Ces larves, ces jeunes sont-ils identiques à leurs parents ? Non, même s'ils présentent le même patron d'organisation que leurs ascendants. Chaque être vivant hérite à moitié de son père et à moitié de sa mère.

Il arrive toutefois que certains animaux se clonent en se coupant en deux et en se régénérant, mais cela concerne des animaux de toute petite taille comme l'hydre d'eau douce.

Chez les abeilles, dans un essaim, il y a la reine, les ouvrières et les mâles (appelés « faux bourdons », car leur taille s'apparente à celle du bourdon). La reine est fécondée par les faux bourdons : elle pond des œufs dans des alvéoles de la ruche. Ces œufs éclosent et donnent des larves, nourries et élevées par les ouvrières.

Les œufs fécondés sont donc pondus dans des alvéoles. Si les larves sont nourries avec de la gelée royale pendant trois jours puis d'un mélange de pollen et de miel, elles se métamorphosent en ouvrières. Si elles sont nourries avec de la gelée royale, elles se métamorphosent en reines. Cela n'arrive pas toujours, seulement quand la reine vieillit, quand il y a surpopulation... Juste avant la naissance de la nouvelle reine, la vieille reine part avec une partie des ouvrières pour fonder une nouvelle ruche : c'est l'essaimage.

Il y a aussi des œufs non fécondés qui vont se développer en larves. Ces larves sont nourries de gelée royale pendant trois jours, puis de pollen et de miel, et se métamorphosent en mâles. Les faux bourdons n'ont donc pas de père. Une fois que les faux bourdons ont fécondé la reine, comme ils ne savent pas se nourrir seuls (et qu'ils ne font rien dans la ruche), ils meurent, voire sont tués. Ceux qui n'ont pas réussi à féconder la jeune reine peuvent toujours tenter d'intégrer une autre ruche.

Quand la reine vieillit et que sa réserve de spermatozoïdes constituée lors du vol nuptial est épuisée, elle ne pond que des œufs non fécondés : il ne naît que des faux bourdons, on parle alors de ruche bourdonnante (c'est une ruche qui ne produit plus de miel).

Quand, chez les animaux, il y a une naissance sans fécondation, est-ce que cela donne toujours naissance à des mâles ? Non, chez les pucerons, les femelles donnent naissance à d'autres femelles, sans avoir été fécondées. Observez une branche de rosier : au départ, vous ne voyez que quelques pucerons : leur nombre augmente de façon exponentielle en peu de jours.

# La reproduction chez les végétaux

Les végétaux, à l'inverse des animaux, sont des êtres vivants fixés à leur substrat.

Certaines plantes sont hermaphrodites (portent à la fois des organes mâles – comme les étamines – et femelles – comme les pistils), d'autres non. La rencontre des cellules reproductrices nécessite un transport préalable, réalisé par le milieu (eau, vent) ou un pollinisateur.

## La pollinisation

Vous avez déjà vu des abeilles butiner des fleurs, se couvrir de pollen et en déposer dans la fleur suivante. L'abeille se nourrit du pollen et, surtout, cherche des réserves de sucres (le nectar), cachées au fond de la fleur.

Et si les abeilles disparaissaient ? Ce serait une catastrophe : une grande partie des fleurs ne pourraient plus être fécondées et de nombreuses espèces ne pourraient plus se reproduire. Bien sûr, certaines fleurs sont également butinées par des papillons, mais si les abeilles disparaissent à cause de produits phytosanitaires, les papillons seront également touchés. Il ne resterait alors que les végétaux, dont les fleurs sont pollinisées par le vent (observez un épi de blé, ou des fleurs de tilleul : vous verrez les étamines pendre au dehors de la fleur et le pistil possède à son extrémité des structures plumeuses).

Le pollen contient le gamète mâle. Si le grain de pollen est déposé sur le pistil d'une fleur de la même espèce, il peut germer et aller féconder un ovule. Cela donne une graine qui transformera la fleur en fruit. Plusieurs graines sont contenues dans un fruit, comme dans la gousse de petit pois, ou une seule graine (on parle de noyau), comme dans la cerise. Ce fruit permet la dispersion des graines et donc la conquête du milieu.

Est-ce que toutes les graines qui tombent au pied d'un arbre donneront un autre arbre ? Non, car il y a une compétition pour les ressources et le pied adulte attire (malgré lui) des parasites. Le pied adulte est immunisé, mais les jeunes plants sont sensibles. Donc la graine peut germer, mais la plante ne va pas se développer.

Une fleur contient parfois en même temps un pistil et des étamines : est-ce que le pollen de la fleur peut féconder les ovules de la même fleur ? Pas toujours. Parfois, le pollen est mûr avant les ovules et ne pourra donc féconder que des fleurs dont les ovules sont mûrs. Dans d'autres cas, les étamines sont plus courtes que le pistil : le pollen ne peut pas tomber dessus. Enfin, même si le pollen de la fleur tombe sur le pistil, il ne germe pas toujours, car le fait d'être sur la fleur qui lui a donné naissance l'inhibe. La fécondation croisée entre végétaux de la même espèce est ainsi favorisée.

Il arrive que la relation entre l'insecte butineur et la fleur soit si étroite que la morphologie de l'un est adaptée à celle de l'autre : une orchidée (l'ophrys abeille) ressemble à s'y méprendre à une abeille femelle : le mâle s'y laisse prendre d'ailleurs, et tente de féconder la fleur (il se colle du pollen sur la tête en réalité). Une fleur de la jungle, la rafflésie, est fécondée par les mouches : elle dégage une odeur de viande pourrie pour les attirer. Il existe même des cas d'évolution conjointe : la trompe de l'insecte butineur s'allonge en même temps que la corolle de la fleur (le phénomène s'étale sur des années).

Se reproduire avec des graines est efficace, mais cela implique que les conditions climatiques soient idéales : de fortes pluies ou un épisode de froid au printemps lors de la floraison des arbres fruitiers compromettent fortement la production de fruits.

## LA FRAISE EST-ELLE UN FRUIT ?

D'un point de vue culinaire, oui, c'est un fruit, mais d'un point de vue botanique, c'est un faux fruit. Dans la fraise, le vrai fruit est un fruit sec, l'akène ! Tous les petits grains à la surface de la fraise sont des fruits. La chair parfumée vient du développement du reste de la fleur. Vous connaissez d'autres akènes : si vous soufflez sur un fruit de pissenlit, les aigrettes qui s'envolent sont des akènes.

## Le bouturage

Certains végétaux sont capables de se cloner, c'est-à-dire de se reproduire à l'identique, rapidement.

- » La pomme de terre produit dans le sol de nombreuses tiges renflées (les tubercules) qui vont permettre à la plante de passer l'hiver : au printemps, chaque tubercule développe une tige feuillée, donc une nouvelle plante identique à la plante mère de l'année précédente.
- » Un cactus assez commun dans le sud de la France, le figuier de Barbarie (ou Opuntia), a des tiges en forme de raquette : si une raquette tombe dans le sol, des racines se forment et cela donne une nouvelle plante indépendante du pied mère.
- » Un fraisier émet des tiges (les stolons) dont le bourgeon terminal forme un nouveau plant. De même un framboisier émet des racines (on parle de drageon) qui forment de nouvelles plantes à distance du pied mère.

La conquête du milieu s'effectue ainsi rapidement de proche en proche. Par contre, si une maladie touche une des plantes, toute la population y sera sensible de la même façon.

Quand le jardinier veut reproduire à l'identique une plante, il utilise cette reproduction asexuée : en prélevant une feuille ou une tige et en les mettant en contact avec le sol, des racines apparaissent et cela forme de nouveaux plants. On parle de bouturage.

# De la sexualité... des bactéries

Les bactéries se reproduisent en se clonant (leur matériel génétique est copié à l'identique ; la bactérie se divise en deux, chaque bactérie fille possédant une copie du matériel génétique).

Le matériel génétique est formé d'un chromosome et de plusieurs morceaux circulaires appelés plasmides. Ces derniers contiennent des informations non vitales pour la bactérie : résistance à des antibiotiques ou à des métaux lourds, facteurs de détermination sexuelle (car, oui, certaines bactéries ont un sexe !). C'est d'ailleurs cette orientation sexuelle qui conditionne le sens de transfert de l'information génétique entre les bactéries au niveau de structures particulières, les pili sexuels, – des structures protéiques filamenteuses de contact entre bactéries.

Cet échange d'information s'appelle la conjugaison bactérienne : la bactérie donneuse (mâle) développe à sa surface les pili et donne une copie de son information génétique (plasmide, chromosome) à la bactérie receveuse (femelle). Cette information génétique pourra être intégrée par la bactérie receveuse, qui pourra faire évoluer ses caractères (acquisition de la résistance aux antibiotiques) et même changer de sexe !

# L'ADN et les secrets de l'hérédité

Les gamètes permettent de transporter l'information génétique et de perpétuer cette transmission de génération en génération.

Concrètement, quel est le support physique de cette information génétique ? Comment est-elle transmise ? De nombreux travaux, au cours du XX^e^ siècle, ont permis de mieux connaître le support moléculaire de l'information génétique et le codage de cette dernière.

## Les lois de Mendel

La génétique classique commence avec les travaux d'un moine tchèque : **Gregor Mendel (1822-1884)** qui travaille de façon isolée sur les petits pois dans un monastère morave à Brno.

L'avantage de ce modèle d'étude est que le petit pois peut se reproduire par autofécondation et par fécondation croisée. De plus, il existe des graines jaunes ou vertes, lisses ou ridées (d'autres caractères, comme la couleur de la fleur, ont également été étudiés par Mendel).

Gregor Mendel observe que les plantes produisant des petits pois lisses et jaunes donneront toujours des petits pois lisses et jaunes. De même pour des petits pois verts et ridés. Mais s'il croise les différentes espèces, il trouve dans la descendance des petits pois verts et lisses, jaunes et ridés.

Par exemple, le pollen de pieds de petits pois jaunes et ridés est déposé sur le pistil de fleurs de petits pois verts et lisses. Dans la génération suivante, tous les petits pois sont jaunes et lisses : ce sont les caractères dominants.

Quand Mendel croise les petits pois de cette génération entre eux, les caractères des premiers petits pois réapparaissent : ainsi 9/16 sont jaunes et lisses, 3/16 jaunes et ridés, 3/16 verts et lisses, 1/16 verts et ridés et ces proportions sont toujours globalement respectées.

Les caractères se répartissent de génération en génération indépendamment les uns des autres et chaque parent transmet la moitié de ses caractères à sa descendance. Sont alors proposées « les lois de Mendel » qui impliquent l'existence d'éléments autonomes qui contrôlent de façon discrète les caractères héréditaires de génération en génération.

Les travaux de Gregor Mendel, restés en leur temps assez confidentiels, inaugurent l'ère de la génétique. Ils seront en effet redécouverts des années plus tard (en 1901). **Hugo de Vries (1848-1935)** – à Amsterdam –, **Carl Correns (1864-1933)** – à Berlin –, et **Erich von Tschermak-Seysenegg (1871-1962)** – à Vienne – retrouvent de façon indépendante des résultats similaires analogues à ceux de Mendel, ces caractères héréditaires étant alors appelés *pangènes*. En 1909, **Wilhelm Johannsen (1857-1927)** crée le terme de gène pour désigner un caractère transmissible d'une génération à une autre et pouvant exister sous plusieurs formes (on parlera plus tard d'allèle pour une forme du gène).

# Tirer des plans sur... l'hérédité

Comment ces caractères héréditaires se transmettent-ils au fil des générations ? Qu'est-ce qu'un chromosome ? Quand, dans les séries policières, des analyses génétiques sont réalisées, on voit souvent une image d'une échelle torsadée qui tourne à l'écran. Cette échelle, l'ADN, semble être la clé de l'information génétique : quel est le lien entre l'ADN, le chromosome, l'information génétique ?

## Chromosomes et hérédité

En 1879, des divisions cellulaires sont observées pour la première fois par **Walter Flemming (1843-1905)** : des amas filamenteux se répartissent de part et d'autre de la cellule en division.

Ces amas étant facilement colorables, ils ont été appelés les chromosomes (de *chromos*, « couleur »).

En 1902, **Walter S. Sutton (1877-1916)** observe, lors de la formation des gamètes, la répartition des chromosomes à l'identique de part et d'autre de la cellule en division, puis un nouveau dédoublement à l'identique. Il propose les prémices de la théorie chromosomique de l'hérédité : si un individu a $2n$ chromosomes, chaque gamète porte $n$ chromosomes, un de chaque paire.

Par exemple, les humains ont 46 chromosomes, soit 23 paires ($n = 23$) numérotées de 1 à 22, plus les chromosomes sexuels (XX ou XY). Chaque gamète possède donc 23 chromosomes, un de chaque paire.

En parallèle, **Hugo de Vries (1848-1935)** développe une théorie de l'évolution par mutation. S'intéressant à la théorie de l'évolution proposée par Charles Darwin (1809-1882), il cherche en particulier à proposer un mécanisme permettant d'expliquer l'évolution et l'apparition de nouvelles espèces.

## DARWIN ET L'ÉVOLUTION DES ESPÈCES

En voyage d'observation naturaliste dans les îles Galápagos, **Charles Darwin (1809-1882)** remarqua que dans chaque île se trouvait une population de pinsons géospizes : ces pinsons différaient surtout par la forme de leur bec – fin, crochu, épais. Il postula qu'une espèce ancestrale de ces oiseaux était arrivée sur l'archipel et avait conquis chaque île progressivement, mais que chaque île disposait de ressources alimentaires différentes. Des modifications leur avaient permis de survivre dans chaque milieu : les espèces dont le bec était le mieux adapté avaient proliféré et étaient devenues majoritaires sur l'île en question. La génétique du xx^e^ siècle lui a donné raison : un gène (BMP4) s'exprime chez l'embryon sur des zones différentes du bec, ce qui conditionne la forme finale et l'épaisseur du bec.

Hugo de Vries veut savoir si l'évolution est un phénomène graduel (on parlera plus tard de dérive génétique) ou saltatoire (des mutations apparaissent soudainement).

Pour cela, il met en culture un nombre considérable d'espèces de plantes herbacées dont *Œnothera lamarckiana* : parmi les descendants de cette espèce, un très petit nombre d'individus apparaît présentant une variation discontinue. Il assimile alors ce phénomène à l'apparition d'une nouvelle espèce, et qualifie ce processus de mutation.

L'influence d'Hugo de Vries est considérable chez ses contemporains. C'est d'ailleurs en voulant valider cette théorie de la mutation chez la drosophile que Thomas H. Morgan sera amené à élaborer la théorie chromosomique de l'hérédité (alors qu'au départ, il était opposé aux travaux de Sutton).

En 1911, **Thomas H. Morgan (1866-1945)** et son équipe se mettent en effet également en quête de mutations de grande ampleur. Ils choisissent pour cela comme modèle d'étude la mouche du vinaigre (*Drosophila melanogaster*). Ce petit insecte se prête facilement à l'élevage et à l'observation : son cycle de reproduction est très court (9 jours à 25 °C), il ne possède que 4 paires de chromosomes (dont une paire de chromosomes sexuels : XX pour les femelles, XY pour les mâles), et la descendance est nombreuse à chaque génération (une femelle pond plusieurs centaines d'œufs).

Vous avez déjà vu ces mouches : elles volent autour des fruits bien mûrs. Observez-les bien, vous verrez qu'il existe des mouches avec des yeux rouges, blancs ou marron. Comptez-les : la majorité a les yeux rouges !

Thomas H. Morgan a ainsi croisé un mâle aux yeux blancs (un individu très rare) avec une femelle aux yeux rouges : les descendants avaient tous les yeux rouges. Donc le caractère « yeux rouges » est dominant sur « yeux blancs ». En croisant les drosophiles obtenues (chez ces insectes, un frère et une sœur peuvent se reproduire), 100 % des femelles et 50 % des mâles avaient les yeux rouges, 50 % des mâles avaient les yeux blancs. Si Morgan croise des femelles aux yeux blancs avec des mâles aux yeux rouges, les drosophiles-fils ont tous les yeux blancs et les drosophiles-filles, les yeux rouges. Il en a conclu que le caractère « couleur des yeux » est porté par un chromosome sexuel, en l'occurrence le chromosome X : comme une seule copie de chaque chromosome est transmise à la descendance, le mâle transmet soit un chromosome X, soit un chromosome Y, la femelle, un des deux chromosomes X. Il a alors énoncé la théorie chromosomique de l'hérédité.

En étudiant la transmission de plusieurs caractères simultanés, **Thomas H. Morgan**, **Alfred Sturtevant (1891-1970)** et leur équipe ont observé la combinaison de ces caractères, et en regardant les images de formation des gamètes, ils ont mis en évidence des chevauchements des chromosomes entre eux avec des échanges. Cela a permis de calculer la distance entre les gènes sur un même chromosome. Ils ont commencé à élaborer les premières cartes génétiques.

Ainsi, on sait à cette période-là que les caractères héréditaires, appelés gènes, sont situés sur les chromosomes, à une place donnée – sur un chromosome donné. Les chromosomes sont transmis de génération en génération. Mais des mutations des caractères sont possibles et également transmissibles.

## Le rôle de l'ADN

Les chromosomes étaient donc caractérisés : étaient-ils réellement les seuls porteurs de l'information génétique ? Le premier phénomène qui allait permettre de progresser dans l'identification du support de l'hérédité est celui de la transformation bactérienne, rapporté en 1928 par l'Anglais **Fred Griffith (1877-1941)**.

Griffith décrit deux souches de bactéries *Diplococcus pneumoniae* : la souche R (« *rough* », car lorsque cette souche est cultivée sur un milieu de culture artificiel, les colonies obtenues ont un aspect rugueux) et la souche S (« *smooth* », car les colonies ont au contraire un aspect lisse, dû à la production d'une capsule protectrice autour des bactéries).

La souche S est mortelle pour la souris lorsqu'elle lui est injectée, car elle provoque une septicémie (une infection bactérienne généralisée). À l'inverse, la souche R ne synthétise pas une telle capsule, et elle n'est pas nocive lorsqu'elle est injectée à une souris (même si des millions de bactéries sont injectées).

Griffith observe tout d'abord que l'injection de bactéries S, si elles ont été préalablement tuées par la chaleur, n'est plus létale pour la souris. Il décide alors d'injecter conjointement des bactéries S chauffées mélangées à des bactéries R vivantes. Cette fois, les souris meurent de septicémie avec des bactéries S vivantes dans son leur sang !

Les bactéries S ont-elles ressuscité ou les bactéries R se sont-elles transformées en bactéries S ?

C'est la seconde hypothèse qui est la bonne : les bactéries S ont donné un pouvoir transformant aux bactéries R.

Dès 1944, **Oswald Avery (1877-1955)**, **Colin M. Mac Leod (1909-1972)** et **Maclyn Mac Carthy (1911-2005)** ont essayé de caractériser ce facteur transformant, ce qui leur a pris dix ans.

Afin d'identifier ce facteur transformant, des bactéries S broyées ont été mises en au contact de bactéries R : ces dernières se sont transformées en bactéries S.

L'identification de la nature chimique du principe transformant est à l'époque suffisamment extraordinaire pour nécessiter qu'une telle découverte soit étayée par des arguments indiscutables. Aussi Oswald Avery et ses collègues effectuent-ils leurs analyses de façon méticuleuse. Tous les contrôles alors disponibles sont essayés : l'absence de protéine dans les préparations est testée par divers réactifs chimiques ; leur composition chimique est analysée par des moyens chimiques ou spectrophotométriques ; enfin, l'utilisation d'enzymes montre que le pouvoir transformant réside exclusivement dans un acide, l'acide désoxyribonucléique ou ADN, puisque l'enzyme qui le dégrade anéantit ce pouvoir, alors que les enzymes qui dégradent les protéines, les lipides, les sucres le laissent intact.

En parallèle, en 1952, **Alfred Hershey (1908-1997)** et **Martha Chase (1927-2003)** confirment que le vecteur chimique des gènes est l'ADN, grâce à des travaux menés sur le bactériophage T2, un virus qui infecte les bactéries, composé d'ADN et de protéines (capside). Leur expérience a été une des premières expériences de biologie moléculaire utilisant des isotopes radioactifs, ce qui permet de tracer différentes molécules. Ainsi, chacun des constituants du phage a été marqué par des radioéléments : du phosphore radioactif pour marquer l'ADN, et du soufre radioactif, qui est incorporé aux protéines de la capside. Des bactéries ont été infectées par ces phages radioactifs. Immédiatement après l'infection, il est possible de séparer par agitation mécanique les bactéries des phages qui les ont infectées, et de séparer par centrifugation les particules phagiques des bactéries infectées.

La centrifugation consiste à faire tourner rapidement une solution placée dans un tube afin d'augmenter la vitesse de sédimentation des composants de la solution. Le poids (P) de chaque composant est déterminé selon la formule P = mg, où m désigne la masse et g, la constante de gravité. Lors de la centrifugation, m n'est pas modifiée, mais g augmente. Ainsi, P augmente et, selon la vitesse de centrifugation, des composants de la solution sont entraînés au fond du tube de centrifugation.

Lorsqu'elles sont remises en culture, ces bactéries infectées produisent des phages. Or l'analyse de la répartition de la radioactivité montre que ces bactéries ne contiennent que du phosphore radioactif et pas de soufre radioactif : seul l'ADN a donc pénétré dans la cellule, et cette fraction est responsable à elle seule de la reproduction du phage. C'est donc l'ADN qui détient l'information génétique.

Bien que cette expérience fût dans sa conception plus grossière que celle d'Avery, son impact fut retentissant. Cela était dû en partie au fait qu'elle avait été effectuée par des membres du Groupe du phage, qui représentait alors les scientifiques les plus influents dans le domaine de la biologie moléculaire. D'autre part, ces résultats arrivaient pratiquement quasi simultanément avec l'élucidation de la structure de l'ADN par **James D. Watson (né en 1928)** et **Francis Crick (1916-2004)**.

## Gros plan sur la structure de l'ADN

Dans le noyau des cellules eucaryotes, une molécule complexe (la nucléine) avait été caractérisée au début du XXe siècle. Cette nucléine est formée à la fois de protéines et de nucléotides (association de désoxyribose, de groupements phosphate et de bases azotées qui sont au nombre de quatre : la thymine T, la cytosine C, l'adénine A et la guanine G). On l'appelle actuellement la chromatine.

Le ribose qui constitue une partie du nucléotide est un sucre à 5 carbones, donc un pentose. Pourquoi s'appelle-t-il ribose ? En l'honneur des mécènes qui ont financé sa découverte – R I comme Rockefeller Institute !

Des travaux préalables de physiciens ont permis d'élucider la structure de la molécule d'ADN.

Vous connaissez cette structure d'échelle en hélice, popularisée par les médias (et les séries policières)...

En 1952, **Rosalind Franklin (1920-1958)** et **Maurice Wilkins (1916-2004)** ont réalisé sur de l'ADN cristallisé des clichés de diffraction aux rayons X. Ces clichés montrent une figure en croix, caractéristique des structures en hélice.

**Erwin Chargaff (1905-2002)** a, quant à lui, montré que pour toute molécule d'ADN, le nombre de molécules d'adénine est égal au nombre de molécules de thymine, et que celui de cytosine est égal à celui de guanine. Les analyses en microscopie électronique donnent un diamètre de la molécule d'ADN de 2 nanomètres (= 2,.$10^{-9}$ m). Cela suggère que cette molécule comporte deux chaînes de désoxyribose-phosphate.

À partir de toutes ces données cristallographiques et biochimiques préliminaires, **James D. Watson (né en 1928)** et **Francis Crick (1916-2004)** ont réfléchi à plusieurs modèles moléculaires avant de proposer une structure, aujourd'hui connue de tous, car elle est devenue l'emblème de la biologie moléculaire : deux brins antiparallèles constitués des groupements phosphates et des sucres forment une double hélice où les orientations de chacun des brins sont opposées. Sur les sucres de chacun des deux brins sont liées les bases azotées, chaque base d'un brin étant maintenue en vis-à-vis d'une base de l'autre brin par des liaisons faibles à hydrogène (les barreaux de l'échelle). Une cytosine fait toujours face à une guanine, et une adénine à une thymine. Les deux brins d'une molécule d'ADN sont dits complémentaires.

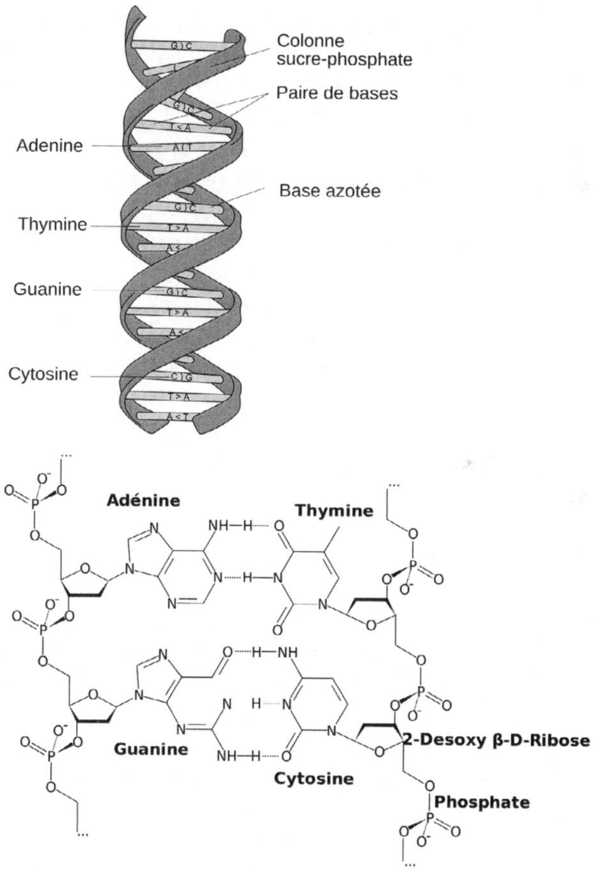


**FIGURE 13-1 :** La molécule d'ADN.

Ce que l'histoire ne dit pas, c'est que **Maurice Wilkins (1916-2004)** a montré à **James D. Watson** et **Francis Crick** le travail de **Rosalind Franklin (1920-1958)** sans lui demander son avis, ce qui l'a évincée de la reconnaissance internationale (et du prix Nobel qui s'en est suivi en 1962, mais cela parce qu'elle était décédée lors de l'attribution du prix).

La molécule d'ADN est associée à des protéines pour former la chromatine. Il s'agit en fait des chromosomes, présents dans le noyau des cellules eucaryotes. Certaines portions de la chromatine sont très condensées. Les gènes qui s'y trouvent ne sont plus accessibles à la machinerie moléculaire qui permet leur lecture, donc leur expression. Quand une cellule se divise, chaque chromosome est copié à l'identique. Les deux copies ou chromatides sont reliées entre elles : c'est le chromosome en forme de X qui est toujours représenté. Dans cet état, la chromatine est très condensée. Lors de la division cellulaire, les chromosomes se séparent en deux : une chromatide d'un chromosome par cellule fille. La séparation des chromatides sœurs et leur répartition dans les deux cellules filles assurent un brassage de l'information génétique : on parle de brassage interchromosomique. Lors de la formation des gamètes, il y a également des échanges de matériel génétique entre les chromosomes appariés, ceux qui avaient été initialement observés par **Thomas H. Morgan (1866-1945)** : c'est le brassage intrachromosomique. Ainsi, même si des gamètes humains contiennent tous 23 chromosomes à une chromatide, la combinatoire des allèles de chaque gène est originale. Ce qui a fait dire à **André Langaney (né en 1942)** : « Qui fait un œuf, fait du neuf ! »

Prenez des myrtilles et broyez-les dans de l'alcool à 95 degrés. Filtrez ce jus. Vous avez au préalable mis une gousse d'ail ou un bulbe d'échalote au-dessus d'un verre d'eau : des racines ont poussé. Coupez des racines à leur extrémité, laissez-les tremper dans une solution acide (du jus de citron), rincez-les à l'eau et mettez-les dans un peu de jus de myrtille. Vous pouvez également utiliser des étamines d'une fleur avant son éclosion. Écrasez-les entre lame et lamelle en verre. Et observez au microscope : vous verrez des figures de mitose (dans les racines) ou de méiose (dans le pollen).

## CHROMOSOMES SEXUELS ET AUTOSOMES

On parle de chromosomes sexuels quand ces derniers portent les gènes déterminant le sexe. Ainsi, chez les humains, le chromosome Y porte entre autres le gène SRY : quand il s'exprime, l'embryon évolue en mâle ; quand il ne s'exprime pas, l'embryon évolue en femelle.

C'est **Nettie M. Stevens (1861-1912)** qui l'a démontré, juste avant **Edmund. B. Wilson (1856-1939)** – qui a publié ses travaux –, en utilisant comme modèle d'étude des insectes, le ver de farine *Tenebrio*.

# Le gène et l'information génétique

Si le lien entre les gènes (donc le génotype) et les caractères visibles (donc le phénotype) est établi, le lien existant entre eux, le décodage de l'information génétique, restaient à déterminer.

## Un gène = une enzyme

La première relation entre un gène et une enzyme a été établie en 1902 par **Archibald Garrod (1857-1936)** à partir d'une anomalie métabolique chez l'homme, l'alcaptonurie, qui affecte le métabolisme de la tyrosine et de la phénylalanine. C'est une maladie rare (1 bébé touché pour 250 000 naissances), venant de l'absence de l'expression d'une enzyme.

Il observe que la transmission de cette anomalie s'effectue chez l'homme en strict accord avec les lois de Mendel, ce qui lui suggère qu'elle est due à un gène unique. Il propose donc que la déficience enzymatique soit due à une anomalie du gène responsable de la synthèse de cette enzyme.

Cette observation établit pour la première fois une corrélation entre un gène et une enzyme.

**George W. Beadle (1903-1989)** et **Edward L. Tatum (1909-1975)**, en 1941, travaillent sur le champignon *Neurospora crassa*, une moisissure facilement cultivable sur un milieu artificiel qui ne contient que du sucre, des sels minéraux, et de la biotine. Par mutagenèse artificielle (irradiation aux rayons UV), G. Beadle et E. Tatum obtiennent des mutants du champignon incapables de se développer sur ce milieu minimal, mais qui poussent sur un milieu complémenté avec tel ou tel nutriment indispensable (en l'occurrence un acide aminé).

Par exemple, les études sur la synthèse de l'acide aminé tryptophane montrent que cela est le résultat d'une chaîne de synthèse et que chacun de ces mutants est en réalité déficient en une des enzymes nécessaires à l'une des étapes. L'ensemble de ces observations aboutit donc à la conclusion que les gènes contrôlent la synthèse des enzymes, et que chaque protéine est codée par un gène différent. Cela conduit G. Beadle et E. Tatum à formuler le célèbre aphorisme : « À un gène correspond une enzyme. »

Ces travaux concrétisent alors la rencontre de la biochimie et de la génétique : la protéine vient combler la lacune qui existait entre le gène et le caractère. George Beadle et Edward Tatum s'en verront récompensés en 1958 par l'attribution du prix Nobel de physiologie et de médecine.

## Du gène à la protéine

Dans la lignée des travaux précédents, **Charles Yanofsky (né en 1925)** a étudié dans les années 1960 l'enzyme tryptophane synthétase, formée de deux protéines A et B. Chaque protéine est codée par un gène.

Charles Yanofsky a étudié en parallèle des gènes mutés codant cette enzyme et des protéines altérées issues de ces mutations. En établissant la carte de mutation de cette enzyme, il a montré avec ses collaborateurs qu'il existe une corrélation linéaire entre les sites mutationnels de l'ADN et les acides aminés modifiés : la séquence linéaire des nucléotides d'un gène détermine la séquence des acides aminés de la protéine. À un gène correspond une protéine fonctionnelle donnée.

## Le code génétique

Nous avons vu que l'ADN est un enchaînement de nucléotides composés de différentes bases azotées (A, T, G et C) formant un alphabet à quatre lettres. Quel est le lien entre ces quatre bases azotées et les acides aminés (au nombre de 20) composant les protéines ? Autrement dit, comment se fait la correspondance entre l'information génétique portée par l'ADN et les protéines, résultats de l'expression de l'information génétique ?

C'est le code génétique qui permet cette correspondance : une combinaison de trois nucléotides (ou codon) correspond à un acide aminé donné (exemple : ATG correspond à une méthionine). C'est un code universel qui pilote le génome de tous les êtres vivants et des virus. À un codon donné correspond un acide aminé, alors qu'un acide aminé peut être codé par plusieurs codons.

## Les mutations génétiques

Les travaux de Charles Yanofsky peuvent être généralisés sur de nombreuses protéines.

Un cas particulièrement connu est celui de la drépanocytose. Cette maladie touche le transporteur du dioxygène (O2) dans notre sang, l'hémoglobine. Quand l'O2 quitte l'hémoglobine mutée, la protéine forme des fibres. Les globules rouges ne peuvent plus passer dans les capillaires, et sont détruits. Cela est dû au changement d'un seul nucléotide dans le gène codant l'hémoglobine, donc d'un codon. Il se trouve que le codon non muté et le codon muté codent deux acides aminés différents, et surtout aux propriétés différentes. La protéine qui en résulte est alors différente dans sa forme.

Il existe de nombreuses causes de mutations : certaines sont liées à la machinerie de copie de l'ADN lors des divisions cellulaires, d'autres à des facteurs extérieurs comme les rayons ultraviolets. Il existe heureusement des mécanismes de réparation. Si la mutation n'est pas réparée et touche des gènes contrôlant la croissance et la multiplication des cellules, cela peut provoquer la formation de tumeurs, voire d'un cancer. Si une mutation touche les gamètes, la mutation est transmissible à la descendance.

# La maîtrise du gène

Au fil des décennies et des avancées technologiques, notamment en biologie moléculaire, la notion de gène est devenue plus complexe.

Alors qu'un gène a longtemps été considéré comme la séquence d'ADN codante à l'origine d'un caractère, il s'avère qu'un gène n'est pas restreint à la simple séquence codante. Bien qu'appartenant à un gène donné, certaines parties de ce gène ne sont pas codantes : ce sont en fait des régions régulatrices qui vont aider au positionnement de la machinerie de lecture et régler le niveau d'expression du gène. La lecture d'un gène commence par une première phase, la transcription de la séquence d'ADN en une séquence d'ARN (pour acide ribonucléique) : une copie quasi conforme de l'ADN, à l'exception faite que la thymidine (de l'ADN) est remplacée par de l'uracile dans l'ARN. La transcription du gène est suivie par une deuxième phase, la traduction de l'ARN en protéine.

Chez les bactéries, plusieurs gènes sont exprimés simultanément, car ils sont sous contrôle d'un même régulateur (on parle d'opéron). Ainsi, si la bactérie dispose de glucose, aucun gène de « l'opéron lactose » (un autre sucre) ne sera activé. Si la bactérie dispose de lactose, tous les gènes codant l'utilisation de ce sucre (depuis son entrée dans la cellule jusqu'à sa dégradation) seront exprimés.

Chez les eucaryotes, le gène contient des séquences non codantes qui sont retirées de l'ARN avant sa traduction en protéine. Il s'agit des introns qui seront éliminés par épissage. Cela est une des caractéristiques des gènes eucaryotes. On donne alors le nom de gènes morcelés ou gènes mosaïques aux gènes eucaryotes du fait de l'interruption de la séquence codante (l'ensemble des exons) par les introns.

On estime que 1,5 % seulement du génome est réellement codant. Le reste avait autrefois été qualifié d'ADN poubelle. On sait désormais qu'il joue un rôle clé dans la régulation de l'activité des gènes.

## Un génotype : un phénotype ?

Il y a quelques années, on a découvert que l'expression des gènes est soumise à quelques fluctuations (le plus gros travail a été publié en 2015). Cela est dû à la condensation du matériel génétique, de la chromatine. L'ajout de groupements chimiques sur la chromatine modifie l'accessibilité des gènes à la machinerie de décodage, ces ajouts pouvant être influencés par l'environnement dans lequel vit l'organisme.

On parle ici d'épigénétique. Si la génétique s'intéresse à l'étude des gènes, l'épigénétique veut savoir comment ces gènes sont utilisés par la cellule. Ce terme a été créé en 1941 par **Conrad H. Waddington (1905-1975)**.

L'expression des gènes varie selon le stade de développement embryonnaire ou la spécialisation des cellules. Des facteurs extérieurs modifient aussi l'expression de ces gènes, tels que l'exposition à des polluants ou la malnutrition maternelle lors de la grossesse. Ces modifications épigénétiques peuvent être transmises à la descendance et rendre compte de certaines anomalies du comportement chez l'individu à l'âge adulte.

Toutefois, dans certains cas, on parle d'empreinte parentale. Dans les cellules diploïdes, chaque gène existe en deux versions (allèles) : une copie du gène est portée par le chromosome hérité du père et l'autre copie par le chromosome hérité de la mère, cela pour tous les gènes et tous les chromosomes (sauf les chromosomes sexuels chez le mâle puisque chacun est en unique exemplaire : un X et un Y). Avec ces deux allèles, la cellule dispose d'une assurance contre la mutation (néfaste) d'un des deux allèles.

Des embryons de souris ont été créés avec uniquement des chromosomes maternels (ou paternels) en double exemplaire : soit les tissus extraembryonnaires (comme le placenta), soit l'embryon lui-même présentaient des défauts de croissance et n'étaient pas viables : nos chromosomes doivent donc provenir obligatoirement de notre mère et de notre père.

Lorsqu'une femme transmet à ses enfants un gène à empreinte maternelle, ce gène ne s'exprimera chez aucun de ses enfants. Si sa fille le transmet à ses enfants à son tour, il ne s'exprimera pas non plus. En revanche, si son fils transmet l'allèle, il s'exprimera chez tous ses descendants. Et inversement pour un gène à empreinte paternelle. Voilà une trentaine d'années que cet aspect de la régulation de l'expression du génome existe, de nombreuses découvertes restent à faire !

L'épigénétique peut affecter un chromosome entier. Ainsi, chez les chats calicots (ou écailles de tortue), les chats (les mâles) sont orange ou brun noir. Les femelles en revanche ont un pelage avec des taches orange et brun foncé (également le ventre blanc, mais c'est une autre histoire). En regardant leurs cellules au microscope, on a mis en évidence chez les femelles qu'un des deux chromosomes X est condensé dans chaque cellule. Chez les mâles, comme il n'y a qu'un chromosome X, il n'est pas condensé ; or c'est sur ce chromosome que sont les gènes codant la couleur orange ou brun foncé du pelage. Ainsi, dans les cellules de la peau de la chatte, si le chromosome X qui porte la couleur orange est condensé, les poils seront brun foncé (et *vice versa*).

Enfin, l'épigénétique concerne également non pas l'activation de l'expression d'un gène (en jouant sur la condensation du chromosome), mais sur sa traduction en protéine. Cela a été mis en évidence chez le pétunia par **Richard Jorgensen (né en 1951)** puis confirmé chez un petit ver (*Caenorhabditis elegans*) par **Andrew Z. Fire (né en 1959)** et **Craig C. Mello (né en 1960)** – ils ont obtenu le prix Nobel en 2006.

La couleur des fleurs est liée à l'expression de pigments, notamment des anthocyanes. En voulant surexprimer un des gènes codant une des enzymes de la voie de biosynthèse des pigments, les chercheurs ont obtenu des fleurs blanches au lieu de fleurs violet foncé. La quantité d'ARN messager codant l'enzyme ciblée était diminuée, alors qu'il avait été synthétisé autant que chez la fleur non modifiée. En forçant la surexpression d'un gène, les chercheurs avaient déclenché un mécanisme de défense : la plante a fabriqué un ARN complémentaire à l'ARN messager, formant un ARN double brin reconnu par des enzymes comme devant être détruit. Sans jouer sur l'activation ou la présence du gène, les chercheurs ont modifié l'expression de ce gène.

## Le génie génétique

Il est possible de faire exprimer des gènes de n'importe quelle espèce dans n'importe quelle cellule (ou presque). Ainsi, le gène codant l'insuline humaine peut être exprimé dans des bactéries ou chez la levure.

Dans une bactérie, on peut inclure le gène à exprimer dans un plasmide ou utiliser des bactériophages modifiés. Dans une cellule eucaryote, une injection d'ADN ou, la déstabilisation transitoire de la membrane cellulaire, permettent de faire entrer des gènes dans la cellule. Si ces gènes sont associés à un gène de résistance à un antibiotique, on force la cellule à intégrer le transgène dans son information génétique en la soumettant aux antibiotiques.

Chez les végétaux, comme la bactérie *Agrobacterium* infecte naturellement les plantes, on peut inclure le transgène dans un plasmide de cette bactérie.

Il est désormais possible par des constructions moléculaires de cibler précisément l'insertion du gène dans le génome. On peut ainsi obtenir des cellules dans lesquelles un gène a été enlevé (ce qui permet ensuite de voir si ce gène est indispensable à la vie ou à la réalisation de fonctions diverses).

## Les applications du génie génétique

En agriculture de nombreuses plantes transgéniques sont créées, mais c'est majoritairement du coton et du maïs qui sont cultivés. Les transgènes concernés permettent d'apporter un nouveau caractère au végétal, la résistance à un herbicide (le glyphosate, contenu dans le RoundUp©) ou à des insectes (avec les gènes codant une toxine naturellement produite par le bacille de Thuringe, une bactérie du sol). Des espoirs sont fondés sur la fabrication de vaccins par les plantes, l'amélioration des qualités nutritionnelles des fruits et légumes (comme des tomates antioxydantes, du riz doré riche en vitamine A).

Hormis le risque de propager des résistances à des antibiotiques, il existe aussi celui de voir les semences mondiales aux mains de quelques firmes multinationales.

En laboratoire, les organismes génétiquement modifiés sont créés pour la recherche afin de mieux comprendre le fonctionnement des cellules et de l'organisme. La réglementation est stricte et ces organismes transgéniques sont cantonnés aux laboratoires de recherche.

En médecine, peu d'applications existent à l'heure actuelle, mais beaucoup de travaux sont entrepris. Un succès est toutefois à mentionner : celui qui a permis de sortir des enfants souffrant d'immunodéficiences de leur bulle stérile à l'Hôpital Necker - Enfants Malades. Les travaux d'**Alain Fischer (né en 1949)**, **Marina Cavazzana Calvo (née en 1959)** et **Salima Hacein-Bey** ont permis de modifier les cellules du sang de ces enfants et de rétablir un système immunitaire fonctionnel.

## Les cellules souches

Parmi tous les essais et espoirs thérapeutiques, nombre d'entre eux sont formés sur l'utilisation de cellules souches.

L'œuf dont tout être vivant est issu est une cellule totipotente, car elle va donner toutes les cellules de l'organisme. Au cours du développement embryonnaire, les cellules se spécialisent peu à peu pour ne donner qu'une catégorie de cellules. Même à la fin de la croissance, il reste dans notre organisme des cellules permettant de régénérer les tissus : dans le muscle, ce sont les cellules satellites ; dans l'intestin, nous avons également des cellules souches pour renouveler l'épithélium ; le foie se régénère aussi ; dans notre moelle osseuse, des cellules souches donnent naissance à toutes les cellules de notre sang.

Ces cellules souches gardent des caractères embryonnaires tout au long de notre vie, mais le stock s'appauvrit avec l'âge. En prélevant ces cellules et en modifiant leur ADN pour remplacer un gène muté par un gène correct, on pourrait permettre de régénérer le tissu et de guérir le malade.

Si cela est très prometteur avec les cellules sanguines, les travaux sont toujours en cours pour soigner des maladies génétiques comme la mucoviscidose ou les myopathies.

Des lignées de cellules existent également en laboratoire afin de servir de modèles *in vitro*. C'est le cas par exemple des cellules HeLa, du nom d'Henrietta Lacks. Cette Américaine est décédée en 1951 d'un cancer foudroyant : ses cellules avaient été prélevées lors d'une biopsie et se multiplient toujours à l'heure actuelle dans tous les laboratoires du monde. Elles ont permis de nombreuses études, aboutissant à l'attribution d'un prix Nobel en 2009 (enzyme = la télomérase).

## Peut-on cloner un être vivant ou un organe ?

Les expériences de **John Gurdon (né en 1933)** en 1962 – confirmées en 1970 – consistent à remplacer, dans un œuf de grenouille, le noyau par celui d'une cellule de l'intestin d'une autre grenouille. L'œuf donnera une grenouille semblable à celle dont on a prélevé une cellule intestinale.

Une expérience similaire a été tentée par **Ian Wilmut (né en 1944)** et son équipe sur des brebis en 1996 : la naissance de Dolly fut célébrée comme la réussite du clonage animal. Or, Dolly a vécu moins longtemps que la brebis qui a été clonée (elle a été euthanasiée pour des problèmes pulmonaires en 2003). Ces mêmes chercheurs ont permis en 1997 la naissance de Polly, brebis clonée et transgénique (elle produit une protéine humaine dans son lait, à des fins thérapeutiques). Des vaches, des singes, des souris, des cochons, etc., de nombreux animaux ont été clonés depuis, même un taureau, deux ans après sa mort.

Et l'être humain ? Des embryons de quelques cellules auraient été obtenus sans qu'un projet de gestation y soit associé. Pour l'instant, des lois de bioéthique interdisent la poursuite des expériences chez l'humain. Les annonces faites sur l'obtention d'humain cloné n'ont jamais donné lieu à des preuves scientifiques permettant d'avérer le clonage.

Si on ne peut, pour l'instant, cloner un être humain, il n'est pas évident non plus, à partir de cellules souches, de cloner un organe entier. En effet, un organe est formé d'une diversité de cellules spécialisées dans une fonction donnée : replacer chaque cellule au bon endroit est extrêmement difficile, surtout si on doit en plus innerver et vasculariser le tissu. Toutefois, des échantillons clonés de peau (avec toute la complexité du derme, de l'épiderme, de l'hypoderme) ont été obtenus à partir de peau des fesses, ce qui laisse des espoirs pour la « réparation » des grands brûlés.

# Chapitre 14
# Il était une fois l'homme...

**DANS CE CHAPITRE :**

- **Des outils pour comprendre**
- **L'Homo sapiens, homme moderne**
- **Quelques points de civilisation**

L'idée, très largement véhiculée dans l'esprit du grand public, est que l'homme descend du singe. Des singes seraient descendus de leurs arbres pour s'aventurer dans la savane. Ils se seraient redressés afin de regarder au-dessus des hautes herbes. Du coup, leurs mains libérées auraient pu construire des outils et, à force de réfléchir, ils seraient devenus intelligents. Lucy serait l'un de ces singes – notre ancêtre. C'est aussi ce que vous croyez ? vous avez tout faux !

Les hommes ne descendent pas du singe, mais ce sont des primates : une face plate (permettant une vision binoculaire), des ongles sur les doigts, un pouce opposable aux autres doigts ... nous avons ainsi des caractères simiesques ! Australopithèques, *Homo habilis*, *Homo erectus*, homme de Neandertal : divers préhumains ont peuplé la planète au cours de la Préhistoire, et l'homme moderne est un représentant de l'*Homo sapiens*, qui a seul survécu. Les découvertes les plus récentes ont permis de mieux comprendre la filiation des humains, leurs liens avec les grands singes actuels.

Décryptons ensemble la préhistoire de l'humanité et découvrons quelques aspects de leur mode de vie...

# Pour aborder la paléontologie…

Avant de commencer notre plongée dans le temps, il est important de clarifier le vocabulaire que nous allons employer pour désigner les grands singes et leurs descendants de même que la lignée humaine. Cette plongée dans le temps est permise par la datation lae plus préciseément possible des restes humains trouvés ou des preuves de leur passage à un endroit.

## Hominoïdes, hominidés, homininés

L'homme actuel – ou *Homo sapiens* – est une espèce appartenant aux vertébrés, de la classe des mammifères, de l'ordre des primates, de la famille des hominidés. Parmi les singes (les primates donc), il y a les singes de l'Ancien Monde (Afrique, Eurasie) et ceux du Nouveau Monde (Amériques) – le monde n'est pas plus récent, mais la description des animaux, si. Parmi les singes de l'Ancien Monde, il y a la superfamille des hominoïdes : les grands singes que sont les gibbons, les orangs-outangs, les gorilles, les paninés (les chimpanzés, les bonobos) et les hommes (actuels i.e. ceux d'aujourd'hui et les ancêtres fossiles). Les hominidés regroupent les orangs-outangs, les gorilles, les paninés, l'homme. Les homininés regroupent les hommes actuels et fossiles (le genre *Homo*) et nos cousins fossiles (australopithèques, kenyanthropes, ardipithèques, paranthropes).

## Déterminer l'âge des fossiles

Connaître, même de façon approximative, l'âge d'un échantillon permet de le replacer dans l'échelle des temps géologiques et d'élaborer une chronologie plus ou moins précise.

Les paléontologues, les géologues et les préhistoriens disposent pour cela d'outils :

» La datation relative des objets avec les terrains environnants : si le fossile est trouvé au sein de roches, c'est qu'il a été emprisonné au moment de la formation de ces roches (le géologue vérifie que ce n'est pas une contamination). Par la stratigraphie (l'étude des couches géologiques), on sait que les couches les plus profondes sont les plus anciennes (sauf si des mouvements tectoniques ont modifié le terrain, auquel cas les failles qui affectent le terrain sont prises en compte). En datant les roches, on obtient l'âge du fossile.

» La datation absolue avec les isotopes : toute matière contient des éléments radioactifs. Or les éléments radioactifs sont instables et émettent un rayonnement pour former un autre atome plus stable. Chaque isotope est caractérisé par sa demi-vie (le temps qu'il faut pour que la moitié des atomes radioactifs de l'échantillon se désintègre).

Comment les scientifiques peuvent-ils analyser la radioactivité des échantillons (roches ou fossiles) ?

La radioactivité naturelle ou liée au rayonnement cosmique, accumulée dans les sédiments ou les restes d'animaux et de végétaux, peut être révélée au laboratoire par différentes techniques.

Certaines roches comme le granite sont naturellement radioactives, mais il est impossible de trouver des fossiles dans une roche magmatique. Les chercheurs utilisent, par exemple :

» **les isotopes cosmogéniques :** un squelette (exposé à la surface ou enterré à quelques mètres de profondeur) ou les roches qui l'entourent sont soumis au rayonnement cosmique. Cela induit la formation d'atomes radioactifs. Le dosage de ces atomes permet de déterminer quand le squelette a été enfoui. On peut ainsi dater des objets de moins de 5 millions d'années ;

» **le rapport uranium-thorium :** quand un organisme se forme, il fixe de l'uranium 238. Cet atome se désintègre en thorium 230. En évaluant le rapport uranium 238 / thorium 230, les chercheurs évaluent la date de formation, si elle est plus récente que 350 000 ans ;

» **la quantité de carbone 14 :** quand un être est vivant, il accumule à la fois du C12 et du C14. À sa mort, la quantité de C14 diminue par désintégration (demi-vie de 5 730 ans). On peut ainsi dater des restes de moins de 50 000 ans.

D'autres techniques de datation sont possibles :

» le paléomagnétisme qui date les sédiments en fonction de leur polarité (les pôles magnétiques s'inversent régulièrement) ;

» l'observation des couches de cendres dans les régions volcaniques.

Depuis quelques années, les paléogénéticiens peuvent également apporter de précieuses informations. L'extraction minutieuse de l'ADN des échantillons fossiles, de manière à éviter la contamination avec de l'ADN (celui des chercheurs), se fait en chambre blanche stérile. L'ADN fossile est amplifié par une technique spécifique (appelée PCR : les échantillons d'ADN sont recopiés à l'identique en de nombreux exemplaires, ce qui permet d'analyser l'ADN à partir de quantités infimes initialement prélevées). En comparant les séquences d'ADN entre elles,

les paléogénéticiens peuvent estimer le degré de parenté et, donc, avoir une date approximative de la création de telle ou telle espèce d'homininés.

## PEUT-ON FAIRE REVIVRE DES HUMAINS FOSSILES ?

Non, pas plus que des dinosaures. L'ADN fossile retrouvé dans les squelettes peut être étudié, mais il n'est pas complet. Même si la molécule d'ADN est stable, les conditions de conservation des squelettes l'affectent en partie. De plus, difficile d'imaginer la construction d'un embryon hybride, mêlant de l'ADN fossile avec de l'ADN actuel. Les lois de bioéthique l'interdisent de toute façon.

# L'artisanat, outil pour l'étude de l'homme

Les chimpanzés inventent des outils généralement pour se procurer de la nourriture : paille à termites, pierre ouvre-graine... Ce que nous observons dans la nature nous prouve ainsi un peu plus chaque jour que l'utilisation d'outils ou le détournement d'objets n'est pas du tout réservé à l'*Homo sapiens*. De plus, des outils plus anciens que le genre humain ont été récemment retrouvés au Kenya et datés de 3,3 millions d'années : ce sont des galets grossièrement taillés, appelés *choppers*.

Néanmoins, la fabrication d'outils par les ancêtres du genre *Homo*, permet de retracer l'histoire du genre humain.

Si l'histoire commence à la création de l'écriture, la préhistoire commence il y a 3 millions d'années avec le paléolithique ou âge de la pierre taillée (jusqu'à – 20 000 ans). Le premier outil (un éclat tiré d'un galet) retrouvé et attribué au genre *Homo* date de – 2,6 millions d'années (soit 700 000 ans plus jeune que les plus vieux outils trouvés). À l'époque, les hommes sont des chasseurs-cueilleurs, vivant en campements provisoires.

Cette période est découpée en trois temps :

- inférieur (de – 3 millions à – 250 000 ans) ;
- moyen (de – 250 000 ans à – 45 000 ans) ;
- supérieur (de – 45 000 à – 20 000 ans).

Ceux-ci sont eux-mêmes subdivisés, en se basant sur l'artisanat retrouvé sur les sites de fouilles, en sept moments.

On distingue :

- » de – 3 millions d'années à – 1 million d'années, l'Oldowayen, caractérisé par des galets éclatés, avec des éclats retouchés. (Des gravures sur coquillage ont été retrouvées en Indonésie et datées de – 500 000 ans) ;
- » de – 1 million d'années à – 250 000 ans, l'Acheuléen. (Le feu semble avoir été domestiqué, les pierres sont taillées en biface) ;
- » de – 250 000 ans à – 35 000 ans, le Moustérien. (Des grattoirs sont fabriqués, des burins) ;
- » de – 38 000 à – 29 000 ans av. J.-C., l'Aurignacien, caractérisé par la production d'armes en silex, en os, en bois, finement travaillées. (Les premières fresques pariétales de la grotte Chauvet ont été datées de – 36 000 ans).

Sur cette même période, l'artisanat châtelperronien est caractérisé par des lames fines, des pendentifs en ivoire et en os, des épingles.

- » De – 29 000 à – 22 000 ans av. J.-C., le Gravettien est marqué par des créations artistiques : des représentations sculptées de femme (Vénus de Willendorf, dame de Brassempouy), des peintures (grotte Cosquer). Les outils deviennent de plus en plus élaborés. Comme nous sommes à ce moment-là en période glaciaire, l'entrée de la grotte Cosquer est émergée à l'époque (alors qu'aujourd'hui, elle est 37 mètres sous l'eau, dans une calanque à Marseille). Ces peintures rupestres représentant des animaux, des techniques de chasse, etc., sont un précieux renseignement sur la biodiversité de l'époque.
- » De – 22 000 à – 18 500 ans av. J.-C., nous passons à l'époque du Solutréen : les hommes fabriquent alors des bifaces dites « feuilles de saule », des propulseurs (donc une amélioration des techniques de chasse), des aiguilles à chas (donc un habillement plus sophistiqué).
- » Jusqu'à – 10 000 ans, av. J.-C. – au Mésolithique, – s'étend la période du Magdalénien : avec des harpons en bois de renne, des armes (arcs, flèches, etc.) et autres ustensiles décorés, des instruments de musique. L'homme enterre ses morts, car les plus anciennes sépultures datent de cette époque. Enfin, la peinture pariétale se perfectionne, comme à Lascaux. On est à ce moment-là en période interglaciaire, plus favorable à la vie.

Il y a 12 000 ans, dans le croissant fertile (le Moyen-Orient actuel), l'homme se sédentarise (on trouve des traces de maisons en brique), polit la pierre, découvre les avantages de l'agriculture (des ressources alimentaires moins aléatoires). On est passé au Néolithique (de – 10 000 ans à – 3 000 ans). Cette transition se fera il y 8 500 ans en Europe. Afin de conserver les aliments produits, la céramique est inventée il y a 6 000 ans. De façon empirique, les hommes découvrent la transformation des aliments et l'apprivoisent : ils savent désormais faire du pain, de la bière, du vin, etc.

À la suite de l'âge de pierre, des périodes qui peuvent être incluses dans la protohistoire, selon les endroits du monde, se fondent sur les inventions technologiques des hommes.

- **Âge du cuivre :** en Europe, cet artisanat se superpose à celui du travail de la pierre (et de l'os) entre – 2 500 et – 1 800 ans av. J.-C. (les traces les plus anciennes remontent à – 4 500 ans av. J.-C.). Le cuivre permettait de fabriquer des outils, des bijoux, etc. C'est à cette époque qu'ont été édifiés les mégalithes de Stonehenge au Royaume-Uni.
- **Âge du bronze :** le bronze est obtenu en faisant fondre ensemble du cuivre et de l'étain. Selon les régions du monde, cette période est variable, mais globalement s'étend de – 2 500 à – 1 000 ans av. J.-C. La technologie a probablement été mise au point en Mésopotamie et s'est diffusée dans le reste du monde. C'est le début de la fabrication des armes en plus grandes quantités. Les hommes protègent leurs cultures ou tentent d'obtenir de nouveaux territoires : c'est le début des conflits armés.
- **Âge de fer :** début vers – 1 100 ans en Méditerranée, vers – 800 ans dans le nord de l'Europe, vers – 500 ans en Afrique. Le fait de fondre du fer pour fabriquer des armes, des outils, des parures est attesté en Anatolie (Turquie actuelle) au IIIe millénaire avant . J.-C., mais aussi en Afrique. Ce fer était extrait de minerai, mais pouvait aussi provenir de météorite (comme celui du poignard de Toutankhamon). Il nécessite l'usage de four montant à 1 500 °C. Les populations américaines (Aztèques, Incas, Mayas) n'ont jamais pratiqué la métallurgie du fer, mais celle de l'or et de l'argent.

L'installation en communauté, l'exploitation des terres font naître le sentiment de propriété. Les premières sociétés sont nées. Il y a 3 000 ans, l'écriture est inventée : l'histoire commence.

## La lignée humaine

« *Lucy in the sky with diamonds…* » Les Beatles chantaient à la radio quand l'équipe d'**Yves Coppens (né en 1934)** fouillait le sol à la recherche d'ossements en Éthiopie dans la région de l'Afar, le 29 novembre 1974. Avec son équipe, celui-ci trouva le squelette d'un primate adapté à la bipédie terrestre, mais vivant sans doute encore également dans les arbres. Ce squelette était le plus ancien et le plus complet (40 % du corps) jamais trouvé jusqu'alors. Il a été daté de 3,2 millions d'années. La forme de son bassin faisait penser à une femelle ; en l'honneur du tube de l'époque, il a été appelé Lucy. On pensait avoir trouvé l'ancêtre de la lignée humaine. Lucy était alors nommée la grand-mère de l'humanité.

Il n'en est rien ! Lucy est un australopithèque (plus précisément *Australopithecus afarensis*), un parmi une multitude de préhumains.

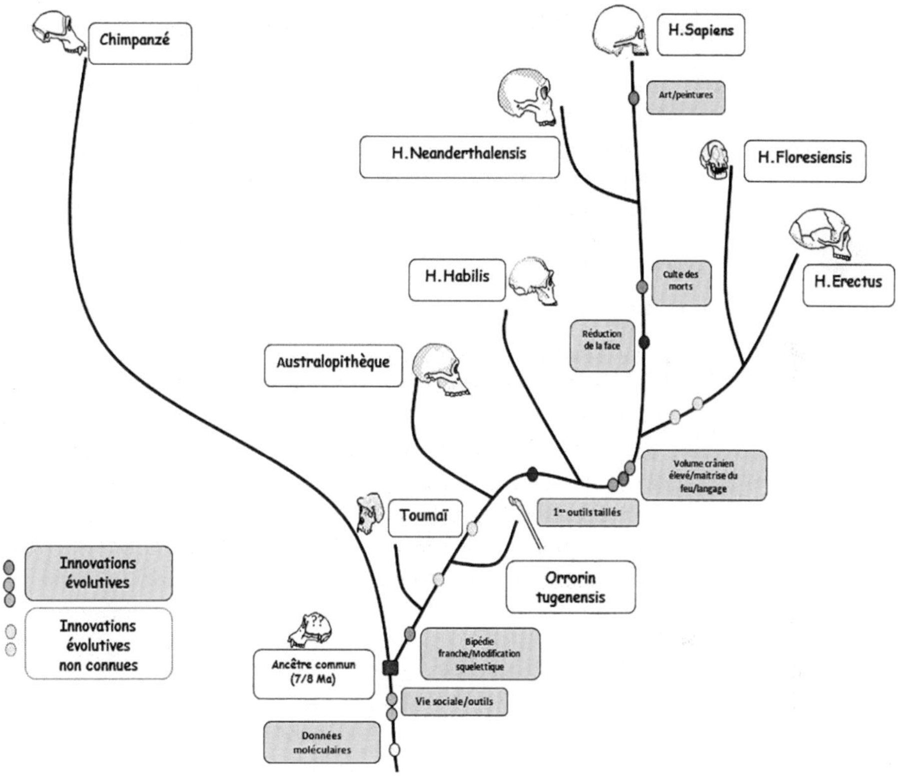


**FIGURE 14-1 :** Le buisson de la lignée humaine.

Depuis la seconde moitié du xx^e siècle et surtout depuis le début du xxi^e siècle, les différentes fouilles permettent de mieux connaître la lignée humaine. Un véritable buisson (voir ci-dessus) dont une seule branche, la nôtre, est toujours en vie. On ne retrouvera sans doute jamais notre ancêtre direct, mais la connaissance de tous les cousins permet de mieux comprendre nos origines.

## Les hommes, des primates

Découvrir un fossile d'hominoïde est rare, et il est nécessaire de pouvoir correctement l'attribuer à un hominidé, voire à un homininé. Les différences entre le chimpanzé actuel et l'humain sont multiples : la courbure de la colonne vertébrale, la structure de la dentition, la forme du bassin (plus large chez l'humain), la position du trou occipital sous le crâne, la forme du crâne et, en particulier, de la face et du bourrelet sus-orbitaire, etc. Les critères sont variés ! Mais quand il s'agit de formes ancestrales, les différences sont moins marquées. Les hommes ne descendent pas du singe, mais ce sont bien des primates !

En effet, suivant les études, l'*Homo sapiens* partage plus de 95 % de ses gènes avec le chimpanzé et la coïncidence entre les deux génomes est de 99,4 %. Nous sommes donc génétiquement quasiment identiques. Pourtant, en comparant ces deux organismes, on voit certaines différences, notamment dans la quantité de poils, sur l'aspect du visage, la longueur des bras et des jambes...

### POURQUOI LES HOMMES NE SONT-ILS PAS POILUS COMME LES AUTRES GRANDS SINGES ?

Il semblerait que les hommes soient moins poilus depuis 2 millions d'années. Plusieurs hypothèses sont formulées : la perte de poils a pu favoriser les individus bénéficiant d'une moindre surchauffe corporelle ou les individus moins infestés par les parasites comme les puces, les poux (vecteurs de maladies mortelles), etc. Il n'est pas exclu non plus que les femelles préféraient les mâles moins poilus, et cette préférence répétée au fil des générations a fait des humains des singes peu poilus.

Sans poils, la peau s'est retrouvée plus exposée. Il semblerait également que la peau des premiers hommes était claire (comme celle des chimpanzés). Parmi nos ancêtres, certains, à la suite d'une mutation génétique, ont exprimé de la mélanine dans les cellules de la peau : la peau foncée protégeant contre les rayons ultraviolets, ces individus ont été favorisés dans les zones fortement ensoleillées comme en Afrique. Lors des migrations, ceux qui ont muté de nouveau – et ont eu une peau claire – ont, au contraire, pu bénéficier des rayons du soleil des contrées du Nord, des rayons moins abondants et nécessaires pour faire synthétiser la vitamine D et éviter le rachitisme.

La comparaison de l'ADN des hommes actuels avec celui des grands singes a montré que les lignées des chimpanzés et des hommes se sont séparées il y a 7 millions d'années et que chacune a évolué séparément. Compte tenu de la colonisation de la planète par les hommes, la Terre est bien la planète des singes !

## TARZAN ET CHEETAH, DEUX COUSINS ?

Pensons à Tarzan et Cheetah... Tarzan se déplace de liane en liane dans les arbres comme Cheetah. Cheetah marche au sol sur ses deux pattes arrière comme Tarzan. Pourtant l'un est bien identifié comme un humain, l'autre comme un chimpanzé. La bipédie ne fait donc pas l'être humain. Le fait de grimper aux arbres favorise le redressement du buste : on estime que la bipédie est apparue chez les singes il y a 15 millions d'années. La seule différence avec les autres singes est que les hommes ont une bipédie exclusive (dès que l'enfant sait marcher), les autres hominidés, actuels et fossiles (comme Lucy), peuvent aussi bien grimper aux arbres que marcher dans la savane. En théorie, il est estimé que l'homme se déplace en moyenne à 99 % par bipédie et 1 % par suspension. Le chimpanzé, à 10 % par bipédie, 40 % par quadrupédie et 50 % par suspension. Le bonobo, à 20 % par bipédie, 35 % par quadrupédie et 45 % par suspension.

# Les plus anciens humains trouvés

À la recherche de notre plus ancien ancêtre, l'équipe de **Michel Brunet (né en 1940)** a trouvé au Tchad un hominidé fossile (enfin une portion de mâchoire) qu'ils ont appelé Abel (du nom d'un collègue décédé). Cet australopithèque serait contemporain de Lucy ; il a été nommé *Australopithecus bahrelghazali*. La nouvelle a fait grand bruit, car c'était le premier homininé trouvé à l'ouest du rift africain, censé être le berceau de l'humanité.

En l'an 2000, **Brigitte Senut (née en 1954)** et **Martin Pickford (né en 1943)** ont découvert au Kenya les restes d'un humain vivant entre 5,7 et 6 millions d'années : *Orrorin tugenensis*. Orrorin prenait alors la place du plus ancien ancêtre des homininés (*Millenium ancestor*). Or, en 2001, l'équipe de **Michel Brunet** – toujours au Tchad – trouve l'homme du Sahel (Toumaï ou *Sahelanthropus tchadensis*). Ce squelette a des traits le rapprochant davantage des humains que des chimpanzés, notamment par sa dentition, le faible prognathisme (ce qui fait avancer les mâchoires) et la position du trou occipital (la fixation de la colonne vertébrale sur le crâne). Il devait mesurer de 1 m à 1,2 m et peser 35 kg. C'était un mâle (si on se réfère au bourrelet sus-orbitaire développé). On estime que Toumaï vivait entre 6,9 et 7,2 millions d'années.

Or, d'après des comparaisons de séquences d'ADN, la séparation entre les humains et les chimpanzés daterait de 7 millions d'années (voire 5 millions d'années, d'après des données récentes). La découverte de Toumaï remettait les choses en question : on trouvait plus à l'ouest qu'attendu les restes du plus vieil homininé alors qu'on pensait à l'époque que l'homme était apparu dans la vallée du Rift de l'Afar, en Éthiopie. Il n'est pas exclu que des hybrides aient pu exister entre des ancêtres de chimpanzés et des ancêtres humains. Une véritable controverse a alors vu le jour et n'est toujours pas terminée à l'heure actuelle : Toumaï est-il un homininé ? Ou une femelle chimpanzé ancestrale ? Des caractères de femelles de grands singes ont parfois été confondus avec ceux d'homininés. Le débat n'est toujours pas clos à l'heure actuelle : seulement six fossiles ont été trouvés sur les sites de fouilles : il en faudrait davantage pour pouvoir définitivement affirmer que l'hominidé Toumaï est soit un *Sahelanthropus*, soit un *Sahelpithecus* (c'est-à-dire un chimpanzé ancestral).

Deux autres humains ancestraux (plus proches d'Orrorin) ont également été retrouvés depuis, du genre *Ardipithecus* : *A. kadabba* (vieux de 5,4 à 5,8 millions d'années) et *A. ramidus* (âgé de 4,5 millions d'années).

Les restes âgés de moins de 4,5 millions d'années sont beaucoup plus importants. Est-ce parce qu'ils sont mieux conservés ? Ou parce que les couches sédimentaires dans lesquelles ils sont enfouis restent plus accessibles ? Ou parce qu'il y en a davantage ?

## Australopithèques, paranthropes et kenyanthropes

Les premiers homininés âgés de plus de 4,5 millions d'années appartiennent à une branche cousine de la nôtre. Il y a un peu plus de 5 millions d'années ont émergé les genres *Australopithecus* et *Paranthropus.*

Parmi les australopithèques, les plus médiatiques sont Lucy et Abel. Il en existe d'autres comme *A. africanus* (daté de – 3,5 à – 2,5 millions d'années) ou *A. sediba* (de – 1,95 à – 1,78 million d'années). Les australopithèques se sont diversifiés jusqu'à il y a un million d'années, date approximative à laquelle ils ont disparu.

Dans l'ensemble, les australopithèques sont des êtres de taille moyenne, plutôt bipèdes, mais ils se déplacent également dans les arbres. Ils présentent une boîte crânienne plus petite que la nôtre, mais encore un prognathisme. Les humains n'ont plus ce prognathisme, d'où notre face plate.

En 1999, un squelette quasiment entier (90 %) d'homininé a été découvert en Afrique du Sud. Cet individu, nommé Little foot, a été daté de 3,7 millions d'années. Sa morphologie semble intermédiaire entre les australopithèques et les paranthropes.

Les paranthropes sont des australopithèques à mâchoire puissante avec de très grosses dents (alors que les australopithèques n'ont que de grosses dents et les autres homininés des petites dents, comme les nôtres – pour avoir une échelle). Parmi ce genre, on trouve *P. aethiopicus* (daté de – 2,7 à – 2,3 millions d'années),

*P. boisei* (de – 2,2 à – 1,4 million d'années) et *P. robustus* (de – 2,2 à – 1 million d'années).

Il y a un peu moins de 5 millions d'années, le genre *Kenyanthropus* s'est individualisé à son tour. Un seul représentant fossile a été trouvé à l'heure actuelle : *Kenyanthropus platyops*, daté de 3,6 à 3,3 millions d'années. Compte tenu du peu de restes fossiles trouvés, on a peu d'informations à son sujet.

### Le dernier ancêtre commun

Trouver un fossile est une chance extraordinaire. Qu'un être vivant soit fossilisé est très rare. Et qu'un fossile trouvé puisse être correctement exploitable est une incroyable aubaine. Les lois de la probabilité prédisent donc qu'on ne pourra pas trouver le dernier ancêtre commun aux humains. Toutefois, la découverte de nombreux fossiles apparentés, depuis la fin du XXe siècle, permet de tracer un portrait-robot de cet ancêtre.

Selon le paléoanthropologue **Pascal Picq (né en 1954)**, ce dernier ancêtre commun devait posséder les caractéristiques suivantes : il aurait une taille d'environ 1 mètre pour 30 à 40 kilos avec une faible capacité crânienne. Son mode de vie était arboricole, mais il avait la possibilité de se déplacer sur ses deux pattes arrière. Son régime alimentaire devait être omnivore. Il est fort probable qu'il vivait en tribu et, par analogie avec ce qui a été montré par l'analyse génétique d'un clan néandertalien, les femelles devaient changer de clan pour se reproduire. Enfin, il devait savoir se servir d'outils et devait être capable d'apprendre même à l'âge adulte.

## Les représentants du genre Homo

Plus de 7 milliards d'hommes vivent actuellement sur la Terre, mais il n'existe qu'une seule espèce : *Homo sapiens*. Cela ne fut pas toujours le cas.

Notre arbre généalogique est complexe, et pour le construire, les paléoanthropologues ne disposent souvent que d'une dent, d'un fragment de mâchoire, et/ou d'un os.

En 1964, l'équipe dirigée par **Louis Leakey (1903-1972)**, **Phillip Tobias (1925-2012)** et **John Napier (1917-1987)** découvre un squelette présentant des caractères d'australopithèque ou de paranthrope, mais avec quelques nuances.

Ce squelette était daté de 2,5 à 1,6 million d'années. De la stature d'un enfant de sept ans, adapté à la vie dans les arbres, piètre marcheur, il aurait pu être attribué à un paranthrope si des outils n'avaient pas été trouvés à ses côtés. Or, on pensait – à tort – que les outils n'étaient réalisés que par les humains du genre *Homo*. Aussi ce squelette fût-il appelé *Homo habilis*. Les individus de cette espèce ont vécu de – 2,5 à – 1,8 million d'années.

Deux autres représentants du genre *Homo* – et contemporains à *Homo habilis* – ont été découverts également en Afrique : *Homo rudolfensis* (de – 2,4 à – 1,7 million d'années) et *Homo naledi* (estimé à – 1,5 million d'années, mais venant d'être découvert des caractérisations restent à faire). Ces individus présentent tout de même des caractères proches des australopithèques.

Quels sont les caractères qui permettent d'attribuer un squelette au genre humain ?

La plus grosse différence au niveau du squelette se caractérise dans notre adaptation quasi exclusive à la bipédie : notre squelette se caractérise par un bassin large et court, un trou occipital centré, la position du bassin par rapport au fémur.

Si les anthropologues ne retrouvent que le crâne, il sera possible de distinguer un être du genre *Homo* d'un autre homininé en s'appuyant sur le fait que l'homme possède une plus grosse boîte crânienne que les australopithèques, plus ronde, et une face plate. *Homo sapiens* n'a pas de bourrelet sus-orbitaire. L'analyse des dents permet également d'attribuer le crâne au genre *Homo*.

*Homo erectus*, ainsi, présente des caractères vraiment spécifiques du genre humain. Apparu il y a 2,3 millions d'années, cet individu est plus grand (un peu plus d'1,5 m) avec des bras plus courts et des jambes plus longues. Il a disparu il y a – 0,3 million d'années. Ce sont sans doute ces caractères physiques qui ont permis à *Homo erectus* de partir à la conquête du monde. *Homo ergaster*, quant à lui, semble être resté sur le continent africain. On estime qu'il a vécu de – 2 à – 1 million d'années.

## LA CONQUÊTE DU FEU

Le plus ancien foyer a été mis en évidence en 2012 en Afrique du Sud. Dans des sédiments datés d'un million d'années, ont été révélées des traces de cendres de bois, un foyer entretenu par *Homo erectus*, compte tenu d'autres critères.

Ce feu avait-il été récupéré dans la nature (dans un incendie naturel) ou l'homme savait-il déjà faire du feu ? Rien pour l'instant ne permet d'affirmer quoi que ce soit.

En Eurasie, les plus anciennes traces de foyer datent de 400 000 ans, comme à Terra Amata dans les Alpes- Maritimes. Or les humains étaient déjà sur le territoire depuis plus d'un million d'années ! On ne sait pas pourquoi il n'y a aucune trace de foyers avant 400 000 ans.

## NEANDERTAL A-T-IL DISPARU ?

Les hommes de Neandertal ont disparu il y a 33 000 ans. Découvert en 1856, cet homme fossile avait un corps massif et un bourrelet sus-orbitaire prononcé (un surplus d'os au niveau des sourcils). Tout d'abord considéré comme une sous-espèce d'*Homo sapiens*, l'homme de Neandertal est désormais une espèce à part entière depuis la comparaison de son ADN avec celui d'*Homo sapiens.* À chaque fois que l'homme moderne est arrivé sur le territoire d'hommes archaïques, ces derniers ont disparu. Neandertal ne fait pas exception. Plusieurs hypothèses sont formulées : les hommes modernes auraient capturé une bonne partie du gibier, ils auraient assassiné les néandertaliens, ils étaient mieux équipés, etc. Mais la découverte de nouveaux gisements néandertaliens nous donne des arguments contraires à ces hypothèses.

Peu de traces de blessure ont été retrouvées sur les squelettes de néandertaliens (pas plus que celles causées par la confrontation avec des animaux sauvages). Des traces de végétaux, de petits animaux, de poissons trouvés dans l'abri de Maras en Ardèche montrent que la nourriture des néandertaliens n'était pas exclusivement faite de gros gibier. La diversité de l'alimentation a pu leur permettre de survivre à un manque de gros gibier.

Dans ce même gisement ardéchois, des fibres végétales tressées et des outils de pierre prouvent que l'artisanat néandertalien n'avait rien à envier à celui des *Homo sapiens* colonisateurs.

La dernière hypothèse actuellement proposée est que le taux de reproduction des *Homo sapiens* était plus important que celui des *Homo neanderthalensis*, et comme il n'y avait que quelques milliers de néandertaliens en Europe, cela a causé leur perte... Mais cette perte n'est pas si totale que cela. En 2002 ont été trouvés les restes d'un jeune homme en Roumanie, possédant à la fois des caractères d'*Homo neanderthalensis* et d'*Homo sapiens.* Une analyse génétique a montré qu'un dixième de son ADN était d'origine néandertalienne, une preuve que le métissage entre les deux espèces avait eu lieu quatre à six générations avant sa naissance. Un cas particulier ? Non ! Depuis, les analyses génétiques prouvent que 20 % à 40 % du génome néandertalien sont toujours présents au sein des hommes actuels et que chacun de nous aurait 1 à 3 % de ses gènes hérités de Neéandertal (des gènes impliqués dans le système immunitaire, dans la formation de la kératine et la couleur des cheveux). Comment sait-on que c'est la preuve d'un métissage entre les deux espèces, et pas l'héritage d'un ancêtre commun ? Seuls les Eurasiens et, en particulier, les Européens présentent ces traces de métissage. Or ce sont les seuls à avoir été en contact, il y a 40 000 ans, avec les néandertaliens.

En 2010, une phalange retrouvée en Sibérie dans la grotte de Denisova a permis la découverte d'une nouvelle espèce, ressemblant à Neandertal, avec toutefois quelques différences. Les Mélanésiens actuels partagent des variations génétiques avec ces hommes de Denisova et en seraient les descendants actuels. À suivre...

En conquérant le reste du monde, les individus du genre *Homo* se sont ainsi retrouvés dans des milieux très différents, ce qui a favorisé l'apparition de diverses espèces, adaptées aux conditions climatiques : l'homme de Denisova (de – 40 000 ans à une date encore indéterminée), l'*Homo florensiensis* (de – 95 000 à – 18 000 ans), *Homo heidelbergensis* (de – 800 000 à – 300 000 ans), *Homo rhodesiensis* (de – 600 000 à – 200 000 ans) ou *Homo sapiens* archaïque, suivi d'*Homo sapiens* moderne (apparu il y a 200 000 ans), sans oublier *Homo neanderthalensis* (de – 350 000 à – 28 000 ans) – l'homme de Neandertal, qui fut un temps appelé *H. sapiens neanderthalensis* quand nous étions appelés *H. sapiens sapiens*.

*Homo sapiens*, l'homme qui sait – l'homme de Cro-Magnon –, fut découvert aux Eyzies-de-Tayac en Dordogne en 1868. Les restes fossiles ont été trouvés dans un creux (« *cros* » en occitan). Il devait mesurer 1,8 m, et était de stature athlétique. Son cerveau était plus petit que celui de Neandertal (1 350 $cm^3$, en moyenne, chez *Homo sapiens*, pour 1 550 $cm^3$, en moyenne, pour Neandertal).

L'isolement géographique a pu influencer l'évolution de certaines espèces. Ainsi, l'homme de Flores (en Indonésie) mesurait 1 mètre, pesait 25 kg. Il a été surnommé le Hobbit par référence à l'œuvre de Tolkien. Le nanisme insulaire affecte d'autres espèces comme les éléphants, pourquoi pas les humains ?

## LE CONCEPT DE RACE

Combien existe-t-il de races humaines ? Deux individus appartiennent à la même race quand ils sont interféconds et que leur descendance est féconde ; donc chez l'homme, la réponse est une seule.

Tous les humains actuels ont une origine commune et sont interféconds. Le concept de race n'existe, en biologie, que pour désigner des races domestiques, des races sauvages d'animaux ou de végétaux…

De plus, des transfusions sanguines, des greffes d'organes peuvent se faire entre humains d'origine très diverse (un Japonais avec un Africain, par exemple). Des critères pris comme référence pour définir les races, comme la couleur de la peau, sont des homologies : si on prend deux individus d'Afrique et du Pacifique, ayant une peau foncée (avec approximativement la même quantité de mélanine), ils sont génétiquement plus éloignés entre eux qu'ils ne le sont avec d'autres populations à peau claire (des Européens et des Chinois, par exemple).

La définition sociale est différente et s'apparente plus à celle de l'ethnie.

De récentes découvertes d'ancêtres de l'homme de Flores datés de 700 000 ans semblent indiquer que ce sont des *Homo erectus* à l'origine, et non des *Homo sapiens*, qui ont évolué dans un univers restreint.

Ainsi, si à l'heure actuelle, *Homo sapiens* est le seul et unique représentant de l'espèce humaine, les individus du genre *Homo* ont vécu à côté les uns des autres pendant des centaines d'années et ont côtoyé d'autres homininés (car ils pouvaient vivre aux mêmes endroits à la même période). On estime que jusqu'à six espèces d'*Homo* ont pu vivre simultanément. Qu'il y ait eu des métissages n'est pas exclu, mais les restes fossiles et les fragments d'ADN retrouvés ne permettent pas de savoir si une parenté est due à un héritage commun ou à un métissage.

Plus les fouilles se poursuivent, plus les techniques se perfectionnent, plus on trouve de restes fossiles. L'arbre généalogique des humains s'étoffe, se complexifie, en laissant des pans entiers à explorer.

# L'Afrique, berceau de l'humanité

Comment les homininés sont-ils apparus ? L'Afrique est-elle le berceau de l'humanité ? Parle-t-on de l'apparition des premiers homininés ou des premiers *Homo sapiens* ?

En 1924, un australopithèque (*Australopithecus africanus*) a été découvert en Afrique du Sud. Manifestement, il s'agissait d'un jeune individu, l'enfant de Taung. Cinquante ans plus tard, Lucy était mise au jour en Éthiopie. Vingt-cinq ans plus tard, Little Foot est découvert en Afrique du Sud. Il semblerait donc que l'histoire de l'humanité ne soit pas cantonnée à l'est de l'Afrique – une l'*East side story*, – comme l'avait proposé Yves Coppens –, mais qu'elle reste tout de même une histoire africaine. On entend parfois l'hypothèse d'une origine asiatique. En réalité, les squelettes d'homininés les plus anciens retrouvés en Asie datent de moins de 2 millions d'années. En revanche, on trouve des squelettes plus anciens d'hominidés (ancêtres ou cousins des orangs-outangs actuels) qui peuvent être confondus avec des ancêtres humains.

Un des événements qui a pu induire l'apparition de ces nouvelles espèces est le climat. Comme le montre leur morphologie (ou ce qui est déduit de leurs fossiles), les australopithèques (*Australopithecus anamensis*) pouvaient vivre dans la forêt et la savane, il y a 4 millions d'années. Il y a 2,5 millions d'années, la Terre subit un refroidissement important. Alors qu'aux pôles la banquise progresse, en Afrique la sécheresse gagne du terrain. Les forêts sont peu à peu remplacées par la savane avec ses hautes herbes. Yves Coppens parle de l'Omo Event (jeu de mots faisant référence à la fois à la vallée de l'Omo au sud de l'Éthiopie et à *Homo*). Ce n'est pas la savane en elle-même qui a favorisé l'apparition de l'homme (*Homo habilis*, en l'occurrence), mais l'instabilité climatique qui a favorisé l'émergence et la prolifération des homininés les mieux adaptés à une alimentation diversifiée (parce que leur dentition la leur permettait, par exemple).

Au début des années 1980, Yves Coppens a proposé une explication de la séparation entre la lignée humaine et celle des grands singes. Voici sa théorie de l'*East side story*.

## L'EAST SIDE STORY

Un changement climatique majeur a eu lieu dans la corne de l'Afrique lors de la formation d'un rift océanique (un océan est toujours en train de s'ouvrir à cet endroit). Deux populations de primates auraient alors été isolées : l'une restant dans la forêt tropicale, l'autre se retrouvant dans la savane herbeuse (dans la région correspondant aujourd'hui à la Tanzanie, au Kenya et à l'Éthiopie). Dans la forêt, les hominidés se déplaçant principalement par brachiation (à la force des bras) auraient été favorisés et auraient donné naissance aux grands singes (gorilles, chimpanzés, bonobo). Dans la savane, la bipédie aurait été favorisée : les homininés auraient alors évolué.

Pourquoi l'équipe d'Yves Coppens a-t-elle cherché à cet endroit précis ? Des fouilles avaient commencé au début du XX^e^ siècle notamment, dans des formations calcaires de l'Afrique du Sud, dans le rift est-africain, dans l'Ouest africain..., là où se trouvent des roches riches en gisements de métaux et de pierres précieuses. Souvent, c'est le travail des mineurs, qui, en trouvant des ossements dans les gravats, alertent les scientifiques, lesquels viennent alors tamiser, piocher, épousseter longuement des tonnes de roches pour découvrir une phalange. Imaginez la joie de trouver un squelette presque entier !

Plusieurs vagues de migration humaine ont ensuite eu lieu depuis l'Afrique. Afin de les suivre, les paléogénéticiens utilisent la comparaison des séquences d'ADN et, en particulier, celles contenues dans les usines énergétiques de nos cellules, les mitochondries. Hérité uniquement de la mère, l'ADN mitochondrial permet de suivre les lignées familiales.

## MÉLI-MÉLO BASQUE

Des linguistes ont travaillé sur les différentes langues indo-européennes en comparant leurs ressemblances et différences. Ils ont pu ainsi retracer les migrations de populations : des tracés qui se superposent à ceux trouvés en analysant l'ADN mitochondrial. Quelques imperfections toutefois apparaissent. Ainsi, le peuple basque, par exemple. Génétiquement, il est proche des habitants du sud-ouest de la France et du nord de l'Espagne, mais la langue n'est en rien apparentée à celle des Indo-Européens.

*Homo erectus* (et peut-être *Homo habilis* et *Homo ergaster*) est le premier homme à être sorti d'Afrique, par la péninsule arabique.

Il faut tenir compte du fait que la tectonique des plaques modifie la disposition des continents les uns par rapport aux autres. L'Afrique et la péninsule arabique étaient plus proches l'une de l'autre il y a 2 millions d'années qu'elles ne le sont aujourd'hui.

La colonisation de l'Eurasie s'est faite vers l'ouest (des restes d'*Homo erectus* ou d'*Homo antecessor*, un probable descendant d'*Homo ergaster*, datés de 1,2 million d'années, ont été retrouvés en Espagne sur le site d'Atapuerca) et vers l'est jusqu'en Indonésie (avec des fossiles datés de 1,8 million d'années). Des migrations possibles par le détroit de Gibraltar et par la mer, *via* la Sicile, ne sont pas exclues. Ces hommes se sont adaptés à leur nouveau milieu. Comme en Afrique, de nouvelles espèces sont apparues en Europe, comme l'homme de Neandertal.

Cette vague migratoire sera suivie d'autres vagues, d'*Homo sapiens*, notamment. Né il y a 200 000 ans dans la vallée de l'Omo en Afrique de l'Est (des fossiles datés de 195 000 ans y ont été retrouvés), *Homo sapiens* a conquis, depuis, la planète tout entière. Probablement comme l'avait fait *Homo erectus*, des petits groupes d'humains ont cheminé en suivant leur gibier, en Afrique, mais également sur d'autres continents. On a retrouvé des restes d'*Homo sapiens* en Israël datés de 100 000 ans. La proximité génétique entre les Égyptiens actuels et les Européens laisse penser qu'*Homo sapiens* est sorti d'Afrique par la mer Rouge et que ce qui deviendra plus tard l'Égypte a été le dernier passage vers l'Eurasie. Des fossiles datés de 65 000 ans au Laos, de 50 000 ans en Australie, d'autres de 45 000 ans en Italie, ont permis de retracer les voies migratoires. Arrivés aux confins du continent asiatique (on estime vers – 35 000 ans), les humains ont pu passer sur le continent américain par le détroit de Behring et ils ont colonisé petit à petit tout le continent, arrivant au niveau de la Terre de Feu vers – 11 000 ans.

Une hypothèse récemment formulée est toutefois que cette voie n'aurait pas procuré suffisamment de nourritures aux colons. Les chercheurs en proposent une autre hypothèse : les colons auraient colonisé les Amériques en passant par la côte Pacifique. Il reste à confirmer ces découvertes et à déterminer si cette migration s'est effectuée par voie terrestre ou maritime. Il y a eu plusieurs vagues de colonisation. Des humains venant d'Asie ont pu également coloniser l'Europe. Enfin, rien n'exclut l'évolution des *Homo ergaster*, déjà présents, vers le genre *Homo sapiens*.

En 2009, en comparant l'ADN des chasseurs - cueilleurs du mésolithique (– 10 000 à – 5 000 ans) avec celui des fermiers du néolithique, et celui d'Européens actuels, il a été montré que les Européens n'avaient pas hérité du seul patrimoine génétique des chasseurs-cueilleurs. Nos gènes proviennent, certes, de ces premiers hommes installés en Europe, mais aussi de migrants arrivés massivement depuis le croissant fertile voilà 7 500 ans. Il y a 5 000 ans, une nouvelle migration provenant de l'Eest (Asie ? Europe de l'Est ?) a modifié les gènes des Européens, qui semblent avoir très peu évolué depuis. Les métissages ne sont pas obligatoirement immédiats lors de l'arrivée de population migrante. En Allemagne, une vaste étude réalisée sur des restes humains du Mésolithique et du Néolithique a montré qu'il a fallu 1 000 ans pour que le métissage ait lieu.

À chaque fois, les groupes d'humains migrants sont de petite taille. Au niveau génétique, cela implique une faible diversité des gènes. C'est la raison pour laquelle la plus grande variabilité génétique est retrouvée chez les Africains.

# Us et coutumes chez les Homo sapiens

Il n'y a pas que des restes humains qui permettent de comprendre l'évolution humaine. Des restes de vie (artisanat, restes de repas, tombes, etc.) permettent aux anthropologues de mieux appréhender les sociétés humaines, leurs relations avec leur milieu naturel, etc. À la condition, toutefois, que ces vestiges soient correctement attribués aux bons homininés.

## L'habitat

Les hommes préhistoriques vivaient-ils dans des grottes ?

Absolument pas. Les grottes connues comme Lascaux sont sombres, mal aérées donc peu propices à être habitées. De plus, des animaux comme des ours pouvaient vivre dans les grottes. Il n'est pas improbable que les hommes aient pu vivre à l'entrée des grottes, voire à l'abri d'un surplomb rocheux. Mais des traces de campements ont été retrouvées. On peut donc penser que les premiers humains avaient un comportement nomade.

## L'alimentation

En se basant sur les restes d'animaux, de végétaux, les traces d'amidon, les traces d'usure de l'émail dentaire, voire les ustensiles de cuisine (comme un mortier et un pilon), on arrive à retracer le régime paléolithique (qui n'a rien à voir avec le régime proposé dans les magazines !).

Une expérience a montré que des chimpanzés sont capables d'attendre que la viande soit cuite plutôt que de se jeter sur de la viande crue disponible. On peut ainsi extrapoler et imaginer que les premiers homininés ayant fait cuire leurs aliments (ou ayant mangé un animal cuit après un incendie) aient préféré cela. La cuisson des aliments permet de renforcer leurs valeurs nutritive et gustative tout en facilitant leur mastication : lors de la découverte d'un fossile, la taille des molaires est d'ailleurs un des critères pour déterminer l'espèce d'hominidés trouvée. Quand les hommes ne disposaient pas de récipients pour cuire les aliments, ils utilisaient probablement des pierres brûlantes.

Ils consommaient de gros herbivores, comme du renne, du cheval, des coquillages, des poissons, des céréales sauvages. Expérimentalement, il a été constaté que 15 jours de récolte de céréales sauvages fournissaient la réserve de grains nécessaire pour un an d'alimentation pour quatre personnes.

Est-ce que l'homme préhistorique était cannibale ? Pas davantage plus qu'actuellement, semble-t-il.

En effet, jusqu'au xx$^{e}$ siècle, des cas de cannibalisme rituels étaient décrits, comme celui qui consistait à manger le cerveau de défunts (dans l'île de Kuru, ce qui a entraîné des cas de maladies à prion). Des momies étaient réduites en poudre pour la pharmacopée (la *mumia* était censée guérir des affections respiratoires, entre autres ; François I$^{er}$ se déplaçait toujours avec un morceau de momie avec lui).

On trouve toutefois des traces de cannibalisme datées de 800 000 ans (des os d'*Homo antecessor* mélangés à des os d'animaux). En Ardèche, des restes de néandertaliens datés de 100 000 ans ont été retrouvés avec des traces de techniques bouchères. Toutes ces preuves de cannibalisme ne prouvent pas que c'était une pratique courante : il semblerait au contraire que cette pratique n'était qu'exceptionnelle, voire rituelle (ou guerrière).

Au Néolithique, l'homme a commencé à domestiquer animaux et végétaux. Par exemple, dans le croissant fertile (vers – 8 500 ans av. J.-C.), ont été domestiqués l'orge, l'amidonnier sauvage (qui donnera les blés après multiples croisements), en Amérique (vers – 3 500 ans av. J.-C.), la téosinte (ancêtre du maïs), la pomme de terre, en Asie du Sud (vers – 7 500 ans av. J.-C.), le riz, en Afrique (dans la région du Sahel vers – 5 000 ans av. J.-C.), le sorgho également, etc. Les végétaux domestiqués ont produit de plus en plus de grains, de plus en plus gros. De récolte en récolte, les espèces les plus productives ont été sélectionnées.

Et les animaux ? Vers – 20 000 ans, l'auroch est devenu la vache, le cheval a été domestiqué, de même que le cochon, la chèvre, le mouton, etc. Le chien a été domestiqué vers – 35 000 ans à partir du loup (*Canis lupus*)... à moins que ce ne soit le chien qui ait domestiqué l'homme !

Tout petit humain possède une enzyme permettant de digérer le lait (en particulier son sucre, le lactose) : la lactase. L'expression de cette enzyme s'arrête après le sevrage sauf chez certaines populations (des Européens et des Africains). À la suite d'une mutation survenue au Néolithique, ces populations expriment le gène codant la lactase à l'âge adulte et peuvent consommer du lait à n'importe quel âge. Ce sont, à chaque fois, des populations d'éleveurs bovins.

### MORTELLE POTION

C'est au niveau de tombes qu'ont été découvertes les premières traces de breuvage à fermentation : il y a 7 000 ans en Chine, il y a 5 400 ans en Iran. La consommation d'alcool était probablement ritualisée à l'époque et réservée aux cérémonies.

## L'habillement

Quand les cinéastes ou les dessinateurs représentent les hommes préhistoriques, ils sont vêtus de peaux de bête...

Il n'est pas impossible que les hommes aient su tisser (des traces de fibres végétales ont été retrouvées dans un gisement géorgien et datées de 34 000 ans).

Ces tissus étaient-ils utilisés comme filets (des empreintes de tissus ont été retrouvées sur des céramiques) ou comme vêtements ?

L'observation de figurines habillées semble montrer qu'il y a 30 000 ans, les hommes s'habillaient avec des peaux de bêtes et du tissu. En retrouvant Ötzi, l'homme préhistorique prisonnier des glaces dans la région alpine du Haut-Adige (à la frontière entre l'Italie et l'Autriche actuelles), nous avons une idée de l'habillement des hommes il y a 5 200 ans.

## Rites funéraires

Les premières sépultures connues ont été découvertes dans des grottes en Israël actuel. Elles sont datées de 10 000 ans et attribuées à *Homo sapiens*. Des sépultures néandertaliennes ont été trouvées comme à la Chapelle-aux-Saints en Corrèze (et datées de 60 000 ans). Auparavant, on ne sait pas ce que les premiers hommes faisaient de leurs défunts (inhumation, crémation, etc.). Les parures trouvées sur certains squelettes ont montré par ailleurs que des rangs étaient déjà attribués dans la société de l'époque.

# 5
# La partie des Dix

**DANS CETTE PARTIE...**

La partie des Dix est l'occasion de traiter des questions scientifiques plus ponctuelles.

Le chapitre 15 propose des situations de la vie quotidienne qui sont autant de petits mystères. Leur explication fait appel à quelques principes simples de physique, assez faciles à cerner.

Le chapitre 16 concerne la science de la vie. Celle-ci suscite de nombreuses questions, car elle nous touche de près, soit parce qu'elle nous concerne directement, soit parce qu'elle traite d'êtres vivants de notre entourage.

Dans cette partie des Dix, vous allez certainement trouver des réponses à quelques questions que vous vous posiez...

Chapitre 15

# Dix énigmes de la physique

**DANS CE CHAPITRE :**

» **Dix petits mystères de la physique au quotidien... et leur explication scientifique !**

Lumière, température, pression, attraction, électricité... la vie quotidienne nous réserve des expériences curieuses et qui paraissent inexplicables. Faites le lien avec des phénomènes scientifiques (et des souvenirs scolaires : Archimède, Bernoulli, etc.), grâce aux Nuls !

## Le dédoublement du poisson

Hier soir, des amis plus ou moins bien intentionnés vous ont offert un poisson rouge dans un aquarium rectangulaire. Ce matin, lorsque vous vous approchez de ce dernier, quelle n'est pas votre surprise de découvrir deux poissons rouges jumeaux ! Vous n'avez pourtant pas abusé de la boisson hier soir au point de voir double, et autant que vous sachiez, les poissons rouges ne se reproduisent pas en se dédoublant spontanément comme de vulgaires bactéries...

Heureusement, lorsque vous tournez autour de l'aquarium et regardez par-dessus, tout rentre dans l'ordre : vous ne voyez plus qu'un seul poisson. Vous voilà rassuré, mais comment avez-vous pu voir deux poissons, alors qu'il n'y en a qu'un ?

En fait, vous avez été trompé par une illusion d'optique, provoquée par le phénomène pourtant bien banal de la réfraction de la lumière. Celui-ci implique qu'en changeant de milieu, ici en passant de l'eau dans l'air, un rayon lumineux se trouve généralement dévié, car la vitesse de la lumière est différente dans les deux milieux (on dit aussi que les deux substances ont un indice de réfraction différent).

Le schéma ci-dessous représente l'aquarium vu de dessus et explique comment vous avez pu voir apparaître deux poissons.

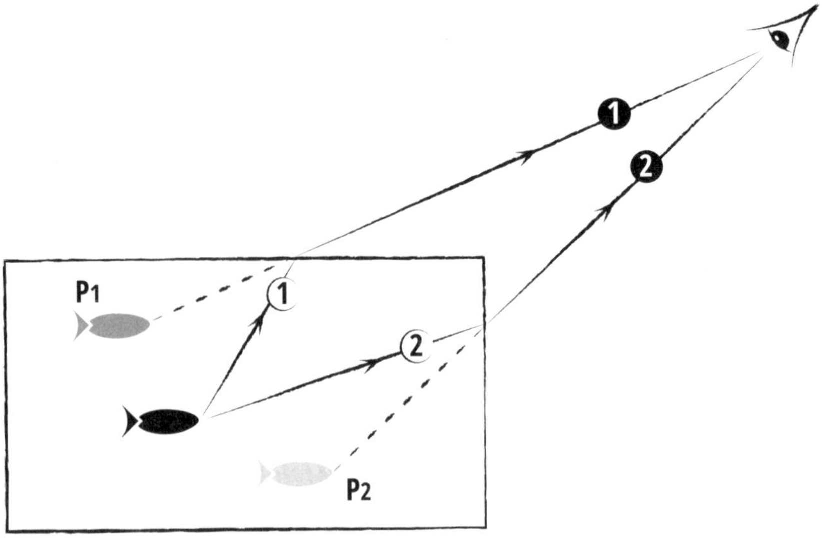


**FIGURE 15-1 :** Vision du poisson dans l'aquarium.

Le rayon n° 1 partant du poisson est réfracté (dévié) à la sortie de l'aquarium (on néglige la traversée de la paroi de verre qui ne fait que décaler légèrement le rayon) de telle sorte qu'il atteint votre œil et vous permet ainsi de voir le poisson. Mais vous le voyez dans le prolongement du rayon 1 émergent, c'est-à-dire en position $P_1$. Vous voyez en fait une image du poisson, légèrement décalée par rapport à sa vraie position. Le même raisonnement vaut aussi pour le rayon n° 2 qui va amener votre œil à voir une autre image du poisson en position $P_2$. Et voilà comment s'opère l'illusion du dédoublement du poisson, notamment lorsqu'on se place en face d'un angle de l'aquarium !

Le même phénomène de réfraction permet de voir apparaître une pièce de monnaie posée au fond d'une tasse opaque, lorsqu'on remplit cette tasse d'eau ou d'un autre liquide transparent. La figure 2 montre comment la pièce, non visible quand la tasse est vide (situation 1), le devient quand la tasse est pleine (situation 2).

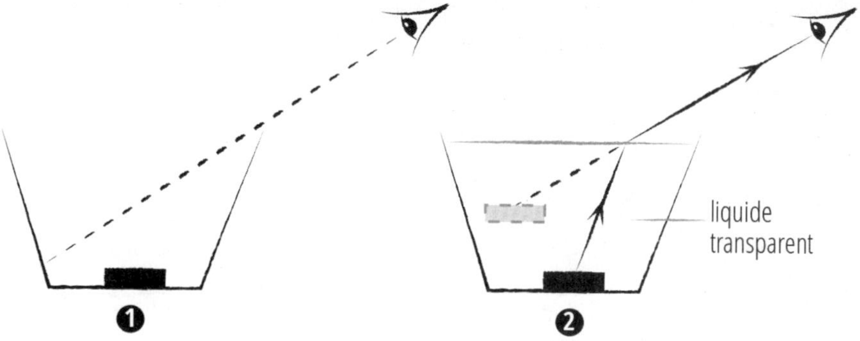


**FIGURE 15-2 :** La pièce cachée.

Remarquons que la pièce est vue à une profondeur apparente plus faible que sa profondeur réelle. Il en sera de même si vous regardez le fond d'une rivière d'eau claire, qui va vous paraître bien moins profonde qu'elle n'est en réalité. Attention si vous comptez vous jeter dedans en croyant avoir pied : vous risquez une déconvenue et il vaudra mieux savoir nager !

## De l'eau sur la route sèche !

Sous la canicule de l'été, vous roulez sur cette route rectiligne et surchauffée quand soudain vous voyez au loin une grande flaque d'eau brillante et bleutée sur la route. Pourtant, aucune pluie n'avait été annoncée… Mais en vous approchant de la zone « mouillée », vous la voyez progressivement disparaître et la route apparaît tout à fait sèche. Que s'est-il donc passé ?

Vous avez simplement été témoin d'un mirage, analogue à celui qui donne de faux espoirs au voyageur perdu dans le désert, quand il croit voir l'étendue d'eau d'une oasis salvatrice, qui en fait n'existe pas…

Comme dans le sujet précédent, c'est encore le phénomène de réfraction qui est à l'œuvre et qui dévie les rayons lumineux en provenance du ciel, mais cette fois tout se passe dans l'air. En effet, l'air est surchauffé au niveau du sol si bien que sa température, très élevée au ras du sol, décroît progressivement avec l'altitude. Or il se trouve que l'indice de réfraction de l'air varie légèrement avec la température et dans le même sens que cette dernière : il est donc maximal au ras du sol et diminue avec la hauteur. Ainsi, comme le montre la figure 3, le rayon de lumière émis vers le bas par le ciel lumineux est réfracté en continu par les couches d'air successives de plus en plus chaudes. Il se trouve ainsi incurvé de sorte qu'il arrive quasi horizontalement dans vos yeux : l'étendue brillante et bleutée du ciel vous semble alors provenir de la route.

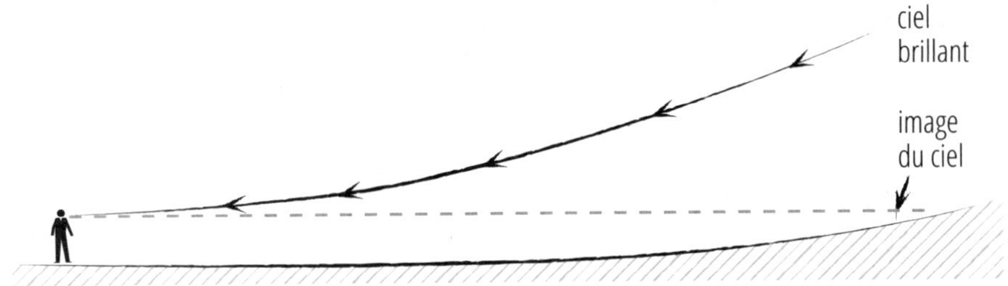


**FIGURE 15-3 :** Mirage inférieur.

Un autre type de mirage peut apparaître quand les variations de température de l'air avec l'altitude sont inversées par rapport à la situation précédente. C'est le cas au-dessus de la mer vers la fin d'une chaude journée, lorsque l'air au ras de l'eau est rafraîchi par celle-ci. S'il y a au loin un rivage montagneux ou un grand bateau, le rayon lumineux envoyé vers le haut par l'objet est incurvé comme sur la figure 4, si bien qu'il atteint les yeux de l'observateur en semblant provenir d'une zone du ciel : la montagne ou le bateau semblent ainsi flotter au-dessus de l'horizon !

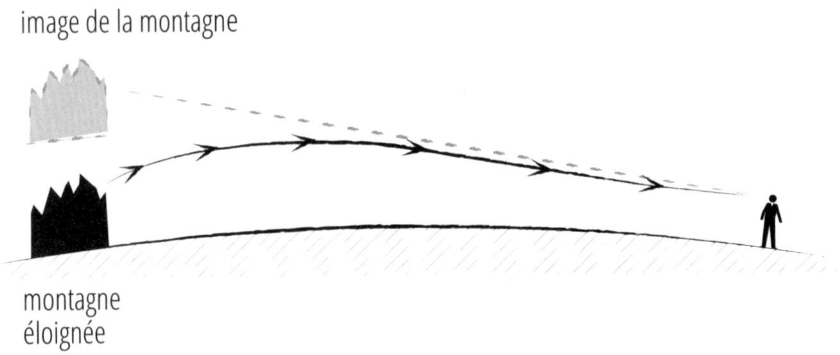


**FIGURE 15-4 :** Mirage supérieur.

# Un arc-en-ciel dans le jardin

Avant que le Soleil ne se couche, vous êtes en train d'arroser votre pelouse en créant une fine pluie afin d'assurer un arrosage bien uniforme. Au moment où vous tournez exactement le dos au Soleil, vous voyez alors apparaître devant vous un magnifique arc-en-ciel dans le mur d'eau de l'arroseur !

Les ingrédients pour obtenir un arc-en-ciel sont donc finalement assez simples : il suffit d'avoir un « nuage » de gouttelettes d'eau devant soi, et derrière soi le Soleil assez bas sur l'horizon, éclairant les gouttelettes. Mais comment les différentes radiations colorées (du rouge au violet, en passant par l'orangé, le jaune, le vert et le bleu), qui constituent ensemble la lumière blanche du Soleil, peuvent-elles apparaître ainsi séparées ?

Le secret réside dans le fait que l'indice de réfraction de l'eau dépend de la longueur d'onde de la lumière, donc de sa couleur : il augmente progressivement du rouge au violet. Ainsi, quand un rayon de lumière blanche passe de l'air dans l'eau (comme le montre la figure 5 dans laquelle un rayon en provenance du Soleil pénètre dans une goutte d'eau), les différentes radiations colorées sont déviées différemment et se retrouvent séparées : le violet (V) est plus dévié que le rouge (R). Les rayons sont ensuite partiellement réfléchis sur l'arrière de la goutte, puis ressortent en ayant subi une déviation globale différente selon la couleur.

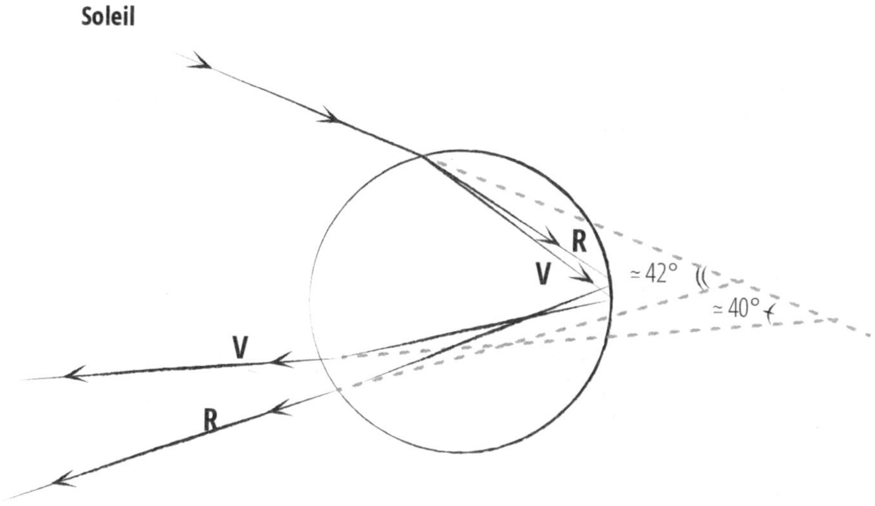


**FIGURE 15-5 :** Trajet d'un rayon dans une goutte d'eau.

Les rayons du Soleil éclairent toute la face avant de la goutte et sont donc dispersés à la sortie dans diverses directions, mais il se trouve qu'il y a une accumulation de rayons, et donc de lumière, dans des directions particulières : les rayons violets se concentrent dans des directions faisant un angle d'environ 40 degrés avec le rayon incident, alors que les rayons rouges font un angle d'environ 42 degrés. (Ce sont ces directions privilégiées qu'on a fait apparaître sur la figure 5, les couleurs intermédiaires subissant bien sûr une déviation intermédiaire.)

Un observateur qui regarde le mur d'eau éclairé par le Soleil (figure 6) va recevoir un excès de rayons rouges de la part des gouttes qui sont à 42 degrés de l'axe Soleil-observateur, donc qui sont sur l'arc de cercle repéré par les lettres « R ». Les gouttes qui sont sur l'arc de cercle « V », caractérisé par un angle de 40 degrés, envoient un excès de rayons violets.

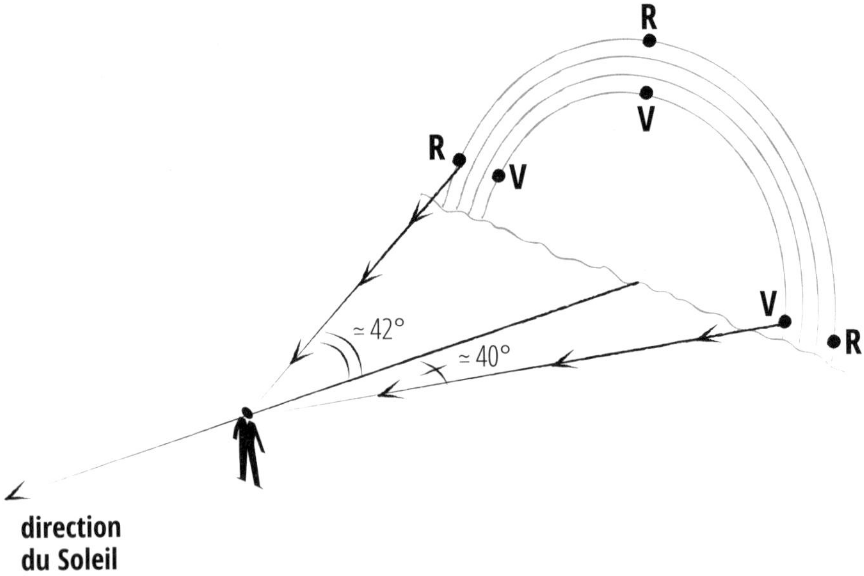


**FIGURE 15-6 :** Apparition de l'arc-en-ciel pour un observateur.

C'est ainsi que l'observateur voit une portion d'anneau coloré formant l'arc-en-ciel. Quand la luminosité est suffisante, on peut même voir un deuxième anneau coloré dû à des rayons ayant subi une double réflexion sur l'arrière des gouttes d'eau. Dans ce deuxième arc-en-ciel correspondant à un angle moyen de 51 degrés, les couleurs, moins lumineuses, sont dans un ordre inverse.

L'arc-en-ciel est une image vue par un observateur, qui va se déplacer si l'observateur se déplace. Si quelqu'un vous raconte qu'il est passé sous un arc-en-ciel ou qu'il s'est trouvé à côté d'un pied de l'arc-en-ciel, une chose est sûre : c'est un fieffé menteur !

# Un souffle rafraîchissant

On vient de vous servir une tasse de café brûlant et vous avez très peu de temps pour la boire. Vous voilà bien embêté... Comment faire en sorte que le café refroidisse rapidement ?

Mettre la tasse au réfrigérateur pourrait être une solution, mais encore faut-il en avoir un à sa disposition, et il faudra malgré tout attendre quelques minutes avant que le café ne devienne buvable. Vous pourriez bien sûr rajouter de l'eau froide ou un glaçon, mais cela altérerait le goût du café et il n'en est donc pas question !

Finalement, vous allez opter pour la bonne vieille méthode qui s'avère la plus efficace : souffler sur la surface du café. Mais au fait, ne trouvez-vous pas étrange qu'envoyer sur le café de l'air qui sort de votre bouche à près de 37 degrés soit plus efficace pour le refroidir que le contact avec l'air ambiant à 20 degrés, voire même avec l'air du réfrigérateur à 5 degrés ?

Cette étrangeté s'explique ainsi : c'est le courant d'air au-dessus du café qui provoque le refroidissement, car il entraîne l'évaporation rapide de l'eau. En effet, les molécules d'eau à la surface du café passent dans l'air en emportant chacune une petite quantité de chaleur : c'est l'évaporation qui a donc tendance à refroidir le liquide. Mais en temps normal, une certaine proportion des molécules de vapeur d'eau ainsi formées retourne dans le liquide, limitant ainsi la vitesse d'évaporation.

En soufflant sur la surface du café, on éloigne du liquide toutes les molécules de vapeur d'eau formées, qui ne peuvent donc plus y revenir. Comme il n'y a plus alors que des molécules qui partent du liquide, l'évaporation et, par conséquent, le refroidissement du café sont fortement accélérés !

C'est exactement le même phénomène qui nous procure une sensation de froid lorsque nous sommes mouillés en plein courant d'air. Mais notre organisme sait aussi tirer profit de ce phénomène en nous faisant transpirer quand nous avons trop chaud : l'évaporation de la sueur refroidit la surface de notre peau, d'autant plus efficacement qu'elle est plus ventilée.

## Chaleur et tromperie

C'est l'hiver ; il gèle à l'extérieur. En saisissant à pleine main la rambarde métallique de votre balcon, vous avez une intense et presque douloureuse sensation de froid. Au contraire, en prenant en main une boîte en polystyrène posée à côté, celle-ci vous paraît agréablement tiède…

Les différents matériaux seraient-ils plus ou moins chauds ou froids selon leur nature ? Pour en avoir le cœur net, il suffit de plaquer sur chacun d'eux un thermomètre et vous allez constater que ces instruments indiquent la même température pour chaque matériau. Ce qui est bien normal ; chaque objet baigne dans l'air ambiant et se met donc en équilibre thermique avec ce dernier : le métal et le polystyrène sont donc à la même température que l'air.

Mais alors, pourquoi nos sensations nous trompent-elles ? La raison en est que les deux matériaux se comportent différemment vis-à-vis de la chaleur. Le métal étant un très bon conducteur de la chaleur, la main posée dessus en perd rapidement une grande quantité qui se disperse instantanément dans toute la masse métallique. La surface de la main se refroidit donc beaucoup et très vite, nous procurant cette sensation de froid. Le polystyrène au contraire est un isolant qui conduit très mal la chaleur. La main posée sur ce matériau réchauffe quasi instantanément la petite couche de polystyrène avec laquelle elle est en contact. Celle-ci est portée à la température initiale de la main, d'où la sensation de tiédeur que nous ressentons.

Méfions-nous donc de nos sensations, qui peuvent être trompeuses !

# Autour du réfrigérateur...

Vous avez placé une bouteille d'eau gazeuse pleine et fermée dans le freezer de votre réfrigérateur, dans lequel règne une température très légèrement négative. Voulant vous désaltérer, vous sortez la bouteille du freezer en constatant avec plaisir que l'eau est bien liquide. Vous l'ouvrez... et l'eau gèle instantanément dans la bouteille ! Il va vous falloir attendre un peu avant de pouvoir la boire... le temps de comprendre ce qu'il s'est passé !

Tout le monde sait qu'à la pression atmosphérique normale, l'eau gèle à zéro degré et que son volume augmente. Si la pression au-dessus de l'eau est plus élevée, l'augmentation de volume s'en trouve contrariée et la température devra être inférieure à zéro degré pour que l'eau gèle. Or dans la bouteille d'eau gazeuse pleine et fermée, la pression est supérieure à la pression atmosphérique – ce que traduit le « pschitt » caractéristique lorsque vous l'ouvrez. L'eau y reste donc liquide même à une température légèrement négative.

Quand vous ouvrez la bouteille, la pression diminue instantanément et les conditions deviennent telles (pression atmosphérique normale, température négative) que l'eau doit être solide : elle gèle donc instantanément dans la bouteille !

Une autre expérience insolite consiste à mettre au congélateur deux verres identiques contenant la même quantité d'eau, chaude dans l'un et froide dans l'autre. Dans quel verre l'eau va-t-elle se transformer le plus rapidement en glaçon ? Contrairement à ce que le bon sens nous suggère, il y a de grandes chances que le verre d'eau chaude gèle le premier ! Il va être en effet le siège d'une évaporation importante (l'évaporation augmente avec la température), qui d'une part va contribuer à refroidir l'eau rapidement, et d'autre part va diminuer la quantité d'eau restant dans le verre. Finalement, puisque la quantité d'eau à congeler sera plus petite, elle gèlera la première. Notons toutefois qu'on n'obtiendra ce résultat inattendu que si l'évaporation est suffisamment importante (verre évasé, circulation d'air sur les verres, etc.).

# Archimède pousse le bouchon… et le ballon

Les ballons attachés à une ficelle que l'on vend dans les fêtes foraines font la joie des enfants… sauf de ceux qui lâchent malencontreusement la ficelle, car alors le ballon s'envole et on ne le revoit plus : pleurs assurés ! Pourquoi le ballon s'élève-t-il ainsi dans les airs alors qu'il a pourtant un certain poids, qui le tire vers le bas ? Il subit en fait de la part de l'air une poussée vers le haut, analogue à celle que subit un bouchon de liège immergé dans l'eau et qui remonte vers la surface. C'est la poussée d'Archimède, du nom du savant grec du IIIe siècle avant J.-C. qui le premier a compris ce phénomène. Selon la légende, il prenait alors son bain dans sa baignoire, et son enthousiasme l'a poussé à sortir tout nu dans la rue en criant : « Eurêka ! Eurêka ! » (« J'ai trouvé ! »)

Le principe d'Archimède s'énonce approximativement de la façon suivante : « Tout corps plongé dans un fluide subit de la part de ce dernier une poussée verticale dirigée vers le haut, égale au poids du fluide déplacé. »

Le phénomène s'explique par le fait que la pression au sein d'un fluide (liquide ou gaz) augmente avec la profondeur. Ainsi, si l'on considère l'action du fluide sur un objet immergé, il pousse plus fort par-dessous, donc vers le haut, qu'il ne pousse par-dessus, donc vers le bas. On comprend bien alors qu'il en résulte globalement une poussée vers le haut.

Pour réellement ressentir la poussée d'Archimède, vous pouvez prendre un grand seau vide, aller au bord d'un bassin plein d'eau, puis enfoncer le seau dans l'eau, ouverture vers le haut. Il ne va pas être facile de l'enfoncer profondément, car vous ressentez que l'eau le repousse vers le haut de plus en plus fort au fur et à mesure que vous l'enfoncez : vous ressentez en fait la poussée d'Archimède exercée sur le fond du seau, qui augmente avec la place prise par le seau au sein de l'eau, donc avec la quantité d'eau déplacée par ce dernier.

Un objet monte dans un fluide quand la poussée d'Archimède qui s'exerce sur lui est supérieure à son poids. C'est le cas lorsque l'objet est moins dense que le fluide, comme le ballon gonflé à l'hélium qui monte dans l'air ou le bouchon de liège qui monte dans l'eau. Mais c'est vrai aussi pour la montgolfière gonflée à l'air chaud, ou pour n'importe quel bateau qui s'enfonce dans l'eau jusqu'à ce que la poussée d'Archimède équilibre exactement son poids.

# De l'eau sous tension... superficielle

Vous venez de prendre une douche et vous constatez, en regardant autour de vous, que des gouttes d'eau sont un peu partout « accrochées » sur différents supports : d'innombrables gouttelettes qui forment de la buée sur le miroir, des gouttes plus grosses fixées aux carreaux ou posées sur les rebords, d'autres suspendues sous une tringle, etc.

Mais au fait, comment se fait-il que toute cette eau ne coule pas vers le sol ? Après tout, elle est tirée vers le bas par son poids... Pour rechercher une explication, faisons un détour par une mare ! On voit s'y déplacer de drôles d'insectes qui marchent sur l'eau ! Ce sont des gerris, improprement appelés aussi « araignées d'eau ». Leurs grandes pattes sont posées sur la surface de l'eau, qui se creuse légèrement sous leur faible poids comme le ferait une membrane élastique. Et c'est en fait là que réside le début de l'explication : la surface de l'eau se comporte effectivement comme une sorte de peau élastique et tendue, résistant au déchirement. C'est cette cohésion de la surface de l'eau que les physiciens appellent « tension superficielle ».

Vous pouvez d'ailleurs l'expérimenter vous-même (non ! pas en marchant sur l'eau !) en faisant flotter un trombone : posez délicatement sur l'eau calme d'un verre un bout de papier type « essuie-tout » sur lequel vous aurez posé un trombone. Le papier s'imbibe lentement d'eau, puis se met à couler (aidez-le un peu si nécessaire...), laissant flotter le trombone. Il est pourtant en fer, d'une densité cinq fois plus élevée que l'eau, et ne demande qu'à couler ! L'expérience montre que la membrane superficielle de l'eau a une certaine résistance.

Mais à quoi est due cette tension superficielle ? Dans l'eau liquide, les molécules d'eau s'attirent mutuellement par des interactions électrostatiques. Une molécule située au sein de la masse liquide est attirée symétriquement dans toutes les directions et la résultante de toutes ces forces est donc nulle. En revanche, une molécule qui est à la surface de l'eau n'est attirée que du côté du liquide. Les molécules de la surface ont donc tendance à se resserrer entre elles et à tasser les autres molécules, formant ainsi la « peau » élastique entourant la goutte d'eau et générant une légère surpression dans l'eau par rapport à l'air.

Revenons-en aux gouttes d'eau dans votre salle de bains : leur surface interagit par des forces électriques avec les différents supports sur lesquels elles se trouvent, ce qui leur permet de rester accrochées malgré leur poids.

Si l'eau interagit peu avec le matériau sur lequel elle est posée (matériau non mouillant), la tension superficielle lui donne une forme quasi sphérique, car c'est celle qui correspond à la plus petite surface pour un volume donné. Il en va ainsi par exemple pour des gouttes posées sur un revêtement antiadhésif ou pour des gouttes de rosée posées au petit matin sur des feuilles de végétaux.

# Courant d'air et aspiration

Vous êtes dans votre douche, fermée par un rideau souple, et vous ouvrez le robinet en grand. Un puissant jet d'eau sortant de la pomme de douche tombe verticalement près du rideau. Vous constatez alors que ce dernier vient vers le jet d'eau – et vers vous par la même occasion –, comme s'il était attiré par lui ! D'où provient cette « attraction » et la présence de l'eau joue-t-elle un rôle ?

Pour en avoir le cœur net, voici une expérience toute simple à réaliser. Prenez une feuille de papier ordinaire et placez un bord juste sous votre bouche. Tenez-la de telle façon que la partie proche de votre bouche soit horizontale. Soufflez alors au ras de la feuille : vous la voyez globalement se soulever. La feuille souple est comme attirée par le courant d'air au-dessus d'elle. On peut en déduire que dans le cas du rideau de douche, c'était également le courant d'air, entraîné par le jet d'eau, qui attire le rideau.

Mais dire que le courant d'air attire les objets est un abus de langage. En réalité, le courant d'air entraîne une diminution locale de la pression de l'air, ce qui peut paraître étonnant *a priori*, mais constitue un principe (dit « de Bernoulli ») valable pour tous les fluides (liquides et gaz). C'est donc la différence de pression entre les deux côtés du rideau ou de la feuille qui provoque leur déplacement.

Les applications de ce phénomène sont très nombreuses, à commencer par le vaporisateur – pour rester dans le contexte « salle de bains » ! Lorsqu'on appuie sur le bouton, on envoie un jet d'air horizontal juste au-dessus de la sortie du tuyau vertical qui trempe dans le parfum. Ce jet d'air crée une dépression dans le tuyau, qui permet au liquide de monter jusqu'à l'ouverture et d'être alors pulvérisé. Ici encore, c'est une différence de pression qui pousse le liquide : la pression atmosphérique qui règne dans le flacon appuie sur la surface du liquide et le fait monter dans le tuyau où la pression est moindre.

Mais d'autres utilisations du principe de Bernoulli sont certainement plus importantes, parmi lesquelles le fonctionnement de l'aile d'avion. En effet, son profil est tel que la circulation de l'air au-dessus de l'aile est plus rapide qu'en dessous, ce qui crée une forte dépression au-dessus et une certaine surpression en dessous. Il en résulte globalement une force exercée par l'air sur l'aile et dirigée vers le haut, appelée « portance », car elle « porte » l'avion et lui permet donc de voler.

# Plus ou moins électrisé

Peut-être avez-vous déjà vécu l'expérience suivante : venant d'effectuer un trajet en voiture, vous sortez de celle-ci, puis vous vous apprêtez à saisir la portière pour la fermer. Au moment où vous approchez la main, vous ressentez une petite « châtaigne » (comme dirait un électricien !) électrique. Une mésaventure similaire peut d'ailleurs vous arriver dans un appartement au moment de saisir une poignée de porte, après avoir longuement marché sur une moquette en matériau synthétique.

L'origine de la décharge électrique qui vous secoue ainsi réside dans l'accumulation de charges électriques, puis la circulation de celles-ci à travers votre main.

Pour bien comprendre les phénomènes mis en jeu, il faut se souvenir que les atomes constitutifs de toute matière contiennent deux sortes de particules porteuses d'une charge électrique : les protons du noyau qui portent une charge élémentaire positive, et les électrons tournant autour, qui portent la même charge élémentaire, mais négative. Comme protons et électrons sont en nombre égal, la somme des charges électriques est nulle et la matière est électriquement neutre. Mais il est des situations dans lesquelles cet équilibre des charges va être rompu, notamment lorsqu'on frotte un matériau contre un autre. Lors du contact accentué par la friction, des électrons vont être arrachés à un matériau et passer sur l'autre, qui va donc se trouver chargé négativement alors que le premier, en déficit d'électrons, se trouve chargé positivement.

C'est ce qui se produit dans l'expérience archi-classique que tout le monde a faite dans sa jeunesse, consistant à frotter une règle en plastique avec un morceau de tissu léger. Après frottement, la règle attire légèrement le tissu. En fait, la règle « vole » des électrons au tissu pour se charger négativement, le tissu devenant positif. Comme des charges de signe contraire s'attirent, règle et tissu s'attirent ensuite mutuellement !

Mais une variante de cette expérience amène à s'interroger… Après avoir frotté la règle avec le tissu, on constate qu'elle est aussi capable d'attirer des petits bouts de papier. Comment expliquer cette attraction alors que le papier est électriquement neutre et ne devrait donc pas être attiré ?

On sait que des charges électriques de même signe se repoussent. Les électrons du papier sont donc repoussés par la charge négative de la règle et ont tendance à se déplacer en s'éloignant de la règle, laissant apparaître une charge positive sur la partie du papier tournée vers la règle. La charge positive du papier étant plus près de la règle que sa charge négative, la force attractive l'emporte sur la force répulsive et le bout de papier est globalement attiré (légèrement) par la règle. C'est d'ailleurs par ce même phénomène que les films plastiques alimentaires étirables, qui de par leur mode de fabrication portent toujours une certaine charge électrique, adhèrent aux plats ou assiettes sur lesquels on les plaque.

Dans l'exemple initial de la moquette synthétique, le frottement de vos semelles l'a chargée en électrons supplémentaires alors que vous-même, ayant perdu de nombreux électrons, êtes porteur d'une charge globale positive. La poignée de porte que vous saisissez est reliée électriquement à la masse de la terre, qui est un gigantesque réservoir de charges électriques. Un flux d'électrons, donc un bref courant électrique qui vous secoue, passe alors à travers votre main, circulant de la poignée vers votre corps pour venir rééquilibrer votre charge électrique.

Chapitre 16

# Dix énigmes de la biologie

**DANS CE CHAPITRE :**

» **Quelques questions universelles ou d'actualité… avec l'avis des Nuls !**

La science de la vie suscite de nombreuses questions, car elle nous touche de près, soit parce qu'elle nous concerne directement, soit parce qu'elle traite d'êtres vivants de notre entourage. Vous allez sans nul doute trouver des réponses aux questions que vous vous posez…

## Kilos : la faute aux hormones ?

Les hormones sont des protéines ou des lipides, synthétisées spécifiquement par certaines cellules, véhiculées par le sang, reçues par des cellules qui possèdent le récepteur spécifique à l'hormone. Prenons l'exemple de notre alimentation : le métabolisme de notre organisme est une machine complexe.

Quand on mange, un signal de satiété arrive au niveau de notre cerveau : ainsi, on n'a plus faim. Mais la période de rassasiement, période avant laquelle la sensation de faim va se faire ressentir, varie en fonction des aliments consommés. Lorsque les aliments sont mâchés, ils arrivent sous la forme d'un bol alimentaire dans l'estomac. La distension de l'estomac bien rempli est signalée par des voies nerveuses et hormonales au cerveau. Les aliments vont être malaxés, imprégnés d'enzymes digestives, puis une solution réduite en bouillie, le chyme gastrique, va passer dans l'intestin grêle. À ce niveau-là, sous l'action d'enzymes, les aliments sont découpés en nutriments qui passent la barrière intestinale et vont dans le sang. Ces nutriments sont distribués aux cellules et notamment à nos cellules de réserve : les lipocytes (les cellules graisseuses). Quand ces lipocytes ont stocké massivement des triglycérides, elles envoient un signal au cerveau par une hormone : la leptine. Et la sensation de faim disparaît.

De même, la privation de sommeil perturbe la répartition des hormones : dormir moins que nécessaire augmente le taux de ghréline circulante et donc la prise alimentaire.

Chez les personnes souffrant d'obésité, les taux de leptine et de ghréline sont particulièrement perturbés. Ce ne sont d'ailleurs pas les seules hormones impliquées : l'insuline est aussi une des hormones jouant un rôle important dans la régulation de la prise alimentaire.

L'idéal pour maigrir est d'équilibrer la consommation en aliments et les besoins de notre corps : chaque organisme a une dépense énergétique de repos correspondant au fonctionnement de nos cellules et, en particulier, nos cellules nerveuses, à la dépense énergétique nécessaire pour les battements cardiaques, la respiration, la digestion, etc. À cette dépense énergétique de repos s'associe une dépense énergétique liée aux mouvements musculaires. Ainsi, si on veut maigrir, il faut au minimum couvrir la dépense énergétique de repos pour n'avoir aucune carence et faire de l'exercice physique afin que nos réserves soient mobilisées. Faire travailler ses muscles augmente la masse musculaire : comme les cellules musculaires ont de forts besoins énergétiques, on augmente ainsi notre dépense énergétique de repos.

Enfin, chez les jeunes filles, au-delà d'un certain poids (souvent autour de 35 kg), la leptine induit la synthèse de la kisspeptine (une molécule formée par un enchaînement de 54 acides aminés). Cette hormone régule les cycles féminins et, dans ce cas, induit le début de la puberté. Il y a donc un lien entre les réserves métaboliques de l'organisme et la capacité à devenir pubère. Les jeunes danseuses soumises à un régime strict ont ainsi une puberté retardée.

## Les dinosaures ont-ils disparu ?

Dans certains gisements, dans des strates datées de 65 millions d'années, sont retrouvées des traces d'iridium, un métal très rare sur Terre, mais abondant dans certaines météorites. Cette strate définit la limite dite Crétacé-Tertiaire, une limite entre l'ère secondaire et l'ère tertiaire.

C'est la preuve qu'il y a 65 millions d'années, une météorite s'est écrasée dans la péninsule du Yucatan, formant le cratère de Chicxulub de 90 kilomètres de diamètre. Ce choc est équivalent à l'explosion de plusieurs milliards de bombes atomiques, soufflant tout sur un rayon de 3 000 kilomètres et provoquant un gigantesque tsunami. Une grande quantité de soufre est également rejetée dans l'atmosphère par la météorite. Un important nuage de poussière se volatilise : un hiver planétaire se met en place par suite de l'obscurcissement du ciel. La photosynthèse des végétaux est réduite, ce qui diminue l'apport des producteurs primaires dans la chaîne alimentaire. Les végétariens ont moins à manger, et plus on remonte dans la chaîne alimentaire, plus les animaux vont être affamés. Les dinosaures, des reptiles de grande taille, ont besoin d'une grande quantité de nourriture et sont fortement touchés.

Dans les sédiments plus anciens que cette limite Crétacé-Tertiaire, on trouve de nombreux squelettes de dinosaures, mais aucun dans les suivants. On peut aisément penser que les dinosaures ont disparu à cette période. Mais ils ne sont pas les seuls : 70 % des espèces d'êtres vivants auraient également disparu à ce moment-là.

Tous les reptiles ne sont pas affectés : les tortues (qui ont de moindres besoins alimentaires), les crocodiles (des animaux pouvant se nourrir de charognes) ont pu résister le temps que les conditions redeviennent favorables. De même les petits mammifères ont également pu survivre.

Les dragons de Komodo, d'énormes lézards, ne sont pas des dinosaures, mais ils en ont tout l'air. Tous les dinosaures ont-ils donc réellement disparu ? Non, certains sont encore parmi nous. Regardez une patte d'autruche, recouverte d'écailles ! Observez une poule dans les yeux et regardez Jurassic Park... Toujours pas convaincu ?

Des traces de plumes sont retrouvées sur des fossiles des dinosaures. On pense même que les raptors auraient été couverts de plumes ! Archaeoptéryx a longtemps été pris pour un ancêtre d'oiseau... Il n'en est rien. Il a donc pu exister des dinosaures volants à plumes qui ne sont que de lointains cousins des oiseaux.

En se fondant sur la structure des os, du bassin, la présence d'un bréchet, les doigts, etc., des dinosaures théropodes présentent des caractères d'oiseaux, surtout chez des fossiles trouvés en République Populaire de Chine (le dinosaure *Confuciusornis* possède un bec sans dent). Tous les dinosaures n'ont pas disparu : les théropodes sont devenus des oiseaux !

D'ailleurs, *Jurassic Park* est-il possible ? Non ! l'ADN éventuellement conservé dans un moustique est de toute façon dégradé, incomplet et ne peut pas permettre de reconstituer un animal entier.

# Les humains sont-ils les seuls à parler ?

*A priori* la réponse est « oui », si on parle, c'est le cas de le dire, d'un langage articulé, formant un dialecte respectant des règles grammaticales.

L'homme est en effet le seul animal capable d'avoir un langage très élaboré. Pour former des mots, il est nécessaire d'avoir des cordes vocales au niveau du larynx. Ces cordes vibrent sous l'effet de l'air circulant. Elles se rapprochent grâce aux muscles laryngés, ce qui modifie la note émise. Les sons forment des consonnes et des voyelles, organisées en syllabes, elles-mêmes formant des mots. Les mots sont agencés en syntaxe, propre à chaque langue parlée.

Mais si le terme de langage est pris au sens large, d'autres animaux sont capables de se faire comprendre en émettant volontairement des sons, de valeur codifiée. Ainsi, les marmottes avertissent d'un danger en sifflant, les cris des suricates préviennent d'autres animaux de l'imminence d'un danger. Les oiseaux sont également capables d'émettre des notes : les notes assemblées forment des phrases et l'agencement de ces phrases forme le chant qui est compris par leurs congénères. Les singes, eux, sont capables d'apprendre et d'associer des mots.

En étudiant une famille dans laquelle plusieurs membres ont un trouble du développement de la parole et du langage, les chercheurs ont pu mettre en évidence l'implication d'un gène, Foxp2 (forkhead box P2), dans l'élaboration du langage chez l'homme. Ce gène code une protéine appelée « facteur de transcription », c'est-à-dire une protéine qui gouverne l'expression d'autres gènes. En l'occurrence, ces gènes sont en grande partie dans deux régions du cerveau (le striatum et le cervelet, des zones cruciales pour la coordination motrice). Transmettre des technologies compliquées au travers d'un langage construit est possible grâce à l'expression de gènes coordinateurs dans le cerveau.

Les humains ne sont pas les seuls à posséder Foxp2. Chez la souris, la quantité de la protéine est plus importante dans le cerveau des souriceaux mâles, qui interagissent davantage avec leurs mères par des ultrasons, que dans celui des souriceaux femelles ; chez les oiseaux, la quantité de Foxp2 augmente dans le cerveau lors de l'apprentissage du chant. Une comparaison de séquences a montré que deux acides aminés seulement diffèrent entre l'homme et le chimpanzé.

Cette mutation, commune à d'autres homininés comme Neandertal, a sans doute permis aux humains d'être plus créatifs, plus sociaux.

# Les végétaux peuvent-ils se déplacer ?

Certains végétaux sont capables de réaliser des mouvements : ainsi le *Mimosa pudica* referme ses minces folioles (petites feuilles) sur elles-mêmes si on le touche. La feuille redéploie ses folioles après quelques minutes. Certaines plantes carnivores referment rapidement leurs feuilles sur un insecte, ainsi piégé. Mais si les feuilles bougent, les pieds restent ancrés dans le sol.

Certaines espèces de palmiers semblent capables de bouger : si un immeuble est construit devant un palmier, ce dernier peut se déplacer (très lentement) de façon à se retrouver de nouveau au soleil. Ce phénomène (controversé par certains chercheurs) a été décrit au Costa Rica chez le palmier à échasses *Socratea exorrhiza*, qui peut se déplacer jusqu'à 2 centimètres par jour. Si un de ces palmiers, après la chute d'un arbre, se retrouve couché, de nouvelles racines se forment au niveau du contact avec le sol et la plante se redresse : elle a avancé de quelques centimètres.

Le bananier avance aussi : quand un pied a produit des régimes, il meurt, mais sa partie souterraine a formé au préalable, à quelques centimètres de là, un nouveau pied qui prend la relève.

Enfin, il existe des plantes vraiment mobiles : les *tumbleweeds* ou virevoltants, les herbes qui tournent dans les Westerns américains. Importées de Russie à la fin du XIXe siècle, *Salsola tragus* s'est implantée aux États-Unis : la partie supérieure de ce buisson, une fois sèche, se sépare de la racine et se laisse emporter par le vent. Dès que le buisson tombe sur un point d'eau, les graines qu'il contient germent et de nouveaux buissons poussent.

Ces plantes participent à l'assèchement des grandes plaines américaines ou des steppes russes.

# Combien de sexes existe-t-il ?

Au premier abord, on peut dire qu'il n'existe que deux sexes : mâle et femelle. Chez une plante (et certains animaux comme le tænia, l'escargot, le ver de terre) à la fois mâle et femelle, on parle d'hermaphrodisme, du nom de la figure mythologique née de l'union entre les divinités Hermès et Aphrodite.

C'est en réalité un peu plus compliqué ! Chez les animaux il existe :

» Un sexe gonadique. Les mâles ont des testicules, les femelles ont des ovaires. Aussi, comme les testicules sécrètent de la testostérone et les ovaires des œstrogènes et de la progestérone, l'imprégnation hormonale induit, dès l'embryon, un développement des organes reproducteurs et, chez l'adolescent, le développement des organes et caractères sexuels secondaires, comme les seins chez les filles, la barbe chez les garçons, etc. Les perturbateurs endocriniens peuvent influencer grandement ce développement : puberté précoce, mauvais développement des spermatozoïdes, cancers des ovaires ou des testicules plus fréquents.

» Un sexe chromosomique. Ainsi, chez les humains, XX est une femme, XY est un homme. Ce n'est pas le cas chez tous les animaux : chez certaines tortues, les œufs incubés à plus haute température donnent des femelles ; les autres œufs (au bord du nid) donnent des mâles. C'est l'inverse chez certains lézards.

» Un sexe génétique. Il existe des hommes possédant deux chromosomes X et pas de chromosome Y. Une portion de chromosome Y a en réalité été collée (on dit « transloquée ») sur un des deux chromosomes X. De même, il existe des femmes XY, dont le chromosome Y est tronqué. Il doit donc exister sur le chromosome Y un gène déterminant le phénotype masculin. En analysant les chromosomes X des hommes XX et le chromosome Y des femmes XY, on a localisé le gène SRY (pour *Sex Determining Region* Y) a été localisé au niveau du bras court du chromosome Y. Un gène homologue existe chez la souris : s'il est injecté dans le noyau d'un zygote XX, la souris se développe en mâle. Ce gène SRY est donc nécessaire et suffisant pour induire le phénotype mâle, mais ces mâles sont stériles. D'autres gènes sont impliqués dans le phénotype mâle. On a depuis trouvé des gènes eux aussi impliqués dans le phénotype femelle (qui sont inhibés chez l'embryon mâle). Un dysfonctionnement de ces voies de signalisation peut permettre le développement à la fois des testicules et de l'utérus, donnant un hermaphrodite.

Certains animaux peuvent aussi changer de sexe au cours de leur vie. Cela peut se faire de façon naturelle comme chez le poisson-clown, successivement mâle puis femelle (le père de Némo, suite au décès de sa femelle, est devenu une femelle aussi !). Ce phénomène se produit chez le mérou également : femelle pendant les dix premières années de sa vie, il devient mâle ensuite. Ou encore chez les coquillages, par exemple, les crépidules, des mollusques à la coquille en forme de bonnet phrygien : après le stade larvaire, un jeune mâle se fixe sur un coquillage femelle, avant de devenir femelle à son tour.

Chez les vaches, le placenta reliant deux jumeaux permet le passage des hormones entre les deux embryons en gestation : ainsi, si un embryon mâle et un embryon femelle se développent ensemble, un veau naîtra parfaitement formé, mais sa sœur aura un poitrail de type taureau et un arrière-train de type vache : on parle de génisse free-martin.

Le sexe peut être induit par la pollution : on parle de pseudohermaphrodisme chez certains coquillages marins comme le bulot : la peinture appliquée sur les coques de bateau perturbe le développement de ces animaux qui développent un pseudohermaphrodisme (les femelles ressemblent à des mâles)

## Des poissons hors de l'eau ?

La représentation classique de la conquête du milieu aérien par les animaux est qu'un poisson est sorti de l'eau en grimpant sur la rive. Or un poisson vit dans l'eau. Seuls les batraciens ou amphibiens peuvent vivre dans les deux milieux. Les cétacés, les reptiles marins (tortues, serpent, crocodiles) sont des retours secondaires d'animaux terrestres dans l'eau.

Les poissons respirent-ils dans l'air ? Certains poissons peuvent vivre à l'air libre pendant des périodes plus ou moins longues : les gobies restent dans des flaques d'eau de mer à marée basse et peuvent être partiellement émergés, les anguilles traversent des prairies humides (en respirant par la peau). Des poissons (les dipneustes) possèdent également un poumon et passent la saison sèche dans un cocon de boue. Dans chaque cas, cette émersion est un stress pour leur organisme : un stress qui ne peut pas se prolonger.

Dans les autres cas, il est difficile pour un poisson de vivre en milieu aérien, pourtant plus riche en oxygène (O2). L'eau est un milieu porteur qui permet aux branchies de rester étalées. Dans l'air, les branchies sont collées les unes aux autres, ce qui réduit grandement la surface d'échanges des gaz respiratoires.

Les poissons peuvent-ils marcher ? Les vertébrés tétrapodes les plus anciens (*Acanthostega* et *Ichtyostega*) sont datés du Dévonien (de – 420 à – 360 millions d'années). Les premiers reptiles datent du Carbonifère (de – 360 à – 300 millions d'années). Il semblerait que les premiers vertébrés tétrapodes ayant réellement commencé à conquérir le milieu aérien soient les temnospondyles, ressemblant à des salamandres mais couverts d'écailles et pouvant atteindre 7 mètres de long.

Les animaux adaptés initialement à la vie aquatique, qui ont dû conquérir la terre ferme, ont eu à subir les effets de la pesanteur, et devaient donc avoir des muscles suffisamment développés pour supporter notamment le poids des viscères. Nager n'est pas marcher : les os des pattes doivent être adaptés pour ce nouveau mode de déplacement. Enfin, vivre en milieu aérien, c'est courir le risque d'être desséché.

Si au départ, les animaux amphibies ont vécu dans des milieux terrestres proches d'un point d'eau comme les grenouilles actuelles, seule une adaptation au manque d'eau a permis de supporter la déshydratation. Les crapauds actuels ont une peau moins perméable que d'autres batraciens et leur vessie sert de réserve d'eau pour l'organisme. Enfin, les poissons pondent des œufs dans l'eau (comme les amphibiens). La conquête du milieu aérien a été rendue possible par l'apparition des œufs résistants à la sécheresse, comme ceux des reptiles (un œuf avec une coquille semi-perméable).

L'irrigation par le sang au niveau des organes respiratoires s'est modifiée afin d'assurer le prélèvement optimal du $O_2$.

## Pourquoi le ventre est-il notre second cerveau ?

Avoir la peur au ventre ! Avoir des papillons dans le ventre ! Quels sont les effets du stress sur le transit intestinal ? Notre intestin semble gouverné par nos émotions… À moins que cela ne soit l'inverse ?

Plus de 200 millions de connexions nerveuses innervent notre intestin. Ce système nerveux autonome produit 95 % de notre sérotonine, une molécule de communication impliquée dans la régulation de nos humeurs. Une portion de cette sérotonine atteint le cerveau. Les chercheurs s'intéressent aux maladies neurodégénératives et à ce système nerveux entérique. La maladie de Parkinson pourrait ainsi être détectée plus précocement en étudiant ces neurones. La maladie de Creutzfeldt-Jakob peut être contractée par l'ingestion de protéines prions sous la forme scrapie, donc la forme infectieuse.

Mais dans le tube digestif, vivent également plus de 100 000 milliards de microorganismes, soit près de 500 espèces différentes. L'ensemble forme le microbiote ; de nombreuses recherches portent actuellement sur cet écosystème à découvrir.

Des souris sans microbiote ont ainsi un comportement étrange, se mettant en danger facilement (alors que cet animal est craintif de nature). Si on inocule chez ces souris des bactéries intestinales, elles deviennent plus prudentes.

Une étude récente sur le microbiote des souris a confirmé un lien entre microbiote et comportement : deux souches de même fonds génétique ont été utilisées (des clones en quelque sorte), mais la moitié des souris ont un comportement agressif, et l'autre moitié, un comportement calme. Si on transfère les bactéries intestinales des souris agressives dans l'intestin des souris calmes, ces dernières deviennent plus agressives. Et inversement !

Chez les souris, le microbiote a donc une influence directe sur le comportement, donc très certainement sur le cerveau. Qu'en est-il chez l'être humain ? Les recherches ne font que commencer ! Il est toutefois fort intéressant de noter que chez les arthropodes (comme la crevette, le criquet), le système nerveux de l'animal est disposé en ganglions autour du tube digestif. Une hypothèse existe selon laquelle ce système nerveux entérique serait le système nerveux primitif, et que chez les vertébrés, le système nerveux céphalique se serait développé en plus. Cette hypothèse est, bien sûr, à confirmer !

## Utilisons-nous seulement 10 % de notre cerveau ?

Un film réalisé par Luc Besson en 2014 a fait sensation : selon le synopsis de *Lucy*, on n'utilise en moyenne que 10 % de nos capacités cérébrales. Cette idée tenace vient d'anciennes études réalisées chez de grands blessés de guerre : ces patients, gravement touchés à la tête, pouvaient marcher, parler. D'où l'idée que tout le cerveau n'était pas indispensable. Or d'infimes lésions cérébrales ont des conséquences plus ou moins lourdes de façon systématique.

La découverte des cellules gliales a conforté cette proportion des 10 % : ces cellules constituent 50 % des cellules du cerveau (le chiffre de 90 % a été avancé), et on pensait que ces cellules ne servaient à rien. On sait désormais qu'elles ont un rôle de protection, un rôle nourricier vis-à-vis des neurones.

Les progrès réalisés par l'imagerie cérébrale montrent qu'aucune zone du cerveau n'est inexploitée. Même pendant le sommeil. Ces zones activées varient en fonction des besoins. De plus, le cerveau, qui constitue 2 % du poids du corps, nécessite 20 % du métabolisme général. Si 90 % des cellules étaient inutilisées, comment expliquer un besoin énergétique aussi important ? Enfin, l'introduction de microélectrodes dans le cerveau permet de détecter l'activité individuelle de cellules. Aucune analyse n'a jamais détecté des zones non utilisées du cerveau.

Il n'y a donc aucune partie inutilisée dans le cerveau et aucune drogue ne permettra ainsi d'augmenter ses capacités intellectuelles en activant les zones prétendument inactives.

# D'où viennent les différentes couleurs sur un épi de maïs ?

Le prix Nobel de médecine de 1983 (et le Prix Lasker de 1981, une autre distinction prestigieuse) a été attribué à **Barbara McClintock (1902-1992)** pour ses travaux sur le maïs. Après avoir découvert les enjambements de chromosomes lors de la division cellulaire de la méiose, Barbara McClintock a notamment mis en évidence des éléments transposables ou transposons.

Si vous observez un épi de maïs, il n'est pas toujours uniformément jaune, mais peut avoir des grains de couleurs différentes de jaune à marron foncé, en passant par le rouge. La couleur des grains vient de pigments (carotène qui donne la couleur jaune, anthocyanes qui donnent les couleurs rouge, bleu ou violet). La coloration des différentes couches dans le grain donne des couleurs comme orange, vert, etc. Barbara McClintock a remarqué que des grains pouvaient même être bariolés et que cela ne suivait pas les lois de transmission des gènes décrites par Gregor Mendel. En observant les chromosomes, elle a montré qu'il existe des gènes sauteurs : *Ds* (*Dissociator*), qui induit des cassures de chromosomes, et *Ac* (*Activator*). Ces deux gènes peuvent changer de position sur le chromosome. Le nombre d'*Ac* sur le chromosome joue sur le nombre de cassures induites par *Ds* : si cela touche un gène codant un des pigments, la couleur du grain va varier.

Ces éléments de régulation des gènes ont ensuite été découverts chez bien d'autres êtres vivants. Ces portions d'ADN ne sont pas anecdotiques : ils occupent 90 % du génome du blé ou 40 % du génome humain.

Ces gènes sauteurs codent des protéines. Les transposons à ADN sont des segments d'ADN, de 1 000 à 20 000 nucléotides, pouvant « sauter » d'un endroit du génome dans un autre ; les rétrotransposons sont transcrits en ARN, puis par transcriptase inverse, redeviennent de l'ADN. Quelle que soit leur nature, les transposons ou gènes sauteurs se détachent du chromosome, se multiplient et s'insèrent dans d'autres endroits du génome. Ces morceaux d'ADN participent ainsi à l'augmentation de la taille des génomes.

Si leur découverte est due à des différences de couleur de grains de maïs, ils peuvent avoir diverses conséquences : ils participent à l'évolution du génome ou modulent l'expression des gènes, quitte à ce que ce soit létal pour la cellule.

Par exemple, les ancêtres des vertébrés ont été touchés par un transposon voilà 100 millions d'années : ce transposon code des enzymes permettant des réarrangements du génome au niveau des gènes codant les molécules de l'immunité : c'est la base de la diversité de nos anticorps et de nos récepteurs de l'immunité.

Les transposons peuvent emporter un fragment du gène dans lequel ils étaient insérés et le muter, ils peuvent s'insérer dans des zones promotrices (zone régulant l'expression d'un gène) et les suractiver, voire les activer à des périodes inappropriées (réactiver des gènes s'exprimant lors du développement embryonnaire par exemple) ou au contraire les inactiver (un gène suppresseur de tumeur inactivé peut être facteur de tumorisation).

## Peut-on être immortel ?

Le rêve de nombreux hommes est d'être immortels. Certains le sont, par leur œuvre (Socrate, Shakespeare ou Émile Zola… et bien d'autres), par les preuves de leur passage sur Terre (comme les pyramides bâties pour les pharaons égyptiens, le château de Versailles pour Louis XIV) ou par leurs actes bienveillants – ou malveillants. Leur nom perdure, mais pas leur corps.

Gommer les outrages du temps n'est qu'une lutte temporaire… Des recherches à la limite de la science-fiction consistent à cryogéniser des corps en espérant les ramener à la vie, à greffer une tête sur un corps. De même, des espoirs sont émis quant aux possibilités de clonage. Cette technique permet d'obtenir des animaux avec le même patrimoine génétique que celui qui est cloné… mais il s'agit d'êtres vivants différents !

Dans l'état actuel des connaissances, seules les cellules peuvent être immortalisées.

Quand une cellule se multiplie, son matériel génétique est copié à l'identique. Puis la cellule se scinde en deux après répartition du matériel génétique. Une cellule-mère donne naissance à deux cellules-filles. On pourrait penser que la cellule en se multipliant perpétue son matériel génétique. Mais les chromosomes raccourcissent au niveau de leurs extrémités au cours des divisions. Toutefois, une enzyme, la télomérase, permet de réparer les extrémités des chromosomes. Cette enzyme est active pendant la vie embryonnaire, au cours de la croissance et maintenue active dans les cellules souches. Mais dans les cellules spécialisées, la télomérase n'est plus exprimée : les cellules ont un nombre limité de divisions avant de mourir. Nous possédons des cellules souches permettant de renouveler nos cellules abîmées : au niveau des muqueuses (comme l'intestin), du derme (sous la peau), des cellules musculaires, etc. ; ces cellules souches ont toutefois un nombre de divisions limitées. Ainsi, dans le cas des maladies de dégénérescence musculaire, le stock de cellules souches s'épuise trop rapidement : les muscles s'atrophient. Dans le cas des cellules cancéreuses, la télomérase est réactivée : ces cellules peuvent alors se multiplier sans cesse (et la fréquence de multiplication augmente celle des mutations génétiques). Ainsi, les cellules HeLa continuent à se multiplier dans des laboratoires du monde entier, alors que Henrietta Lacks est décédée du cancer en 1951.

Des lignées cellulaires peuvent être créées artificiellement : par infection avec un virus (SV40), par modifications génétiques. Ainsi, ces lignées cellulaires se multiplient indéfiniment.

# Index

## C



## D



## E

MAIRIE DE PARIS
BIBLIOTHEQUE
DISCOTHEQUE
18, Rue Faidherbe
75011 PARIS